"十一五"国家科技支撑计划课题

中国太阳能建筑应用发展研究报告

中国太阳能建筑应用发展研究报告课题组　编写
徐　伟　郑瑞澄　路　宾　主编

中国建筑工业出版社

图书在版编目（CIP）数据

中国太阳能建筑应用发展研究报告/中国太阳能建筑应用发展研究报告课题组编写，徐伟等主编. —北京：中国建筑工业出版社，2009

ISBN 978-7-112-11016-2

Ⅰ. 中… Ⅱ. ①中…②徐… Ⅲ. 太阳能住宅-研究报告-中国 Ⅳ. TU241.91

中国版本图书馆 CIP 数据核字（2009）第 085996 号

本书共 10 章，分别对太阳能建筑应用中国家产业政策、国际经验及发展趋势、标准规范、测试评价等方面进行了总结；对太阳能建筑应用的各种形式——被动式太阳房、太阳能热水系统、太阳能采暖系统、太阳能制冷系统及太阳能光伏发电系统等的技术特点、发展应用状况进行了概述；选取了太阳能建筑应用状况较好的省市及部分典型的太阳能建筑应用工程进行介绍；最后对太阳能建筑应用所面临的问题给出解决措施，对今后的发展作了展望。

本书适合从事太阳能建筑应用的技术人员、施工人员及管理人员参考使用。

* * *

责任编辑：王　梅　咸大庆

责任设计：赵明霞

责任校对：梁珊珊　王雪竹

"十一五"国家科技支撑计划课题

中国太阳能建筑应用发展研究报告

中国太阳能建筑应用发展研究报告课题组　编写

徐　伟　郑瑞澄　路　宾　主编

*

中国建筑工业出版社出版、发行（北京西郊百万庄）

各地新华书店、建筑书店经销

北京千辰公司制版

北京建筑工业印刷厂印刷

*

开本：787×1092 毫米　1/16　印张：21　字数：524 千字

2009 年 8 月第一版　2009 年 8 月第一次印刷

定价：**48.00** 元

ISBN 978-7-112-11016-2

（18264）

《中国太阳能建筑应用发展研究报告》指导委员会

《中国太阳能建筑应用发展研究报告》编写委员会

主　任： 徐　伟
副主任： 郑瑞澄　路　宾
委　员： （以姓氏笔画为序）

马胜红　王　选　冯爱荣　曲世琳　朱培世
刘学真　孙峙峰　李　忠　李　骏　李　埅
杨德山　吴振一　吴雅典　何　涛　张亚彬
张昕宇　陈光明　郝　斌　姚春妮　聂晶晶
顾业锋　徐新建　高靖平　黄　鸣

主编单位：

中国建筑科学研究院

参编单位：

住房和城乡建设部科技发展促进中心
中国科学院电工研究所
北京科技大学
山东桑乐太阳能有限公司
深圳嘉普通太阳能公司
江苏太阳雨太阳能有限公司

参加单位：

北京四季沐歌太阳能技术有限公司
皇明太阳能集团有限公司
北京华业阳光新能源有限公司
昆明新元阳光科技有限公司
北京九阳实业公司

前　　言

能源安全和温室气体减排是全球经济发展面临的重要问题。近年来，我国经济高速发展，同时也带来了能源消费的高速增长和温室气体排放量的增加。2007 年我国一次能源消费达到 26.5 亿吨标准煤，位居全球第二。庞大的能源消费需求导致了我国能源供需的矛盾，能源安全问题日益突出。同时，我国能源消费结构不合理。2007 年，煤炭消费的比重占到了一次能源消费的三分之二还多。因此，发展可再生能源对于我国保证能源供应和环境的改善都具有十分重要的战略意义。

太阳能是优质的可再生能源。我国的太阳能资源非常丰富。近年来我国在太阳能利用方面有了一定的基础，特别是在太阳能建筑应用方面，由于财政部与住房和城乡建设部在政策和资金等方面的大力支持和引导，在前一阶段取得了较快的发展。太阳能热水器的总保有量由 1998 年的 1500 万 m^2 增长到 2008 年的 1.25 亿 m^2；太阳能建筑应用中采暖、制冷示范工程在全国范围内开始实施；太阳能光伏发电建筑应用也得到了初步开展。可以预计，从现在到本世纪中叶，太阳能建筑应用将会得到快速的发展。

然而，我国太阳能建筑应用产业虽已形成一定规模，但要满足大规模推广应用及需求，仍需加强能力建设，提高技术水平，完善产业体系。同时，还要改善太阳能建筑应用技术的应用环境，建立健全管理体制和制度，营造长期稳定、快速增长的太阳能建筑应用市场，并以此带动太阳能建筑应用技术和产业的发展和进步。因此，在开展“十一五”国家科技支撑计划——“太阳能在建筑中规模化应用的关键技术研究”和“村镇建筑太阳能综合利用关键技术研究”课题研究的同时，由两课题组专家及行业内众多人士组成了中国太阳能建筑应用发展研究报告课题组，对太阳能建筑应用中已经取得的经验和教训进行了系统的总结与归纳，主要内容有从国家产业政策、国际经验及发展趋势，以及标准规范、测试评价等方面进行了总结；对太阳能建筑应用的各种形式——被动式太阳房、太阳能热水系统、太阳能采暖系统、太阳能制冷系统及太阳能光伏发电系统等的技术特点、发展应用状况进行了概述；选取了太阳能建筑应用状况较好的省市及部分典型的太阳能建筑应用工程向读者作介绍；对太阳能建筑应用所面临的问题给出解决措施，对今后的发展作了展望。期望读者通读本书后能对我国太阳能建筑应用的全貌有一个初步的了解。

本书由中国建筑科学研究院徐伟研究员担任主编，郑瑞澄和路宾研究员担任副主编，住房和城乡建设部科技发展促进中心郝斌高工、中国科学院电工研究所马胜红研究员、北京科技大学曲世琳副教授、中国建筑科学研究院路宾研究员、郑瑞澄研究员、李忠、何涛、孙峙峰、张昕宇、冯爱荣、聂晶晶、王选等人参加了编写。具体编写分工如下：1.1、1.2 由孙峙峰编写；1.3、第 10 章由郑瑞澄编写；第 2 章由路宾、孙峙峰编写；第 3 章由曲世琳、李堃、吴雅典编写；第 4 章、5.1 由冯爱荣编写；5.2、5.6 由张昕宇编写；5.3、第 6 章由何涛编写；5.4 由李忠编写；5.5 由马胜红、陈光明、张亚彬编写；第 7 章由聂晶晶、张昕宇整理；第 8 章由郝斌、姚春妮、王选编写；第 9 章由李忠、路宾编写；附录由孙峙峰、张昕宇整理。全书由徐伟组织和审稿，孙峙峰统稿和协调。

本书得到了财政部及住房和城乡建设部各级领导的指导和大力支持，在此表示衷心感谢！本书还得到了住房和城乡建设部科技发展促进中心、中国可再生能源学会热利用专业委员会以及太阳能相关设备企业的大力支持，在此一并表示感谢。

由于时间仓促、编制水平有限，本书难免有疏漏和不足之处，敬请读者给予批评指正。

徐 伟

2009 年 7 月 10 日

致　谢

本书编写过程中，得到了山东桑乐太阳能有限公司、深圳嘉普通太阳能公司、江苏太阳雨太阳能有限公司、北京四季沐歌太阳能技术有限公司、皇明太阳能集团有限公司、北京华业阳光新能源有限公司、昆明新元阳光科技有限公司和北京九阳实业公司等单位的大力支持。他们为书中相关数据的汇总统计提供了帮助，有助于我们宏观地了解太阳能建筑应用相关产业的发展状况；为典型案例提供了大量翔实的有效数据与分析，有助于我们深入了解太阳能建筑应用工程的实际投资和运行等情况。感谢他们为本书顺利出版所做出的巨大贡献。

本书的出版凝聚了中国建筑工业出版社工作人员的辛勤劳动，是他们的支持和帮助才使得本书得以顺利出版。此书的出版凝聚了全体编写人员的智慧和劳动，是所有参加单位共同努力、团结协作的结果，在此深表敬意！

徐　伟

2009 年 7 月 10 日

目　　录

第 1 章　中国太阳能建筑应用发展状况综述 …… 1

1.1　中国建筑业发展速度与规模 …… 1

1.2　中国建筑能耗发展状况 …… 2

1.3　太阳能建筑应用的发展 …… 2

第 2 章　相关法律法规与产业政策 …… 22

2.1　与气候变化相关的国家政策 …… 22

2.2　与可再生能源相关的国家法规与政策 …… 22

2.3　与建筑节能相关的国家政策 …… 27

2.4　地方政府建筑节能相关政策 …… 29

2.5　地方政府发展太阳能建筑应用的相关政策 …… 31

第 3 章　国际经验及发展状况 …… 38

3.1　欧洲太阳能建筑应用发展状况 …… 40

3.2　北美太阳能建筑应用发展状况 …… 64

3.3　亚洲太阳能建筑应用发展状况 …… 82

第 4 章　标准、规范及技术书籍 …… 95

4.1　太阳能热利用标准、规范及技术书籍 …… 95

4.2　太阳能光伏应用标准、规范及技术书籍 …… 108

第 5 章　太阳能建筑应用技术发展与评价 …… 116

5.1　被动式太阳房 …… 116

5.2　太阳能热水系统 …… 125

5.3　太阳能供热采暖系统 …… 140

5.4　太阳能制冷系统 …… 151

5.5　太阳能光伏发电系统 …… 165

5.6　太阳能综合利用 …… 187

Contents

Chapter 1 Development and achievement of China solar energy in building ········ 1
1.1 Development speed and scale of construction industry ·························· 1
1.2 Development situation of building energy consumption ························ 2
1.3 Development of solar energy in building ·· 2

Chapter 2 Law, administrative regulation and policy-related documentation ······ 22
2.1 National policies related to the climate change ································ 22
2.2 National policies related to the renewable energy ····························· 22
2.3 National policies related to the building energy efficiency ···················· 27
2.4 Local government policies related to the building energy efficiency ········ 29
2.5 Local government policies related to the solar energy in building ·········· 31

Chapter 3 International experiences and development situation ················· 38
3.1 Europe ··· 40
3.2 North American ·· 64
3.3 Asia ··· 82

Chapter 4 Standards, codes and technical books ································ 95
4.1 Standards, codes and technical books on solar thermal system ·············· 95
4.2 Standards, codes and technical books on solar PV system ················· 108

Chapter 5 Development situation and evaluation of solar energy in building ······ 116
5.1 Passive solar building ··· 116
5.2 Solar water-heating system ··· 125
5.3 Solar heating system ··· 140
5.4 Solar cooling system ··· 151
5.5 Solar PV system ··· 165
5.6 Solar energy utilization ·· 187

第 6 章 太阳能建筑应用系统的测试与评价 …… 192
6. 1 太阳能热水系统测试与评价 …… 192
6. 2 太阳能供热采暖系统测试与评价 …… 197
6. 3 太阳能制冷系统测试与评价 …… 200
6. 4 太阳能光伏发电系统测试与评价 …… 204

第 7 章 太阳能建筑应用典型工程 …… 207
7. 1 被动式太阳房 …… 207
7. 2 太阳能热水系统 …… 208
7. 3 太阳能供热采暖系统 …… 219
7. 4 太阳能制冷系统 …… 222
7. 5 太阳能光伏发电系统 …… 226
7. 6 太阳能综合利用 …… 232

第 8 章 地方（省、市）太阳能建筑应用状况 …… 246
8. 1 海南省 …… 246
8. 2 青海省 …… 248
8. 3 江苏省 …… 250
8. 4 广东省深圳市 …… 251
8. 5 山东省德州市 …… 253
8. 6 河北省邢台市 …… 254
8. 7 河北省保定市 …… 255

第 9 章 面临问题与解决措施 …… 256
第 10 章 发展展望 …… 260
附录一：太阳能建筑应用相关国家政策 …… 266
附录二：太阳能建筑应用行业主要相关机构 …… 300
附录三：财政部、住房和城乡建设部可再生能源建筑应用示范项目列表 …… 303

Chapter 6　Testing and evaluation of solar energy system in building ········ 192
6. 1　Testing and evaluation of solar water-heating system ························ 192
6. 2　Testing and evaluation of solar heating system ································ 197
6. 3　Testing and evaluation of solar cooling system ································ 200
6. 4　Testing and evaluation of solar PV system ·· 204

Chapter 7　Typical projects of solar energy in building ···························· 207
7. 1　Passive solar building ··· 207
7. 2　Solar water-heating system ··· 208
7. 3　Solar heating system ·· 219
7. 4　Solar cooling system ·· 222
7. 5　Solar PV system ·· 226
7. 6　Solar energy utilization ··· 232

Chapter 8　Local (province, city) development situation of solar energy in buliding ··· 246
8. 1　Hainan province ·· 246
8. 2　Qinhai province ··· 248
8. 3　Jiansu province ·· 250
8. 4　Shenzhen of Guangdong province ·· 251
8. 5　Dezhou of Shandong province ··· 253
8. 6　Xintai of Hebei province ··· 254
8. 7　Baoding of Hebei province ·· 255

Chapter 9　Problems and solutions ··· 256

Chapter 10　Prospects ··· 260

Appendix Ⅰ　National policies related to the solar energy in building ········ 266
Appendix Ⅱ　Related institutes and companies of solar energy in China ····· 300
Appendix Ⅲ　Demonstration projects list for application of renewable energy by Ministry of housing and Urban-Rural Development and Ministry of Finance ································ 303

第1章　中国太阳能建筑应用发展状况综述

1.1　中国建筑业发展速度与规模

建国以后，我国城市化进程不断加快，城市化水平不断提高。城市化进程的加快，主要表现为城市数量的迅速增加。1949年，我国共有城市132个，1978年全国城市总数增加到193个。在这近30年的时间里，仅增加61个城市。改革开放以后的前10年，即至1988年，城市数达434个，增加了241个，相当于前30年增加量的4倍。城市数量迅速增加的趋势，体现了我国改革开放以后城市化进程的基本特征。2008年国家统计局发布的全国人口变动情况抽样调查推算结果显示：截至2008年年底，我国城镇人口超过6亿，城镇人口比重继续提高。从城市规模上看，20万以下人口的小城市增加最快，20万~50万人口的城市增加次之，50万~100万以及100万以上人口的城市增加相对较慢。这从另一个侧面体现了近20年来我国农村经济发展的一个必然结果——向城市化过渡。

2006年全国城镇人口总数57706万，占全国总人口比重为43.9%，城市化水平比2002年提高34.8个百分点。分区域看，2006年我国东、中、西部城市化水平分别为54.6%、40.4%和35.7%。分地区看，城市化水平最高的是上海，为88.7%，其次为北京和天津，分别为84.3%和75.7%。2006年我国城市总数为661个，其中地级及以上城市287个，比2002年增加8个。地级及以上城市（不包括市辖县）生产总值由2002年的64292亿元增加到132272亿元，增长1.1倍，占全国GDP的比重由2002年的53.4%上升到2006年的63.2%。生产总值超过1000亿元的城市由2002年的12个增加到2006年的30个，其中12个城市超过2000亿元。2006年地级及以上城市（不包括市辖县）地方财政预算内收入达10862亿元，比2002年增长1.1倍，占全国地方财政收入的59.3%。

伴随着城市化而来的是建筑业的迅猛发展，中国的城市建设出现了前所未有的热潮。一项调查数据显示：中国的城镇建筑面积在5年内翻了一番，由2000年的77亿m^2增长到2004年的近150亿m^2，增长速度远远超过了世界银行在20世纪90年代中期预言的中国建筑总量10年翻一番的速度。这个数字到2007年又变为182亿m^2。房屋的增长速度远高于城市人口的增长速度，人均建筑面积也以极快的速度增长。目前，我国每年竣工的房屋建筑面积约18亿~20亿m^2。预计到2020年底，我国新增的房屋建筑面积将近300亿m^2。

由于我国的地理位置与气候特点以及人民生活水平的不断提高，绝大部分建筑都需要使用供热空调系统，部分建筑需要供应生活热水。特别是城镇的居住建筑，基本都需要生活热水供应。农村建筑中对生活热水的需求也在不断地增加。这些需求的快速发展给太阳能建筑应用的发展带来了巨大的发展潜力。

1.2 中国建筑能耗发展状况

长期以来，世界能源主要依靠石油和煤炭等矿物燃料。但是，矿物燃料不但储量有限，而且燃烧时产生大量的二氧化碳，造成地球气温升高，生态环境恶化。更令人担忧的是煤、石油、天然气等一次性能源的储量正在迅速下降。按已探明储量和消耗速度估算，全球主要能源石油将在40~50年内枯竭，煤炭的可开采年限也只有200年左右，能源危机已成为困扰全球的最大问题。

建筑能耗主要指采暖、空调、热水供应、炊事、照明、家用电器、电梯、通风等方面的能耗。据统计，建筑能耗在我国能源总消费中所占的比例已经达到27.6%，且仍将继续增长。我国目前城镇民用建筑运行耗电量占我国总发电量的25%左右，北方地区城镇供暖消耗的燃煤量占我国非发电用煤量的15%~20%。这些数值仅为建筑运行所消耗的能源。建设领域中的建筑业和住宅产业也是资源消耗的大户。据统计，钢材消耗量约占我国钢材生产总量的20%，水泥消耗量约占我国水泥生产总量的20%，玻璃消耗量约占我国玻璃生产总量的15%。降低能耗，节约资源不容忽视。

我国建筑能源消耗按其性质可分为如下几类：（1）北方地区供暖能耗，约占我国建筑总能耗的36%，约为1.3亿吨标准煤/年（折合3700亿度电/年）；（2）除供暖外的住宅用电（照明、炊事、生活热水、家电、空调等），能耗约占我国建筑总能耗的20%，约为2000亿度电/年；（3）除供暖外的一般性非住宅民用建筑（办公室、中小型商店、学校等）能耗，主要是照明、空调和办公室电器等，约占民用建筑总能耗的16%；（4）大型公共建筑（高档写字楼、星级酒店、购物中心等）能耗，占民用建筑总能耗的10%左右；（5）农村生活用能（不包括非商品能），约为0.3亿吨标准煤/年，折合900亿度电/年。

建筑物使用过程消耗的能源占其全生命过程中能源消耗的80%以上。现在中国城镇建筑运行能耗由北方地区冬季建筑采暖能耗、住宅和一般公共建筑除采暖外的能耗、大型公共建筑能耗等构成，占社会总能耗的20%~22%。建筑能耗受单位建筑面积能耗和建筑总量影响，随建筑总量的增加而增加。如果中国将来城镇建筑总量增加一倍，建筑能耗总量很可能要增加不止一倍。在美国、欧洲和日本等发达国家，建筑运行能耗水平已经从其处于“制造大国”时期的20%~25%发展到目前“金融与技术大国”时期的近40%。

在建筑能耗中，暖通空调系统与热水系统所占的比例接近60%，而且随着人民生活水平提高还有继续上升趋势。太阳能作为清洁、无污染、用之不竭的可再生能源，有着分布广、低密度的特点，与建筑中对品位能源的需求正好吻合，因而太阳能建筑应用得到了广泛的关注和研究，并已得到了快速的发展。

1.3 太阳能建筑应用的发展

1.3.1 我国太阳能建筑应用发展历史

太阳能是永不枯竭的干净能源，是21世纪以后人类可期待的最有希望的能源之一。而太阳能在建筑中的应用又是现阶段太阳能应用最具发展潜力的实用领域。

现代建筑为满足居住者的舒适要求和使用需要，应具备供暖、空调、热水供应、供电（包括照明、电器）等一系列功能。太阳能建筑应用领域的科研、技术、产品开发和工程应用的总体目标，就是用太阳能代替常规能源来满足建筑物的上述功能要求。随着世界太阳能技术水平的不断提高和进步，严格意义上的太阳能建筑，应能利用太阳能满足房屋居住者舒适水平和使用功能所需的大部分能源供应，即达到太阳能在建筑中的综合利用。现阶段我国只能做到太阳能在建筑中的部分利用，在合理性和实用性方面有许多问题需要解决，与世界先进水平有一定差距，尤其是在实际工程应用方面。

太阳能在建筑中的应用技术包括太阳能热水、太阳能供热采暖、太阳能制冷空调和太阳能光伏发电等，各项技术在我国的发展历史和当前所处的发展阶段是不相同的。

1.3.1.1 太阳能热水

太阳能热水是我国在太阳能热利用领域最早研发并形成产业化的一项技术。迄今为止，经历了三个发展阶段。

（1）起步阶段（20 世纪 50 年代 ~70 年代初）

我国对太阳能热水器的开发利用始于 1958 年。当时由天津大学和北京市建筑设计院研制开发的自然循环太阳能热水器，分别用于天津大学和北京天堂河农场的公共浴室，成为中国最早建成的太阳能热水工程。但由于受当时的计划经济背景、住房分配制度等因素的影响，后来的发展速度十分缓慢，除有少数个别的应用项目外，太阳能热水器的制造产业完全是空白。

（2）产业化形成阶段（20 世纪 70 年代末 ~90 年代初）

上世纪 70 年代末席卷世界的能源危机，使以太阳能为代表的可再生能源，因其作为煤炭、石油等化石能源替代品的地位和作用，受到世界各国的普遍重视。当时我国正处于文革结束、迎来科学技术春天的大好时机，从而使得太阳能热水器作为一个新兴但又幼小的新能源产品行业出现，得到了政府的重视和支持，并逐步发展壮大。

80 年代，我国在太阳能集热器的研制开发方面取得的一批科技成果，直接促进了我国太阳能热水器的产业化成长和家用太阳能热水器市场的形成。其中最重要的成果是光谱选择性吸收涂层全玻璃真空集热管的研制开发。

1979 年，中科院硅酸盐研究所、清华大学等单位分别研制成全玻璃真空集热管雏形。特别是以殷志强教授为首的清华大学课题组，经过坚持不懈的努力，于 1984 年成功研制开发了用于太阳能真空集热管、具有自主知识产权的专利技术——磁控溅射渐变铝—氮/铝太阳能选择性吸收涂层，并积极推动该项成果的不断创新、应用及产业化，使我国在太阳能热水器的核心技术方面达到了国际领先水平。该专利技术先后获得了国家发明三等奖、国家科技进步二等奖和世界太阳能大会维克斯事业成就奖等多个奖项，使太阳能集热管的大规模生产和商业化应用成为可能。

此外，北京市太阳能研究所自 20 世纪 80 年代中期开始和联邦德国道尼尔公司合作研制开发了热管真空集热管和集热器，主要解决的攻关内容有玻璃管口与热管冷凝段的玻璃—金属封接工艺，热管设计与制造工艺，吸热翅片的选择性吸收涂层以及与热管冷凝段连接的联箱结构等，使制造成本大大低于国外同类型产品。

（3）快速发展、推广普及阶段（20 世纪 90 年代末至今）

我国的太阳能热水器产业进入 20 世纪 90 年代后期以来发展迅速，太阳能集热器、热水器生产企业有3000多家，骨干企业100多家，其中大型骨干企业20多家。生产量由1998年的350万m^2/年增长到2008年的3100万m^2/年，热水器的总保有量由1998年的1500万m^2增长到2008年的1.25亿m^2，年平均增长率分别为25%和24%。每千人拥有的太阳能热水器面积达到96m^2。在三类家用热水器（电、燃气、太阳能）的市场份额中，太阳能热水器已占50.8%。目前我国是世界公认最大的太阳能热水器市场和生产国，太阳能热水器的总产量和保有量世界第一，占世界总使用量的比例超过50%。

当前国产产品几乎完全占有了我国的太阳能热水器市场。在国内某些地区，太阳能热水器的成本已与电或煤气/天然气加热的热水成本相当甚至更低。自2001年以来，中国太阳能热水器的出口总额不断增长，2008年出口额达1亿美元，出口地包括欧洲、美洲、非洲和东南亚等80多个国家。

但长期以来，太阳能热水器一直是房屋建成后才由用户购买安装的一个后置部件，这种使用方式带来的一系列问题和矛盾——对建筑物外观和房屋相关使用功能造成的影响和破坏——制约了太阳能热水器在建筑上的进一步应用推广。因此，在20世纪90年代后期，我国提出了太阳能热水器/系统与建筑一体化结合的发展目标，并在“十五”期间取得了实质性的进展。

首先，通过对产品安全性、可靠性、稳定性、耐久性的质量控制，提高了现有太阳能集热器对建筑一体化的适应能力，成功开发出建筑构件型太阳能集热器，如新元热板。其次，编制并发布实施了一批工程建设标准、设计规范、手册和标准图集，开发了计算机优化设计软件，形成了建筑一体化太阳能热水系统的技术支撑体系。在各地建成了一批示范工程，为太阳能热水系统建筑一体化的实施树立了样板，积累了经验，例如云南丽江滇西明珠酒店、昆明市红塔金典园住宅区、云南蒙自县红竺园小区、南宁翡翠园小区、杭州长岛绿园小区等。这些示范工程的水平已经可以和国际同类工程相媲美。

1.3.1.2　太阳能供热采暖

按照国际上的惯用名称，太阳能供暖方式可分为主动式和被动式两大类。主动式是以太阳能集热器、管道、风机或泵、末端散热设备及储热装置等组成的强制循环太阳能采暖系统；被动式则是通过建筑朝向和周围环境的合理布置，内部空间和外部形体的巧妙处理，以及建筑材料和结构、构造的恰当选择，使房屋在冬季能集取、保持、储存、分布太阳热能，适度解决建筑物的采暖问题。运用被动式太阳能采暖原理建造的房屋称为被动式采暖太阳房。主动式太阳能采暖系统由暖通工程师设计，被动式采暖太阳房则主要由建筑师设计。

相对于单纯的太阳能热水供应，长期以来，我国兼有冬季供暖的太阳能供热、采暖技术和工程应用水平较低。由于主动式太阳能采暖系统复杂，设备多，初投资和经常维持费用都比被动式太阳能采暖高，而我国是发展中国家，经济发展相对落后，从国情出发，过去采取的政策是优先发展被动式太阳能采暖。

（1）被动式太阳能采暖

我国被动式太阳能采暖的发展可分为两个阶段。

① 科研开发、示范阶段（20世纪70年代末~90年代中）

我国的第一栋被动式采暖太阳房建成于1977年，地点在甘肃省民勤县，由甘肃省武威地区科委研究设计，是一栋南窗直接受益结合实体集热蓄热墙集取太阳热量的组合式太阳房。

从1977～1995年，通过国家“六五”、“七五”、“八五”科技攻关项目，在引进、消化、吸收世界太阳能建筑技术的基础上，我国已形成了具有中国特色的包括理论、设计、施工、试验及评价方法在内的一整套被动式太阳能采暖技术，建成实验性太阳房和被动式太阳能采暖示范建筑约30万m^2，分布于北京、天津、甘肃、青海、河北、山东、内蒙古、新疆、辽宁、西藏、宁夏、河南、陕西等省、市、自治区，几乎包括了我国北方采暖区的绝大部分地区。这些太阳房的建筑类型，大部分为农村住宅和乡镇中、小学，也有办公楼、商店、宾馆、医院、邮电所、公路道班房和城市住宅等，几乎覆盖了除工业用建筑物以外的所有民用建筑，包括单层和多层建筑，以及带有我国典型地域特点的窑洞等。

② 稳步推广阶段（20世纪90年代中至今）

国家“八五”科技攻关结束后的1995～2000年，我国被动式太阳能采暖的发展进入了从示范工程向规模化推广的准备期。这期间，虽然建设的实际应用工程不多，但建筑围护结构和门窗保温隔热技术快速发展，产品性能极大改善，从而为以后被动式采暖太阳房建设水平的提高奠定了基础。

在2000～2005年的“十五”期间，建成了建筑面积几百万平方米的被动式采暖太阳房。有代表性的示范工程是由世界银行贷款、全球环境基金赠款，在中国基本卫生服务项目中的卫生Ⅷ支持性项目中完成的29座被动式太阳能采暖乡镇卫生院，分别位于甘肃、青海和山西省。通过试点项目的示范作用，使被动太阳能采暖乡镇卫生院得以在贫困地区普及推广，并取得相应的效益。

“十一五”提出并实施的社会主义新农村建设，为在乡镇、农村推广被动太阳能采暖建筑带来了又一次发展机遇，特别在太阳能资源极其丰富的西部贫困地区。目前，住房和城乡建设部以及相关地方的主管部门已经在开展调研和前期的技术储备，进行立项的准备工作。随着国家三农政策的进一步落实，乡镇、农村被动太阳能建筑的建设将进入稳步推广和快速发展期。

（2）主动式太阳能供热采暖

受经济水平的制约，主动式太阳能供热采暖系统在我国的发展一直比较缓慢，迄今为止的发展历史大致可分为两个阶段：

① 产品研发和技术储备阶段（20世纪70年代末～90年代末）

由于国家“六五”、“七五”、“八五”在太阳能供暖领域的科研项目基本上都是被动式太阳能采暖，太阳能热水、采暖对系统和设备又有大致相同的要求，所以该阶段在主动太阳能供暖技术的科研开发方面主要集中于太阳能集热器等关键设备的研发，以及跟踪发达国家太阳能供热采暖综合系统（Solar Heating Combisystem）的应用水平，进行理论模拟计算和系统设计方法研究等技术储备工作。主动式太阳能单纯供暖的实际工程应用完全是空白。

② 示范及推广阶段（2000年至今）

随着国家整体经济实力和人民生活水平的提高，以及太阳能集热器等产品性能和质量的改善，进入21世纪后，我国的主动式太阳能供热、采暖的技术开发和工程应用开始逐渐起步。在科技部的“十一五”科技支撑计划中，太阳能供热采暖综合应用技术的研发和工程示范已成为重大科研项目课题。

目前我国已建成若干单体建筑主动式太阳能供热采暖试点工程，如北京清华阳光能源开发有限公司办公楼，北京平谷新农村建设项目的将军关、玻璃台等乡村农民住宅，拉萨火车站等。但太阳能区域供热、采暖工程（小区热力站级）还没有应用实践。

2006年5月启动的财政部、建设部“可再生能源建筑应用示范推广项目”中包括了较多的太阳能供热、采暖工程。在2006～2007年申报通过的212个项目中，太阳能+热泵综合的项目占25%。其中位于北京通州区中国建筑科学研究院科技园的太阳能季节蓄热+地源热泵供暖综合应用系统，是国内第一个季节蓄热太阳能供暖试点工程，待该项目实施完成后，将极大带动我国太阳能供热采暖技术的发展和提高。

太阳能供热采暖是继太阳能热水之后最有可能在我国普及推广的太阳能热利用技术。“十一五”将是太阳能供热采暖从应用示范转向应用推广的重要过渡期。其中的一个关键转折点是工程建设国家标准《太阳能供热采暖工程技术规范》于2009年发布实施，从而为太阳能供热采暖工程的规范化设计、施工、验收提供了技术支持，为进一步的应用推广奠定了基础。

1.3.1.3 太阳能制冷空调

由于空调的应用需求和太阳能的供给量保持着很好的一致性，即天气越热，越需要使用空调时，相应的太阳辐照量也较大，所以太阳能制冷空调是我国最早进行太阳能应用的研究领域，其发展历史大致可分为两个阶段。

（1）理论和实验研究阶段（20世纪70年代末～90年代中）

20世纪70年代末，太阳能在建筑中的应用研究在我国刚刚起步时，国内就有多家单位开始从事太阳能制冷空调系统的研究开发，其中华中理工大学、北京首都师范大学和上海交通大学等单位研制的太阳能氨水吸收式或溴化锂吸收式制冷实验装置，中国建筑科学研究院空调所完成的建设部“1976～1978建设科学技术发展计划”项目“中、小型车间太阳能空调制冷技术的研究”以及在京棉三厂建成的氨水吸收式制冷空调示范工程，为后来的太阳能空调系统真正进入工程实践提供了有益的参考。

（2）示范工程阶段（20世纪90年代中至今）

太阳能制冷空调是国家“九五”科技攻关项目中的重要内容，“九五”也是太阳能制冷空调从实验研究转向示范工程应用的重要转折期。项目完成的两个太阳能空调示范工程——中国科学院广州能源研究所为广东江门市中国建设银行大楼设计的“太阳能空调热水系统”和北京市太阳能研究所在山东乳山市建成的“太阳能吸收式空调及供热综合示范系统”，为我国太阳能空调的实际工程应用积累了有益的经验。

2000年后，我国又陆续建成了一批太阳能制冷空调示范工程，其中的代表性工程有“北京市太阳能研究所办公楼”、“2008年第29届奥运会青岛国际帆船中心的后勤保障中心”和“上海建筑科学研究院节能示范楼”等，这些工程在技术的成熟度和实际工程的应用效果方面都有了很大的进步。此外，天津海泰软件园等太阳能空调示范工程，在探索使用聚焦型太阳能集热器作为高温热水型吸收式制冷机热源的技术路线方面进行了有益的探索。

“十一五”期间，太阳能空调的相关科技开发项目同样列入了国家科技部的“十一五”科技支撑计划，财政部、建设部的“可再生能源建筑应用示范推广项目”中也有一批太阳能空调的示范工程正在实施。所以，“十一五”将是多种不同类型太阳能空调示范工程建成的时期。通过对这些太阳能空调示范工程的检测和经验总结，将为已立项的工程建设国家标准《民用建筑太阳能空调工程技术规范》提供编制基础。预计太阳能空调从示范工程向应用推广的过渡期将在2010年之后。

1.3.1.4 太阳能光伏发电

我国从1958年开始研究太阳能光伏发电技术，迄今为止大致可分为三个发展阶段。

（1）太阳能光伏电池研发阶段（20世纪50年代末~70年代末）

我国对太阳能光伏电池的研究开发始于人造卫星等航天空间技术的需求。1958~1966年主要是基础研究开发阶段，以单晶硅为主，研究生产工艺；1967~1979年主要是提高效率、降低成本、小批量生产、推广试用阶段。1971年太阳能电池成功用于我国发射的东方红二号卫星上。1973年开始将太阳能电池用于地面，主要用于小功率电源系统，如航标灯、铁路信号灯、电围栏等。1974年在渤海实现浮标灯太阳能电池化。1979年单晶硅效率达到12%以上，成本为每峰瓦100元。

（2）产业化形成阶段（20世纪70年代末~90年代末）

我国的光伏工业在20世纪80年代之前尚处于雏形。70年代末至80年代中，国内一些半导体器件厂开始利用半导体工业废次材料生产单晶硅太阳能电池，光伏工业开始进入萌发时期。80年代中后期，国内一些企业引进成套单晶硅电池和组件生产设备，以及非晶硅电池生产线，使光伏、组件的总生产能力达到4.5MWp，我国的光伏产业初步形成。

90年代初中期，我国的光伏产业处于稳定发展时期，生产量逐年稳步增加。至90年代末，随着产业的初步形成和成本的降低，应用领域开始向工业领域和农村电气化应用发展，市场稳步扩大，并被列入国家和地方政府计划，如西藏“阳光计划”、“光明工程”、光纤通信电源等。但类似国外“阳光屋顶”计划所实施的与建筑结合的太阳能光伏发电系统（BIPV）还仍是空白。

（3）快速发展阶段（20世纪90年代末至今）

进入21世纪后，我国的光伏产业进入了快速发展期，走上了国际化、专业化和规模化的发展道路，使产业发展最大限度地适应了市场发展的需求。2002~2007年，中国光伏产业的年平均增长率为191.3%，形成了一个高水平、国际化的光伏产业群体。自2005年无锡尚德在纽约交易所上市起，不到两年时间已有10家中国光伏企业相继在海外上市，成为世界光伏产业发展的奇迹。

2007年中国的太阳能电池产量达到1088MWp，超过日本（920MWp）和欧洲（1062.8MWp），成为世界第一大太阳能电池生产国；2008年的电池产量更达到2000MWp的规模。由法国Photowatt公司完成的统计报告显示：2007年世界各国有35家公司的太阳能电池产量超过20MWp，其中中国公司有14家（包括4家台湾公司），占40%。

在光伏电池的应用领域，2002年由国家计委启动的“送电到乡工程”项目成为全球应用光伏发电解决偏远农村地区用电的一个亮点，同时也拉动了我国光伏工业的快速发展。2000年后，国内与建筑结合的太阳能光伏发电系统（BIPV）包括并网系统开始起步而且发展迅速。以深圳园艺博览会（1MW）及国家体育场“鸟巢”（100kW）的太阳能光伏发电并网系统为代表的一批示范工程相继建成，标志着我国的太阳能光伏发电技术已快速进入建筑应用领域。“十一五”期间，与建筑结合的太阳能光伏发电BIPV系统将有更快的发展。仅财政部、建设部“可再生能源建筑应用示范推广项目”中就有包括BIPV系统、建筑景观、小区路灯照明等一系列光伏发电应用示范项目41个。同时，有若干个荒漠大型并网光伏电站的建设项目已开始实施。

1.3.2 我国目前太阳能建筑应用发展分析

1.3.2.1 太阳能热水

太阳能热水是我国在太阳能热利用领域具有自主知识产权、技术最成熟、依赖国内市场产业化发展最快、市场潜力最大的技术，也是我国在可再生能源领域唯一达到国际领先水平的自主开发技术。下面以2007年的统计数据为例，分析我国太阳能热水器的产业结构、主要产品、质量监管和市场状况。

我国的太阳能热水器/集热器生产企业约3000余家，其中骨干企业100余家，大型骨干企业20余家，其余绝大多数为地方中小企业。2007年我国有产值超过5000万的太阳能热水器/集热器生产企业近50家，其中产值亿元以上的有25家。从2001~2007年，大型骨干企业的市场占有率从13%增长到了31%。

目前实际使用的太阳能热水器按集热器结构形式可划分为真空管和平板两种类型。2007年我国生产的2300万m^2的太阳能热水器中，真空管热水器产量为2190万m^2，平板热水器产量为107万m^2，分别占总产量的95%和5%。在真空管热水器的总产量中，全玻璃真空管、热管真空管和U形管真空管分别占94%、4%和2%（图1-1）。

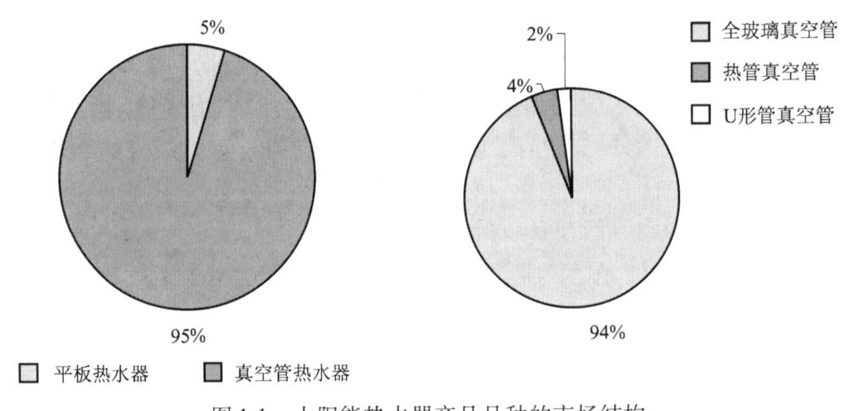

图1-1 太阳能热水器产品品种的市场结构

标准和检测是对产品质量进行监管的基础。我国已建立了完善的太阳能热利用产品国家标准体系，涵盖了家用太阳能热水器、太阳能热水系统、太阳能集热器和真空太阳能集热管等全部产品系列。同时，经国家质量监督检验检疫总局和国家认证认可监督管理委员会授权，成立了两个国家太阳能热水器质检中心——国家太阳能热水器质量监督检验中心（北京）和国家太阳能热水器产品质量监督检验中心（武汉）。从2004年开始，这两个国家中心受国家质检总局委托，对太阳能热水器进行了连续5年的产品质量国家监督抽查，起到了规范市场的良好作用。

节能产品认证是《中华人民共和国节约能源法》推出的一项国家节能工作管理新制度。作为一种节能产品，目前对太阳能热水器也已开始进行产品质量认证。2005~2007年我国有23家太阳能热水器企业的系列产品通过了北京鉴衡认证中心的认证，获得“金太阳”认证标识。2007 年有 23 家企业获得了中环联合（北京）认证中心有限公司的太阳能热水器产品“十环标志”环境认证证书和标志。此外，中国建筑科学研究院（认证）于 2007 年 4 月 28 日正式举行挂牌仪式，该认证机构对太阳能热水器产品认证的重点主要是太阳能热水器与建筑结合的性能质量。

我国太阳能热水的市场可分为两大块。一块是家用太阳能热水器——直接由用户购买，采用专卖店或商场销售模式，由经销商上门安装；另一块是与建筑结合的太阳能热水系统——工程建设模式，目前多由太阳能企业的工程部为相关项目进行设计安装，今后应转为企业供货，设计院、设备安装公司负责设计安装的正规模式。从 2003 年开始，我国太阳能热水的工程市场份额稳步发展，工程市场占总产量的比例已从 2003 年的 20% 增至 2007 年的 35%（图 1-2）。

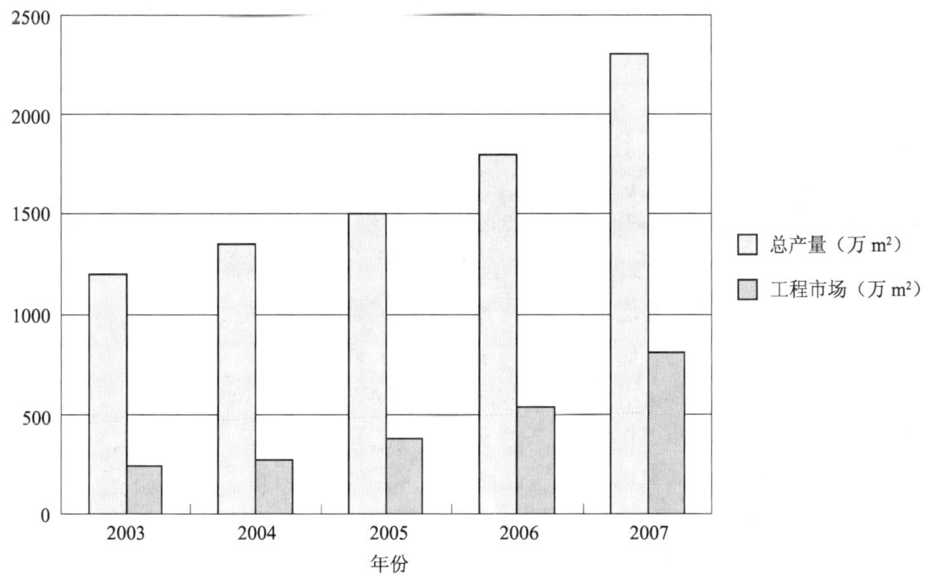

图 1-2 太阳能热水器总产量和工程市场量

“十五”期间完成的一批国家科技攻关和国际合作项目，如国家发改委/联合国基金会（NDRC/UNF）“中国太阳能热水器行业发展项目”的子项“太阳热水器一体化住宅试点项目改型设计、实用设计手册编写及相关培训”，“十五”国家科技攻关项目“节能建筑与太阳能系统集成技术开发与示范”中的“太阳能供热制冷成套技术开发与示范”等，对我国与建筑结合太阳能热水系统技术水平的提高起了巨大的促进作用。NDRC/UNF 项目的示范工程共有 11 个，包括：北京常营小区、云南丽江滇西明珠酒店、山东济南力诺科技园住宅区、广西南宁半山丽园小区、广西南宁翡翠园小区、上海佘山天安别墅、山东德州皇明科技园住宅区、天津都旺新城小区、云南昆明红塔金典园住宅区、云南蒙自红竺园小区、浙江杭州余杭长岛绿园小区等。这些示范工程的水平已经可以和国际同类工程相媲美（图 1-3），至今仍代表着我国建筑一体化太阳能热水工程的最高水平。近年来，我国建筑一体化太阳能热水系统在高层建筑上的应用推广有了快速的发展，特别是阳台安装的独户式太阳能热水系统，已经积累了大量的工程应用经验。

图1-3 丽江滇西明珠酒店（左）、荷兰Apeldoorn住宅小区（右）

1.3.2.2 太阳能供热采暖

（1）被动式太阳能采暖

我国的被动式太阳能采暖应用在发展初期，有两个大的国际合作项目对其技术进步起到了巨大的推动作用：一个是联合国开发计划署援助项目，另一个是中德合作项目。

1980年联合国开发计划署和国家科委共同协作投资，在甘肃省榆中县建设太阳能采暖与降温技术示范中心，由甘肃省科学院自然能源研究所具体承担。至1983年，在基地内建成九栋被动式太阳房示范建筑，包括三层综合试验楼、食堂、招待所、集体宿舍、农民住宅、下沉式窑洞等。后来在示范中心内又扩建了数栋太阳房示范建筑，并受联合国委托举办第三世界国家太阳能应用技术人员培训班至今，为国际太阳能事业作出了贡献。

1982年，由中国、联邦德国双方共同投资，中方由北京太阳能研究所、天津大学、清华大学共同承担设计的“中国、联邦德国再生能源合作项目”开始启动，合作项目的内容是在北京大兴县义和庄建设新能源村。到1983年底，建成了各类太阳房25栋。1984年又为当地农户建成57栋太阳房住宅，并对其中的9栋进行了测试和总结。同年在北京市科委主持下，由北京市太阳能研究所设计，以自建公助形式，在北京市昌平县建成了百余栋农民住宅，其中的马池口乡是当时拥有被动式太阳房住宅户数量最多的一个农民新村。

我国从“六五”、“七五”到“八五”的国家科技攻关项目，为被动式太阳房在我国的普及推广奠定了坚实的技术基础。这些科研项目的攻关内容，涉及被动式太阳房的各个领域，既有基础理论研究、模拟试验、热工参数分析、设计优化，又有材料、构件的开发和示范工程建设。

在基础理论方面，通过对太阳房传热机理的分析，建立了太阳房热过程的动态物理、数学模型，编制了模拟计算软件，利用计算软件及模拟试验验证，对影响太阳房热性能的相关参数进行了灵敏度分析和优化计算，并在对已建成的试验和示范太阳房所作的大量试验、测试及工程实践的基础上，提出了优化设计方法；编写出版了适合我国国情的《被动式太阳房热工设计手册》。

在材料、构件的开发方面，除创造了花格蓄热墙、快速集热墙等新型的采暖方式外，对墙体、屋顶、地面的保温措施也因地制宜地创造了多种具有中国特色的形式。如在农民住宅中，利用麦糠装在塑料袋中、选用掺10%生石灰作钙化防腐处理的锯末、秸秆等有机保温材料，特别在利用中国建筑物重质结构较多的特性来解决被动式太阳房室温波动大的问题上有所突破，并创造了结合中国国情的保温窗帘、门窗密封、玻璃贴膜等技术。

在工程设计技术方面，形成了一整套有中国特色的被动太阳房设计技术，各省、各地区也针对地域特点和居住习惯的设计技术措施，相继出版了多册被动太阳房实例汇编和设计图集，如《被动式太阳能采暖乡镇住宅通用设计试用图集》、《甘肃省被动式采暖太阳房通用设计图集》，《内蒙古被动式采暖太阳房通用设计图集》，《内蒙古采暖太阳房建筑构造图集》等，从而适应了不用档次，不同经济条件用户的需求。

在示范工程的建设方面，建成了数百栋示范房屋，而且地域分布很广，有西北地区的甘肃、陕西、青海、西藏，华北地区的内蒙、河北、京津两市，东北地区的辽宁，还有华中地区的河南和华东地区的山东等，为各个不同地区的太阳房建设树立了样板。

2000 年后实施的又一个国际合作项目，世界银行贷款、全球环境基金赠款的卫生Ⅷ支持性项目，对今后太阳房的发展起到了承前启后的作用。完成的 29 座被动式太阳能采暖乡镇卫生院（图 1-4），在太阳能集热、蓄热措施、材料和施工工艺的选用上比过去都有较大突破，特别是通过动风压实验现场检测窗的密封性能，以及进行长达一个采暖季的房屋热环境效果监测，积累了完整的太阳房性能、设计和效益分析参数，为将来太阳房在新农村建设中的推广应用积累了十分有益的经验。

图 1-4 被动式太阳能采暖乡镇卫生院

（2）主动式太阳能供热采暖

我国的主动式太阳能供热采暖从 2000 年后开始向工程应用发展。最先实践太阳能供热采暖工程应用的是太阳能生产企业，其中的代表是北京清华阳光能源开发有限公司、北京市太阳能研究所有限公司、北京天普太阳能工业有限公司、昆明新元阳光科技有限公司等。2005 年后我国的太阳能供热采暖工程应用进入了较快发展期，主要是因为有国家节能减排大形势的要求，以及政府的大力支持和相关项目的带动。

财政部、建设部的“可再生能源建筑应用示范推广项目”对太阳能供热、采暖的工程应用起到了十分巨大的推动作用。在该项目中实施的太阳能供热采暖示范工程地域分布广、技术类型多。其工程建设地点包括我国北方采暖区的北京、山东、内蒙古、陕西、宁夏、青海、西藏等多个省、区、市；技术类型则既有短期或季节蓄热与常规能源相结合的太阳能供热采暖系统，又有太阳能与地源热泵、生物质能等其他可再生能源相结合的综合利用系统。根据项目要求，这些示范工程在建成后必须经过性能、效益的测试和分析，符合要求的才能通过项目验收，这就为科学合理地总结工程经验提供了条件，也使这批试点工程能够真正发挥示范作用。

目前北京市在太阳能供热采暖的工程应用推广方面走在了全国的前列，主要是结合社会主义新农村建设，在北京郊区建成了一批太阳能供热采暖农民新村。截止到2008年4月的统计数据，北京地区建成的太阳能供热采暖工程共有29项，总建筑面积约15.7万m^2，其中公共建筑9178m^2，住宅约14.8万m^2，分类信息见表1-1和表1-2及图1-5。

北京市太阳能供热采暖工程（公共建筑） **表1-1**

序号	名　　称	建筑面积（m^2）	集热面积（m^2）	集热器类型	辅助热源类型	建成时间
1	怀柔县能源办公室	384	48	平板	空气源热泵	2001
2	大兴振利公司办公楼	500	95	平板	无	2002
3	昌平区北京清华阳光能源开发有限公司办公楼	640	164	真空管	电	2003
4	大兴榆垡北京天普太阳能工业有限公司办公楼	356	80	真空管	电	2006
5	平谷区裕鑫昌建筑老年活动站	223	28	平板	电	2006
6	河北围场北京大学地球环境与生态系统试验站	2000	276	真空管	电	2007
7	门头沟南辛房老年活动中心	1240	210	平板	电	2007
8	门头沟潭柘寺村民委员会	1000	162	平板	电	2007
9	通州建研科技园幕墙实验室	2835	140	平板	地源热泵	2008
10	小计	9178	1203			

北京市太阳能供热采暖工程（住宅） **表1-2**

序号	名　　称	建筑面积（m^2）	集热面积（m^2）	集热器类型	辅助热源类型	建成时间
1	平谷区将军关村（86户）	14656	1904	平板	生物质炉	2005
2	平谷区玻璃台村（68户）	10744	1360	真空管	生物质炉	2005
3	平谷区挂甲峪村（71户）	12425	1988	平板	生物质炉	2005
4	平谷区南宅村（81户）	17658	1555	平板	生物质炉	2006
5	平谷区太平庄村（69户）	7659	994	平板	生物质炉	2006
6	门头沟樱桃沟别墅（81户）	17172	3888	真空管	电	2006
7	怀柔区渤海镇村公所	240	30	平板	生物质炉	2006
8	门头沟鲁家滩民宅	353	30	平板	电	2006
9	大兴区安定镇佟营村民宅	198	20	平板	生物质炉	2006
10	昌平南口农场	174	28	平板	电	2007
11	We house 别墅	500	72	真空管	燃气锅炉	2007
12	平谷区太平庄村二期（12户）	1764	216	平板	生物质炉	2007
13	平谷区新农村村委会（10户）	5134	668	平板	生物质炉	2007
14	平谷区新农村示范户（162户）	18893	2739	平板	生物质炉	2007
15	顺义区民宅	206	20	平板		2007
16	朝阳区垡头民宅	432	57	平板	电	2007
17	怀柔区民宅	110	22	平板	生物质炉	2007

续表

序号	名称	建筑面积（m^2）	集热面积（m^2）	集热器类型	辅助热源类型	建成时间
18	房山区民宅	138	20	平板		2007
19	平谷区新农村示范户Ⅱ（312户）	34632	4329	平板	生物质炉	2008
20	昌平区南口镇镜之谷别墅区	5000	500	平板	电	2008
21	总计	148089	20439			

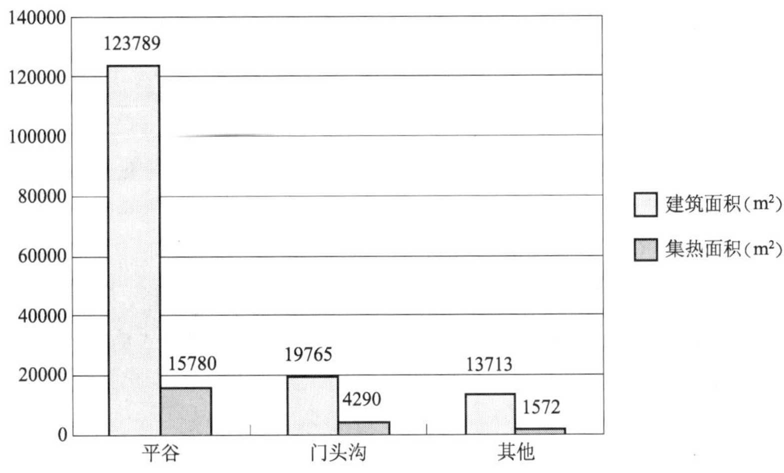

图 1-5 北京市太阳能供热采暖工程的地域分布

从地区分布来说，以平谷区的数量为最多；按所使用的集热器类型划分，则以平板集热器比例最大，约占总集热面积的 72%。

1.3.2.3 太阳能制冷空调

20 世纪 70 年代末以来，我国科技工作者对各种类型的太阳能制冷方式都进行过比较深入的研究，研制出相应的实验装置、样机，并建成一批示范工程，技术类型涵盖太阳能吸收式制冷，太阳能吸附式制冷、被动式降温、地下冷源降温和太阳能除湿空调等。

我国对太阳能制冷空调的研究和实践是从太阳能氨—水吸收式制冷系统开始的，先后有 20 多个单位开展过工作，积累了宝贵的经验。国内建成的第一个太阳能制冷空调工程是 1979 年在北京第三棉纺厂建成的太阳能氨—水吸收式制冷空调系统。该项目由中国建筑科学研究院空调研究所研制完成，是 1976～1979 年建设部全国建筑科学技术发展计划项目“中小型高温车间太阳能制冷的研究”中的示范工程。工程为适用于中小型车间降温的太阳能氨—水吸收式制冷空调系统，空调房间面积 $64m^2$，集热系统为 $40m^2$ 光电自动跟踪平板型太阳能集热器组，自动跟踪误差不超过 5°，以工业余热为辅助热源，太阳能最大制冷量 8.14kW，系统 COP 值范围 0.12～2.0。

另一类适于太阳能利用的制冷机是以溴化锂—水为工质对的吸收式制冷机。目前我国生产的溴化锂吸收式制冷机质量已达到国际先进水平，形成了颇具规模的产业，这就使溴化锂吸收式制冷空调系统的太阳能利用有了一个良好的技术基础。国内在该领域做过大量研究工作的单位有中国科学院广州能源研究所、上海交通大学、华南理工大学和浙江大学等。为适应太阳能利用低温热源的特点，中国科学院广州能源研究所从 1982 年开始进行新型热水型两级吸收式溴化锂制冷机的研制工作，分别于1993年、1994年和1997年制造的70kW、350kW和1000kW两级吸收式溴化锂制冷机已在实际空调系统中成功运行，机组的显著特点是要求的热源温度低和热源的利用温差大。

“九五”期间，当时的国家科委把“太阳能空调示范系统”列入了“九五”重点科技攻关项目计划，在我国南方和北方各建一个实用性的太阳能空调系统。南方的示范点由中国科学院广州能源研究所负责，系统建在广东江门市一栋24层综合大楼上，供该楼一层（600m^2）空调，使用高效平板型集热器（带透明隔热板），两级吸收式溴化锂制冷机，制冷能力最高可达112kW，性能系数COP值大于0.4。北方的示范点由北京市太阳能研究所负责，系统建在山东乳山市新能源科普公园的太阳能馆内，空调面积1000m^2，使用热管真空管型集热器，国产热水型溴化锂（单级）吸收式制冷机，系统供冷量100kW。

太阳能吸附式制冷是利用固体吸附剂（沸石分子筛、硅胶、活性炭、氯化钙等）对制冷剂（水、甲醇、氨等）的吸附（或化学吸收）和解吸作用实现制冷循环的。吸附剂的再生温度在80～150℃之间，适合利用太阳能。我国在该领域开展研究的单位有中国建筑科学研究院空调所、西安交通大学、中国科学院广州能源研究所、华南理工大学和北京航空航天大学等。在20世纪90年代曾成功研制出以活性炭—甲醇、氯化钙—氨为工质对的太阳能吸附式制冰机样机，每平方米集热器的日产冰量达到2～6kg。

通过持续不断的多年努力，“十五”期间，上海交通大学成功研制开发出采用硅胶—水吸附工质对的吸附式冷水机组，并用于太阳能制冷空调实际工程——位于上海市建筑科学研究院莘庄基地内的上海市建筑科学研究院环境实验楼。该工程项目为上海市生态建筑示范楼，其中的一项重要技术就是太阳能吸附式制冷空调系统，系统选用总计150m^2的CPC真空管和热管式真空管太阳能集热器同两台吸附式制冷机组并联运行，单台机组额定制冷量8.5kW，空调面积265m^2。项目获得了2005年建设部首届全国绿色建筑创新奖一等奖。

“十五”、“十一五”期间的另两个重要的太阳能制冷空调示范工程是北京市太阳能研究所北苑办公楼和2008年第29届奥运会青岛国际帆船中心中的后勤保障中心。北京太阳能研究所北苑办公楼的太阳能采暖、空调总建筑面积为2600m^2；太阳能集热系统采用桑达公司生产的热管式真空管太阳能集热器，集热器面积655m^2，贮热水箱容积42m^3，100kW电锅炉辅助加热；采用溴化锂吸收式制冷机组（制冷量387kW），机组额定热源温水流量93.7t/h，末端风机盘管采暖、空调系统。青岛奥帆中心的后勤保障中心太阳能空调总建筑面积为5800m^2，系统的太阳能集热器总采光面积Ac为552.9m^2，贮热水箱容积Vs为12m^3。该两个系统建成后均曾进行过性能测试，目前运行良好。

太阳能制冷空调的另一条技术路线是使用聚焦型太阳能集热器和高温热水型或蒸汽型吸收式制冷机配合工作。国内致力于该领域研发工作的单位主要是湖南长沙远大空调有限公司，其委托开发研制的槽式聚焦型太阳能集热器与本公司的高温热水型吸收式制冷机组配合，在国内外建成了多个太阳能空调试点工程，如天津海泰软件园等。但由于聚焦型集热器产品本身的性能质量不稳定，实施效果不理想，需要进一步通过技术攻关加以改善提高。

此外，我国在太阳能除湿空调、被动式降温和地下冷源降温等技术领域也进行了大量的研发工作，做到了结合中国实际条件，跟踪世界前沿水平。近年来，太阳能辅助热泵再生吸附除湿系统已开始用于粮食的就仓干燥，发挥了很好的经济效益。

1.3.2.4 太阳能光伏发电

在太阳能光伏电池产品的研发方面，我国曾先后开展了晶硅（单晶、多晶）高效电池，非晶硅薄膜电池，碲化镉（CdTe）、铜铟硒（CIS）、多晶硅薄膜电池，热敏电池等的银浆开发工作，技术水平不断提高，个别项目（激光刻槽埋栅电池）达到或接近国际水平。同时，还开展了太阳级多晶硅材料、太阳能电池/组件配套材料（银、铝浆、EVA等）的研制开发，使我国的太阳能光伏技术和产业能够全面发展。

与世界光伏市场类似，我国生产的太阳能光伏电池也是以晶硅电池为主。以2007年为例，晶硅电池产量1059.7MWp，占总产量的97%；非晶硅电池产量28.3MWp，只占总产量的3%。我国研制各类太阳能电池达到的实验室效率水平见表1-3。

我国研制的地面太阳能电池效率水平 表1-3

电池	技术	效率（%）	尺寸（cm）
单晶硅电池			
（IPSE）	倒金字塔织构化及选择性发射区技术	19.79	2×2
（MGBC）	机械刻槽埋栅技术	18.47	2×2
（LGBC）	激光刻槽埋栅技术	18.6	5×5
多晶硅电池	常规+吸杂	14.5	1×1
聚光（硅）电池	密栅	17.0	2×2
多晶硅薄膜电池	RTCVD（非活性硅衬底）	14.8	1×1
非晶硅电池	PECVD（单结）	11.2	毫米级
	PECVD（双结）	11.4	毫米级
非晶硅电池组件		8.6	10×10
		6.2	30×30
碲化镉电池	近空间升华	13.38	0.5
燃料敏化 TiO_2 电池	丝网印刷	10	1

非晶硅电池因成本较低、外观漂亮和弱光性能较好而受到重视，特别是应用于BIPV系统具有一定的优势。但目前在技术和市场认知方面仍面临一些挑战，主要是效率较低且有衰减，使用寿命较短等，产业化技术还处于不断完善的过程中。2004年前我国的薄膜电池产业以单结非晶硅电池为主，2004年自天津津能引进2.5MWp双结非晶硅电池后，目前国内从事薄膜电池生产的企业约20家，总生产能力约80MWp。

太阳能电池必须经封装形成组件后才能使用，组件封装是光伏产业链的一个重要环节，也是产业链中相对的劳动密集型环节。我国建有组件封装线的企业总计有200多家，2007年的封装能力约3800MWp，组件封装能力远大于电池生产能力，而中国劳动力费用又较低，所以有一部分国外电池进入中国进行封装，使光伏组件的产量高于电池产量。

在国内外光伏市场需求的拉动下，我国的多晶硅和太阳级硅锭/硅片产业自2005年以来发展迅速。据不完全统计，迄今为止有约50家的企业正在建设、扩建和筹建以西门子改良法为技术路线的多晶硅生产线，总建设规模超过10万t，并在2007~2010年期间陆续建成投产。目前太阳级硅锭/硅片的生产企业已超过70家，2007年太阳级单晶硅锭和多晶硅锭的总产量分别为8070吨和3740吨，年增长率分别为77%和231%。这说明中国的太阳级硅锭生产逐渐由初期的单晶为主向多晶为主过渡，向世界主流趋势靠近。

1973年太阳能电池在我国第二颗人造卫星和天津塘沽港浮标灯上的应用，开始了我国太阳能电池在空间和地面同时应用的历史。20世纪70年代初至80年代末，由于电池成本偏高和国家的整体实力偏低，太阳能电池在地面上的应用非常有限。90年代以后，随着国内光伏产业的逐渐形成、电池成本的降低和国家经济实力的提高，太阳能光伏电池的应用范围和规模才逐步扩大，并在进入21世纪后，开始快速发展。发展中的一个关键项目是2002年由国家计委启动的“西部省区无电乡通电计划”，通过光伏和小型风力发电解决西部七省区（西藏、新疆、青海、甘肃、内蒙古、陕西和四川）700多个无电乡的用电问题，国家投资20亿元，光伏电池用量达到15.5MWp，极大地刺激了光伏产业的发展。

中国的光伏发电市场主要包括：通信和工业应用——微波中继站、光缆通信系统、卫星通信和卫星电视系统等，约占26%；农村和边远地区用电——村庄独立光伏电站、户用供电系统等，约占43%；太阳能商品——太阳能路灯、庭院灯、计算器、电动汽车、游艇等，约占17%；并网发电系统——与建筑结合光伏发电系统（BIPV）、大型荒漠光伏电站等，约占4%。据不完全统计，迄今为止国内的离网和并网的太阳能光伏发电系统的总装机容量约为54MWp，其中代表性的BIPV系统项目见表1-4。

BIPV并网发电项目　　**表1-4**

编　号	承担（承建）单位	功率（kW）	地　　点	建成时间
1	中科院电工所	1000	深圳世博园	2004年8月
2	日本东京电力	140	北京路灯中心大楼	2004年9月
3	美国联合太阳能北京计科	300	北京首都博物馆	2005年12月
4	北京市太阳能所	43	科技部办公楼	2005年
5	SchentenSolar，SMA	60	中关村软件园	2005年
6	北京东瑞科技中心北京自动化院	80	北京交管局法培中心	2006年3月
7	上海太阳能科技	100	国家发改委办公楼	2006年
8	无锡尚德公司	100	国家体育场（鸟巢）	2008年3月
9	西班牙埃索菲通	50	国家游泳中心（水立方）	2007年
10	北京科诺伟业	100	奥运国家体育馆	2008年
11	深圳瑞华公司	400	北京南站BIPV	2008年

2008年12月，云南省和青海省分别宣布将在昆明和柴达木盆地开工建设总装机容量为166MW和1GW（1000MW）的电站。青海柴达木盆地1GW的电站全部建设完成后，可能成为世界上最大的并网光伏电站。

1.3.3　发展特点

1.3.3.1　太阳能热水

（1）立足国内，“产”、“学”、“研”结合自主开发，突破关键技术

我国太阳能热水技术的一个显著特点是在关键技术方面具有自主知识产权。为提高太阳能集热设备的太阳能有用得热量，发明了采用真空夹层、应用太阳能选择性吸收涂层，使对流、辐射热损降到最低的真空太阳集热管。我国掌握了其核心技术——太阳能选择性吸收涂层的制备工艺，拥有由清华大学申请的发明专利“多层铝—氮/铝（Al-N/Al）选

择性吸收涂层”，至今仍为世界公认性能价格比最好的选择性吸收涂层。2000 年该发明专利已公开，无偿为社会服务，极大促进了我国太阳能热利用产业的发展。

（2）不靠政府补贴，走市场化产业发展道路

世界各国对太阳能热水器行业的激励政策可分为立法、财政激励政策和间接市场政策三大类，其中的财政激励政策包括补贴、税收优惠和低息贷款等。目前，欧洲大多数国家采用的一般补贴为系统造价的 20% ~50%，德国最高补贴可达系统造价的 60%，采用税收优惠政策的有巴西、葡萄牙、荷兰、奥地利等国家，还有的国家是为用户提供低息贷款等。可以说世界上大多数国家的太阳能热水器行业发展与政府的财政激励政策有很高的依存度，这恰好和我国的情况形成巨大反差。中国太阳能热利用企业的成长和产业化完全是通过市场化的运作发展起来的，政府的支持主要放在立法（可再生能源法）和间接市场政策（资助研发项目、支持国家标准与质量认证、宣传推广活动等）上，这是我国太阳能热利用行业最值得骄傲的一点，也是太阳能热利用企业能够可持续发展的最大优势。

（3）依靠国内市场，产量和安装总量巨大，地区间不平衡，人均使用量较低

与许多国内的出口加工外向型制造业不同，也与同为太阳能利用的国内光伏产业不同，我国的太阳能热利用行业始终是依靠巨大的国内市场发展起来的，产品出口只在最近几年才逐渐增长。我国是世界上最大的太阳能热水器市场和生产国，太阳能热水器的总产量和使用量世界第一。但由于我国有占世界第一位的庞大人口，每千人的使用量约 $96m^2$，仅列世界第 10 位。即使到 2020 年达到 3 亿 m^2 总产量，每千人的使用量也只有 $200m^2$，仍低于目前希腊、奥地利每千人 $250m^2$ 的使用量水平。此外，在国内各地区之间应用的市场份额也不平衡，特别是经济发达程度较低、太阳能资源较好的西部地区，应用量相对较低。所以，国内市场的发展潜力巨大。

（4）基本建立进行产品质量监管的标准、检测、认证体系

中国太阳能热水系统和工程国家标准的研究和制订工作起源于 1982 年，目前已颁布实施了太阳能热水系统产品国家标准 16 项，行业标准 4 项，工程建设国家标准 1 项，基本涵盖全部的产品和配件系列。北京、武汉两个国家太阳能热水器产品质量监督检验中心已开展了 5 年包括国家监督抽查的产品在内的质量监督检测工作，对国产产品质量的提高和性能的改善起到很好的推动作用。此外，与国际接轨、积极开展了对产品质量的认证工作，基本建立了符合中国国情的产品质量监管标准、检测、认证体系。

（5）全玻璃真空管紧凑式太阳能热水器的市场占有率最高

中国的太阳能热水器市场与发达国家相比一个很大的不同点是产品品种的市场结构。发达国家占市场份额 90% 以上的是平板型集热器分离式太阳能热水系统，无论是产品的安全性、可靠性、耐久性还是系统形式，都非常适宜与建筑结合；而我国占市场份额最高的产品品种则是全玻璃真空管紧凑式太阳能热水器，即使是太阳能热利用的大型骨干企业，目前生产的主流产品仍是紧凑式非承压太阳能热水器，不适宜与建筑结合，这也是我国推广与建筑结合太阳能热水系统的困难所在。

（6）与建筑结合太阳能热水工程的数量偏少，技术水平参差不齐

太阳能热水器/系统必须与建筑一体化结合的理念，已经在太阳能利用学术界、产业界和建筑业界形成共识，并得到国家发改委、建设部、省市建设厅等各级政府机构的大力支持。但在与建筑结合的太阳能热水技术和工程应用领域，我国的整体水平和应用规模，

与发达国家相比仍有不小差距。各地的发展不平衡；存在一些认识上的误区；大部分建筑设计院和房地产开发商对建筑一体化太阳能热水系统的关注较少；部分太阳能热水器企业对建筑一体化的认识停留在概念上，没有投入实质性的努力；在产品性能、与建筑结合的适用性和系统设计各个方面都亟待提高。

1.3.3.2 太阳能供热采暖

（1）优先发展被动太阳能采暖技术，主要应用于乡镇、农村地区

我国的太阳能热利用技术自1980年开始起步发展时，国家的整体经济实力和城乡人民的生活水平都较低，国家当时在太阳能供热采暖技术领域制定的发展方针是优先发展被动太阳能采暖技术，这就使得在很长的一段时间内（2000年之前）实际的应用工程是以被动太阳能采暖建筑为主。此外，由于我国乡镇、农村地区的居住建筑形式大多是单层或两、三层的别墅型，比较容易实现各种类型的被动太阳能采暖设计，加之农民对室内热环境舒适度的要求较低，单纯利用被动太阳能采暖技术就可基本满足他们的要求，所以，过去我国的被动太阳能采暖技术主要是应用于乡镇、农村地区。

（2）初步形成具有中国特色被动太阳能采暖的技术支撑体系

由于我国最初的战略方针是优先发展被动太阳能采暖技术，所以在国家“六五”、“七五”、“八五”科技攻关计划中，列入了大量的被动太阳能采暖项目。特别是国家“七五”科技攻关计划完成后，就初步形成了具有中国特色被动太阳能采暖的技术支撑体系，包括基础理论、计算软件、设计手册、设计图集、保温材料、新型集热构件和国家标准等。通过大量示范工程的经验总结，又进一步完善了符合中国国情的被动太阳能采暖技术，为今后在新农村建设中大力推广被动太阳能建筑打下了坚实的基础。

（3）主动式太阳能供热采暖起步较晚、水平亟待提高，但发展前景看好

受国家经济水平和人民消费能力的制约，相对需要较高投资、较强技术和较好产品性能的主动式太阳能供热采暖技术的工程应用，于2000年后才在我国开始起步。目前只建成了少量的单体太阳能供热采暖示范工程，太阳能区域供热采暖仍是空白。对已有太阳能供热采暖示范工程的运行效果监测和设计参数的优化验证还在进行过程中，规模化应用方面更远落后于世界发达国家，整体水平亟待提高。但随着国家节能减排的形势要求，可再生能源在建筑中应用示范工程项目的推动，以及国家标准《太阳能供热采暖工程技术规范》的发布实施，主动式太阳能供热采暖工程应用已加快了发展速度，并显示出良好的发展势头。

（4）通过示范工程带动太阳能供热采暖技术的推广应用

我国太阳能供热采暖技术发展的一个重要特点是通过国家、中央部委、地方的科技攻关项目和国际合作项目，大力开展相关技术示范工程的建设。在被动太阳能采暖方面，重要的有科技部、建设部等科技攻关计划，联合国开发计划署（UNDP）、联合国工发组织、全球环境基金等支持的项目；主动式太阳能供热采暖则主要有科技部、建设部等支持的科技攻关计划和财政部、建设部的可再生能源建筑应用示范推广项目等。通过示范工程的经验总结，得出有益、适用的设计参数和资料，分析、归纳形成相应的设计规范后，指导和带动进一步的推广应用，从而避免了资金的无效使用。

（5）主、被动结合太阳能供热采暖技术的应用较少，发展缓慢

既利用了被动太阳能建筑设计、又设置了太阳能供热采暖系统，基本依靠太阳能提供

建筑物所需采暖负荷的太阳能建筑在我国的应用较少，发展比较缓慢，目前还没有真正意义上的主、被动结合太阳能供热采暖建筑建成。究其原因，主要是建设成本较高、投资较大以及我国城市绝大多数为多层和高层建筑，可采用的被动太阳能设计形式受到限制，设置主动式太阳能供热采暖系统的外围护面积不够，与国外大多为别墅型住宅的条件差异很大。但随着我国经济的发展和城乡居民住房和消费水平的提高，特别是经济发达地区小城镇和乡镇的发展，为今后主、被动结合太阳能供热采暖建筑的应用带来机遇。国家“十一五”的科技支撑计划项目已经为该领域的发展作了一定的技术储备，将来的发展会加快步伐。

1.3.3.3　太阳能制冷空调

（1）基础理论和实验研究的范围较广、水平较高

我国太阳能制冷空调技术发展的显著特点是在20世纪80年代发展之初，就有国内大批高水平的科研院所和重点高等院校参与，进行相关领域基础理论和实验研究的单位众多，涵盖的技术门类齐全，在太阳能吸收式、吸附式制冷，被动式降温、地下冷源降温和太阳能除湿空调方面均有涉及，而且研究深度和研究水平都较高。特别在适用于太阳能制冷空调系统的冷源——吸收式和吸附式制冷机的产品开发方面，一些科研院所和高等院校作出了重要贡献，为今后我国太阳能制冷空调技术和实际工程应用的进一步发展提供了有力的技术支持。

（2）有较好的产业支撑能力

在我国的暖通空调行业中，与离心式、螺杆式电制冷机多为国外引进和中外合资企业生产制造不同，可以与太阳能利用相结合的吸收式制冷机的生产制造主要是国内企业，拥有自主开发技术，而且于20世纪80年代就形成了产业化，这就为今后我国太阳能制冷空调的发展提供了较好的产业支撑能力。通过产、学、研结合开发的新产品，能够比较顺利地通过样机、中试等程序进入批量生产，提供给市场。例如由上海交大开发的吸附式制冷机，很快就能在国内的大型企业双良集团投入生产，并应用于示范工程。

（3）示范工程带动推广应用

与太阳能供热采暖相同，我国太阳能制冷空调的推广应用也需要示范工程的带动。在太阳能建筑热利用技术中，太阳能制冷空调是成本最高、投资最大的一项技术。因为一般情况下相对于冬季采暖，夏季的空调负荷会更大，对太阳能集热器产品的热性能要求更高，所以国内太阳能制冷空调的工程应用基本上是政府投资的试点、示范项目，在今后的一段时期也仍将以示范工程为主。通过示范工程带动促进太阳能制冷空调的推广应用会是一个相对缓慢的过程。

（4）太阳能除湿空调、被动式降温和地下冷源降温的实际应用较少，但发展前景看好

过去国内开展的被动式降温和地下冷源降温主要在理论和实验研究方面，太阳能除湿空调则刚刚开始实际应用。但因为这几项技术相对的投资成本较低，比较适合我国国情，随着国家对可再生能源应用的日益重视，对这些技术的实际应用会越来越关注，发展前景也会越来越好。

1.3.3.4　太阳能光伏发电

（1）关键技术主要依靠国外引进，研发和自主创新能力薄弱

我国光伏产业的发展基本上是依靠引进国外设备和生产线，然后通过消化、吸收和再

创新来提高国产化能力的模式。虽然近年来随着国内光伏企业实力的增长，一批重点企业越来越重视对研发的投入，建立企业研发中心，加强与国内外高校和科研机构的紧密合作等，各级政府也明显增加了投入，但由于在技术水平和人才培养等方面的滞后，中国光伏产业研发力量薄弱、缺乏自主创新能力的状况依然存在。面对激烈的国际竞争，尽快提升我国光伏技术的自主创新能力是一项十分重要的战略任务。

（2）产业规模发展迅速，过度膨胀，面临整合

我国太阳能光伏产业的规模从2005年后飞速发展，包括晶体硅和非晶硅电池在内的年产量从2004年的50MWp猛增至2007年的1088MWp，短短三年时间增长20倍，成为世界第一大生产国。这主要是由于世界光伏市场的强力拉动，使众多投资者纷纷涌入而造成的。因此，这种发展模式受世界经济形势的影响很大，从2008年年中开始的国际金融危机已经对我国的光伏产业带来危害，目前我国太阳能电池的生产能力已远远超出了市场需求。所以，产业整合势在必行。正确把握和利用现在面临的危机，通过综合实力的优胜劣汰进行产业整合，遏制过度膨胀的局面，才能使我国的光伏产业真正走上健康发展的轨道。

（3）产业链发展不均衡，国内市场亟待培育

我国生产太阳能光伏产品的产业链呈喇叭状，总体发展不均衡。产业链下游的太阳能电池组件封装、使用太阳能电池的消费品（如太阳能电池手电筒、路灯等）的生产，由于资金投入门槛和技术含量较低，发展很快；而上游的多晶硅原材料生产，数量很少，基本依赖进口。近年来虽然引进若干太阳能多晶硅生产线，情况开始逐渐好转，但缺口仍然很大。以2007年的情况分析，原料的产量和需求量相差近10倍，产业链发展不均衡的问题依然严峻。

我国光伏产业面临的另一个关键问题是国内市场太小，目前国内企业所生产太阳能电池的95%以上用于出口。这种市场严重落后于产业发展的状况，对我国光伏产业的持续健康发展是极为不利的，需要引起各级管理部门的重视，加大开发国内市场的力度。

（4）标准、检测、认证体系不完善

我国目前已有若干针对太阳能光伏电池等产品的相关国家标准发布实施，但在太阳能光伏发电应用技术方面的相关标准还比较欠缺。国内现有3个可以对光伏产品进行性能检测的检测机构，但均尚未获得国家认监委的授权。因此，我国还未开展国际通用的对于光伏产品的认证工作。由于没有国家级光伏产品检测机构、标准体系不够完善和未进行产品认证，对规范国内的产品质量、减少产品的出口障碍带来不利影响。这是今后我国太阳能光伏产业发展需要改善和解决的又一个重要问题。

（5）独立式光伏发电系统、设备的后期维护和管理亟待规范

目前我国已经建成的离网光伏系统和电站大约有1000多个，普遍存在业主不明确、保修期已过但仍由原设计安装单位无偿提供维修服务等问题。独立式离网光伏系统以及光伏路灯、景观照明等离网光伏设备，均存在蓄电池每5～7年必须更换的问题，会产生相对较高的运行维护费用。为保证已建成的这些独立式光伏发电系统和设备能够长期可靠地运行工作，迫切需要规范管理体系，明确运行维护的责任方和落实维护费用的出处。

参 考 文 献

[1] 王仲颖　李俊峰等著．中国可再生能源产业发展报告2007. 北京：化学工业出版社，2008

[2] 中国太阳能热水器产业发展研究报告（2006～2007），2008.5

[3] 中国可再生能源发展战略研究项目组．中国可再生能源发展战略研究丛书　太阳能卷．北京：中国电力出版社，2008

[4] 郑瑞澄．中国太阳能热利用技术的现状与发展．中国可再生能源学会第八次全国代表大会暨中国可再生能源发展战略论坛论文集，2008

第2章　相关法律法规与产业政策

目前，我国经济高速发展，能源也日趋紧张。因此，我国把可再生能源的应用列入重要发展方向。太阳能作为一种清洁、环保、可再生的低密度能源，在建筑中有着广阔的应用前景。为了能够更好地落实我国“节能减排”、“建筑节能”的号召，住房和城乡建设部大力提倡推广可再生能源的建筑利用，其中应用的重点就是太阳能建筑的光热和光电应用。住房和城乡建设部在《关于贯彻〈国务院关于加强节能工作的决定〉的实施意见》中提出的目标是在“十一五”末期，全国太阳能、浅层地能等可再生能源应用面积占新建建筑面积比例达25%以上。

我国鼓励、支持太阳能建筑应用发展的法律、法规、文件很多，各个地方政府对太阳能建筑应用也有着不同的支持方式。为了使读者能够用最短的时间内了解我国从中央到地方的太阳能建筑应用相关政策，本章对其进行了归纳总结。

2.1　与气候变化相关的国家政策

法案名称	《中国应对气候变化国家方案》
公布日期	2007年6月3日
公布机关	国务院
相关内容	第四部分“中国应对气候变化的相关政策和措施”中明确提出要“积极扶持太阳能、地热能、海洋能等的开发和利用”；“积极发展太阳能发电和太阳能热利用，在偏远地区推广户用光伏发电系统或建设小型光伏电站，在城市推广普及太阳能一体化建筑、太阳能集中供热水工程，建设太阳能采暖和制冷示范工程，在农村和小城镇推广户用太阳能热水器、太阳房和太阳灶……”

2.2　与可再生能源相关的国家法规与政策

2.2.1　《中华人民共和国节约能源法》

公布日期	2007年10月28日
公布机关	第十届全国人民代表大会常务委员会第三十次会议
实行日期	2008年4月1日
相关内容	第一章第二条　定义：“本法所称能源，是指煤炭、石油、天然气、生物质能和电力、热力以及其他直接或者通过加工、转换而取得有用能的各种资源。” 第三章第三节第四十条指出：“国家鼓励在新建建筑和既有建筑节能改造中使用新型墙体材料等节能建筑材料和节能设备，安装和使用太阳能等可再生能源利用系统。”

续表

相关内容	第五十八条 国务院管理节能工作的部门会同国务院有关部门制定并公布节能技术、节能产品的推广目录，引导用能单位和个人使用先进的节能技术、节能产品。国务院管理节能工作的部门会同国务院有关部门组织实施重大节能科研项目、节能示范项目、重点节能工程。 第六十一条 国家对生产、使用列入本法第五十八条规定的推广目录的需要支持的节能技术、节能产品，实行税收优惠等扶持政策

2.2.2 《中华人民共和国可再生能源法》

公布日期	2005年2月28日
公布机关	第十届全国人民代表大会常务委员会第十四次会议
实行日期	2006年1月1日
相关内容	第一章第二条 本法所称可再生能源，是指风能、太阳能、水能、生物质能、地热能、海洋能等非化石能源。 第三章第十二条 国家将可再生能源开发利用的科学技术研究和产业化发展列为科技发展与高技术产业发展的优先领域，纳入国家科技发展规划和高技术产业发展规划，并安排资金支持可再生能源开发利用的科学技术研究、应用示范和产业化发展，促进可再生能源开发利用的技术进步，降低可再生能源产品的生产成本，提高产品质量。国务院教育行政部门应当将可再生能源知识和技术纳入普通教育、职业教育课程。 第四章第十三条 国家鼓励和支持可再生能源并网发电。建设可再生能源并网发电项目，应当依照法律和国务院的规定取得行政许可或者报送备案。建设应当取得行政许可的可再生能源并网发电项目，有多人申请同一项目许可的，应当依法通过招标确定被许可人。 第四章第十四条 电网企业应当与依法取得行政许可或者报送备案的可再生能源发电企业签订并网协议，全额收购其电网覆盖范围内可再生能源并网发电项目的上网电量，并为可再生能源发电提供上网服务。 第四章第十五条 国家扶持在电网未覆盖的地区建设可再生能源独立电力系统，为当地生产和生活提供电力服务。 第四章第十七条 国家鼓励单位和个人安装和使用太阳能热水系统、太阳能供热采暖和制冷系统、太阳能光伏发电系统等太阳能利用系统。国务院建设行政主管部门会同国务院有关部门制定太阳能利用系统与建筑结合的技术经济政策和技术规范。房地产开发企业应当根据前款规定的技术规范，在建筑物的设计和施工中，为太阳能利用提供必备条件。对已建成的建筑物，住户可以在不影响其质量与安全的前提下安装符合技术规范和产品标准的太阳能利用系统；但是，当事人另有约定的除外。 第四章第十八条 国家鼓励和支持农村地区的可再生能源开发利用。县级以上地方人民政府管理能源工作的部门会同有关部门，根据当地经济社会发展、生态保护和卫生综合治理需要等实际情况，制定农村地区可再生能源发展规划，因地制宜地推广应用沼气等生物质资源转化、户用太阳能、小型风能、小型水能等技术。县级以上人民政府应当对农村地区的可再生能源利用项目提供财政支持。 第五章第十九条 可再生能源发电项目的上网电价，由国务院价格主管部门根据不同类型可再生能源发电的特点和不同地区的情况，按照有利于促进可再生能源开发利用和经济合理的原则确定，并根据可再生能源开发利用技术的发展适时调整。上网电价应当公布。 依照本法第十三条第三款规定，实行招标的可再生能源发电项目的上网电价，按照中标确定的价格执行；但是，不得高于依照前款规定确定的同类可再生能源发电项目的上网电价水平。 第五章第二十条 电网企业依照本法第十九条规定确定的上网电价收购可再生能源电量所发生的费用，高于按照常规能源发电平均上网电价计算所发生费用之间的差额，附加在销售电价中分摊。具体办法由国务院价格主管部门制定。 第五章第二十一条 电网企业为收购可再生能源电量而支付的合理的接网费用以及其他合理的相关费用，可以计入电网企业输电成本，并从销售电价中回收。 第五章第二十二条 国家投资或者补贴建设的公共可再生能源独立电力系统的销售电价，执行同一地区分类销售电价，其合理的运行和管理费用超出销售电价的部分，依照本法第二十条规定的办法分摊。 第五章第二十三条 进入城市管网的可再生能源热力和燃气的价格，按照有利于促进可再生能源开发利用和经济合理的原则，根据价格管理权限确定。

续表

相关内容	第六章第二十四条 国家财政设立可再生能源发展专项资金，用于支持以下活动： （一）可再生能源开发利用的科学技术研究、标准制定和示范工程； （二）农村、牧区生活用能的可再生能源利用项目； （三）偏远地区和海岛可再生能源独立电力系统建设； （四）可再生能源的资源勘查、评价和相关信息系统建设； （五）促进可再生能源开发利用设备的本地化生产。 第六章第二十五条 对列入国家可再生能源产业发展指导目录、符合信贷条件的可再生能源开发利用项目，金融机构可以提供有财政贴息的优惠贷款。 第六章第二十六条 国家对列入可再生能源产业发展指导目录的项目给予税收优惠。具体办法由国务院规定。 第六章第二十七条 电力企业应当真实、完整地记载和保存可再生能源发电的有关资料，并接受电力监管机构的检查和监督。电力监管机构进行检查时，应当依照规定的程序进行，并为被检查单位保守商业秘密和其他秘密。 第六章第二十九条 违反本法第十四条规定，电网企业未全额收购可再生能源电量，造成可再生能源发电企业经济损失的，应当承担赔偿责任，并由国家电力监管机构责令限期改正；拒不改正的，处以可再生能源发电企业经济损失额一倍以下的罚款

2.2.3 《国务院关于加强节能工作的决定》

公布日期	2006年8月6日
公布机关	国务院
相关内容	三、加快构建节能型产业体系 （九）优化用能结构。大力发展高效清洁能源。逐步减少原煤直接使用，提高煤炭用于发电的比重，发展煤炭气化和液化，提高转换效率。引导企业和居民合理用电。大力发展风能、太阳能、生物质能、地热能、水能等可再生能源和替代能源

2.2.4 《节能减排综合性工作方案》

公布日期	2007年6月3日
公布机关	国务院
相关内容	积极推进能源结构调整。大力发展可再生能源，抓紧制订出台可再生能源中长期规划，推进风能、太阳能、地热能、水电、沼气、生物质能利用以及可再生能源与建筑一体化的科研、开发和建设，加强资源调查评价

2.2.5 《可再生能源中长期发展规划》

公布日期	2007年9月
公布机关	国家发展和改革委员会
相关内容	可再生能源包括水能、生物质能、风能、太阳能、地热能和海洋能等，资源潜力大，环境污染低，可持续利用，是有利于人与自然和谐发展的重要能源。 今后十五年我国可再生能源的总体发展目标： 提高可再生能源比重，促进能源结构调整……加快发展水电、生物质能、风电和太阳能，大力推广太阳能和地热能在建筑中的规模化应用，降低煤炭在能源消费中的比重，是我国可再生能源发展的首要目标。 具体发展目标： 充分利用水电、沼气、太阳能热利用和地热能等技术成熟、经济性好的可再生能源，加快推进风力发电、生物质发电、太阳能发电的产业化发展，逐步提高优质清洁可再生能源在能源结构中的比例，力争到2010年使可再生能源消费量达到能源消费总量的10%左右，到2020年达到15%左右。

续表

相关内容	国际发展现状： 太阳能利用包括太阳能光伏发电、太阳能热发电，以及太阳能热水器和太阳房等热利用方式。光伏发电最初作为独立的分散电源使用，近年来并网光伏发电的发展速度加快，市场容量已超过独立使用的分散光伏电源。2005年，全世界光伏电池产量为120万kW，累计已安装了600万kW。太阳能热发电已经历了较长时间的试验运行，基本上可达到商业运行要求，目前总装机容量约为40万kW。太阳能热利用技术成熟，经济性好，可大规模应用，2005年全世界太阳能热水器的总集热面积已达到约1.4亿m^2。 发展趋势： 从目前可再生能源的资源状况和技术发展水平看，今后发展较快的可再生能源除水能外，主要是生物质能、风能和太阳能。……太阳能发展的主要方向是光伏发电和热利用，近期光伏发电的主要市场是发达国家的并网发电和发展中国家偏远地区的独立供电。太阳能热利用的发展方向是太阳能一体化建筑，并以常规能源为补充手段，实现全天候供热，提高太阳能供热的可靠性，在此基础上进一步向太阳能供暖和制冷的方向发展。 资源潜力： 全国三分之二的国土面积年日照小时数在2200小时以上，年太阳辐射总量大于每平方米5000MJ，属于太阳能利用条件较好的地区。西藏、青海、新疆、甘肃、内蒙古、山西、陕西、河北、山东、辽宁、吉林、云南、广东、福建、海南等地区的太阳辐射能量较大，尤其是青藏高原地区太阳能资源最为丰富。 国内发展现状： （1）太阳能发电。到2005年底，全国光伏发电的总容量约为7万kW，主要为偏远地区居民供电。2002～2003年实施的“送电到乡”工程安装了光伏电池约1.9万kW，对光伏发电的应用和光伏电池制造起到了较大的推动作用。除利用光伏发电为偏远地区和特殊领域（通信、导航和交通）供电外，已开始建设屋顶并网光伏发电示范项目。光伏电池及组装厂已有十多家，年制造能力达10万kW以上。但总体来看，我国光伏发电产业的整体水平与发达国家尚有较大差距，特别是光伏电池生产所需的硅材料主要依靠进口，对我国光伏发电的产业发展形成重大制约。 （2）太阳能热水器。到2005年底，全国在用太阳能热水器的总集热面积达8000万m^2，年生产能力1500万m^2。全国有1000多家太阳能热水器生产企业，年总产值近120亿元，已形成较完整的产业体系，从业人数达20多万人。总体来看，我国太阳能热水器应用技术与发达国家还有差距。目前，发达国家的太阳能热水器已实现与建筑的较好结合，向太阳能建筑一体化方向发展，而我国在这方面才开始起步。 重点发展领域： 1. 太阳能发电 发挥太阳能光伏发电适宜分散供电的优势，在偏远地区推广使用户用光伏发电系统或建设小型光伏电站，解决无电人口的供电问题。在城市的建筑物和公共设施配套安装太阳能光伏发电装置，扩大城市可再生能源的利用量，并为太阳能光伏发电提供必要的市场规模。为促进我国太阳能发电技术的发展，做好太阳能技术的战略储备，建设若干个太阳能光伏发电示范电站和太阳能热发电示范电站。到2010年，太阳能发电总容量达到30万kW，到2020年达到180万kW。建设重点如下： （1）采用户用光伏发电系统或建设小型光伏电站，解决偏远地区无电村和无电户的供电问题，重点地区是西藏、青海、内蒙古、新疆、宁夏、甘肃、云南等省（区、市）。建设太阳能光伏发电约10万kW，解决约100万户偏远地区农牧民生活用电问题。到2010年，偏远农村地区光伏发电总容量达到15万kW，到2020年达到30万kW。 （2）在经济较发达、现代化水平较高的大中城市，建设与建筑物一体化的屋顶太阳能并网光伏发电设施，首先在公益性建筑物上应用，然后逐渐推广到其他建筑物，同时在道路、公园、车站等公共设施照明中推广使用光伏电源。“十一五”时期，重点在北京、上海、江苏、广东、山东等地区开展城市建筑屋顶光伏发电试点。到2010年，全国建成1000个屋顶光伏发电项目，总容量5万kW。到2020年，全国建成2万个屋顶光伏发电项目，总容量100万kW。 （3）建设较大规模的太阳能光伏电站和太阳能热发电电站。“十一五”时期，在甘肃敦煌和西藏拉萨（或阿里）建设大型并网型太阳能光伏电站示范项目；在内蒙古、甘肃、新疆等地选择荒漠、戈壁、荒滩等空闲土地，建设太阳能热发电示范项目。到2010年，建成大型并网光伏电站总容量2万kW、太阳能热发电总容量5万kW。到2020年，全国太阳能光伏电站总容量达到20万kW，太阳能热发电总容量达到20万kW。

续表

<table>
<tr><td>相关内容</td><td>另外，光伏发电在通信、气象、长距离管线、铁路、公路等领域有良好的应用前景，预计到2010年，这些商业领域的光伏应用将累计达到3万kW，到2020年将达到10万kW。
2. 太阳能热利用
在城市推广普及太阳能一体化建筑、太阳能集中供热水工程，并建设太阳能采暖和制冷示范工程。在农村和小城镇推广户用太阳能热水器、太阳房和太阳灶。到2010年，全国太阳能热水器总集热面积达到1.5亿m^2，加上其他太阳能热利用，年替代能源量达到3000万吨标准煤。到2020年，全国太阳能热水器总集热面积达到约3亿m^2，加上其他太阳能热利用，年替代能源量达到6000万吨标准煤。
投资估算：
从2006～2020年，新增1.9亿kW水电装机，按平均每千瓦7000元测算，需要总投资约1.3万亿元；新增2800万kW生物质发电装机，按平均每千瓦7000元测算，需要总投资约2000亿元；新增约2900万kW风电装机，按平均每千瓦6500元测算，需要总投资约1900亿元；新增6200万户农村户用沼气，按户均投资3000元测算，需要总投资约1900亿元；新增太阳能发电约173万kW，按每千瓦75000元测算，需要总投资约1300亿元。加上大中型沼气工程、太阳能热水器、地热、生物液体燃料生产和生物质固体成型燃料等，预计实现2020年规划任务将需总投资约2万亿元。
环境和社会影响：
总体来看，可再生能源开发利用对环境和社会的影响利大于弊，坚持趋利避害的开发利用方针，有利于实现可持续发展，符合建设资源节约型、环境友好型社会及构建和谐社会的要求。
能源效益：
到2010年和2020年，全国可再生能源开发利用量分别相当于3亿吨标准煤和6亿吨标准煤，可显著减少煤炭消耗，弥补天然气和石油资源的不足。初步估算，可再生能源达到2020年的利用量时，年发电量相当于替代煤炭约6亿吨，沼气年利用量相当于240亿m^3天然气，燃料乙醇和生物柴油年用量相当于替代石油约1000万吨，太阳能和地热能的热利用相当于降低能源年需求量约7000万吨标准煤。可再生能源的开发利用对改善能源结构和节约能源资源将起到重大作用。
环境效益：
可再生能源的开发利用将带来显著的环境效益。达到2010年发展目标时，可再生能源年利用量相当于减少二氧化硫年排放量约400万吨，减少氮氧化物年排放量约150万吨，减少烟尘年排放量约200万吨，减少二氧化碳年排放量约6亿吨，年节约用水约15亿m^3，可以使约1.5亿亩林地免遭破坏。达到2020年发展目标时，可再生能源年利用量相当于减少二氧化硫年排放量约800万吨，减少氮氧化物年排放量约300万吨，减少烟尘年排放量约400万吨，减少二氧化碳年排放量约12亿吨，年节约用水约20亿m^3，可使约3亿亩林地免遭破坏。
到2020年，将利用可再生能源累计解决无电地区约1000万人口的基本用电问题，改善约1亿户农村居民的生活用能条件……可再生能源开发利用、设备制造和相关配套产业可增加大量就业岗位，到2020年，预计可再生能源领域的从业人数将达到200万人。
可再生能源的开发利用将节约和替代大量化石能源，显著减少污染物和温室气体排放，促进人与自然的协调发展，对全面建设小康社会和社会主义新农村起到重要作用，有力地推进经济和社会的可持续发展。
规划实施保障措施：
为了确保规划目标的实现，将采取下列措施支持可再生能源的发展：
1. 提高全社会的认识。全社会都要从战略和全局高度认识可再生能源的重要作用，国务院各有关部门和各级政府都要认真执行《可再生能源法》，制定相关配套政策和规章，制定可再生能源发展专项规划，明确发展目标，将可再生能源开发利用作为建设资源节约型、环境友好型社会的考核指标。
2. 建立持续稳定的市场需求。根据可再生能源发展目标要求，按照政府引导、政策支持和市场推动相结合的原则，通过优惠的价格政策和强制性的市场份额政策，以及政府投资、政府特许权等措施，培育持续稳定增长的可再生能源市场，促进可再生能源的开发利用、技术进步和产业发展，确保可再生能源中长期发展规划目标的实现……
3. 改善市场环境条件。国家电网企业和石油销售企业要按照《可再生能源法》的要求，承担收购可再生能源电力和生物液体燃料的义务。国务院能源主管部门负责组织制定各类可再生能源电力的并网运行管理规定，电网企业要负责建设配套电力送出工程。电力调度机构要根据可再生能源发电的规律，合理安排电力生产及运行调度，使可再生能源资源得到充分利用。在国家指定的生物液体燃料销售区域内，所有经营交通燃料的石油销售企业均应销售掺入规定比例生物液体燃料的汽油或柴油产品，并尽快在全国推行乙醇汽油和生物柴油。</td></tr>
</table>

续表

相关内容	国务院建设行政主管部门和国家标准委组织制定建筑物太阳能利用的国家标准，修改完善相关建筑标准、工程规范和城市建设管理规定，为太阳能在建筑物上应用创造条件。在太阳能资源丰富、经济条件好的城镇，要在必要的政策条件下，强制扩大太阳能热利用技术的市场份额。 4. 制定电价和费用分摊政策。国务院价格主管部门根据各类可再生能源发电的技术特点和不同地区的情况，按照有利于可再生能源发展和经济合理的原则，制定和完善可再生能源发电项目的上网电价，并根据可再生能源开发利用技术的发展适时调整；实行招标的可再生能源发电项目的上网电价，按照招标确定的价格执行，并根据市场情况进行合理调整。电网企业收购可再生能源发电量所发生的费用，高于按照常规能源发电平均上网电价计算所发生费用之间的差额，附加在销售电价中在全社会分摊。 5. 加大财政投入和税收优惠力度。中央财政根据《可再生能源法》的要求，设立可再生能源发展专项资金，根据可再生能源发展需要和国家财力状况确定资金规模。各级地方财政也要按照《可再生能源法》的要求，结合本地区实际，安排必要的财政资金支持可再生能源发展。国家运用税收政策对水能、生物质能、风能、太阳能、地热能和海洋能等可再生能源的开发利用予以支持，对可再生能源技术研发、设备制造等给予适当的企业所得税优惠。 6. 加快技术进步及产业发展。整合现有可再生能源技术资源，完善技术和产业服务体系，加快人才培养，全面提高可再生能源技术创新能力和服务水平，促进可再生能源技术进步和产业发展。将可再生能源的科学研究、技术开发及产业化纳入国家各类科技发展规划，在高技术产业化和重大装备扶持项目中安排可再生能源专项，支持国内研究机构和企业在可再生能源核心技术方面提高创新能力，在引进国外先进技术基础上，加强消化吸收和再创造，尽快形成自主创新能力。力争到2010年基本形成可再生能源技术和产业体系，形成以国内制造设备为主的装备能力。到2020年，建立起完善的可再生能源技术和产业体系，形成以自有知识产权为主的可再生能源装备能力，满足可再生能源大规模开发利用的需要

2.3 与建筑节能相关的国家政策

2.3.1 《民用建筑节能条例》

公布日期	2008年8月1日
公布机关	国务院（中华人民共和国国务院令第530号）
相关内容	第一章第四条：国家鼓励和扶持在新建建筑和既有建筑节能改造中采用太阳能、地热能等可再生能源。 在具备太阳能利用条件的地区，有关地方人民政府及其部门应当采取有效措施，鼓励和扶持单位、个人安装使用太阳能热水系统、照明系统、供热系统、采暖制冷系统等太阳能利用系统。 第二章第二十条：对具备可再生能源利用条件的建筑，建设单位应当选择合适的可再生能源，用于采暖、制冷、照明和热水供应等；设计单位应当按照有关可再生能源利用的标准进行设计。 建设可再生能源利用设施，应当与建筑主体工程同步设计、同步施工、同步验收

2.3.2 《节能中长期专项规划》

公布日期	2004年11月
公布机关	国家发展和改革委员会
相关内容	节能重点领域的第三点：建筑、民用、商用建筑中指出：“‘十一五’期间……鼓励采用蓄冷、蓄热空调及冷热电联供技术，中央空调系统采用风机水泵变频调速技术，节能门窗、新型墙体材料等。加快太阳能、地热等可再生能源在建筑物的利用”

2.3.3 《“十一五”十大重点节能工程实施意见》

公布日期	2006年7月
公布机关	发展和改革委员会、科技部、财政部、建设部、国家质检总局、国家环保总局、国管局、中直管理局
相关内容	在建筑节能工程中“开展再生能源技术城市级示范活动，探索推广机制和模式，包括太阳能利用、淡水源热泵、海水源热泵、浅层地能利用和可再生能源技术集成等。完善新建建筑设计规范，推行建筑物与可再生能源一体化进程”

2.3.4 《建设部关于建设领域资源节约今明两年重点工作的安排意见》

公布日期	2005年6月23日
公布机关	建设部科技司
相关内容	四、配合落实《可再生能源法》，统筹考虑可再生能源在建设领域的应用 （一）制订和实施《可再生能源法》的配套措施 积极开展调查研究，总结可再生能源在建设领域应用亟待加强和解决的问题，进一步在法律法规、政策措施、标准规范、科学技术等方面完善可再生能源的配套措施，推动可再生能源的应用。 加快制定相关政策。积极配合有关部门，组织研究《可再生能源建筑应用经济激励政策研究》、《关于住宅建筑利用太阳能的相关政策》等政策，各地也要结合本地的具体情况，研究相关政策，制定相关法规，为推进可再生能源的建筑应用创造良好的政策环境。 加大标准规范的编制力度。完成《民用建筑太阳能热水系统应用技术规范》、《地源热泵供暖空调应用技术规程》制定工作；组织开展生活垃圾、污泥沼气、焚烧发电供热技术制定标准规范的可行性研究；组织编写《城市污水处理厂污泥沼气、焚烧发电技术政策与标准规范研究》和《生活垃圾填埋气体发电和垃圾焚烧发电资源调查》，并做好标准规范的宣贯准备工作； 进行技术攻关及试点示范。各地在编制“十一五”科研计划时，要把可再生能源建筑应用作为重点，对关键技术进行攻关，逐步形成具有自主知识产权的技术体系；结合《建筑节能工程实施方案》的实施，抓好可再生能源建筑应用试点示范工程，摸索经验，走出一条符合我国国情的发展道路。 （二）积极开展可再生能源在建设领域的推广应用 认真贯彻落实《可再生能源法》，结合实际情况，建设领域可再生能源利用的重点是抓好以下几方面工作：一是太阳能光热在建筑中的推广应用及光电在建筑中的应用研究；二是地源热泵、水源热泵在建筑中的推广应用；三是热电冷三联供技术在城市供热、空调系统中的研究与应用；四是生物质能发电技术的研究与应用；五是太阳能、沼气和风能在集镇中的推广应用；六是垃圾燃烧在发电、供热中的应用

2.3.5 《建设部、财政部关于推进可再生能源在建筑中应用的实施意见》

公布日期	2006年8月25日
公布机关	建设部、财政部
相关内容	充分认识推进可再生能源在建筑领域规模化应用的重要意义：利用太阳能、浅层地能等可再生能源解决建筑的采暖空调、热水供应、照明等，是可再生能源应用的重要领域，对替代常规能源，促进建筑节能具有重要意义。 推进可再生能源在建筑领域应用指导思想及工作目标：预计到“十一五”期末，太阳能、浅层地能应用面积占新建建筑比例为25%以上，到2020年，太阳能、浅层地能应用面积占新建建筑面积比例为50%以上。 重点技术领域。国家重点支持以下技术领域中应用可再生能源的示范工程、技术集成及标准制定：1. 与建筑一体化的太阳能供应生活热水、采暖空调、光电转换、照明；……6. 农村地区利用太阳能、生物质能等进行供热、炊事等；7. 先进适用，具有自主知识产权的可再生能源建筑应用设备及产品产业化；8. 培育相关能效测评机构，建立能效标识、产品认证制度及建筑节能服务体系

2.3.6 《可再生能源建筑应用专项资金管理暂行办法》

公布日期	2006年9月4日
公布机关	财政部、建设部
相关内容	专项资金支持的重点领域： （一）与建筑一体化的太阳能供应生活热水、供热制冷、光电转换、照明； （六）其他经批准的支持领域。 专项资金使用范围： （一）示范项目的补助； （二）示范项目综合能效检测、标识，技术规范标准的验证及完善等； （三）可再生能源建筑应用共性关键技术的集成及示范推广； （四）示范项目专家咨询、评审、监督管理等支出； （五）财政部批准的与可再生能源建筑应用相关的其他支出

同时，建设部和财政部对于可再生能源建筑的评审还发布了《可再生能源建筑应用项目评审办法》。《可再生能源建筑应用项目评审办法》及《可再生能源建筑应用专项资金管理暂行办法》全文见附录。

2.4 地方政府建筑节能相关政策

2.4.1 《北京市"十一五"时期建筑节能发展规划》

公布日期	2006年9月8日
公布机关	北京市发展和改革委员会
相关内容	2010年前，全市建成采用太阳能进行建筑供热的建筑100万m^2，采用地热源、污水源、生物质能等可再生能源进行建筑供热的建筑1500万m^2，可再生能源在建筑供热、空调和照明利用率达到建筑总能耗的4%以上。 在建筑中大力推广使用可再生能源。 加强项目立项时合理用能和节能措施的论证和审查，加强宣传、协调和服务，在奥运场馆、政府机构办公楼、大型公共建筑、新农村建设、别墅区、旧村改造和既有建筑节能改造中大力推广使用可再生能源。 大力推广使用太阳能 将太阳能利用列入推广使用可再生能源的重点，出台《民用建筑太阳能热水系统技术应用规范》北京地区实施细则、太阳能热水系统与建筑结合的设计图集。在6层以下建筑、新农村建设、别墅区、既有建筑节能改造中大力推广使用太阳能供热技术，小区广场灯、路灯、公共绿地等推广采用太阳能电池供电。分阶段推进太阳能建筑的发展，最终达到太阳能建筑的普及和推广

2.4.2 《山东省墙体材料革新与建筑节能"十一五"发展规划》

公布日期	2007年8月14日
公布机关	山东省建设厅
相关内容	积极推动新能源和可再生能源在建筑中的应用。我省太阳能、地热资源比较丰富。太阳辐射量平均为5400MJ/（m^2·年），可应用浅层地能资源达15亿吨标准煤，潜力巨大。积极开展太阳能、地热能、生物质能等可再生能源在建筑中的应用技术研发和推广，组织编制可再生能源建筑应用规划，大力推进可再生能源在建筑中的应用工作

2.4.3 《河北省建筑节能（2007~2010年）发展规划》

公布日期	2007年12月19日
公布机关	河北省建设厅
相关内容	到2010年底，太阳能、浅层地能等可再生能源应用面积占新建建筑面积比例达到35%以上

2.4.4 《陕西省建筑节能条例》

公布日期	2006年9月28日
公布机关	陕西省第十届人民代表大会常务委员会第二十七次会议
施行日期	2007年1月1日
相关内容	第十二条　县级以上人民政府应当在节能专项资金中安排建筑节能专项资金，用于支持下列活动： （一）建筑节能的科学技术研究、标准制定和示范工程； （二）建筑能耗测评； （三）既有建筑节能改造； （四）可再生能源在建筑物及其建设中的应用； （五）节能型建筑结构、材料、器具和产品的开发和生产。 第十七条　建设单位在进行建设工程可行性研究时，应当对太阳能、地热能等可再生能源利用条件进行评估；具备条件的，应当将可再生能源用于建筑物的供热、制冷、照明，并与建筑物主体同步设计、同步施工、同步验收

2.4.5 河南省《关于加强节能工作决定的实施意见》

公布日期	2006年11月1日
公布机关	河南省人民政府
相关内容	新建公共建筑要大力推广新型墙体材料和太阳能、浅层地热能等可再生能源的应用，达不到建筑节能标准的建筑物不准开工建设和销售

2.4.6 《浙江省建筑节能管理办法》

公布日期	2007年8月20日
公布机关	浙江省人民政府
施行日期	2007年10月1日
相关内容	第二章第七条　新建、改建、扩建建筑工程的节能设计和既有建筑的节能改造工程，应当尽可能利用太阳能、地热能等可再生能源。其中，新建12层以下的建筑，应当将太阳能利用与建筑进行一体化设计

2.4.7 《厦门市建筑节能五年规划》

编制日期	2005年
编制机关	厦门市建设与管理局
相关内容	“建筑节能是在满足人民日益提高的生活需求的前提下，在建筑物的设计、施工和使用过程中，通过执行建筑节能的标准和政策，运用先进的节能建筑设计理念，开源节流，充分开发利用太阳能和地热资源等可再生能源，使用节能型的建筑材料和设备，提高建筑物的保温隔热和气密性能，提高采暖、制冷、通风、照明和热水供应系统的运行效率，以达到提高能源利用率和降低一次性不可再生能源使用量的目的。”

续表

相关内容	“坚持节约建筑用能与开发新能源与可再生能源相结合。大力开发利用新能源与可再生能源，是优化能源结构、改善环境的一项战略措施。厦门地区地处炎热地区，有丰富的太阳日照资源，厦门岛外同安、集美、杏林地热资源丰富，应大力发展太阳能和地热资源的开发利用。” 发展步骤：“按建筑节能措施类型逐步展开，在重视改善围护结构保温隔热性能和建筑遮阳通风效果的同时，积极推进空调制冷系统、热水供应系统和照明系统的节能设计与运行管理工作，提高用能设备的整体效率，发展燃气空调和蓄冰技术，推广节能型生活热水系统，发展分布式供能系统；进而大力推进太阳能与地热能源等可再生能源在建筑中的运用。” 工作重点之一是“大力推进太阳能与地热能源等可再生能源在建筑中利用的工作。”

2.4.8 《连云港市节能减排工作实施意见》

公布日期	2008 年 11 月
公布机关	连云港市人民政府
施行日期	2009 年 1 月 1 日
相关内容	从 2009 年 1 月 1 日起，连云港市城镇区域内新建 12 层及以下住宅和新建、改建和扩建的宾馆、酒店、商住楼等有热水需求的公共建筑，要统一设计和安装、预留太阳能热水系统

2.5 地方政府发展太阳能建筑应用的相关政策

2.5.1 江苏省

文件名称	《关于加强太阳能热水系统推广应用和管理的通知》
公布机关	江苏省
公布日期	2007 年 6 月
施行日期	2007 年 11 月 12 日
相关内容	一、自 2008 年 1 月 1 日起，我省城镇区域内新建 12 层及以下住宅和新建、改建和扩建的宾馆、酒店、商住楼等有热水需求的公共建筑，应统一设计和安装太阳能热水系统。拟不采用太阳能热水系统的，由建设单位和建筑设计单位共同提出书面原因，经建设行政主管部门召集专家对原因进行分析论证后作出决定。城镇区域内 12 层以上新建居住建筑应用太阳能热水系统的，必须进行统一设计、安装。鼓励农村集中建设的居住点统一设计、安装太阳能热水系统。 二、各级规划、建设、房产主管部门要在规划设计要点、建筑设计审查、工程质量监督、施工许可、房屋销售与物业管理等环节上，按照各自的职责分工加强对应用太阳能热水系统的监督、管理和协调，共同促进太阳能热水系统在建筑中的推广应用。 三、建筑设计单位应将太阳能热水系统作为建筑的有机组成部分，严格按照国家《太阳热水系统设计、安装及工程验收技术规范》(GB/T 18713—2002)、《民用建筑太阳热水系统应用技术规范》(GB 50364—2005) 和我省《住宅建筑太阳能热水系统一体化设计、安装与验收规程》(DGJ 32/TJ 08—2005)、《太阳热水系统与建筑一体化设计标准图集》等标准规程进行系统设计，力求建筑物外观协调、整齐有序，热水系统性能匹配、布局合理，保证建筑质量和太阳能热水系统的使用安全，方便安装和维修。农村住房应用太阳能热水系统也应进行系统设计。 施工图审查机构应当按照有关标准进行审查，发现未按本通知要求设计太阳能热水系统又未经过主管部门组织专家论证的，应暂停审查并及时报主管部门。 四、太阳能热水系统应由专业施工单位按照国家和省的相关标准规范进行施工，保证太阳能热水系统和建筑物的工程质量。监理单位应把太阳能热水系统安装施工纳入监理范围。建设单位在组织工程竣工验收时，应按相关验收规范、规程对太阳能热水系统工程进行验收。 五、建设单位应按国家相关规定与物业服务企业做好太阳能热水系统涉及共用部位、共用设施设备的移交和承接验收工作。物业服务企业应当依照物业服务合同的约定，做好日常管理与维护，及时制止擅自改装、移动、损坏太阳能热水系统的行为，保证太阳能热水系统的正常运行。

续表

相关内容	六、规范对已建成建筑应用太阳能热水系统的管理，安装太阳能热水系统不得影响建筑质量和景观，物业服务公司要做好协调配合工作。在政府组织的小区出新改造、环境整治等工作中，应用太阳能热水系统必须进行统一设计、安装。 七、在建筑能耗评价时，太阳能热水系统集热能量计入建筑节能总量。省建设厅对应用太阳能热水系统的情况作为节能建筑、绿色建筑、优秀设计、优质工程等评选的重要指标之一，优先给予评奖

2.5.2　河北省

文件名称	《关于执行太阳能热水系统与民用建筑一体化技术的通知》
公布机关	河北省建设厅
公布日期	2008年10月13日
施行日期	—
相关内容	一、新建民用建筑应将太阳能热水系统作为建筑设计的组成部分，与建筑主体工程同步设计、同步施工，同步验收。 12层及以下的新建居住建筑和实行集中供应热水的医院、学校、饭店、游泳池、公共浴室（洗浴场所）等热水消耗大户，必须采用太阳能热水系统与建筑一体化技术；对具备利用太阳能热水系统条件的12层以上民用建筑，建设单位应当采用太阳能热水系统。国家机关和政府投资的民用建筑，应带头采用太阳能热水系统。 对因技术或其他特殊原因不能采用太阳能热水系统的民用建筑，由当地建设行政主管部门审核认定是否采用太阳能热水系统，对应采用而不采用太阳能热水系统的民用建筑，规划行政主管部门不得颁发建设工程规划许可证，施工图审查机构不得出具施工图审查合格书，建设行政主管部门不得颁发建筑工程施工许可证、不得办理竣工验收备案手续。 对未设置太阳能热水系统的既有民用建筑，鼓励产权单位或物业公司在确保建筑质量和安全，不影响环境景观的前提下，统一组织配置太阳能热水系统。 二、各级规划行政主管部门依法对民用建筑设计方案进行审查时，应充分考虑太阳能热水系统利用的要求，合理确定建筑的布局、形状和朝向。 三、各级建设行政主管部门应将太阳能热水系统的设计纳入设计管理体系；对太阳能热水系统安装工程实行质量监督和验收管理；对从事太阳能热水系统安装维修业务的企业实行监督管理。 四、各级住房保障行政主管部门应积极支持、协调产权单位或物业公司，有计划、有组织地实施太阳能热水系统一体化改造。 五、设计单位应将太阳能热水系统与建筑主体工程同步设计，做到太阳能热水系统与建筑有机结合，融为一体、协调统一，整齐美观，确保结构安全、使用可靠；设计图纸内容、深度应满足施工安装的要求。 六、太阳能热水系统必须纳入建筑节能设计专项审查，施工图审查机构应在建筑节能专项审查中对太阳能热水系统提出专项审查意见，审查合格的应在《民用建筑节能设计审查备案登记表》中注明，并报当地建设行政主管部门备案。 七、施工单位、工程监理单位应严格按照审查合格的施工图设计文件、有关技术规范进行施工和监理，并对进入施工现场的太阳能热水设备和配件进行查验，严禁将不合格的太阳能热水设备及其配件应用于工程中。 八、建设单位在签订设计合同、施工合同时，应明确约定采用太阳能热水系统的具体要求，不得明示或暗示设计单位、施工单位不采用太阳能热水系统和使用不符合产品技术标准的设备；建设单位在组织工程竣工验收时，必须在建筑节能专项验收时对太阳能热水系统一并验收。 九、任何单位和个人不得擅自变更和取消太阳能热水系统设计内容，施工中有涉及太阳能热水系统的设计变更必须经原设计单位变更设计，由原施工图审查机构审查合格后方可变更。对擅自取消太阳能热水系统的工程，不得通过竣工验收。 十、各设区市、县（市）应在2008年11月1日起全面执行民用建筑太阳能热水系统一体化技术。 十一、各设区市主管部门要根据本通知要求，结合本地实际，制定具体措施，确保民用建筑采用太阳能热水系统一体化技术落实到位，形成制度，抓出成效

2.5.3 青海省

文件名称	《青海省人民政府办公厅转发省建设厅关于建筑利用太阳能工作指导意见的通知》
公布机关	青海省人民政府办公厅
公布日期	2008年4月8日
施行日期	—
相关内容	我省幅员辽阔，日照时间长，太阳能资源十分丰富，是我国太阳能辐射量最多的地区之一。推广建筑利用太阳能具有得天独厚的条件和广阔的前景。开发利用太阳能光伏照明、光伏发电、太阳能热水系统、太阳能采暖系统、被动式太阳房、太阳灶等技术，对改变城乡用能结构和消费模式，逐步减少或替代常规能源，保护生态环境，促进全省经济社会又好又快发展具有十分重要的意义。 加快太阳能与建筑一体化步伐，推进建筑利用太阳能。结合我省经济社会条件和太阳能产业发展的实际情况，制定并实施"阳光建筑"计划，实现太阳能在建筑中规模化推广应用，重点在城镇建筑热水工程、采暖供热工程、照明工程等方面，大力推广太阳能应用技术；农村牧区要结合社会主义新农村新牧区建设，积极推广太阳能热水器、被动式太阳房通用设计，建设示范房屋，抓好太阳能的直接利用。 具体要求： （一）政府机构和事业单位的公共建筑、经济适用房、廉租住房以及涉及政府投资或政府给予政策性补贴的项目，应采用建筑利用太阳能技术，实施太阳能与建筑一体化。建筑利用太阳能由新建建筑逐步推广到既有建筑。 （二）居住建筑、公共建筑（办公、医疗、学校等公共建筑，餐饮、洗浴、旅馆、商业等服务性建筑，游泳馆等体育设施）以及热水消耗大户应积极采用太阳能热水系统，集中使用太阳能。 （三）在城镇加快市政道路、广场、小区太阳能绿色照明和太阳能热水、供暖在居住建筑和公共建筑中应用技术的推广。规范以太阳能热水系统为主的太阳能成套技术在居住建筑中的使用。鼓励建设单位和开发企业在项目建设、开发时，安装和使用太阳能热水、供热采暖、光伏发电、光伏照明等系统。积极推进市政道路和园林建设中太阳能照明工程。 （四）农村牧区要结合社会主义新农村新牧区建设，采取由省建设行政主管部门提供的通用设计图纸、建设示范房屋等措施，抓好太阳能的直接利用。对生态移民和工程移民集中居住点，要明确太阳能利用建设标准，并进行统一规划、建设；具备条件的小城镇和农牧区，要积极推广应用太阳能热水器、被动式太阳房和太阳灶等太阳能利用技术。 （五）因地制宜，积极推广太阳能光伏发电。一是通过政府补贴和电价政策，鼓励有条件的建筑安装光伏发电系统，为城市电网提供辅助电源；二是发展太阳能日用电子产品，如各类太阳能充电器、太阳能路灯和适宜偏远农村牧区无电地区的移动太阳能电源和灯具等；三是有条件的地区可建设小型光伏电站，并与大电网联网供电。 （六）组织实施试点示范项目。重点从太阳能的光热、光伏入手，组织开展太阳能等可再生能源利用技术集成的研究和示范项目的建设，为全面推广建筑利用太阳能热水、采暖和光伏发电做好引导示范，以点带面，逐步推广。在我省设市城市和农牧区选择有条件的公共设施或居住小区作为建筑节能和太阳能利用的示范点，力争在一些重点技术应用领域取得突破，努力将西宁市建设成为国家建筑利用太阳能产业化示范基地。 保障措施： （三）建立激励政策。企业从事符合条件的太阳能利用项目所得，享受国家和省政府有关税收优惠政策。对进入固定资产的太阳能产品关键生产设备由于技术进步等原因，确需加速折旧的，可以缩短折旧年限或采取加速折旧的方法。加大对太阳能生产项目和应用工程的信贷支持和服务，对其生产项目和应用工程的贷款实行差别利率政策。对符合标准的建筑利用太阳能示范项目及学校、医院、市政设施、政府机构办公楼等建设项目实行政府专项补贴，支持建筑利用太阳能。 （四）安排专项资金。各州、地、市财政部门要加大对建筑利用太阳能的资金扶持力度，在年度预算中安排资金支持和引导建筑利用太阳能工作。省财政厅会同省建设厅研究制定我省建筑应用太阳能专项资金管理办法，并在年度预算中安排一定比例专项资金作为建筑利用太阳能专项补贴，支持建筑利用太阳能的技术研发、标准规范的制定、公益事业建设项目利用太阳能和示范试点工程建设。 （五）推进科技创新。省科技厅要在省级科技项目计划中安排太阳能研发和推广项目，设立太阳能研究推广专项，开发研究建筑利用太阳能等可再生能源集成技术，推进太阳能的普及技术。省建设厅、科技厅要加强协调，选择省内具备一定研发能力和经济实力的科研单位或企业，引进国内有关知名专家或企业参与组建太阳能建筑应用研发机构，形成我省建筑利用太阳能的技术支撑体系

2.5.4 浙江省

文件名称	关于印发《太阳能在建筑中利用实施的若干意见》的通知
公布机关	浙江省建设厅
公布日期	2007年12月
施行日期	—
相关内容	一、根据当前太阳能应用技术、产品和经济分析，优先在建筑中应用光热系统；在有条件的情况下应用光伏和其他太阳能利用系统。 二、在12层（含）以下新建居住建筑中应全面应用太阳能热水系统，12层以上支持应用太阳能热水系统；鼓励支持应用光伏和其他太阳能利用系统。有生活热水系统的12层（含）以下新建公共建筑，应全面应用太阳能利用系统；其他新建公共建筑和既有建筑改造，鼓励应用太阳能利用系统。 三、太阳能热水系统的应用技术要求，可参照浙江省工程建设标准《居住建筑太阳能热水系统设计、安装及验收规范》(DB 33/1034—2007）和国家标准《民用建筑太阳能热水系统应用技术规范》(GB 5034）执行。光伏和其他太阳能利用系统参照相关标准执行。新建民用建筑与建筑一体化设计的太阳能热水系统和其他太阳能利用系统由建设方配置，并与建筑同步交付。 四、新建12层（含）以下民用建筑的太阳能利用系统，作为工程设计施工图建筑节能专项审查的内容之一进行审查，对不符合规定要求的设计施工图，不得通过审查。对不按图施工的工程不得通过竣工验收和备案。 五、对采用太阳能利用系统新技术、新产品的建筑节能示范工程项目，列入省财政建筑节能专项资金支持范围（整体非承压式热水器项目除外），给予部分资金支持；并将选取部分重点项目（工程）申报国家可再生能源应用示范项目（工程），争取国家资金的支持。 各地可根据以上意见制定具体实施措施

2.5.5 海南省

文件名称	《海南省人民政府办公厅转发省发展和改革委员会省建设厅省科技厅关于推动海南省太阳能规模化利用实施意见的通知》
公布机关	海南省人民政府办公厅
公布日期	2008年9月25日
施行日期	—
相关内容	依据我省太阳能资源条件，按照节能优先、充分利用的原则，到2010年，全省利用太阳能、浅层地能面积占新建建筑面积比例达30%，其中海口达到50%。重点围绕太阳能热利用提高普及率、太阳能光伏发电、太阳能空调、浅层地能利用开展试点，进行推广。在“十一五”期间，我省太阳能规模化利用要取得显著进展。 积极向国家申报太阳能规模化利用示范省，打造“光伏岛”。省直各有关部门要积极向国家申报太阳能规模化利用的示范项目，争取获得国家对我省开发利用太阳能等可再生能源在政策、技术、资金等方面的更大支持。建立一批在建筑领域应用太阳能（包括太阳能热利用、光电利用）与建筑一体化的示范项目，在建筑领域应用地热和浅层地能技术（包括地源热泵、水源热泵、海水源热泵、污水源热泵）、太阳能空调技术、太阳能或风光互补路灯绿色公共照明示范项目，政府建筑节能示范项目，公共建筑节能示范项目，环岛高速公路太阳能利用示范项目，旅游景点太阳能利用示范工程，太阳能进村进场入户示范项目，探索商业化的运作模式。重点工作如下： 1. 确定海口市、三亚市为我省太阳能规模化利用试点市。海口市、三亚市政府在试点中要选择有代表性的建筑小区和公共建筑作为太阳能规模化利用示范点，重点实施技术先进适用、运行稳定可靠、经济合理、推广价值大的项目。通过试点，总结经验，摸索适合我省太阳能资源、地理气候条件的集成技术体系和相关技术标准，建立配套的政策措施体系，形成政府引导、市场推进的机制和模式。其他市、县也要根据实际情况，因地制宜，确定一批太阳利用的试点项目。 2. 结合社会主义新农村建设，在具备条件的文明生态村搞太阳能利用试点，以丰富文明生态村建设的内涵。要通过政策扶持，鼓励太阳能生产、供应商向示范村提供适合农村消费水平、质优价廉、方便实用的太阳能热水器，促进农村用能水平的提高。

续表

相关内容	3. 政府投资的新建公共照明工程、公共建筑工程要优先考虑采用太阳能或太阳能与风能互补照明、太阳能—风能—LED互补照明、浅层地能。在对现有的公共照明工程、公共建筑工程进行改造时，也应因地制宜，根据实际情况采用太阳能节能产品。 4. 重点景区如三亚南山、琼海博鳌、海口万绿园等景区的公共照明、景观灯，应推广应用太阳能或太阳能与风能互补照明、太阳能—风能—LED互补照明。 5. 边远地区的无电自然村，应优先采用太阳能光伏发电或太阳能与风能互补发电技术解决生产、生活用电

2.5.6 郑州市

续表

文件名称	《关于在全市民用建筑工程中推广应用太阳能的通知》
公布机关	郑州市建设委员会
公布日期	2008年6月
施行日期	2008年9月1日
相关内容	一、凡在全市行政区域内的新建、改建、扩建的民用建筑工程，符合下列条件的，必须利用太阳能、采取太阳能与建筑一体化设计和施工： （一）12层（含12层）以下住宅、宾馆和酒店等建筑工程、实施集中供应热水的医院、学校、游泳池、公共浴室等公共建筑，必须采用太阳能热水系统与建筑一体化，做到同步设计、同步施工，同步进行竣工验收。 （二）凡在建筑和结构设计上具备应用太阳能条件的12层以上住宅、宾馆和酒店等建筑工程，鼓励推广应用太阳能与建筑一体化技术。 （三）总建筑面积在1万m^2以上的新建住宅组团、住宅小区和居住区的公共照明部分如楼梯间、次级道路、草坪等，必须采用太阳能光伏发电技术和LED产品。 （四）鼓励实施节能改造的既有建筑推广应用太阳能、光电光热系统；鼓励新农村建设中推广应用太阳能热水系统、太阳能光伏发电技术和LED产品；鼓励利用太阳能采暖和空调制冷技术研发和成果推广。扶持发展多项可再生能源如太阳能、地热能、生物质能、风能等在建筑上的综合利用技术。 二、规划部门应逐步把太阳能热水系统和太阳能光伏发电系统的应用，作为审批条件纳入城乡建设规划审批中，注重建筑物屋面和立面与太阳能应用的一体化和协调性，既要保持建筑物的整体美感，避免集热器的反射光对附近建筑物的光污染，又要考虑建筑物的朝向布局，使其最大限度的利用太阳辐射量

2.5.7 武汉市

文件名称	《市建委关于在新建建筑工程中推广使用太阳能热水系统的指导意见》
公布机关	武汉市建委
公布日期	2008年1月
施行日期	2008年4月1日
相关内容	我市具备太阳能集热条件的新建12层及以下住宅、医院病房楼、学校宿舍楼、宾馆饭店、健身中心、游泳馆（池）等热水需求较大的建筑以及政府机构的建筑和政府投资建设的民用建筑、新农村建设中的农民居住用房等建筑工程，应与太阳能热水系统同步设计、施工、验收和投入使用；同时鼓励超过12层的住宅建筑和其他公共建筑运用太阳能热水系统

2.5.8　乌鲁木齐市

文件名称	《关于推进乌鲁木齐市可再生能源建筑应用的实施意见》
公布日期	2008年12月1日
公布机关	乌鲁木齐市人民政府
施行日期	2008年12月1日
相关内容	乌鲁木齐市将大力推进可再生能源在建筑中规模化应用，力争到“十一五”期末，太阳能、浅层地能应用面积占新建建筑面积比例达到10%以上。今后，乌市政府将重点支持以下技术领域中应用可再生能源的示范工程、技术集成及标准制定：与建筑一体化的太阳能供应生活热水、采暖空调、广电转换及照明；利用热泵技术提供供热制冷；与建筑一体化的风能发电技术；农村地区利用太阳能、生物质能等进行供热、炊事等；先进适用，具有自主知识产权的可再生能源建筑应用设备及产品产业化；培育相关能效测评机构，建立能效标识，产品认证制度及建筑节能服务体系

2.5.9　威海市

文件名称	《威海市民用建筑领域太阳能热水系统推广应用管理规定》
公布机关	威海市政府
公布日期	2008年12月
施行日期	2009年1月1日
相关内容	自2009年1月1日起，凡需集中供应热水的新建医院、宾馆、酒店、学校、办公楼、游泳池、公共浴室等公共建筑，应全面安装太阳能集中热水系统，鼓励已建或在建的公共建筑增设此系统。 对威海城市规划区的新建居住建筑，12层（含）以下的应全面安装太阳能热水系统，到2009年底，13层（含）以上的安装面积要占到新开工同类建筑面积的30%以上，2010年底达到60%以上。荣成、文登、乳山城市规划区的新建多层（4~9层）居住建筑，应全面安装太阳能热水系统，到2009年底，高层（9层以上）建筑安装面积应占新开工同类型建筑面积的30%以上，2010年底达到60%以上

2.5.10　宁波市

文件名称	《宁波市节能与清洁生产专项资金使用管理暂行办法》
公布机关	宁波市经济委员会、宁波市财政局
公布日期	2004年12月27日
施行日期	2005年1月1日
相关内容	第三条　使用范围： 3. 开发利用风能、太阳能、潮汐能、空气能、地热等可再生能源和新能源，加快能源供应结构调整的项目。 第四条　资助方式： 1. 列入宁波市清洁生产推广示范的企业项目，按项目实际投资额给予20%以内的补助。对单体企业或单个项目的当年最大补助额原则上控制在150万元以内。 2. 符合我市节能推广目录，单体投资额在100万元以上，达到20%以上节能效果的企业节能项目，按项目实际投资额给予8%的补助；单体企业的当年最大补助额原则控制在80万元以内。 3. 列入宁波市重点能源供应结构调整或循环经济项目，给予一定的财政资助。 4. 对实施自愿性清洁生产企业的审核费用，按实际审核费用支出，给予20%的补助

2.5.11 扬州市

文件名称	《关于加强太阳能热水系统推广应用工作的实施意见》
公布机关	扬州市建设局
公布日期	2007年12月26日
施行日期	2008年1月1日
相关内容	1. 自2008年1月1日起，我市城镇区域内新建12层及以下住宅和新建、改建和扩建的宾馆、酒店、商住楼等有热水需求的公共建筑，应统一设计和安装太阳能热水系统。拟不采用太阳能热水系统的，由建设单位和建筑设计单位共同提出书面申请，经当地建设行政主管部门召集专家对原因进行分析论证后作出决定。城镇区域内12层以上新建居住建筑应用太阳能热水系统的，必须进行统一设计、安装。鼓励农村集中建设的居住点统一设计、安装太阳能热水系统。 2. 建筑设计单位应将太阳能热水系统作为建筑的有机组成部分，严格按照国家《太阳热水系统设计、安装及工程验收技术规范》(GB/T 18713—2002)，《民用建筑太阳热水系统应用技术规范》(GB 50364—2005) 和我省《住宅建筑太阳能热水系统一体化设计、安装与验收规程》(DGJ 32/TJ 08—2005)、《太阳热水系统与建筑一体化设计标准图集》等标准规程进行系统设计，力求建筑物外观协调、整齐有序，热水系统性能匹配、布局合理，保证建筑质量和太阳能热水系统的使用安全，方便安装和维修，必须预留太阳能热水器的位置和管道，屋面工程要在公共部位留设上人孔。农村住房应用太阳能热水系统也应进行系统设计。 7. 在建筑能耗评价时，太阳能热水系统集热能量计入建筑节能总量。市建设局对应用太阳能热水系统的情况作为节能建筑、绿色建筑、优秀设计、优质工程等评选的重要指标之一，优先给予评奖

由于各地出台应用太阳能建筑应用的政策较多，本章只收录了其中的部分，若需详细了解，可咨询当地建设行政主管部门。

第3章　国际经验及发展状况

太阳能技术主要分为太阳能热利用技术和太阳能光伏发电技术两类，这两类技术在建筑上的应用已有较长的发展历史。

早在20世纪30年代中期就出现了用作建筑供暖的太阳能热水系统，但是直到40年代末才受到一定的关注，而那时全世界几乎所有的房子都在采用燃煤锅炉来供暖。这段时间里太阳能热水系统发展极为缓慢。随着人类社会不断发展以及科学技术的不断进步，人们越来越多地将太阳能热利用技术用于建筑中。现在，太阳能热技术已被较为广泛地应用于供热和采暖系统中。

能较好地反映太阳能热技术发展情况的一个重要方面就是太阳能热水器的发展状况。太阳能热水器的生产起始于20世纪60年代初期，随后，太阳能热水器产业在许多国家迅速发展起来。自90年代初起，太阳能热产业开始进入发展的黄金时期。

据国际能源组织（IEA）统计，2006年全球的太阳能集热器的总容量为127.8GW，相当于1825亿m^2的集热面积。其中平板型和真空管型的集热器占了102.1GW，其余的24.5GW是非釉面的塑料型集热器。

目前，我国的太阳能热水系统集热器总运行容量为世界第一。截至2006年，我国的平板型和真空管型集热器的容量就达到65.1GW，这一数据远远超过排名第二的土耳其（6.6GW）和排名第三的德国（5.6GW）。但是，在太阳能集热器总容量的人均值（kW/1000人）这一重要指标上，我国却远远落后于其他国家。2006年，太阳能集热器总容量的人均值排名第一的国家是塞浦路斯，其值为600kW/1000人，排在第二和第三的以色列和奥地利也分别达到了506kW/1000人和231kW/1000人，而我国却只有49kW/1000人。为了使太阳能热技术在我国得到更为普及地使用，我们还需要学习别国的经验，努力提高太阳能集热器的人均占有量。

1839年，法国科学家贝克勒尔（A. E. Becqurel）发现了硒元素的光伏效应，太阳能光伏发电的历史从此拉开了序幕。然而，第一个实用单晶硅光伏电池（Solar Cell）直到一个多世纪后的1954年才在美国贝尔实验室研制成功。20世纪70年代中后期开始，光伏电池技术不断完善，成本不断降低，带动了光伏产业的蓬勃发展。

截止2002年底，全球的光伏发电量仅为2.2GW。据统计，仅在2007年全球光伏系统新装容量就达到了2.4GW，这一数据比之前已安装的总容量的50%还要多，从而使全球光伏系统总安装容量达到了9.1GW。然而，全球的发展情况并不均衡，仅德国和西班牙两国2007年的新装容量就占了全球新装容量的70%左右，如果把日本和美国也算在内的话，这四个国家所占的比例接近90%。2008年全球新装容量达到了惊人的5.6GW，比2007年的两倍还要多，全球光伏系统总安装量也达到了近15GW。这一成绩的取得很大程度上要归功于西班牙市场的异军突起。2008年时西班牙的光伏系统新装容量为2.5GW，占全球的 44.6%，比 2007 年新装容量 560MW 的 4 倍还要多。表 3-1 为全球各个国家和地区太阳能光伏系统年新增容量的统计数据。

全球各地区太阳能光伏系统年新增容量（MW）　　表 3-1

国家和地区	1998	1999	2000	2001	2002	2003	2004	2005	2006	2007	2008
西班牙	0	1	—	2	9	10	6	26	88	560	2511
德国	10	12	40	78	80	150	600	850	850	1100	1500
其他欧洲国家	8	11	10	16	16	50	30	30	37	108	492
美国	—	17	22	29	44	63	90	114	145	207	342
日本	69	72	112	135	185	223	272	290	287	210	230
其他地区	68	84	94	75	104	98	53	12	196	207	485
全球总计	155	197	278	334	439	594	1052	1321	1603	2392	5559

从图 3-1 可明显地看出，2004 年以后，全球的光伏系统年安装容量开始突破 1GW，在接下来的 5 年时间里太阳能光伏发电产业发展态势十分迅猛，该产业进入了发展速度最快的阶段。据欧洲光伏产业联盟（EPIA）预计，2009 年全球的光伏系统新装容量将达到 6.8GW 的新高。

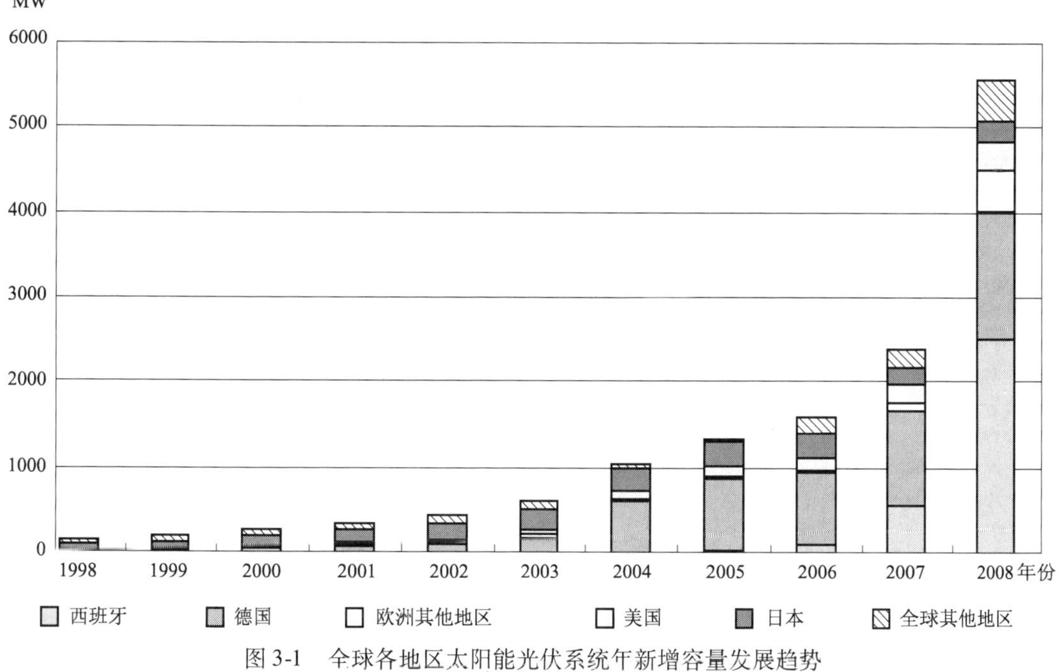

图 3-1　全球各地区太阳能光伏系统年新增容量发展趋势

随着太阳能光伏产业的快速发展，太阳能光伏发电在建筑上的应用也得到了长足的进步，许多国家和地区已经开始大规模地利用太阳能光伏系统为建筑提供电能。太阳能技术的进步促使建筑上的太阳能系统所发电能能够与电网相连，因此，越来越多的并网光伏系统投入了使用。如今，一种太阳能光伏-建筑一体化的概念又悄然兴起，这种理念是将太阳能光伏系统与建筑本身融为一体，这样的设计将使建筑的美学效果和实用效果达到完美的统一。太阳能光伏发电在建筑应用的技术取得进步的同时，一些国家政府还出台相应的太阳能政策以鼓励太阳能光伏发电在建筑上的使用，其中最为常见的做法就是为太阳能光伏设备提供购买补贴和贷款以及用制定补偿电价的方式对并网发电的太阳能系统予以支持。这样，在技术和政策的双重推动下，太阳能光伏发电在建筑上的使用取得了飞速的发展。

本章将主要针对建筑用太阳能热利用技术和太阳能光伏发电技术在国外的发展情况和国外的相关发展经验等方面，对欧洲、北美和亚洲三个地区的太阳能建筑应用的发展状况分别予以介绍。

3.1 欧洲太阳能建筑应用发展状况

本节主要介绍太阳能技术在欧洲的发展历史和太阳能建筑应用在欧洲的发展现状。由于德国在太阳能建筑应用上在世界范围内都处于领先的地位，为了更好地指导我国的太阳能建筑应用实践，在介绍了欧洲地区总体情况之后本节还将单独讨论德国的太阳能建筑应用发展现状。

3.1.1 欧洲太阳能建筑应用发展现状

3.1.1.1 建筑太阳能技术发展现状

欧盟委员会在对建筑业的影响评估中指出，建筑能耗占了最终能源消耗总量的最大比例，达到了40%。而与建筑相关的活动也在欧盟地区的经济中占据了很大的比重，占总GDP的9%。因此，建筑部分的新能源的替代可以对总能源消耗的结构产生很大的影响。欧盟近年来提出了在2020年要实现可再生能源占总能源20%的约束性目标，对于建筑的能源形式的替代和能源结构的改造将是实现这一目标的关键所在。

由于太阳能具有高效和永不衰竭的优点，在进行常规能源替代的进程中，太阳能的开发和应用越来越受到人们的重视。除了考虑到能源消耗的因素，在欧洲大部分地区，环境保护的要求也推动着替代能源技术的开发，而太阳能又具有清洁环保的特性，它的利用有助于降低二氧化碳的排放和环境保护。

过去几十年，欧洲的太阳能产业发展较快。据IEA（国际能源组织）统计数据显示：2006年欧洲总太阳能产热量为48TJ，总太阳能发电量为2517GWh。

欧洲国家也积极推动建筑太阳能技术的发展，在欧洲太阳能建筑的主要技术类型有被动式太阳能技术、太阳能热利用技术和太阳能发电技术。与被动式太阳能技术相比后两种技术的发展时间较晚。

太阳能的被动利用很早就在欧洲建筑中得到了体现，而现代的建筑也十分重视太阳能的被动利用。欧洲实行的《在建筑和城市规划中应用太阳能》的欧洲宪章，对城市、建筑环境、建筑材料及建设方式、建筑的使用等方面利用太阳能做了具体的规定，对规划师、建筑师提出了明确的要求，重点强调了对太阳能的被动利用。太阳能热利用技术在欧洲一直受到重视。近年来，在相关的政策措施的刺激下，其市场得到了较大的发展，普及程度也越来越高。太阳能发电技术从总体上来说还不够成熟，但欧洲国家的技术水平已经走在了世界的前列。各个欧盟成员国在太阳能技术的研发、应用和推广上都付出了较大的努力，也取得了一定的成功。

3.1.1.2 被动太阳能

被动太阳能技术主要依靠一些能够提高太阳光透射程度而又减少围护结构散热的特殊建筑材料来减少建筑物的采暖能耗。欧洲国家一直重视太阳能的被动利用技术的研究和开发，比如一些国家集中力量开发利用先进透明装置的节能窗。

意大利正在开展使建筑物日光照明最佳化的研究，如改进控制系统，调节自然和人工光源，改进窗和遮光装置的特性和效率，改进人工光源的色效等。

法国的太阳能设计师们用“绿色设计”原则代替“太阳能”设计原则，就是要统筹考虑能源性能、安全材料的应用、日光照明、居住者的舒适和健康等因素。这种新的设计方法将被用来设计在 Angers 的法国环境保护和能源管理署办公大楼。

法国和意大利还在开发电致调光的透明装置。法国的研究人员估计，这种技术每年可为南部地区节约高达 45% 的能源需求。

德国的许多建筑也利用了太阳能的被动利用技术，如位于科隆的宇航员培训中心，建筑师将绝热透明材料安装在 300mm 厚的吸热墙和玻璃窗之中，每年能够获得 245kWh 的能量，提供供暖量的 25%。

在欧洲地区还建有被动式太阳房，这种太阳房在南面采用大面积的落地窗，北面则是较封闭的实墙。冬天太阳光可通过落地窗直接进入住宅内部，提供热能；夏天太阳高度角变大，而阳台的宽度是根据太阳高度角计算得出的，这样就能使太阳光恰巧照射到阳台上而不进入室内，避免过多的热量聚集到室内。夏天打开南、北面的窗户，使空气流通，可带走室内的热量，降低室内温度。

3.1.1.3 太阳能热利用

太阳能热利用的主要方式是太阳能供热采暖、太阳能制冷和利用太阳能热发电。这里主要介绍欧太阳能供暖和太阳能制冷的发展情况。目前，太阳能供热水和供暖技术已经比较成熟，而太阳能制冷技术尚处于研发阶段，大规模的投入使用还需要经历一段漫长的道路。

1. 太阳能供热采暖

在欧洲，供热采暖占据了总能源消耗的 49%。另有 20% 的能源被用于发电，31% 被用于交通运输。随着能源危机的加剧，用于供热的燃油和天然气的价格持续上升，人们希望能用更便宜更可靠的太阳能给住宅供热采暖。而据欧洲太阳能热技术平台（ESTTP）预计，在供热采暖领域中，80% 在水温低于 250℃ 的系统理论上能够通过太阳热能系统得到满足。由于太阳能供能稳定可靠，欧洲的相关专家已意识到太阳热能系统在供热采暖方面的发展潜力和重要性。ESTTP 预计，到 2030 年，新建住宅将 100% 由太阳能提供供热采暖所需的能量。而既有房屋建筑中，对那些单户、双户家庭甚至大家庭进行太阳能供热系统改造是经济合理的。ESTTP 还提出将对太阳能供能系统进行改造，使太阳能热在欧洲的供热和制冷领域所占的比例大于 50%。此外，太阳热能还将会被用于水温高于 250℃ 的系统中。

（1）欧洲太阳能热水器的发展

太阳能热水器是太阳能供热采暖技术的主要应用产品。在欧洲国家，太阳能热水系统主要供应生活和洗浴热水，同时还对建筑进行供暖，它通常作为辅助热源与常规能源系统联合运行。

在欧洲，消费者对使用太阳热水器的兴趣正在增长，而且欧洲的太阳能热水器在提高技术和降低成本方面也有较大进展。太阳能热水器技术在欧洲推广较好的国家有奥地利、希腊、以色列、丹麦、德国、荷兰和土耳其等国家（以色列的国土在亚洲，土耳其的国土大部分在亚洲，小部分在欧洲。但这两国在习惯上以欧洲国家身份参加国际经济、科技、文化、体育等活动。故在此将其统计在欧洲国家范围内。——编者注），这些国家每千人拥有太阳能热水器的面积2001年的数据如表3-2所示。

欧洲各国太阳能热水器人均拥有面积　　**表3-2**

国　　家	面积（m^2）	国　　家	面积（m^2）
奥地利	265	以色列	580
德国	52	希腊	264
丹麦	60	荷兰	13
土耳其	95		

由上表可知，以色列的太阳能热水器人均拥有面积远远大于其他的国家。缺乏常规能源的以色列也是唯一在法律上规定民用建筑必须安装太阳能热水器的国家。以色列1982年出台了热水器法规，规定楼高27m以下的新建筑必须安装太阳热水器。因此，以色列太阳能热水器的普及率高达90%，人均使用太阳能热水器面积居世界首位。为保证产品质量，1982年以色列政府要求太阳能热水器产品必须符合SI标准并具有标识。

到2002年底，全世界累计安装太阳热水器的集热面积约7350万m^2，其中欧盟15国太阳热水器累计安装量为1100万m^2，占世界总量的15%。土耳其安装了642万m^2，占世界总量的9%。以色列安装了350万m^2，占世界总量的5%。

据国际能源机构发布的数据显示，到2004年底，全球共有10个国家的太阳能热水器安装量超过200万m^2，其中欧洲国家占据了6个席位，分别是：土耳其（728万m^2）、德国（648万m^2）、以色列（480万m^2）、希腊（299万m^2）以及奥地利（277万m^2）。

欧洲太阳能热水器市场取得成功因素有：实施太阳能热水器强制性规范；稳定的财政支持；常规能源价格上升；节能、环保意识增强，尤其是决策者；实施鼓励太阳能热水器应用的公共战略；实施示范工程计划；培养一批有技术专长，有积极性的安装队伍；产品质量可靠，产品品牌信任度高；产品标准化推广应用。

在欧洲，太阳能热水器的发展道路上也存在初始投资大，回收时间较长的障碍，为了更好地普及太阳能热水器的使用还需要各国政府加大对该行业的政策支持力度和资金投入。

（2）欧洲太阳能集中供热技术的发展

太阳能集中供热又称为区域太阳能供热，欧洲从20世纪80年代已开始研究。近年来，欧洲一些比较发达的国家建立了许多太阳能集中供热站示范工程，为住宅小区供应生活热水及室内采暖。工程实例显示，太阳能集中供热方式是一种投入产出效益比较高的太阳能热利用方式。

太阳能供热系统可分为短期储热集中太阳能供热和季节性储热太阳能集中供热。

短期集中太阳能供热主要应用于别墅型住宅、乡镇医院、小型旅馆或老年公寓、集体宿舍和体育馆等，这种系统在夏季可提供80%～100%的生活热水，全年提供10%～20%的室内采暖和生活热水所需热量。

季节性储热太阳能集中供热主要用于超过100套别墅住宅的小区，通过季节性大型储热设备弥补太阳辐射强度在冬季的不足，因此全年可提供超过50%的供热和生活热水所需热量。通过较大面积的集热器在夏季将太阳能转化为热能并通过水将之储存在大型的储热设备中，以提供冬季部分或全部采暖所需热量，从而达到全年经济有效地利用太阳能。一个采用季节性储热设备经过优化设计的太阳能集中供热系统，可以替代50%以上的化石燃料消耗。目前，大规模太阳能集中供热系统工程大多数建立在中欧及北欧，主要分布在瑞典、丹麦、荷兰、德国、奥地利，在南欧只有希腊一国有季节性储热（CSHPSS）太阳能集中供热系统。

2. 太阳能制冷

与其他形式的太阳能利用技术相比，太阳能制冷还处于研发阶段，在推广使用上不够普及。欧洲在太阳能制冷领域的研究和应用都处于领先地位。

太阳能制冷的途径主要有两条。一是太阳能光电转换，以电制冷。二是太阳能光热转换，以热制冷。用太阳能发电制冷的方法成本较高，因此，一般采用的是光热转换，利用太阳能热制冷。目前欧洲国家的太阳能制冷技术比较成熟，但成本稍高，大约每兆瓦时的费用为1200~2000欧元左右，比可承受的成本超出约10%~20%。在现有条件下，对于这部分超出的成本，需要由政府、相关部门以及用户去共同承担才能使太阳能制冷的应用得到推广。

塞浦路斯（国土在亚洲，但比照以色列和土耳其，统计归入欧洲。——编者注）常年太阳辐射充沛，年日照天数多达300多天，而其每年的制冷需求量约为供暖需求量的6倍之多，这种客观条件使得太阳能制冷在塞浦路斯受到极大的重视。2000年，塞浦路斯首都尼科西亚的先进技术研究所与英国的布鲁内尔大学合作，针对尼科西亚的气候条件对太阳能制冷系统进行了仿真模拟。此外，土耳其的布尔萨市的乌鲁达大学也针对当地的太阳能资源状况对太阳能吸收式制冷系统进行了研究。

德国在太阳能制冷方面处于欧洲的前列。早在20世纪70年代，联邦德国的Dornier公司就研制出小型的太阳能氨-水吸收式制冷机，该机在埃及首都开罗进行试运行后证明其性能良好，制冷机效率可达0.567。德国国内大约有30多处利用太阳能制冷的建筑物。位于德国西南部的弗赖堡市便是一个典型。弗赖堡工业商会的“玻璃大楼”即便在炎热的夏天，房间温度依然比较舒适。弗赖堡大学医院完全由太阳能装置为房间“降温”，如以常规方法制冷，大约需要25kW的电量。装上了太阳能设施后，只需要400W电量，相当于常规方法的1/62。光是这一项，医院每年就可节约15万度电，医院因此而省下的电费十分可观。

3. 欧洲太阳能光热市场的发展状况

欧洲太阳能热工业协会（ESTIF）尚未发布2008年度的市场分析报告，仅在2008年12月4日公布了对2008年欧洲太阳能光热市场的预测。该预测显示：2008年度，该地区太阳能光热设备新增安装容量约2.8GWth，同比增加了45%~50%，并首次实现了年安装面积达到4000000m^2。而从ESTIF发布的2007年的市场分析报告可以了解到，欧洲太阳能光热市场在2007年的发展情况比较复杂，整个欧盟27国和瑞士地区的集热器市场销售量下降了9%，新增容量达到了1.9GWth（相当于2700000m^{2}的集热面积）。到2007年底，该地区总的容量达到15.4GWth（相当于22000000m^{2}的集热面积）。然而，各个国家的市场发展情况很不一样。

许多国家的需求量呈两位数的增长趋势，如在意大利和荷兰增长的速度都超过了30%。有些国家的增长速度惊人，如斯洛文尼亚与上年相比增长了74%，而爱尔兰更是达到了以前总容量的3倍。然而，同一年德国的太阳能光热市场经历了巨幅缩水，新装容量比2006年下降37%。造成德国市场出现缩水的原因是多方面的，比如自2007年1月起增值税税率开始提高等。奥地利也下降了4%。

图3-2为ESTIF 2008年6月发布的2007年度欧盟地区以及瑞士的太阳能光热产业的发展趋势和统计数据。

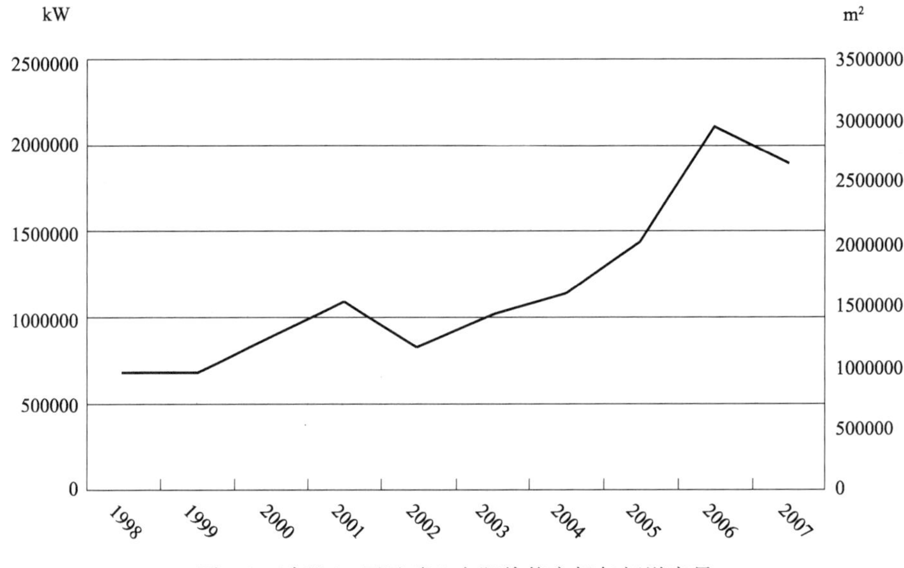

图3-2　欧盟27国及瑞士太阳热能市场年新增容量

图中数据显示经过了四年的急剧增长以后，欧洲太阳能光热市场规模在2007年有所下降。主要原因是一些重要的市场（如德国）的下降而导致的。而许多其他的市场仍然保持两位数的增长率。

图3-3为德国的发展情况。

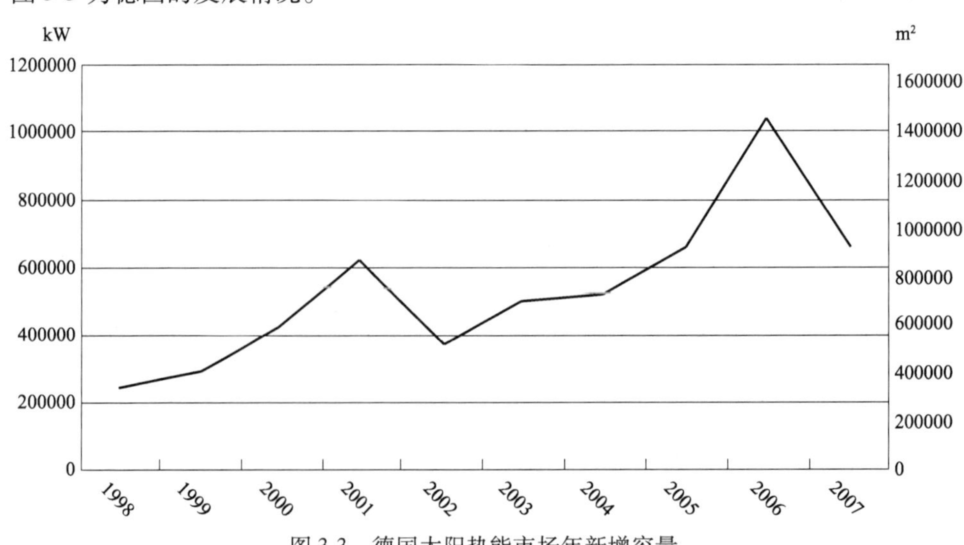

图3-3　德国太阳热能市场年新增容量

由于一系列的原因，同2006年相比德国国内的太阳能光热市场产量在2007年缩水了37%。仅有658MWth的新增安装容量（相当于940000m^{2}的集热面积），比2005年的数据还要低。下降主要原因是受到整个供热设备产品的市场份额下降了大约30%的强烈冲击。而在2008年第一季度的销售规模增长了33%，预计整个2008年也能达到超过30%的增长。

图3-4为奥地利的发展情况。

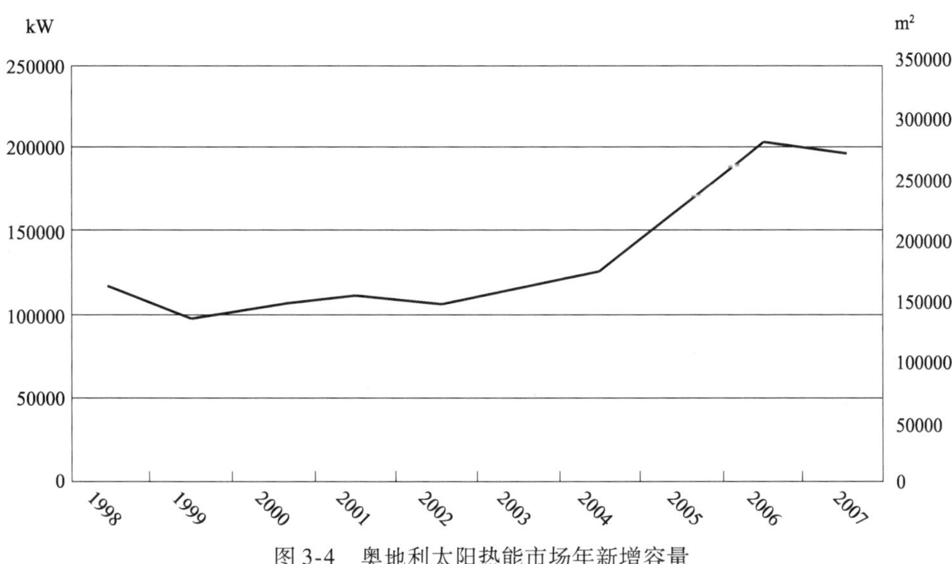

图3-4 奥地利太阳热能市场年新增容量

奥地利的国内太阳能光热市场也有缩水的迹象，但下降幅度比其邻国德国小。新增安装容量与2006年相比下降了4%，为197MWth（相当于281000m^{2}的集热面积）。

但是奥地利的人均太阳热能占有量仍位于欧洲前列，在2007年新增太阳热能24kWth/1000人，达到了德国的3倍和欧洲平均水平（3.8kWth/1000人）的6倍，这一数据仅次于塞浦路斯。

图3-5为西班牙的发展情况。

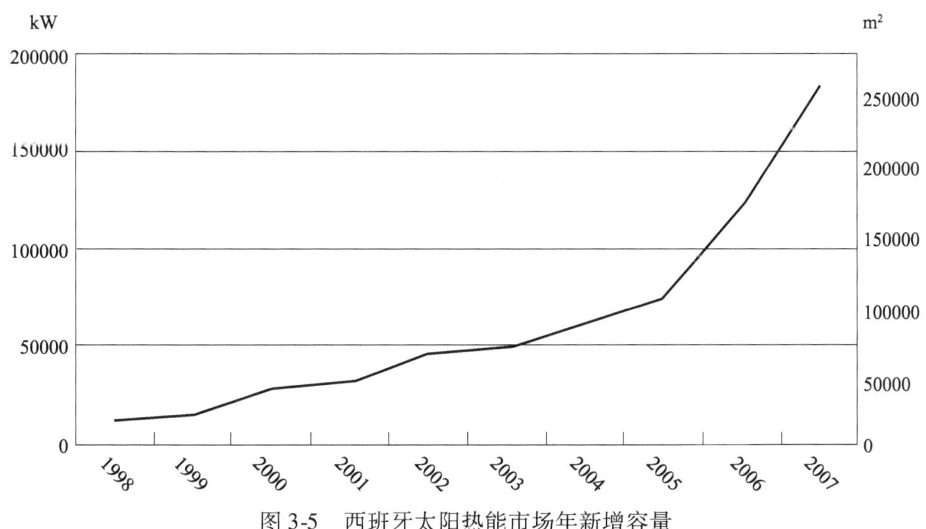

图3-5 西班牙太阳热能市场年新增容量

2007 年，太阳能光热设备在西班牙有 183MWth 的新增容量（相当于 262000m^2 的集热面积），比上一年增加了 50%。由于 2007 年新建的大部分建筑是在新的建筑法规生效前就计划好的，因此法规上的太阳能义务并没能对市场产生很大影响。

图 3-6 为法国的发展情况。

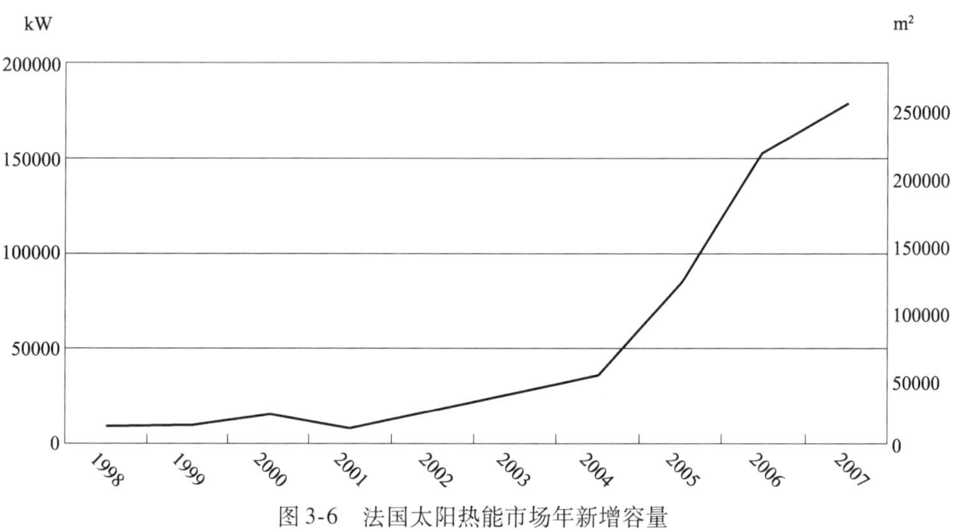

图 3-6 法国太阳热能市场年新增容量

在 2004 ~ 2007 年间，这一市场几乎每年增长 40%，而 2007 年的数据是新增 179MWth（相当于 255000m^2 的集热面积），与上年相比仅仅增长了 16%。它的份额占据了整个欧洲市场的 9%。法国的人均太阳热能占有量为 2.9kWth/1000 人，要比欧洲平均的 3.8kWth/1000 人低。

图 3-7 为意大利的发展情况。

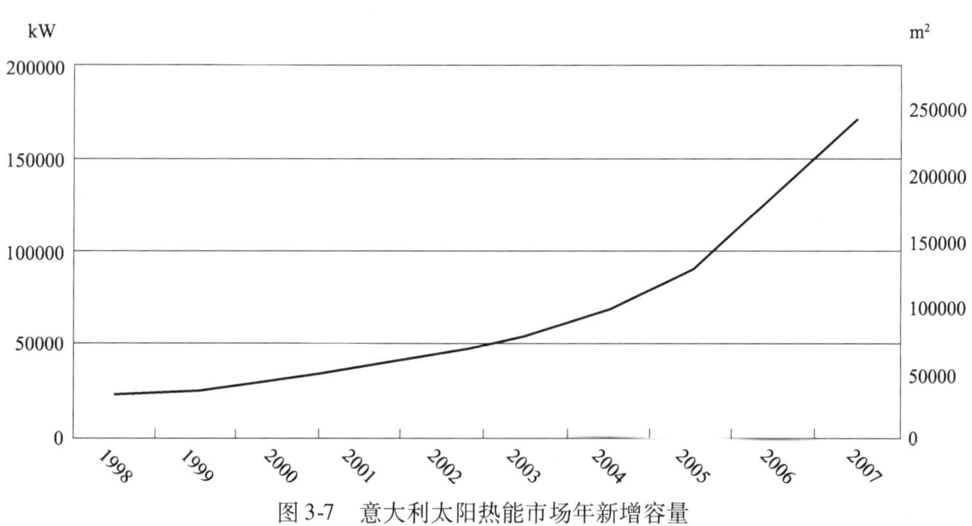

图 3-7 意大利太阳热能市场年新增容量

2007 年意大利新安装的太阳能热容量是 172MWth（相当于 245000m^2），比上年增长了 32%。但是，与法国一样，人均水平仅仅为 2.9kWth/1000 人。尽管一个全国性要求使用太阳热能的法律还没在大多数的地区得到实施，意大利的太阳能供热设备却有着很大的需求空间，它将是一个具有巨大增长空间的市场。

2007 年欧洲市场上新增容量中，希腊、西班牙、德国和意大利的份额各自都占到了 9%～10%。而德国的市场份额从 2006 年的 50% 减少到了 35%。不过，据欧洲太阳能热工业协会预测分析在 2008 年度德国能够再次获得失去的市场份额。

欧洲市场的集中在部分国家的格局已经有所改观，2007 年，五个国家占据了整个欧洲市场的四分之三，而就在几年前同样的比例仅仅是由三个国家占据（德国、奥地利和希腊）。在欧盟国家中，相对较大的国家里仅仅波兰没能跻身较大的市场的阵营之中。但凭借着不断上涨的销量和国内巨大的发展空间，波兰将很快成为一个较大的市场。

每个国家年度新安装的容量的人均值（kWth/1000 人）是一个很重要的指标，通过该指标能够体现出该国的太阳能光热产业的实际发展速度。如图 3-8 反映了几个重要欧洲市场该指标的发展变化情况，从中可看出：奥地利的每千人的容量值是 23.7kWth，这一数据是德国的 3 倍，是欧洲国家平均水平（3.8kWth/1000 人）的 6 倍。自从 2002 年以来，希腊的人均水平悄然的增加到了 2007 年的 17.7kWth/1000 人，是欧洲国家平均水平的 4.5 倍。尽管这些年来涨势迅猛，法国和意大利的人均水平仍然只有 2.9kWth/1000 人。位于地中海地区的市场，仅有西班牙刚刚超过了欧洲国家的平均值。

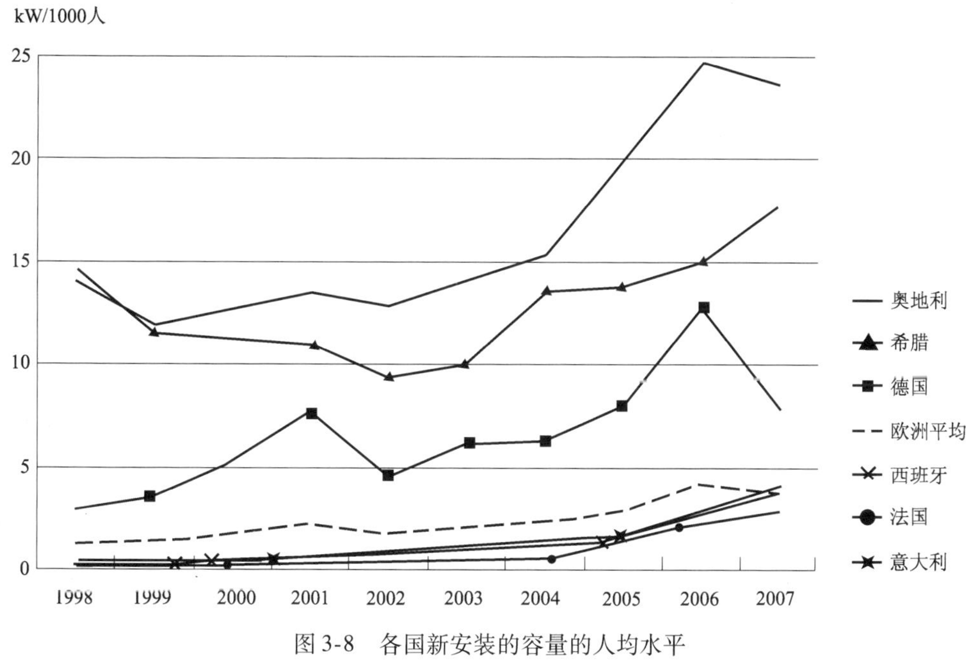

图 3-8 各国新安装的容量的人均水平

另外，太阳能光热设备运行容量人均值（kWth/1000 人）是一个能够反映该国太阳能光热产业的普及程度的重要指标。在经过一定的假设处理以后，ESTIF 得出的该项数据显示，截至 2007 年该项数据上塞浦路斯仍然处于欧洲的领先地位。这个处于地中海东端的国家，太阳能光热设备运行容量人均值达到了 562kWth/1000 人，是排在第二和第三的奥地利和希腊的总和。位于欧洲中部的奥地利向其他国家显示了太阳能光热产业市场发展的巨大潜力，以它的 244kWth/1000 人的数据位居欧洲地区的第二名，这一数据是欧洲地区平均水平（30.7kWth/1000 人）的 8 倍。

此外，葡萄牙也逐渐重视太阳能的热利用，葡萄牙出台的 Decreto-Lei n°80/2006 Constitutes the new Regulation for thermal performance characteristics of Buildings（RCCTE-Regulamento de Características de Comportamento Térmico de Edifícios）制定了在新建筑和大型建设改造义务使用太阳能热的规定。由葡萄牙太阳能热观察站（Observatório do Solar Térmico）和国家能源机构（ADENE）2007 年 10 月公布的自 2003 年对葡萄牙太阳能热市场作调查所得出的 2003～2005 年的相关数据如表 3-3 所示。

葡萄牙太阳能热市场数据 **表 3-3**

年	安装面积（m^2）	百分比（小型 DHW 系统）(%)	百分比（其他）(%)
2003	9210	57	43
2004	16088	44	56
2005	18956	58	42

（DHW：家用热水）

4. 太阳能热利用产品认证

鉴于欧盟各国都在不同程度上着手开展本国的太阳能热利用产品认证工作，2000 年欧洲标准化委员会（CEN）决定，在欧盟范围内实施太阳能热利用产品统一认证，命名为“SOLAR KEYMARK”欧洲太阳能集热产品质量（项目编号：AL/2000/144）。

太阳能产品是 Keymark 认证范围中 28 大类产品中的一类。关于太阳能集热系统及其附件，Solar Keymark 认证依据的欧洲标准有：

（1）Thermal solar systems and components（CEN/TC 312）

（2）EN 12975-1 Thermal solar systems and components-Solar collectors-Part 1：General requirements

（3）EN 12975-2 Thermal solar systems and components-Solar collectors-Part 2：Test methods

（4）EN 12976-1 Thermal solar systems and components-Factory made systems-Part 1：General requirements

（5）EN 12976-2 Thermal solar systems and components-Factory made systems-Par t 2：Test methods

3.1.1.4 太阳能光伏发电

建筑利用太阳能发电有两种途径。一种方式是用太阳能集热产生蒸汽，用蒸汽发电。而更多地被采用的方法是以太阳能电池为基础的太阳能光伏发电。太阳能光伏系统有两种形式，一种是独立户用光伏发电系统，另一种是并网光伏发电系统。

独立户用光伏发电系统利用蓄电池储存电能来维持供电持续性，由于独立系统必须用储能设备，因此这种系统显得比较复杂。

所谓并网太阳能光伏系统就是太阳能光伏发电系统与常规电网相连，共同承担供电任务。光伏与建筑相结合是将现成的平板式光伏组件安装在建筑物的屋顶等处，引出端经过逆变和控制装置与电网连接，由光伏系统和电网并联向住宅用户供电，多余电力向电网反馈，不足电力向电网取用。与独立太阳能光伏系统相比，这种并网形式的太阳能光伏系统具有省掉蓄电池，建设投资费用少，发电成本大为降低和可起调峰作用等优点。

光伏发电是欧洲国家近年来在新能源开发上的一个重点，这也反映一种较为普遍的观点，即从长期角度来看，光伏投资的回收率将高于主动和被动太阳能热利用技术。经过多年的发展，欧洲在太阳能光伏发电制造的技术上处于领先地位。

在整个欧洲光伏发电受到了普遍的重视，1998～2007年间，全球和欧盟地区光伏市场累计装机容量变化对比如图3-9所示。

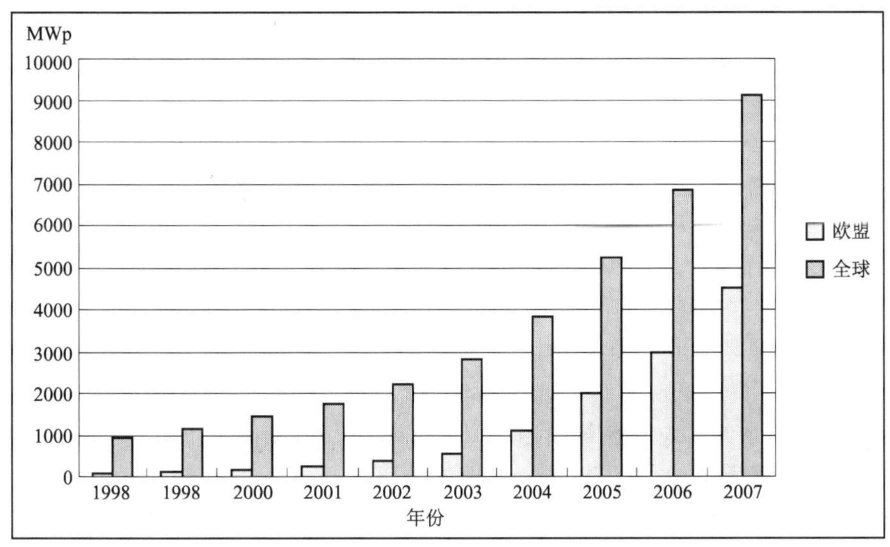

图3-9 欧盟和世界光伏发电总装机容量发展趋势图
（数据来源于EPIA，其中2007年数据截止到11月）

图3-9反映了近十年来全球和欧盟的光伏发电的装机容量的变化情况，从中可以看出欧盟地区光伏发电的发展速度惊人，明显要快于全球的速度。欧盟委员会1999年的可再生能源白皮书中要求，到2010年太阳能光伏发电总装机容量达到3GW，后来又将这一目标修改为4.5GW。2006年底，欧盟地区太阳能光伏发电的总装机容量就达到了3GW，而到2007年11月，该地区太阳能光伏发电的总装机容量已达到4.5GW。欧盟地区已成为了世界上光伏发电的主要阵地，其装机容量已经接近全球的一半。

正如前文中所说，欧洲光伏发电的迅速崛起很重要的原因是西班牙市场的异军突起。就在2007年和2008年两年时间里，西班牙的市场急剧地增长，从2006年仅仅88MW的新增安装容量到2007年的560MW，再到2008年的2511MW。西班牙市场在2008年的新装容量也大大超越了一直处于首位的德国市场（1500MW），一跃成为欧洲地区的头名。

这些成就的取得离不开欧洲各国对光伏发电的大力支持，27个欧盟国家内纷纷推出了关于太阳能光伏市场的研发、应用和推广项目。此外，欧盟从1980年起就在“研究框架项目”的支持下推出研究项目（DG RTD）和示范工程（DG TREN）的计划，对太阳能光伏产业进行支持。与各国的支持计划相比，欧盟的项目财政支持力度不算大，但是在欧洲光伏研究领域起到了相当重要的作用，因为部分成员国在光伏研究上与欧盟的基金关系很密切。在欧盟第六个“框架项目”（2002～2006年）中有8.1亿欧元的资金将提供给“替代能源系统”。这部分资金将分为“短中期研究项目”和“中长期研究项目”两部分，其中都包括1.075亿欧元的光伏系统的项目部分，占了“替代能源系统”总资金的大约13.3%。

在太阳能电池生产方面，欧洲的太阳能电池产量也迅速地增长。据统计，在2007年时其产量首次超过了连续多年处于世界首位的日本，坐上了世界的头把交椅。该年欧洲的产量为106万kW，同比上升了43.9%，德国的Q-CELLS公司产量居业界首位，达到39万kW。在欧洲生产光伏电池的相关厂家有：Q-Cells AG（德国）、ANTEC Solar Energy AG（德国）、CSG Solar AG（德国）、ErSol Solar Energy AG（德国）、solar World AG（德国）、EverQ GmbH（德挪美合资）、Isofton（西班牙）、Photovoltech（比利时）等。

随着太阳能光伏发电产业的不断扩大和技术的不断进步，以及更多相关的优惠政策的实施，欧洲地区光伏发电在建筑上的应用也越来越多。

瑞士在1991~2000年的10年间为3029个村庄的居民安装光伏屋顶系统。

挪威也在偏远小镇、山区和沿海地带度假旅社安装了70000多套小型光伏装置，每年安装约5000套。这些装置多为供电用的，典型的装置一般为50~60W。

欧盟在1997年提出了“百万光伏屋顶”的计划。在其带动下，各个成员国纷纷响应，意大利1998年开始实施“太阳能屋顶计划”，5年共投入5500亿里拉（约合3亿美元），到2002年光伏组件总安装容量达到50MWp。

在芬兰，人们每年购买几千套小型（40~100W）光伏装置，用于消夏小屋。有意投资和开发太阳能光伏设备的公司可以申请政府给予新太阳能装置高达总成本35%的补助，而安装太阳能光伏装置的家庭也可申请20%的补助。

并网太阳能光伏系统是世界各发达国家在光伏应用领域竞相发展的热点和重点，是世界太阳能光伏发电的主流发展趋势，市场巨大，前景广阔。欧洲国家也纷纷重视并网太阳能光伏系统研发和应用。

在以色列，从2008年7月起，凡在屋顶安装太阳能发电装置的业主，能够以每千瓦时2.01谢克尔（约0.6美元）的价格向国家电网出售其富余电力。居民如将私人太阳能装置所生产的电力出售给国家，一般可在10年内收回成本。为了支持私人太阳能发电的普及推广，以色列公用事业管理局还将为私人太阳能电力供应设备安装安全系统。

荷兰阿姆斯福特市的太阳能住宅区，由6000栋单元式住宅组成，采用屋顶光伏发电，太阳能光伏发电能力13MW，实施太阳能发电与当地电网并网。该项目作为荷兰政府的一个实验项目，主要自以下几种模式：

第一种是为低收入者提供的住房。对于用户来说安装太阳能光伏系统屋顶的所有权与使用权归REMU能源公司所有，住户在买房时不买屋顶，从而可使房价相对便宜。每户家里都装有两个电表，一个是住户从网上购买的电，另一个从屋顶光伏系统发出并卖给网上的电，其中的20%的收入归住户所得，而电价是一样的。

第二种是居民自己拥有屋顶的所有权与使用权，并投资购买太阳能光伏发电设备，政府提供75%的资助。这种住宅能达到零能耗，通常称“零排放”，即住户用电与屋顶发的电持平。这样的住宅有500栋，以及一些学校、托儿所等建筑。

第三种模式是能源公司拥有全部的屋顶，但分别由政府（包括欧共体、荷兰政府、电力能源供应公司）提供75%的投资，另外25%由房屋开发商投资，这一部分由开发商从提高租金中返还。

3.1.1.5 政策和激励措施

1. 欧洲各国的政策

(1) 西班牙

2005 年 8 月 26 日，西班牙政府通过了新的可再生能源法案（Plan de Energias Renovables, PER），从而取代了 1999 年的可再生能源推广计划。新的可再生能源计划提出了到 2010 年时可再生能源占总能源的比例为 12% 的阶段性目标。为了达到这一目标，计划提出要完成好很多项正在进行的和准备进行的相关项目。2005 ~ 2010 年间该法案将提供总预算达 23598641 欧元的投资。

在西班牙，早在 1980 年就有立法涉及可再生能源利用的内容，然而，到了 1994 年的 2266 号皇家法令（Royal Decree 2266/94）才作出太阳能光伏系统要与电网相连的规定。而后，一个新的电力法案（Spanish Power Act 54/1997）自 1997 年开始实施。

1988 年的第 2818 号皇家指令（Royal Decree 2818/1988）关于发展可再生能源发电的目标和内容在 1997 年电力部门制定的电力法案（Spanish Power Act 54/1997）中得到了具体的实施，该法案主要是通过奖励可再生能源设备使用的方式来完成所制定的目标。如，为鼓励光伏发电，就制定了根据上网发电量确定补贴电价力度的办法，电力公司必须以 0.4 欧元/kWh 的价格购买系统容量小于 5kW 的太阳能光伏设备所发的电，而系统容量大于 5kW 的设备的补贴电价定为 0.2 欧元/kWh。

2004 年制定的皇家指令（Royal Decree 436/2004）是对之前 1988 第 2818 号皇家指令的修订，以适应还在生效的 1997 年电力法案中为可支持再生能源发展所确定的框架。这项指令从两个方面对新安装的可再生能源设备进行奖励：①发电方出售电力的税收从固定税改为调整税，税率由设备的技术水平决定。2004 年的参考税率是 0.072/kWh。②发电方在市场上可按规定的补贴电价售电。到了 2007 年 5 月 25 日，又有一项新的皇家指令（Royal Decree 661/2007）发布，其中规定自 2008 年 1 月 1 日开始实行新的能源税制。

正是以上一系列立法的保障，才促使西班牙的光伏发电市场在 2008 年出现爆发行情，一举成为全球新装容量最多的国家。

(2) 荷兰

荷兰政府在企业配合下，实行一种兼顾各方面利益的可再生能源政策。政府的目标是到 2010 年使可再生能源占全部能源消耗的 10%。

荷兰的促进可再生能源发展政策手段主要包括提供一系列财政、税收和金融优惠，促进可再生能源开发利用。主要有：加速企业折旧、税收抵扣、对可再生能源项目提供低于市场利率的优惠贷款，以及对利用可再生能源等有利于环境的家庭给以低息贷款等；对按国家要求购买了新能源电力的电力工地的新能源电力，采取按比例分配方式销售给有关用户，以收回因此投入的燃料和设备成本；对制造了污染但无法再循环利用的企业，征收能源税；建立绿色定价计划，消费者可以在购买可再生能源电力时，得到奖励性津贴；制定可再生能源为基础的电力国家标准，以支持企业的市场化努力。荷兰政府还鼓励在建筑中应用可再生能源，其投资成本可由政府返还 15% ~30%。

(3) 法国

法国政府对使用可再生能源也非常重视和鼓励。接入以热电联产或可再生能源（如生物质能、太阳能、热泵等）为热源的区域集中供热管网的家庭可以享受 40% ~50% 税收减免。

法国环境部2008年11月17日公布了一项旨在发展可再生能源的计划，政府希望能够通过一系列举措，大幅提高可再生能源在能源消费总量中的比例，使法国在该领域取得世界领先地位。这一计划共包括50项措施，涵盖了生物能源、风能、地热能、太阳能以及水力发电等多个领域，它的总体目标是到2020年将法国可再生能源在能源消费总量中的比重提高到至少23%，这相当于每年为法国省下2000万吨的石油消耗。

根据这项计划，法国政府将在2009～2010年间拨款10亿欧元设立“可再生热能基金”，这项基金主要用于推动公共建筑、工业和第三产业供热资源的多样化，其中包括太阳能和地热能。此外，法国政府在研发方面的总投入也将达到10亿欧元。

在利用太阳能方面，法国希望能够通过一场“技术革命”，跻身于世界领先国家的行列。政府部门建筑和行业机构的建筑（如超市、大型工业和农业机构建筑等）的屋顶将安装太阳能电池板，行业机构在支付有关费用时可以享受国家的补贴。对于那些想要安装太阳能电池板的个人，行政审批的程序也会大大简化。

（4）希腊

希腊议会正式通过了《可再生能源法》，对使用太阳能的企业和家庭提供包括政府资助和减税等在内的一系列激励政策。根据这项法律，政府将向使用太阳能发电的企业和商业公司提供太阳能发电系统总成本30%～55%的政府资助，使用太阳能的家庭每年可获得20%的减税，2007年减税的最高额度被提高到882欧元。法律还规定，那些使用太阳能发电并与全国电网联网的电力用户，可以向国家出售剩余的电力，每度电的价格在50～63欧分之间，具体价格将根据每年的通货膨胀系数、国家电力零售价格等因素进行调整。政府保证收购这些过剩电力的期限为20年。同时，新的法律还废除了过去安装发电能力不足150kW的太阳能系统需要政府审批的规定。

在20世纪80年代中期和90年代初期，希腊分别设立了两个国家项目支持太阳能热水器产业发展，当时的优惠政策是提供25%～30%的补贴。目前，希腊主要实施税收优惠政策，即太阳能热水器产品销售税（15%左右）的70%可以从家庭所得税中扣除。希腊希望能够积极参与欧盟的太阳能热水器项目，并通过欧盟对本国太阳能热水器产品提供15%的补贴。

（5）奥地利

奥地利政府大力推广太阳能的利用，1990年以来，奥地利政府逐步确立了替代能源的发展战略，不断增加太阳能技术研发投资，并鼓励家庭安装太阳能供热、供暖设备。

据奥地利政府公布的《替代能源发展报告》，到2005年底，奥地利全国太阳能电池安装面积已达到300万m^2，比上一年增加26.6%。奥地利主要是从提供政策性优惠、加强节能环保宣传和增加新能源技术投入三个方面着手，来推广太阳能的利用。

根据奥地利太阳能协会提供的数据，如果一个家庭安装6m^2的太阳能电池用来供热，总投资需4920欧元。对此，奥地利州财政和社区财政分别提供25%和10%的补贴，联邦政府还提供300欧元的个人所得税减免。这些措施减轻了老百姓购买太阳能设备时一次性投资过大的压力。

在宣传方面，奥地利各级政府、节能环保机构和社会团体积极利用一年一度的“太阳能宣传日”，向公众普及太阳能知识，宣传利用太阳能的好处。根据宣传材料，一个家

庭安装 $6m^2$ 的太阳能电池，每年可节省 400L 取暖油，或 $343m^3$ 天然气，或 2400 度电。

在科研方面，奥地利联邦财政不断增加对替代能源的研发投入。2005 年，奥地利政府向环保产业 3175 个项目提供财政促进资金 2.769 亿欧元，比 2004 年增加 80%。这些项目中有五分之一是太阳能发展项目。

奥地利大力推广太阳能资源的利用，也带动了相关设备的生产和出口。2005 年，奥地利太阳能设备销售额达到 2.32 亿欧元。而自 2002 年以来，奥地利太阳能设备制造业的出口额年均增长 37%，成为该国出口增长最快的行业之一。

（6）英国

为了促进可持续发展战略的实施，英国政府将主要通过税收优惠政策，鼓励居民在 10 年内建设 100 万栋“绿色住宅”。“绿色住宅”计划鼓励居民采用环保技术建造或装修房屋，建设有益于环境保护的新型住宅。这种新型住宅将采用太阳能电池板、洗澡用水的循环使用处理装置、三层玻璃窗户和隔离层、有利于环境保护的无污染涂料等。凡是采用这些方法建造“绿色住宅”，建筑商将享受减免印花税、减免隔离层和三层玻璃材料的增值税等优惠政策，而传统方式新建住宅则不享受这些优惠。

（7）葡萄牙

葡萄牙政府通过补贴和税收减免两种措施来鼓励使用太阳能热水器。对公共机构采用太阳能热水器系统的，给予投资额 20% ~40% 的补贴；对家庭用户，实行税收减免，即太阳能热水器系统总投资的 30%（约 700 欧元）可从个人所得税中扣除。

（8）其他国家

此外，在欧洲许多国家，政府对太阳能装置的使用提供补贴。在芬兰等国家安装太阳能装置可获得 25% ~35% 的补贴。

欧洲各国对太阳能光伏发电规定适当的上网电价或者提供补贴和税收减免，如比利时保证 0.45 欧元/kWh 的上网电价 20 年不变。塞浦路斯的做法是为家庭用户或其他组织提供占购买光伏设备费用 55%（上限为 1.65 万欧元）的补贴，为企业提供的补贴比例是 40%（上限为 1.2 万欧元）。享受补贴后的上网电价是 0.21 欧元/kWh，而对于未享受补贴的家庭用户规定上网电价为 0.391 欧元/kWh，企业则为 0.342 欧元/kWh。另外，捷克、丹麦、芬兰、意大利、卢森堡等国都规定了相应的上网电价和补助措施。

2. 欧盟的激励机制和政策

在过去的 20 年，欧洲各国积极推动了太阳能技术的发展。所有欧盟成员国都建立了支持欧洲太阳能工业发展的投资计划。按照 1994 年 6 月可再生能源的马德里会议宣言，欧洲又制定了“可再生能源活动计划”，确定了到 2010 年，在欧洲联盟中将以可再生能源替代常规能源需求的 12% 的总目标，到 2020 年这个比重要达到 20%。欧盟能源委员会不仅提出这两个阶段性目标，还将总目标分解到每一年，对每年所要达到的目标作出具体规定，甚至根据不同国家经济发展状况及能源资源分布提出了针对各国的可再生能源每年发展目标，所有目标的积累正好可以保证总目标的实现。

欧洲于 1997 年左右宣布了百万屋顶计划，计划于 2010 年完成。1999 年欧盟启动“可再生能源起飞运动”，其中在太阳能领域计划投资 100 亿欧元。具体内容为在欧盟内部市场安装 65 万个光电系统，在发展中国家安装 35 万个光电系统；2005 年安装太阳能集热器要达到 1500 万 m^2，重点是生产家用热水、采暖、城市采暖、空调和工业采暖五个方面。

在鼓励可再生能源利用的方面，欧盟委员会下属机构欧洲经济和社会委员会在其2008年2月14日召开的第442次全体会议上通过了关于“建筑节能——用户端的贡献”的意见。意见中指出，节能是解决欧盟实现《京都议定书》和其他相关规定中减排目标的重要手段。此外，欧洲经济和社会委员会已意识到节能领域中建筑节能的潜力巨大，尤其是将从建筑设计和使用过程当中在供热、空调制冷、动力、照明方面以及隔热技术使用中获益。可再生能源技术在这些方面都有较大优势，它对环境的影响最小，可替代部分常规能源，增加能源供应的稳定性和可靠性。相应的鼓励措施有购买节能或者环境友好的设备将会享受到税收减免和经济鼓励的政策，对大型公用建筑进行节能改造将享受到欧洲投资银行的贷款等。

3. 项目和计划

（1）奥地利

奥地利实施了投资住宅可再生能源发电和住宅建筑节能的财政奖励。

该项目于2001年开始实施，针对太阳能光伏发电和太阳能供热系统。优惠形式是采取税收减免和抵偿还有相应的优惠贷款，每个家庭每年最高可减税7300欧元，其具体内容为：

个人所得税法规定了一系列的特别税费，包括购买住宅用的太阳能和生物能设备的费用可以从个人收入中抵免。对于普通纳税人来说，这种形式的抵免的上限是每年2920欧元，而单身家庭每年可获得额外的2920欧元抵免，有3个以上孩子的家庭可获得1460欧元的补助，抵免的金额最多只能达到收入的25%。

这部分的税收抵免的资金是来源于奥地利的联邦各省，目的是促进能源节约的住房建设。该资金支持的覆盖范围不仅包括建筑供热设备，还有低成本能源的房屋和“被动房”以及可再生能源（如基于生物能和太阳能的供热设备）在建筑中的应用。

联邦省份基于现有的技术建造标准，在有利条件下给予补助或贷款。此外，联邦省份还考虑对社会特殊条件家庭（如有残疾人或年轻的家庭）给予补贴。2003年，这一资助计划经过修订——多数省份附加了认定进行补贴的标准，主要是考虑能源效率和利用可再生能源的供暖和热水需求。

（2）比利时

① 太阳能热利用项目计划

该项目开始于1996年，到2000年5月终止。主要给太阳能热系统（供热和制冷）以及太阳能热水系统的购买者提供财政补贴和退税。1996年，电力和天然气控制委员会建议使用奖励措施，以促进安装太阳能热水系统。其主要计划是，每安装集热面积达到$4m^2$的系统可以享受到620欧元的补贴，在此基础上集热面积每增加$1m^2$将获得额外的74欧元的补贴。这些奖励的资金来源于可再生能源与电力分配基金。

② Soltherm-Wallonia 项目

该项目于2000年5月30日开始生效，针对的对象是太阳能供热和制冷系统，现在仍处于实施当中。主要实施方式是宣传教育和财政补贴支持等。其目的是要在十年内在该地区建立起一个可持续的太阳能热工业，目标是到2010年时完成在该地区安装集热面积为$200000m^2$的太阳能集热系统。项目计划培训新的技术人员、建筑师和公共部门的工作人员来负责促进这些技术的发展。

从2001年起，该项目开始给购买或投资太阳热能系统设备的私人提供补偿。2004年起，随着该项目范围的扩大，供热设备需要得到专家的认证。个人用户的补贴底限从1500欧元起（集热面积为2～4m^2），集热面积每增加1m^2就额外获得100欧元的补贴，补贴金额最高可达到6000欧元。这些补贴可以由当地的机构辅助提供，但是根据规定，总补助金额不能超过投资成本的75%。提供给家庭的赠款额度介于1875～3000欧元之间，也可以辅以当地的补助和税收减免。

③ 瓦隆和布鲁塞尔首都地区的建筑节能的补贴政策

该政策实施于2000年，补贴的形式是国家次级政府的奖励和补贴以及公共投资，太阳能热水系统也是收益目标。

在瓦隆地区，瓦隆政府将提供高达30%的建材投资费用和50%的公共建筑能源审计费用。其目的是促进能源的合理利用，包括建筑隔热和利用可再生能源的高效率供热。

布鲁塞尔首都地区的补贴将分配给地方公共机构、学校和医院。如果被认定具有节能性质，补贴金额为投资成本的20%，能源审计补贴最高将会达到费用的50%。

（3）法国

法国的主要计划是降低住宅可再生能源设备的增值税。

该计划实施于1999～2002年，涉及内容包括生物能发电和热利用、地热能发电和热利用以及太阳能光伏发电和热利用等。

其主要内容是降低安装在住宅中利用可再生能源进行生产和使用的设备的增值税率。将法国本土和科西嘉岛地区的增值税降低5.5%，而将瓜德罗普岛、马提尼克和留尼旺岛等地区的增值税降低2.1%。

（4）爱尔兰

① 绿化家园计划

绿色家园计划开始于2007年，是由爱尔兰可持续能源机构（SEI）实施的，其目的是增加可再生能源和可持续能源技术在爱尔兰的家庭的使用。该计划为打算购买新的可再生能源采暖系统的业主提供资金支持。在原来的框架下包括了新的和现有的住房，但现在仅限于新的住房和在建筑条例下经过新措施处理的现有住房。

赠款将提供给购买下形式的可再生能源的供暖系统的住户：

A. 太阳能采暖或太阳能热水系统；

B. 热泵（水平埋管或竖直埋管地源热泵、水源热泵和空气源热泵）；

C. 燃烧木材的火炉与锅炉；

D. 生物能供热系统。

② 可再生热部署方案

该方案开始于2007年3月，计划到2010年时，总共投入26亿欧元用于支持可再生能源（包括太阳能和生物能）。可再生热部署方案为爱尔兰的工业、商业、公共及社区楼宇的可再生能源供暖系统提供援助，援助的对象有工厂、商业、服务和公共部门或组织，如能源服务公司等，若这些部门或组织计划改造或安装可再生能源供热装置时就有资格获得该援助。

补助可以提供给以下几种供热设备系统：

A. 以木屑或木渣为燃料的锅炉；

B. 太阳能热泵；

C. 热泵（地源热泵、空气—水系统或地下水—水系统）。

以上系统都必须带有CE的标志，同时还得达到节能要求和满足相关的标准。

该方案为可行性研究和投资提供资金补贴。在项目申请进行可行性研究被考虑的条件下，该方案为可行性研究提供支持力度高达40%的额外费用，为每套设备提供最多5000欧元的赠款，对于所有研究的最大支持数额只限于300000欧元。技术较复杂或具有创新性元素的项目的可行性研究将优先被考虑。该方案还可以提供赠款，赠款数额可多达成本的30%。根据设备的容量级别不同，设置了每千瓦时对应的最高成本价。

对于太阳能集热系统的援助，根据系统类型不同，其补贴的最高金额也不一样：

集热面积不到$10m^2$的系统：1200欧元/m^2（平板型）；1600欧元/m^2（真空管型）

集热面积为$10\sim50m^2$的系统：800欧元/m^2（平板型）；1600欧元/m^2（真空管型）

集热面积为$50\sim200m^2$的系统：500欧元/m^2（平板型）；600欧元/m^2（真空管型）

集热面积为$200\sim500m^2$的系统：350欧元/m^2（平板型）；450欧元/m^2（真空管型）

（5）欧盟

欧洲太阳能热技术平台（ESTTP）

建立欧洲太阳能热技术平台的构想是在2005年6月21日召开的欧洲太阳热能第二次会议上提出的。欧洲太阳能热技术平台的建立对于太阳能热工业的促进起到了重要的作用，它也因此很快成为一个重要的能源研究和开发的资源，为满足欧洲地区的供热和制冷需求服务。

① 欧洲太阳能热技术平台的目标：

A. 提高人们的意识，使人们认识到太阳热能具有巨大潜力，以促进可持续能源基础设施建设；

B. 加速太阳能热产业的发展；

C. 为先进的太阳能热利用技术的广泛传播创造条件。

② 欧洲太阳能热技术平台的任务：

A. 到2030年时开发出新一代的太阳能热技术，为完成这一新一代技术的开发制定出一套研究战略计划，并为战略计划的实施提供支持；

B. 确定非技术的框架条件，以促进太阳能热利用技术的广泛市场部署。

3.1.1.6　相关机构

1. 欧洲太阳能热工业联盟（ESTIF）

ESTIF（European Solar Thermal Industry Federation）的使命是尽快使太阳能热利用技术获得重视和使其被接受为可替代的供热和制冷的关键手段。

为了实现其任务，ESTIF要完成以下的战略目标：

（1）成为欧盟相关提供关于可再生能源用于供热和制冷方面的支撑项目的政策建议和实施方案的研究机构的指定合作伙伴。

（2）推动促进欧盟实现其安装10000万m^2集热器的太阳热能政策（欧盟委员会1997年白皮书关于可再生能源的内容）。

（3）帮助其成员国处理欧盟与太阳热能问题的研究机构、项目和政策有关的事宜。

（4）为废除任何阻碍一个大型开放的欧洲太阳能热市场发展的贸易壁垒而努力。

网址：http：//www. estif. org

2. 欧洲光伏产业联盟（EPIA）

EPIA（The European Photovoltaic Industry Association）是光伏领域世界上最大的产业联盟。该产业联盟的目标是在各个国家国内、欧洲以及世界范围内促进光伏产业的发展，并帮助其成员在欧盟地区以及海外市场上进行太阳能光伏产业的市场拓展。

EPIA 的成员至今约有 200 多个，均为相关企业，遍布欧洲 20 多个国家。EPIA 是唯一的代表欧洲光伏产业水平的机构。它向其成员提供光伏产业相关的最新法律法规作为参考。此外，EPIA 也参与光伏产业相关法律法规的制定，并为决策者作出有利于光伏产业发展的重大决策提供建议，还能预测欧洲和世界光伏市场的发展趋势和促进更先进技术的开发。EPIA 成立以后还在促进各成员实现其国内市场目标和在光伏发电具有巨大潜力的地区组织相关会议方面作出了很大贡献。

网址：http：//www. epia. org

3.1.2 德国太阳能建筑应用发展状况

3.1.2.1 太阳能建筑类型

德国发展起来的两种典型的太阳能建筑分别是被动式太阳房和主动式太阳房，下面对这两种形式的太阳房进行介绍。

1. 被动式太阳房

被动式太阳房在南面采用大面积的落地窗，北面则是较封闭的实墙。冬天太阳光可通过落地窗直接进入住宅内部，提供热能；夏天太阳高度角变大，而阳台的宽度是根据太阳高度角计算得出的，这样就能使太阳光恰巧照射到阳台上而不进入室内，避免过多的热量聚集到室内。夏天打开南、北面的窗户，使空气流通，可带走室内的热量，降低室内温度。这就是被动式住宅的基本原理。被动式住宅不是一种直接运用太阳能系统的住宅形式，但运用太阳能系统的住宅往往自发地运用这种原理。因此，被动式住宅的概念通常是作为太阳能系统运用的基础存在的。

2. 主动式太阳房

主动式太阳房是指采用主动式或综合式太阳能利用方式的太阳房，其形式有低能耗住宅、零耗能住宅和能源过剩住宅等。

低能耗住宅通常是指部分利用太阳能，并结合一些构造手段以减少住宅能耗的住宅形式。

零耗能住宅 100% 依靠太阳能光电技术和光热技术提供电能和热能以满足自身能源消耗。

能源过剩住宅是利用一种全新的太阳能系统——Photovoltaic（PV 系统）的结果。利用 PV 系统能把太阳能转化为电能和热能，这些能源大于住宅自身所需的能耗，产生过剩能源，因此称之为能源过剩住宅。能源过剩住宅的实例有：

（1）Helitrope 能源过剩住宅

Helitrope 位于弗赖堡的一个小山坡上，是“太阳能建筑师”罗尔夫·迪斯（Rolf Disch）的自宅。这幢住宅的最大特点是房子自身可以绕中轴随太阳旋转 360°。采用 PV

系统使房子自转，这样冬天可使起居室、卧室等主要用房朝南以获得尽量多的阳光；夏天外界气温高时，则可使主要用房背阳，避免过多的阳光进入室内。在住宅顶部有一块 $54m^2$ 的集热板，亦可同住宅一起跟着太阳转，并且可在上、下、左、右四个方向转动400°，使之与水平面的夹角可随着太阳高度角的变化而变化，以保证最大的集热面积，获得最多的太阳能。除了顶部的集热板外，在住宅外墙还设有真空管式集热管作为辅助的集热器，增大集热功能。因此，在正常的太阳日，住宅自身每天能产生120kWh的电能。而住宅每天所需的能耗仅20kWh，其所制造的再生能源已超过本身所需电力的4~5倍，多余的电能则可以卖出，成为名副其实的能源过剩住宅。

（2）Schlierberg能源过剩住宅区

该住宅区是第一个大规模使用PV系统的住宅区。同样是建筑师罗尔夫·迪斯的作品，于2005年竣工。PV系统的模块布满朝南的每一寸屋顶，住宅每年能制造5700kWh的能源，这远远超出了住宅自身的能耗。由于住宅良好的保温、隔热、通风系统，它所需的热能仅为传统住宅的1/10。社区内共计有150幢再生能源屋，其所制造的再生能源已超过本身所需。

在德国，不同的建筑类型有不同的能耗指标。1975年以前的住宅统称为“传统住宅”，能耗在200~300kWh/（年·m^2）；1995年以后的住宅称为“现代住宅”，能耗为100~80kWh/（年·m^2）；2002年又提出所有新建住宅能耗必须达到低能耗住宅的标准，即80~50kWh/（年·m^2）；而对于被动式住宅，其能耗则要求低于15kWh/（年·m^2）。可以看到，随着太阳能技术在建筑中的应用不断地发展和进步，建筑能耗也在不断降低。

3.1.2.2　建筑太阳能技术发展

1999年德国新可再生能源法实施之后，大大推动了太阳能产业的发展。据统计，2004年德国新安装了10万台新的太阳能设备并首次超过日本，居世界第一位。德国2004年太阳能产业的总产值达到20亿欧元，比2003年增长60%。以下分别从太阳能光伏发电、太阳能采暖供热和太阳能制冷三个方向介绍太阳能技术在德国的应用和发展情况。

1. 太阳能光伏发电的发展现状

由于得到了政府的大力支持，德国的住宅的并网光伏发电系统得到了快速的发展，并在全球都处于领先地位。

1990年德国首先开始实施由政府投资支持、被电力公司承认的“1000屋顶计划”，继而扩展为“2000屋顶计划”。到1997年，已成功地建成10000多个联网住宅光伏屋顶系统，每套1~5kW，总计安装光伏组件33MW。紧接着又于1998年10月提出“10万屋顶计划”，计划要在6年内安装10万套光伏屋顶系统，总容量在300~500MW，每个屋顶约3~5kW。计划自1999年1月开始实施。计划提出，1999年建设6000套，2000年建设9000套，2000年建设12000套，2002年建设17000套，2003年建设24000套，2004年建设32000套，累计10万套。建设这些系统总费用约9.18亿马克。该计划提供十年无息贷款，政府提供37.5%的补贴。10万太阳能屋顶计划得到顺利的实施，安装的光伏系统发电量超过预期的300MW，实际达到345MW，银行贷款也全部收回。光伏系统的价格从1999~2000年下降了8%，而且在此后数年中持续下降（表3-4）。

德国新安装与电网相连的太阳能发电量数据统计（单位：MW） **表 3-4**

年份	新安装	总存量
1990	0.6	1.4
2000	44	100
2001	79	178
2002	83	258
2003	157	408
2004	约 600	1008
2005	约 850	1858
2006	约 850	2708
2007	约 1100	3808

（数据来源：德国太阳能工业协会）

2. 太阳能采暖供热的发展现状

在欧洲太阳能光热市场处于主导地位的德国正在继续其 1993 年开始的“太阳-2000”计划，该计划的目的是促进大型建筑物使用太阳能辅助中央供热系统。按照这个计划将在公共建筑物上安装多达 100 套大型太阳能辅助中央供热系统，并对它们进行监测。第一套这类系统已快建成。

据 IEA（国际能源组织）统计数据显示：2006 年德国太阳能集热的总消耗量为 11783TJ，其中居民用户消耗了 11312 TJ，商业和公共用户消耗了 471TJ。到 2007 年年底德国生产太阳能集热器的厂商约 5000 家，2007 年新安装的集热器面积约 940000m^2（太阳能系统 94000 套）。在 2007 年新安装的集热器供热量达到 660MW（热）左右，总装机容量 6.4 万 kW（热），约 9.2 万 m^2。自 1990～2007 年，太阳能供热设施成本降低了 40%，预计到 2020 年时，将降低约 66%。表 3-5 与表 3-6 分别为德国太阳能集热器年销售量统计和德国太阳能热系统的发展状况。

德国太阳能集热器年销售量统计 **表 3-5**

年份	太阳能集热技术（万欧元）
1998	200
1999	250
2000	350
2001	500
2002	340
2003	550
2004	600
2005	750
2006	1200
2007	850

（数据来源：德国太阳能工业协会）

德国太阳能热系统的发展状况 表3-6

年 份	新安装的集热器面积（m^2/年）	太阳能热总产量（TWh）	太阳能集热装置数量（累计）(套)
1999	420000	1.0	265000
2000	620000	1.3	350000
2001	900000	1.7	471000
2002	540000	2.0	540000
2003	720000	2.3	623000
2004	750000	2.7	700000
2005	950000	3.1	800000
2006	1500000	3.8	940000
2007	940000	4.4	1034000

（数据来源：德国太阳能工业协会）

在德国通常是通过烧油来实现供暖，而烧油取暖住户要缴纳税率很高的燃油税。近几年德国的实践证明，太阳能至少可以保证居民70%的供暖和对热水的需求。在寒冷的冬天，再辅助用其他的供热方式，如燃油、燃气或劈柴，就可保证全年的供暖需要。

目前在德国，不仅单体住宅即一家一户的小型楼房或别墅可以使用太阳能供暖和保证热水的供应，而且集体住宅或多户型的公寓住房也可使用太阳能。慕尼黑市政府的做法是先从廉租房开始改造。那里的住户是享受国家福利补贴的人群，对这部分人住房改造的投资，实际上也是减轻国家的负担，否则国家也要拿出相当大的开支对他们的取暖和供热予以补贴。开发太阳能住宅在技术上已经不成问题，制约太阳能住宅发展的主要是制度或体制的问题，即谁来投资的问题。由于成本等问题，开发商和住宅出租公司都没有太大的积极性来投资太阳能住宅建设，这是德国开发太阳能住宅建设的最大难点。

2005年，联邦政府明确表示在未来将更关注那些可再生能量产生的热能。当时各级政府基本达成一致，可再生能源的热能潜力市场有待于进一步开发。因此德国环境署（BMU）公开支持欧洲太阳能技术平台（ESTTP）并且选中了BMU的监测系领导的Joachim Nick任职于平台控制委员会。作为第一步，BMU已经开始显著地加大对太阳能热能研究方面的投入。BMU计划将对可再生能源研究的资助投入从2005年的83000000欧元/年逐年增加5000000欧元/年直至2009年。德国太阳能开发和研究工作也对ESTTP作出了相当大的贡献。德国的太阳能产业联合会（BSW）以及其他一些研究机构都是建立ESTTP的发起人。

3.1.2.3 政策和激励措施

1. 可再生能源法案对太阳能发电的相关规定

德国在可再生能源利用方面出台了一系列的政策保障措施。德国的可再生能源法规定，电网运营商有义务将他们的电网与以可再生能源发电的装置连接起来，优先购买这些装置所发之电，并依据规定向电力供应者支付价款（给予补偿）。为了鼓励在建筑上使用太阳能光伏发电，在2000年颁布的可再生能源法（Renewable Energy Sources Act）中规定：

（1）电网公司有义务收购可再生能源所发的电，并支付上网补偿电价；

（2）在固定的时间范围内（20 年），享受固定上网电价；

（3）新建光伏发电的上网电价每年递减 5%；

（4）成本均摊，高于常规电价的部分由全国两个电力公司均摊；

（5）光伏最初的上网电价是 50.6 美分/(kWh)。

2004 年修订的可再生能源法案规定：

（1）电网公司支付给利用太阳能发电的电价至少需达到 45.7 美分/(kWh)。

（2）如果太阳能发电装置安装在屋顶或者隔声墙上，所支付的电价按发电量指标规定如下：

① 发电量在 30kW 以下（包含 30kW），电价不得低于 57.4 美分/(kWh)。

② 发电量在 30～100kW，电价不得低于 54.6 美分/(kWh)。

③ 发电量在 100kW 以上，电价不得低于 54.0 美分/(kWh)。

（3）如果太阳能发电装置大量安装在建筑的表面上，电价最低限度将在以上基础上再额外增加 54.0 美分/kWh。

（4）已安装的工程可享受此政策至 2015 年；从 2005 年 1 月 1 日起，新安装的发电装置相关的补贴电价减少 5%。

之前，德国执行的是 2004 年开始的 EEG 修正案，户用系统的补贴电价每年下降 5%，电站的补贴电价每年下降 6.5%，该法案为期五年，2008 年底到期。德国政府各政党，包括 CDU/CSU（Christian Democratic Union/Christian Social Union）和 SPD（Social Democratic Party），在 2008 年 5 月就可再生能源法案修正（amendment to the Renewable Energy Act）达成共识，新法案规定屋顶补贴电价 2009 年与 2010 年各下降 8%，2011 年下降 9%，该法案于 2009 年 1 月 1 日生效。不过，补贴的下调幅度较市场预期的 9% 以上甚至达到 15% 相比较小。

可再生能源法案的相关规定迅速促进了德国屋顶太阳能光伏发电的发展。德国 2007 年安装太阳能系统 1328MW，其成为全球第一大太阳能市场。但由于政府的补贴力度持续下降，2007 年的增速仅为 16%，低于全球的平均增速。

可再生能源法案的目标是，到 2010 年时由可再生能源提供的电能要达到总发电量的 12.5%，到 2020 年时，该比例要达到 20%。

2. 项目和计划

德国政府出台的可再生能源法案中，电网部门购买的太阳能发电的补贴电价的规定是考虑了德国实施的“十万屋顶太阳能发电计划”（100000 Rooftops Solar Electricity Programme）项目取得成功的结果。

“十万屋顶太阳能发电计划”在 2003 年底结束，现在“太阳能发电项目”（Solar Power Generation programme）仍然对光伏发电系统提供软贷款支持。在这个项目的支持下从 2005 年起，数额达到 13350 亿欧元的 43000 项贷款被用于发电量高达 3381MW 的光伏发电项目中。仅在 2007 年一年就有 1013MW 的光伏系统得到了该项目的支持。

为了配合相关激励政策的实施，德国在太阳能利用方面还制定了许多其他的项目和计划。现在正在实施的项目和计划中最为普及的，是联邦政府和德国复兴开发银行对太阳能光伏发电系统和太阳能热利用系统的一系列支持项目。

（1）德国联邦的支持计划和项目（表 3-7、表 3-8）

德国联邦对光伏发电系统的支持项目 **表3-7**

项 目	计 划 内 容	资 金 来 源	受 益 目 标	支 持 方 式
EEG	电网公司对补偿电价长达20年的支付计划	地方电网	1 2 3 4 5	增加补贴
Investitionszulage	该投资项目为光伏系统制造和相关产业服务	当地税务部门	3	税收减免

1个人；2自由职业者；3私营公司；4直辖市，地级市，县；5当地拥有多数股权的公司；6非盈利组织（教堂，俱乐部等）。

德国联邦对太阳能热利用系统的支持项目 **表3-8**

项 目	计 划 内 容	资 金 来 源	受 益 目 标	支 持 方 式
Marktanreiz programm — Richtlinien zur Förderung von Maβnahmen zur Nutzung der erneuerbaren Energien	A）为太阳能热利用系统提供基础资金和奖励（补助），包括热水系统（每平方米60欧元）和供暖系统（每平方米105欧元）。 B）促进面积为20～40m^2的大型太阳能系统（GSTA）的开发。（对多户住宅和工业建筑提供每平方米210欧元的补助） C）德国复兴信贷银行“可再生能源”计划对面积大于40m^2的大型太阳能系统（GSTA）的用户进行补贴。（软贷款数目高达项目资金的30%）	联邦经济与出口管制局（BAFA）	1 2 3 4 5 6	补助与软贷款
Solarthermie 2000plus	促进面积规模大于100m^2的设备试点工程和示范项目的开发	于利希工程项目研究所	2和研究机构	补助
Investitionszulage für die neuen Bundesländer	该项目为太阳热能系统制造和相关产业服务	地方税务部门	3	税收减免

1个人；2自由职业者；3私营公司；4直辖市，地级市，县；5当地拥有多数股权的公司；6非盈利组织（教堂，俱乐部等）。

（2）德国复兴信贷银行的支持计划和项目（表3-9、表3-10）

德国复兴信贷银行对光伏发电系统的支持项目 **表3-9**

项 目	计 划 内 容	资 金 来 源	受 益 目 标	支 持 方 式
KfW-Solarstrom erzeugen	向光伏系统投资50000欧元（针对较大系统的“ERP”和“环境”项目扶持计划）	由众议院指定的德国复兴信贷发展银行贷款	1 2 3	贷款
ERP-Umwelt und Energiesparprogramm	给光伏系统投资50000欧元	由众议院指定的德国复兴信贷发展银行贷款	2 3	贷款
KfW-Umweltprogramm	为ERP项目提供补助资金	由众议院指定的德国复兴信贷发展银行贷款	2 3	贷款

续表

项 目	计 划 内 容	资 金 来 源	受益目标	支持方式
BMU-Demonstration-sprogramm	资金用于可再生能源利用规模产业示范项目	由众议院指定的德国复兴信贷发展银行贷款	1 2 3 4 5	贷款与补助（可选）
KfW-Kommunal inv-estieren	由地方投资公司（当地占多数股权）投资的区域基础设施的节约环保能源改造	由众议院指定的德国复兴信贷发展银行贷款	5	贷款
KfW-Kommunalkredit	直接信贷投资区域基础设施的节约环保能源改造	德国复兴信贷开发银行	4	贷款

1 个人；2 自由职业者；3 私营公司；4 直辖市，地级市，县；5 当地拥有多数股权的公司；6 非盈利组织（教堂，俱乐部等）。

德国复兴信贷银行太阳能热利用系统的支持项目 **表 3-10**

项 目	计 划 内 容	资 金 来 源	受益目标	支持方式
CO2-Gebäudesanierung sprogramm	支持楼宇广泛采用可再生能源	由众议院指定的德国复兴信贷发展银行贷款	1 3 4 5	贷款与补助
Wohnraum Moderni-sieren	支持居住建筑能源系统改造 促进太阳能供暖设备发展	由众议院指定的德国复兴信贷发展银行贷款	1 3 4 5	贷款
Ökologisch Bauen	促进节能住房建设和利用可再生能源供热	由众议院指定的德国复兴信贷发展银行贷款	1 3 4 5	贷款
ERP-Umwelt und En-ergiesparprogramm	给太阳热能设备的使用提供资金支持	由众议院指定的德国复兴信贷发展银行贷款	2 3	贷款
KfW Umweltprogramm	为 ERP 提供资金支持	由众议院指定的德国复兴信贷发展银行贷款	2 3	贷款
KfW-Kommunalkredit-Energet. Geb.	给学校、体育馆、幼儿园和办公楼的供采暖系统改造提供资金	由众议院指定的德国复兴信贷发展银行贷款	4	贷款
KfW-Kommunalkredit	直接信贷投资区域基础设施的节约环保能源改造	德国复兴信贷开发银行	4	贷款
KfW-Kommunal inv-estieren	由地方投资公司（当地占多数股权）投资的区域基础设施的节约环保能源改造	由众议院指定的德国复兴信贷发展银行贷款	5	贷款
KfW-Programm “Sozi-al investieren” -Energet-ische Gebäudesanierung	由地方投资公司（当地占多数股权）投资的学校、体育馆和幼儿园采暖设施的节约环保能源改造	由众议院指定的德国复兴信贷发展银行贷款	4 6	贷款

1 个人；2 自由职业者；3 私营公司；4 直辖市，地级市，县；5 当地拥有多数股权的公司；6 非盈利组织（教堂，俱乐部等）。

除此之外，在德国各个州也有相应的项目计划给太阳能系统提供补贴和贷款扶持。

3.1.2.4 相关机构

1. 德国太阳能产业联合会（BSW）

该协会代表了德国太阳能产业制造商、批发商和研究机构的利益。其任务是推动太阳能供热和太阳能发电技术在德国的应用，收集太阳能市场的信息，出版和发表太阳能市场在德国的发展和前景的相关文章，并在国内和欧洲的做宣传工作。BSW 呼吁世界各地增加使用太阳能，并在国际协会和委员会上代表德国太阳能行业。

网址：http：//www. solarwirtschaft. de

2. 德国太阳能协会（DGS）

德国太阳能协会于1975年在慕尼黑成立，并将其总部设在慕尼黑，是一个全国性的非营利组织。在可再生能源的开发和使用过程中它代表消费者和用户的利益，属于一个消费者协会。自1989年以来，注册会员达到8719个，它同时是国际太阳能学会在德国的分会。

德国太阳能协会设置7个专门委员会来处理各项议题。专门委员会的专业素质可以帮助德国太阳能协会积极地同技术主管部门进行协商讨论，以维护其会员的利益并创造更多的机会。

网址：http：//www. dgs. de

3.2 北美太阳能建筑应用发展状况

本节分别对美国和加拿大两个国家的太阳能建筑应用的发展状况进行介绍。

3.2.1 美国太阳能建筑应用技术发展状况

美国的太阳能建筑应用的主要技术有被动式太阳房和主动式太阳房两种形式，其中被动式太阳房是指不借助于任何特殊的技术设备，仅利用自然通风、采光等手段达到节能目的的住宅形式。而主动式太阳房是指运行时依靠太阳能主动利用技术（太阳能光热技术或光伏技术）获得所需的全部或部分能源的建筑。

3.2.1.1 被动式太阳房的发展

20世纪80年代初就由新墨西哥州的洛斯阿拉莫斯科学实验室编制出版了《被动式太阳房设计手册》。此外，美国还出版了许多实用的被动式太阳房建筑图集，既介绍成功的设计实例，也有对太阳房原理、构造的详细说明。这些工具书的发行和一些样板示范房屋的建立，对美国公众接受太阳房起到了很好的促进作用。比较著名的示范建筑有：（1）位于新泽西州普林斯顿的凯尔布住宅（采用窗、附加阳光间和集热储热墙的组合式太阳能建筑）；（2）位于新墨西哥州科拉尔斯的贝尔住宅（主要采用水墙集取太阳能）；（3）位于新墨西哥州圣塔菲的圣塔菲太阳能建筑（由附加阳光间和岩石仓储热的组合系统供热）；（4）位于加利福尼亚州阿塔斯卡德洛的阿塔斯卡德洛住宅（屋顶池系统，冬季供暖，夏季降温）；（5）位于新墨西哥州科拉尔斯的戴维斯住宅（空气集热器和岩石仓储热的自然对流环路系统）。这些建筑采用壁炉或电散热器作辅助热源，但太阳能供暖率均在75%以上，有的已达到100%（阿塔斯卡德洛住宅）。

3.2.1.2 主动式太阳房的发展

早在20世纪40年代，美国麻省理工学院就开始利用太阳能集热器作为热源的供暖、空调系统研究，先后建成了Ⅳ号实验太阳房。这些实验太阳房，即是最早的主动式太阳房。

到70年代以后，又有华盛顿近郊的托马森太阳房和科罗拉多州丹佛市的洛夫太阳房等主动式太阳房的示范建筑建成。到1982年，美国已建造了约8万栋各种形式的太阳能建筑，到20世纪90年代增加到25万栋，平均初投资增加10%～15%，而节约燃料50%～80%。直到进入90年代，由于开发出更加高效的太阳能集热器和吸收式制冷机、热泵机组，应用范围才得以扩大。这些太阳房的成功运行，说明太阳能供热、空调系统在技术上是完全可行的，但由于投资较大，在当时的推广普及程度不及被动式太阳房。

图3-10～图3-13是几个美国的主动式太阳房应用的实例。

图3-10

图3-11

图3-12

图3-13

图3-10 华盛顿附近蒙哥马利县湖区公园中学所安装的规格为111kW的屋顶光伏系统；

图3-11 位于华盛顿一套这种6kW的屋顶光伏发电系统能够提供该家庭85%的电力消耗；

图3-12 安装于芬威球场的太阳能热水系统，这个系统可以满足该球场三分之一的热水需求；

图3-13 位于弗吉尼亚州的住宅：安装了容量为80加仑的集热管的热水系统和规格为2.7kW的光伏系统。

美国的主动式太阳房主要用到了太阳能供热采暖技术、太阳能热泵技术和太阳能光伏发电技术，下面分别介绍这三种技术在美国建筑中的应用情况。

1. 太阳能供热采暖技术

1950 年美国麻省理工理工学院举行了利用太阳能采暖的学术讨论会，发表了不少关于太阳能采暖的论文。对太阳能采暖领域起促进发展作用是在 1945 年发明了平板式集热器和在 1975 年发明了全玻璃真空管集热器，之后利用集热技术给建筑供暖开始从实验阶段走向应用阶段，并且已经开始出现一些大型的太阳能集中供热系统。

目前美国家庭大多将太阳能设备用于烧热水。以每个美国人现在每月平均花费 30 ~ 40 美元的烧热水费用来算，太阳能产业协会估计，加装太阳能系统后的家庭大约可少缴 80% 的电费。

2. 太阳能热泵供热技术

美国西弗吉尼亚的 Sporn 和 Ambrose 于 1955 年通过实验研究第一次提出了直膨式太阳能辅助热泵的概念。在实验研究中，他们采用了带有双层玻璃盖板的太阳能集热器作为热泵蒸发器和制冷剂 R12 作为循环介质。尽管实验结果是令人鼓舞的，却并未充分证明这一新概念的潜力，其主要原因是压缩机容量太大而集热器面积太小，二者不匹配。同时，他们通过实验也发现去掉玻璃盖板对系统性能影响不大。尽管如此，他们的实验研究还是表明了直膨式结构可以同时提高热泵机组和太阳能集热器的热性能。美国的 S. K. Chaturredi. D. T. Chen. A. Kneireddine 通过实验，用变频方法来调节压缩机的工作速度，使其随外界环境温度的变化而变化，证明该方法可以提高整个系统的 COP。W. Aziz 等人还用双组分、两相流热力学理论对太阳能热泵系统中的太阳能集热器的热力特性进行了分析研究。

实际工程方面，美国已经建成了许多由太阳能热泵系统进行供热的公共及私人建筑。如美国丹佛公共学院北院，建筑面积为 30000m^2，采暖所需热量的 80% 由太阳能热泵供热系统提供。

3. 太阳能光伏技术与建筑一体化应用

在美国，建筑物的用电量占总用电量的 2/3，对经济发展形成了一定的制约作用。为降低能耗，减少污染，调整能源结构，美国政府在经济上采取有效措施，不仅在太阳能光伏利用研究方面投入大量经费，还制定了一系列政策和计划，并由国会通过了一项对太阳能光伏系统买主减税的优惠办法。科研机构和有关公司也纷纷响应，积极推进太阳能光伏发电在建筑上的应用。

在美国，现在已经不再采用在屋顶上安装一个笨重的装置来收集太阳能，而是将光伏板直接嵌入屋顶和外墙，实现光伏建筑一体化。这种建筑一体化的设计思想最早是史蒂文·斯特朗在 20 年前倡导的。但由于当时太阳能光伏电池过于昂贵，无法实施。如今太阳能电池的价格只有当时的 1/3，现在这种新型光电材料比高档建材便宜，不仅居民住宅能够推广使用，公共建筑也可在外墙安装太阳能发电装置。

如今美国政府和相关机构也把重点放在光伏建筑一体化项目的推广和实施上来。相应的计划有“百万太阳能屋顶计划”、“光伏建筑良机计划”。因此，美国太阳能光伏建筑的发展极为迅速，无论是对太阳能光伏建筑的研究、设计一体化，还是材料、房屋部件结构的产品开发、应用，以及真正形成商业运作的房地产开发，美国均处于世界领先地位，并在国内形成了完整的太阳能建筑产业化体系。

根据一体化的设计思想，美国电力供应部和能源部合作正推出一些新型建筑部件，如住宅屋顶太阳能“屋面板”及用于商业性建筑正面的“窗帘式”墙壁等。

4. 美国 Stillwell 地铁站光电屋面工程实践（图 3-14、图 3-15）

图 3-14 Stillwell 地铁站屋面

图 3-15 Stillwell 地铁站施工过程中导线布置图

Stillwell 地铁站光电屋面工程总面积 $76000ft^2$。其中光电板使用面积为 $50000ft^2$，发电峰值功率为 250kW。

由图可见几乎整个地铁站的屋面都是用非晶硅光伏板作为屋面材料。由于使用的是非晶硅光伏板，而非晶硅薄膜电池具有透光性，透光度可从 5% ~75%，所以此屋面既可以发电又能作为采光天窗。

3.2.1.3 政策法规及激励政策

美国政府从 20 世纪 70 年代开始重视可再生能源。由于可再生能源初期运营成本高，风险大，其低排放与可循环等优势不能体现在价格上，因此，与传统能源相比没有竞争优势。为此，美国联邦政府相继出台了一系列的法律、法规，地方政府也制定了配套的经济激励政策，通过税收优惠、生产补贴、信托基金、低息贷款等多种方式，降低可再生能源产品及相关服务的成本和价格，培育并扩大可再生能源的市场需求，从而促进可再生能源的推广应用和产业发展。联邦政府出台的与可再生能源有关的法律、法规主要有《1978 年公用事业管制政策法案》、《1978 年能源税法案》、《1990 年大气洁净法案》、《1992 年能源政策法案》、《2005年国家能源政策法案》等。地方政府为配合联邦政府相关法案的执行，所制定的政策措施主要有“绿色电价”项目、电网收购政策、可再生能源配额制度、系统效益收费政策、税收优惠政策等。

1. 法规

（1）《1978年公用事业管制政策法案》

为发展可再生能源电力系统，美国国会于1978年11月8日通过《1978年公用事业管制政策法案》(Public Utility Regulatory Policies Act of 1978；PURPA)。该法案解除对非公用发电业的管制，允许小型电厂利用可再生能源并网发电，为可再生能源发电技术和化石燃料发电技术的公平竞争创造了条件，同时也为开放发电市场竞争揭开了序幕。法案规定电力公司必须按“可避免成本”（Avoided cost）购买符合条件的独立发电系统生产的电力。“可避免成本”是指使用可再生能源发电较传统燃料发电所节省的成本，而一般情况就是指用传统燃料发电的电价。联邦政府希望用价格上的优势，刺激可再生能源电力系统的发展。虽然PURPA是联邦法案，但是法案的具体执行却留给了州政府。各州结合本州情况先后制定了操作性强，并与PURPA相匹配的政策措施。其中，加利福尼亚州当年即发布了与PURPA配套的相关条款，制定标准的购电合同，要求电力公司以天然气发电的电价，计算可再生能源发电的上网电价，并与符合条件的独立发电系统签署10年不变的购电合同。当时，风能电厂与电力公司签署的购电合同占绝大部分，如今加利福尼亚州占有绝对优势的风能发电就是在那个时期迅猛发展起来的。由于美国电力传输市场的逐步开放，联邦政府不再强行要求电力公司购买独立发电系统生产的电力，PURPA渐渐失去效力，最终被《2005年国家能源政策法案》所代替。

（2）《1992年能源政策法案》

1992年10月，美国国会通过了《1992年能源政策法案》(The Energy Policy Act of 1992)。该法案的主要目的是重建美国能源市场，内容包括鼓励国内石油生产、强制采用替代燃料以及提高能源利用效率等。其中在可再生能源领域设立了若干鼓励政策，例如：

① 对太阳能和地热项目永久减税10%。

② 对风能和生物质能发电实行为期10年的产品减税，即每发1度电减税1.5美分。

③ 对于符合条件的新的可再生能源及发电系统（指1993年10月1日~2003年12月30日开始运行的发电系统），并属于州政府和市政府所有的电力公司和其他非盈利的电力公司的也给予为期10年的减税，减税额度为1.5美分/度。减税额度还将根据社会物价水平的变化而随时调整。受惠的可再生能源范围也从原来的两种扩大到风能、生物质能、地热、太阳能、小型水力发电工程等。

（3）《2005年国家能源政策法案》

2005年8月，美国总统布什签署了《2005年国家能源政策法案》(The Energy Policy Act of 2005)。布什政府希望借助这项法案减少美国对国外能源的依赖，解决美国国内能源价格高涨等问题，确保美国未来的能源安全。该法案是美国现行法案中最重要的能源法案，其中涉及太阳能领域的主要内容包括：

① 提供税收优惠政策。法案推出一个13亿美元的个人节能消费优惠预算方案，鼓励人们使用零污染的太阳能等可再生能源。在私人使用可再生能源设备方面，购买设施费用的30%可用来抵税。

② 提倡有效利用日光，减少电灯照明和家庭电器的使用。法案规定，从2007年起，美国将原有的“夏令时”时间再增加4周，使每年“夏令时”时间达7个月。

③ 批准总务管理局建立光电商业化项目，从而促进光电产业的发展，实现2010年在20000个联邦大楼太阳能屋顶安装太阳能设备的目标。

2. 激励政策

美国是世界最大能源消费国，为缓解能源压力，相继推出了一系列节约能源和利用可再生能源的政策。在建筑方面，国会先后通过了“太阳能供暖降温房屋的建筑条例”和“节约能源房屋建筑法规”等鼓励太阳能利用的法律文件。另外，在太阳能利用研究方面也投入大量经费，而且对太阳能系统买主实行减税的优惠办法。此后，美国太阳能建筑获得长足发展，无论是对太阳能建筑的研究、设计优化，还是材料、房屋部件结构的产品开发、应用，以及商业运作方面，美国均走到了世界前列，在国内也形成了完整的太阳能建筑产业化体系。从1978年起，美国联邦政府开始全力推动太阳能的利用，对装设太阳能系统的住宅补助50%的费用。1980年财政部制定了能源设备减税办法，凡是家庭购置太阳能系统，其购置、装设等费用的40%可减免所得税，最高4000美元。除联邦政府外，各州也各有单独的减税办法，各州的单独减税可以和联邦政府的减税同时使用。

美国政府还制定了一系列配套政策，以鼓励用户积极采用光伏系统，收到了良好效果。例如为住宅用太阳能系统提出了新的税收信贷，对屋顶系统提供额外的优惠等。此外，政府的公用事业改造计划中还提出：将建立系统保险金，以扩大可再生能源发电；制定可再生能源保险业务标准，确定可再生能源发电的最低标准，确立网上计量及标准化互连。美国的光伏—建筑一体化是政府利用融资杠杆，寻求多方合作，联系社会、人口、经济、资源、环境的一项长期系统工程。多年实践证明，光伏—建筑一体化项目的实施，不仅达到了创造舒适的建筑环境、降低建筑物能耗、减少温室气体排放的目的，而且扩展了能源选择、创造了大量新的就业机会，并促进相关产业的发展，使美国的太阳能产品在世界上更具竞争力，给美国带来相当可观的环境和经济效益。

目前，光伏发电较常规发电的成本高，如果没有价格上的优惠政策，将极大影响用户对光伏系统应用的积极性，上述计划和项目也难以实现。因此，部分地区也开始作出了一些尝试，萨克拉门托市政公用公司（SMUD）1993年开始在其辖区内推出“光伏先驱”项目，在100户自愿者屋顶上安装并网光伏系统，实行“绿色电价”，以后每年发展100户。该项目得到用户的热烈响应，每年有500~1000户报名参加。到1997年底，已经安装了450套光伏系统，总容量6MW，其中户用光伏系统超过420套，其余为商业建筑、停车场、太阳能路灯等。计划在1998~2002年的第二个五年中，将安装3000套屋顶并网光伏系统，总容量10MW。

3. 计划、项目

为降低能耗，减少污染，调整能源结构，政府制定了一系列政策和计划。科研机构和有关公司纷纷响应，积极推进光伏—建筑一体化项目的实施，其中影响较大的有“百万太阳能屋顶计划”、“光伏建筑良机计划”和“太阳能进入学校”项目（PVBONUS）。

（1）百万太阳能屋顶计划

“百万太阳能屋顶计划”是1997年6月克林顿总统对国会所作的关于环境和发展的

报告中提出的，是美国面向21世纪的一项由政府倡导、多方合作、多产业综合开发和发展的中长期计划。即到2010年将在100万个家庭的每一户屋顶（或建筑物其他可能的部位）安装3～5kW太阳能系统，包括太阳能光伏发电系统、太阳能热水系统和太阳能空气集热系统。到2010年，百万屋顶计划将生产相当于2～3个燃煤发电厂的电力，不仅满足建筑物自身的电力需求，而且有的地方如萨克拉门托市政设施区（SMUD）、科罗拉多公共服务公司等十多个电力设施已经在出售由太阳能所产生的电力。除此之外，在建筑上安装太阳能热水系统还将有效地节约用于加工热水所需的电力。该计划由能源部负责，确保光伏系统满足建筑规范和标准的要求，并为光伏—建筑一体化技术提供更多的支持。随着这一计划的实现，太阳能技术的应用将进一步扩大，达到减少温室气体排放，扩展能源选择，创造新的高新技术工作岗位等目的，给美国带来相当可观的环境效益和经济效益。

美国百万太阳能屋顶计划给我们的启示：拓展了能源的选择可能性；该计划是一项可持续发展计划；太阳能与建筑的有机结合，应重视建筑师的工作；该计划是社会、科技等协调的计划。

（2）光伏建筑良机计划

1992年，有关研究机构和电力公司联合成立了非赢利性组织UPVG。UPVG数年来先后提出并实施了多个太阳能开发和利用项目，“光伏建筑良机计划”是其中之一。目的是帮助和推进建材工业与光伏器件一体化的新型光伏产品的研究和开发，用光伏—建筑一体化产品来代替常规的窗户、外墙材料等，同时有助于制造厂开发光伏屋顶材料、组装式光伏房、交流光伏组件和调峰光伏电源等。此计划还将继续研发先进光伏建筑概念、工具和模拟程序，以支持产业界开展技术推广，消除技术障碍，扩大光伏在建筑业的市场。

（3）太阳能入学校项目

该项目是三个非盈利性组织：UPVG、洲际可再生能源委员会和美国太阳能学会共同管理的“太阳能进入公共教育”项目的一部分。学校有大量屋顶可用来安装光伏方阵，生产电力。学校既是学生学习的场所，又是社会活动集会的地点，在发生自然灾害时，常用来做临时避难所，是展示太阳能优点的理想场所。更主要的是使学生从小就生活在太阳能利用的环境中，加深对开发利用新能源、保护人类生态环境的认识。许多地方政府和有关单位纷纷响应，出资为中小学兴建并网光伏系统，现已安装100多套。另外还有“国际太阳能学校”，计划在全球100多所学校安装光伏系统。现正通过国际合作等方式，将“太阳能进入学校”的活动推向全世界。如果以上计划得以实现，太阳能技术将大范围地应用于学校、图书馆、私人住宅和各种类型的公共建筑。

3.2.1.4 太阳能市场的发展现状

2008年美国太阳能产业发展到了新的高度，新安装容量从2007年的1159MW提高到了2008年的1265MW，使得累计安装容量达到9183MW，与上年同期相比增长16%。太阳能光伏系统（PV）和太阳能热水系统（SWH）的新安装量都创造了新的纪录（图3-16、图3-17），但太阳能泳池加热系统比2007年的增长率要低，这也恰恰反映了房地产业的市场状况。

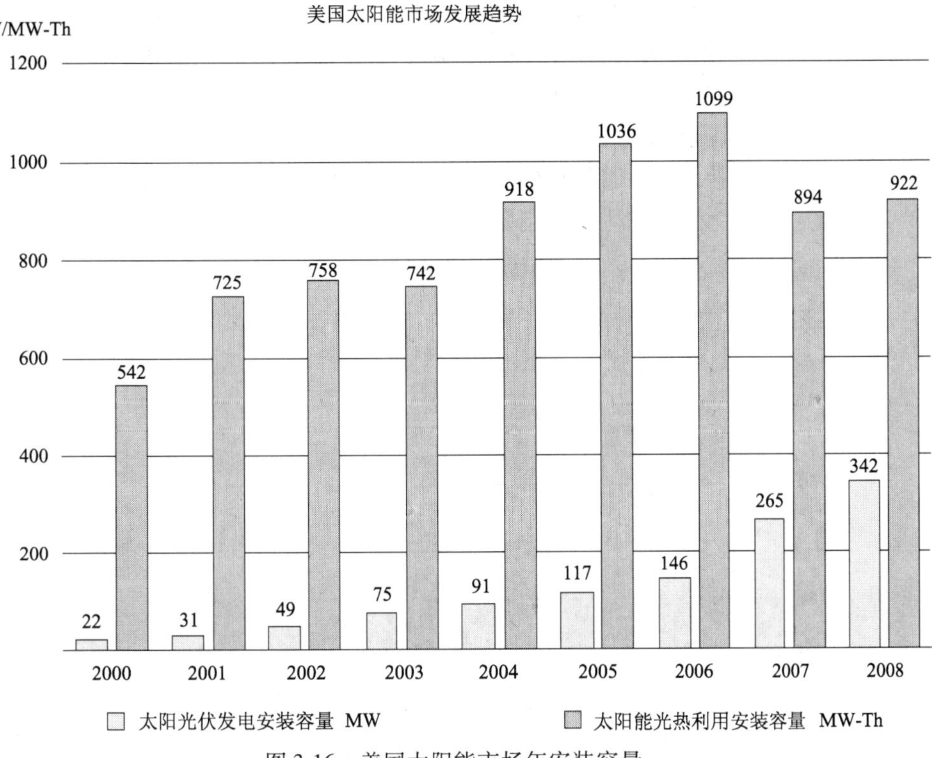

图 3-16 美国太阳能市场年安装容量

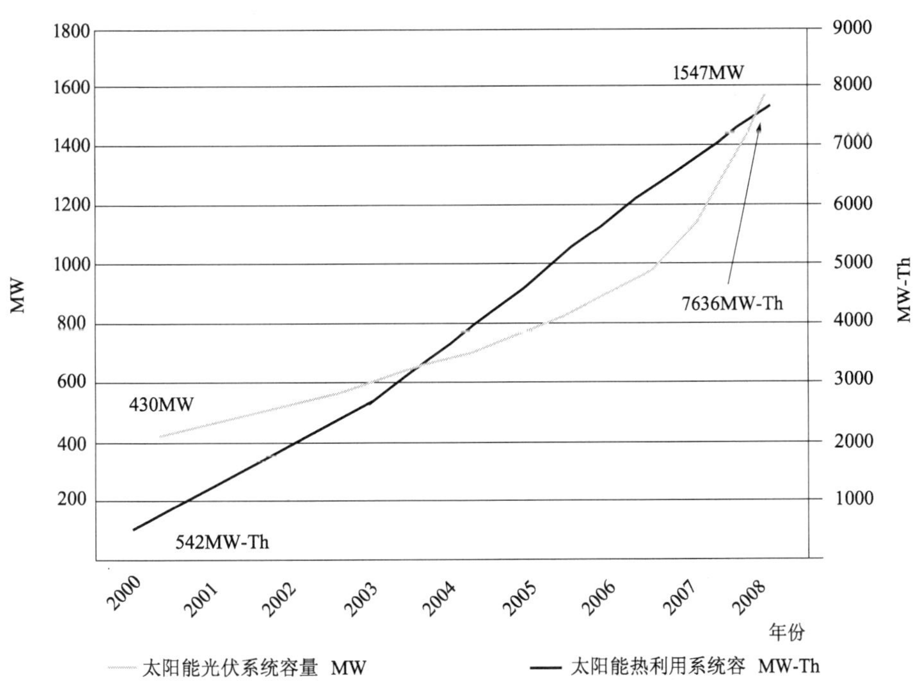

图 3-17 美国太阳能市场累计安装容量

1. 太阳能光伏市场发展现状

2008 年，美国新增的太阳能光伏安装容量为 342MW，其中 292MW 来自并网系统（图 3-18、表 3-11）。对于并网系统来说，相对于 2007 年 161MW 的安装容量 2008 年的增长率为 81%。同时美国全国太阳能光伏并网系统总安装容量也超过了 1GW。其中有 7 个州的新安装量增长迅速，包括加利福尼亚、夏威夷、马里兰、北卡罗来纳、俄亥俄、俄勒冈以及宾夕法尼亚等。在这些地方并网系统的新增量达到了 2007 年的两倍以上。

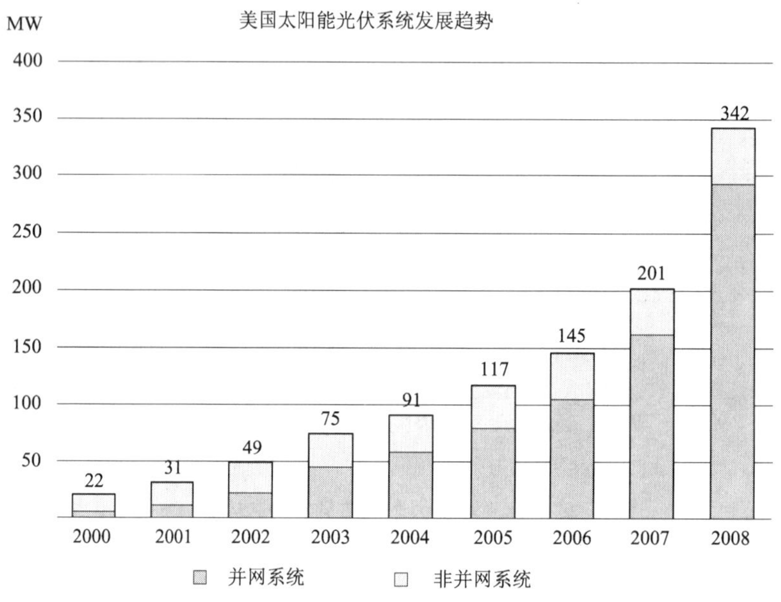

图 3-18 美国太阳能光伏市场年安装容量

美国太阳能光伏并网发电系统各个州 2008 年新装及累计容量表 **表 3-11**

州　　名	2008 年新增容量（MW）	累计容量（MW）
加利福尼亚	178.6	530.1
新泽西	22.5	70.2
科罗拉多	21.6	35.7
内华达	13.9	34.2
夏威夷	11.3	15.8
纽约	7.0	21.9
亚利桑那	6.4	25.3
康涅狄格州	5.3	8.8
俄勒冈	4.7	7.5
北卡罗来纳	4.0	4.7
其他州	15.3	36.4
总计	292	791

可以看出加利福尼亚州在太阳能光伏发电上处于全美国的领先地位。该州计划在未来几十年继续领跑太阳能发电的领域。以位于加州的洛杉矶市为例，从2009年起，在今后十几年里该市将大幅增加太阳能发电的投入。图3-19为洛杉矶的2009~2020年太阳能发电量规划。

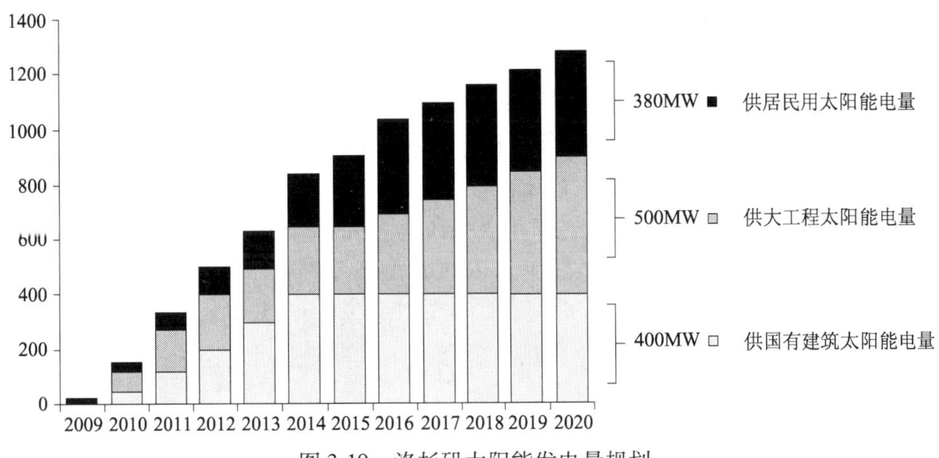

图3-19 洛杉矶太阳能发电量规划

2. 太阳能热利用市场发展现状

在美国，太阳能光热利用仍然是太阳能利用的最简单的形式。据估计，2008年用于热水供应的太阳能系统的安装容量为139MW，比2007年增长了50%（图3-20）。用于加热泳池的太阳能系统2008年的安装容量是762MW，比2007年减少了3%，这也正好反映了房地产市场的不景气。

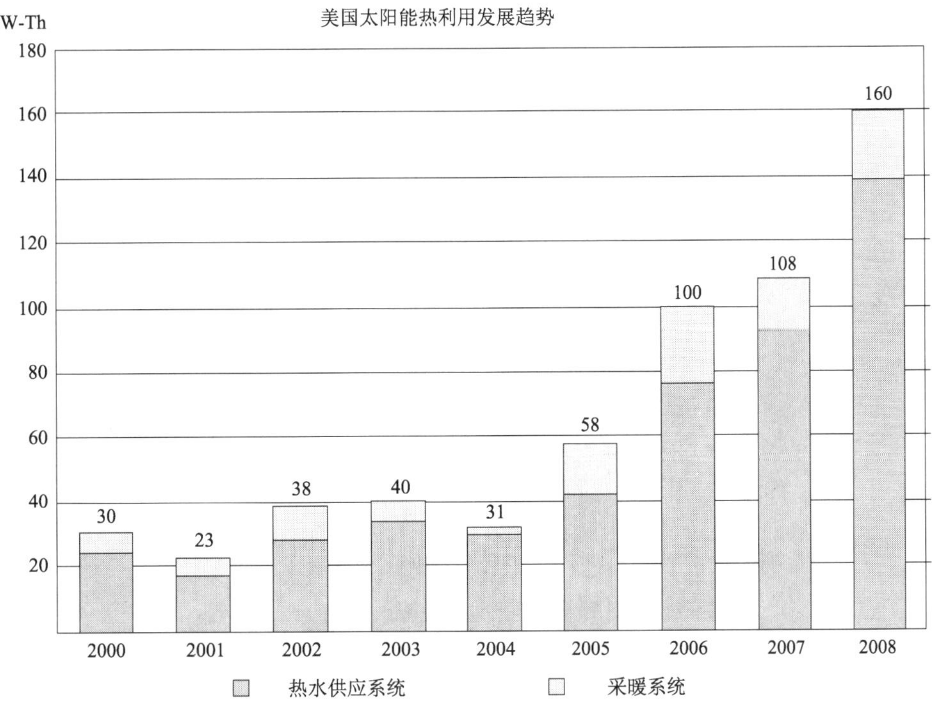

图3-20 美国太阳能热市场年安装容量

(1) 太阳能热水系统发展状况

美国政府2008年10月3日决定，对太阳能热水系统投资税收抵免将延期到2016年。2009年2月公布的《美国振兴与再投资法案》也取消了对太阳能热水系统2000美元补贴的上限。没有上限的补贴政策使得太阳能热水系统（Solar water heating，SWH）因居民消费得起而将获得更广阔的市场，同样对于大型的热水系统在更寒冷的冬季使用时也将变得更加的经济。

太阳能热水系统的安装量在2008年保持了增长的势头，全美国共安装了20500套系统，使得累计安装容量达到了485MWTh。由于常规能源价格昂贵而太阳能资源十分丰富，夏威夷继续主导了美国的太阳能热水器市场。

美国拥有超过8000万的个人住宅，几乎每栋住宅都需要供应热水。鉴于越来越多的用户能够支付得起小型太阳能热水系统的成本，其市场发展仍然处于稳定状态。美国能源部正计划在2020年设计出“零耗能房”，这种利用太阳能的建筑其能源将自给自足。美国能源部最近决定准备将太阳能供热和制冷项目列入其建筑技术项目中。

(2) 太阳能泳池加热系统发展状况

太阳能用于泳池加热是美国利用太阳能的一大特色，这部分市场占据了美国太阳能市场的绝大部分份额。尽管受到房地产危机的严重冲击，美国的太阳能泳池加热系统（Solar pool heating，SPH）依然是美国太阳能产业最大（按容量）的组成部分。

受经济萧条的影响，美国太阳能泳池加热系统市场在2006年达到顶峰以后出现了下滑的态势，从2007年785MW的新装容量减少到2008年的762MW，降幅为3%（图3-21）。

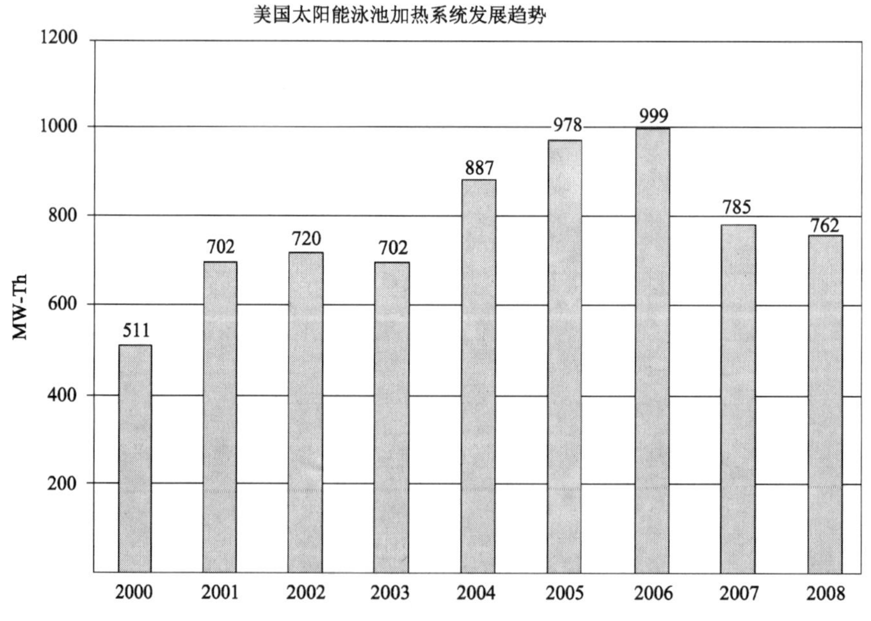

图3-21　美国太阳能泳池加热系统市场年安装容量

(3) 太阳能空调系统发展状况

太阳能空调系统（Solar space heating systems，SSHS）市场继续保持增长，尤其是在美国中西部地区。虽然这部分太阳能系统在美国的太阳能热利用中所占的份额较小，其市场预计仍然会有较大的增长空间，因为相关的能源（如燃油、天然气和电能）的价格一直处于上涨之中。太阳能系统2000美元补贴上限的取消对该产业也会起到跟在居民住宅光伏发电市场一样的作用。

3. 太阳能产业发展激励政策

受全球金融危机的影响，2008年美国太阳能行业的发展也受到了不小的冲击。许多太阳能企业在获得足额信贷上遇到了麻烦，一些企业已经宣布大幅度的裁员，不少主要的投资机构也因金融危机减少了在可再生能源上的投入。而美国太阳能市场在2008年仍然取得稳步的增长，这离不开美国政府对该行业采取的一系列激励措施。

就在2008年快结束时，一项将对太阳能行业产生重大影响的激励政策——《2008稳定经济紧急法案》(The Emergency Economic Stabilization Act of 2008, EESA)——于2008年10月3日开始生效。该法案提出将额度为30%的太阳能设备投资税收抵免延长到八年，取消住宅光伏系统安装的限制条件，允许税收抵免超过替代最低税，废除对公共设施投资税收抵免的限制等一系列鼓励措施。这一长期的激励政策促使美国的太阳能企业对太阳能行业进行长期的投资，并吸引了更多的资金涌入这一行业，因此也就有了该行业在2008年所取得的成就。

到了2009年2月，美国又出台了《2009美国振兴与再投资法案》(American Recovery and Reinvestment Act of 2009, ARRA)。该法案的实施可以减轻加剧的经济危机给美国太阳能产业带来的痛苦。该法案建立了一个能向商用太阳能消费者提供补贴额度为设备安装费用30%的临时补助项目，无论企业是否享受足额的投资税收抵免，都将能够从新的补助项目中获益。该法案还建立了专项资金以保证给可再生能源等工程项目提供高达600亿美元的贷款。此外，它将给可再生能源技术的开发提供上亿的资金奖励，预计会有55亿美元将被政府用于节能和可再生能源的工程中。

《2009美国振兴与再投资法案》又取消了对住宅建筑太阳能热水系统2000美元补助上限的规定，这一措施将给太阳能热市场提供更大的消费空间。此外，该法案还提出了给可再生能源生产厂商提供30%税收抵免以及为可再生能源项目提供贷款保障的政策。

同时，许多州和地方政府也开始出台新的政策以促进太阳能的使用。

加利福尼亚州的伯克利市允许居民通过对其财产税进行评估筹得太阳能装置的财政补助，这种筹资模式保证了业主即使在五年以内出售掉房子也能收回安装太阳能装置的成本。

夏威夷继续在美国太阳能热水器市场上处于领先地位，该州要求到2010年时，所有的新建住宅都要安装太阳能热水系统。

马里兰州计划增加其可再生能源所占比重，使其在2022年时能达到20%。该州对太阳能使用的第一个限制性要求（即到2022年时太阳能发电占总发电比例要达到2%）从2008年开始执行。马里兰州还将增加商业太阳能装置的税收减免力度以及免除太阳能系统的销售税和使用税。

马塞诸塞州的联邦议员们通过了一系列太阳能的政策，包括贷款和补助项目以及更新可再生能源比重目标。其中最值得一提的就是“联邦太阳能”补贴项目（“Commonwealth

Solar” rebate program)，该项目将向太阳能光伏并网系统提供每瓦1~4.4美元的补贴，预期将带来达27MW的新增安装容量。

在这些激励措施的支持下，许多业内人士预计2009年美国的太阳能产业以及太阳能在建筑上的应用还将会继续取得新的成就。

3.2.1.5 相关协会

美国的相关协会有美国太阳能产业协会（Solar Energy Industries Association，SEIA）。

美国太阳能产业协会成立于1974年，总部位于华盛顿，是美国国内太阳能行业商业贸易的先驱，成立的目的是扩大太阳能市场，加大研发力度，扫除贸易障碍以及加强宣传教育和做好太阳能的推广工作。

美国太阳能产业协会发展到20世纪90年代拥有150多个国内的成员。而到了现在，已经成为了代表拥有60000多名职工的600个从事太阳能光伏发电、太阳能热水供应、太阳能集中发电和太阳能混合照明的太阳能企业的行业协会。

该协会在促进太阳能利用以优化碳消耗、推广太阳能屋顶计划项目、保障太阳能设备低利率贷款的实行、加大太阳能转化及技术的研发力度和加强太阳能利用的立法等许多方面都作出了贡献。

网址：http：//www.SEIA.org

3.2.2 加拿大太阳能建筑应用发展状况

3.2.2.1 太阳能光伏产业的发展及在建筑上的应用

加拿大光伏产业近年来取得了很大的发展。据统计显示，2007年加拿大国内的光伏模块的销售量从前一年的3.74MW提高到5.29MW，同比增长了42%；而出口的光伏模块的销售量从前一年的990kW惊人地增长到了7.33MW，比2006年增长了640%。自1993年以来，加拿大的光伏市场的平均年增长率为27%，加拿大光伏系统的累计安装容量见表3-12。

加拿大光伏系统累计安装容量（MW） **表3-12**

年份	1992	1993	1994	1995	1996	1997	1998	1999
容量	958	1238	1510	1860	2560	3380	4470	5826
年份	2000	2001	2002	2003	2004	2005	2006	2007
容量	7154	8836	9997	11830	13884	16746	20484	25775

从加拿大光伏发电量的发展表可以看出，近年来，加拿大在太阳能光伏发电的研究、推广和应用方面作出了很大的努力，其中比较重要的一项工作就是推出了联邦光伏项目（The federal Photovoltaic Programme）。该项目由加拿大自然资源部（NRCan）组织，并得到了能源研发项目和创新技术研发项目的资金支持。

光伏项目正在进行的内容有：光伏-光热系统与建筑一体化的研究；零耗能太阳房的优化研究；可持续太阳能城市发展战略计划的执行；加入加拿大太阳能建筑研究网络（Solar Buildings Research Network）；太阳能潜力的预测与分析；承担PV系统的性能、可靠性和经济性的分析；建立PV系统以及其组件的安装和认证标准等。

并网光伏系统在加拿大的发展较为迅速。自2000年以来，该产业市场的平均增长率为38%。截至2007年底，并网系统占太阳能光伏系统总量的四分之一。这与加拿大鼓励使用太阳能光伏发电的政策是分不开的。现在加拿大的光伏上网发电净计量规定已在很多个省得到了推广，在这些地区公共建筑的光伏发电和住宅建筑的光伏发电的定价机制也已逐步健全。但是这些机制的具体实施还面临很大的挑战，仍然需要新设备的投入安装和新的资助政策的出台。

加拿大重视太阳能光伏发电技术在建筑上的应用，发展的趋势是光伏-建筑一体化，光伏太阳房的实例有：

（1）ÉcoTerra™式太阳房

这种太阳房由Alouette Homes公司开发，首个ÉcoTerra™式太阳房（图3-22）建于2007年，位于魁北克省，其理念是基于健康舒适、节约能耗、利用可再生能源、保护资源和减少对环境的影响等原则来设计此类太阳房。这种概念是建造一种既能可持续发展又对环境友好还对人类健康有利的建筑的一个创举。在其屋顶安装了规格为3kW的光电层，该层是由光伏-光热板组成的混合层，其中光伏发电是并网模式。在同样的外表面面积的情况下，该太阳房在使用过程当中仅仅消耗普通标准建筑的10%能耗。

（2）Jean Canfield Building

2007年，加拿大公共和政府服务部（Department of Public Works and Government Services Canada）在夏洛特敦市中心新建的Jean Canfield Building（图3-23）上安装了发电规格为108kW的并网光伏系统。该系统由500块太阳能发电板构成，其设计发电量是整栋建筑能耗的10%。

图3-22 ÉcoTerra™式太阳房

图3-23 Jean Canfield Building

3.2.2.2 太阳能热利用的发展

进入21世纪以来，加拿大的太阳能热产业得到了很快的发展。据调查显示，加拿大太阳能集热器2002～2004年的年销售量分别为24.2MW、26.4MW和37.5MW。而2001年底时，加拿大全国总的太阳能集热器容量才为170MW。这三年新增容量为之前总容量的50%，使总容量在2004年底时达到了258MW。

图3-24为1995～2004年的十年间加拿大国内太阳能集热器的年销售量的变化趋势图。

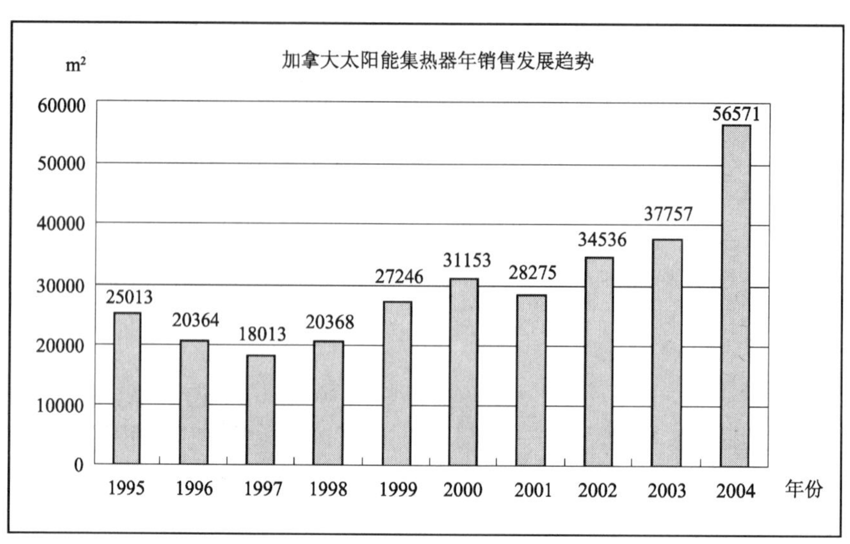

图3-24 加拿大太阳能集热器年销售量趋势图

在加拿大，70%的居住建筑和商业建筑的能源消耗用在了供热上。由于太阳能资源丰富，加拿大的太阳能开发潜力巨大，自2007年以来，加拿大又新安装了约544000m^2的太阳能集热器。其中有71%的是用于泳池加热，26%用于商业建筑的空气加热，共产生了约627000GJ的能量。此外，加拿大在太阳能空气集热器的发展和商业化上处于世界的领先地位。

尽管如此，加拿大太阳能热产业在发展道路上还有很多的障碍，据加拿大相关的机构调查研究表明，阻碍该产业发展的因素有以下几个方面：

（1）对于太阳能热产品潜在的使用者缺乏很好的宣传和教育。

（2）对于用户来说太阳能热产品的使用价格太昂贵。

（3）整个行业缺乏受过良好训练的施工安装人员。

（4）受到其他的能源的低廉价格的冲击。

3.2.2.3 太阳能建筑应用的特殊技术

加拿大在太阳能利用方面具有较高的水平，太阳能在建筑上的应用也具有自己的特点。本小结主要介绍两种在加拿大应用较多的太阳能利用技术及其发展情况。

（1）太阳墙

太阳墙（Solar Wall）是一种新的太阳能技术，是加拿大CONSERVAL公司与美国能源部合作开发的新型太阳能采暖通风系统，适用于低温地区的常规墙面。在加拿大，它正受到人们的重视，并迅速推广。目前，太阳墙主要在加拿大的工厂厂房应用较多，墙板的安装面积已达3.5万m^2，销售额达到700万加元。

所谓的太阳墙是一种与建筑结构融为一体的新型太阳能集热系统，能够做到高效采暖、有效通风，同时很好地解决了太阳能建筑设计一体化的问题。

太阳墙系统原则上属于被动式太阳能采暖系统，由集热和气流输送两部分系统组成。集热系统包括垂直墙板、遮雨板和支撑框架。气流输送系统包括风机和管道。太阳墙板材覆于建筑外墙的外侧，上面开有小孔，与墙体的间距由计算决定，一般在200mm左右，形成的空腔与建筑内部通风系统的管道相连，管道中设置风机，用于抽取空腔内的空气。

其工作原理为：在冬季，白天室外空气通过小孔进入空腔，在流动过程中获得板材吸收的太阳辐射热，受热压作用上升，进入建筑物的通风系统，然后由管道分配输送到各层空间。板材底部不密封，保持了太阳墙内腔的干燥，同时起到排水作用。夜晚，墙体向外散失的热量被空腔内的空气吸收，在风扇运转的情况下被重新带回室内。这样既保持了新风量，又补充了热量，使墙体起到了热交换器的作用。而夏季时，风扇停止运转，室外热空气可从太阳墙板底部及孔洞进入，从上部和周围的孔洞流出，热量不会进入室内，因此不需特别设置排气装置。

图 3-25 CONSERVAL 公司承建的安大略省 3M 公司生产厂房的太阳墙系统

图 3-26 CONSERVAL 公司承建的大多伦多地区航空管理局办公大楼的太阳墙系统

（2）跨季太阳能储存系统

在加拿大，超过 80% 的居住能耗用于供暖和热水供应，平均每个家庭一年排放 6～7 吨温室气体。而国际能源组织调查的数据显示加拿大的太阳能辐射量的排名为世界第六。长期阻碍加拿大发展太阳能的障碍是在供热需求量最大的秋冬两季太阳能却十分缺乏。

为解决秋冬季节太阳能利用的问题，加拿大采用了最近在欧洲发展起来的热量储存系统，并将其衍生到太阳能供热采暖系统，于是就出现了所谓的跨季太阳能储存系统。

这种蓄热型太阳能系统属于太阳能主动利用的范畴。由于它解决了冬季寒冷时建筑能耗增大而太阳能却最短缺的问题，因此，这种太阳能利用形式适合用于高纬度国家进行太阳能热的利用，也对我国高纬度地区解决如何有效利用太阳能的课题起到了很好的示范和指导作用。下面介绍一个典型的跨季太阳能储存系统——Drake Landing 太阳能社区（图 3-27、图 3-28）。

加拿大的 Okotoks 小镇位于北纬 50°44′，东经 113°59′，海拔 1051m。地处亚寒带，夏季平均温度 22.7℃，冬季平均温度达 -8.9℃，平均日照时间数高达 6.34h，属于加拿大太阳能资源最为丰富的几个地区之一。

Okotoks 小镇上的 Drake Landing 太阳能社区是目前北美最大的跨季太阳能储存项目，其工作原理是利用土壤床储存夏季收集的太阳能的能量供冬季使用。该项目由加拿大自然资源部（Natural Resources Canada）、加拿大环境部（Environment Canada）、加拿大自治市财政联盟（The Federation of Canada Municipalities）、阿尔伯塔省政府（THE Government of

Alberta's）等13个政府机构和环保组织向开发商、材料商等提供部分财政资助。该项目于2004年8月动工，2005年秋季开始试运行。

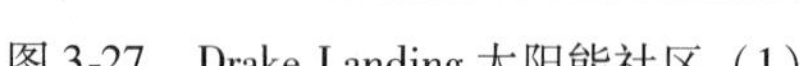

图3-27 Drake Landing太阳能社区（1）

图3-28 Drake Landing太阳能社区（2）

该小区的太阳能供热系统（图3-29）分为小区太阳能采暖系统和小区太阳能家用热水系统，其中太阳能采暖系统正是利用上述跨季太阳能储存技术解决冬季太阳能采暖难的供热系统。其太阳能集热器设置在小区车库南向屋顶，由800片太阳能集热器组成。由集热器收集的热量通过小区管网输送到能源中心和地下储热区，能源中心设有短期（临时）热量储存箱，供即时使用。在春秋两季直接通过能源中心向建筑提供所需热量，而到了建筑热负荷较大的冬季，则需要从地下储热区提取出夏季储存的多余的热量对建筑进行供热，该太阳能系统可以提供所需采暖能耗的90%。小区的家用热水系统由安装在每栋住宅屋面的太阳能集热器提供，与小区采暖系统独立开来。夏季阳光充足时该系统可以给建筑提供所需热水的60%，而其余不足部分由天然气辅助加热补充。该系统的控制装置也有太阳能电池驱动。这套系统将为每个家庭每年减少多达5吨的温室气体的排放。

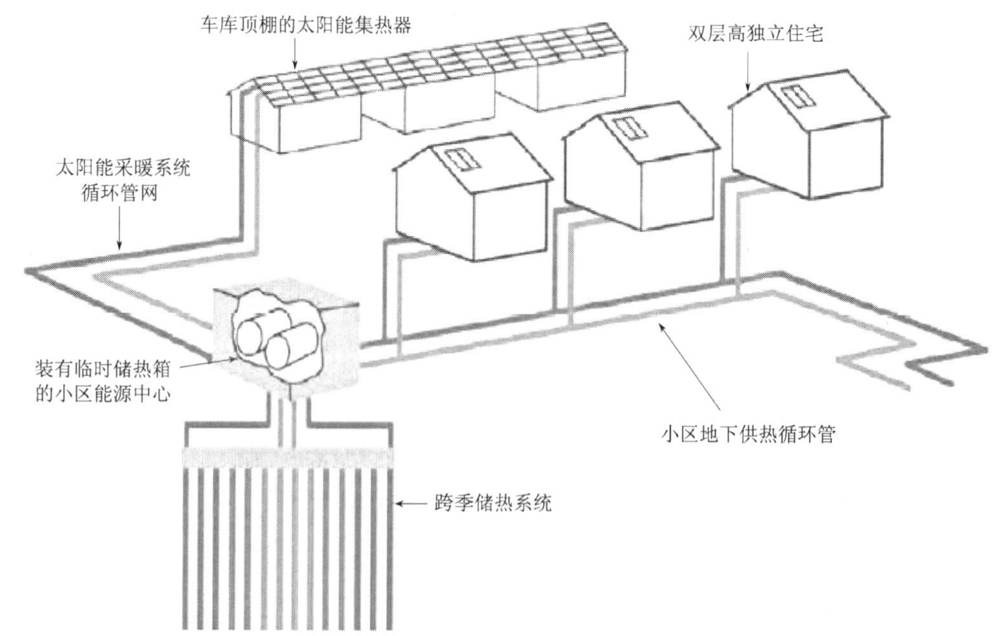

图3-29 小区太阳能系统工作原理图

3.2.2.4 相关政策与激励措施与计划项目

1. 可再生能源政策

在加拿大，可再生能源的开发政策和清洁能源政策是基于加拿大政府对京都议定书的承诺。加拿大在京都议定书中的目标是到2010年时，二氧化碳的减排量是1990年的6%。这样一来，政府发起了多种项目帮助加方公司专门研发可再生能源和清洁能源。其中对一些项目提供基金支持海外的技术示范项目或技术转移。这些项目主要是针对加方已经有相关的能力项目。

自20世纪70年代中期以来，加拿大政府就致力于发展可再生能源技术。加拿大是全球可再生能源研究和利用大国，全国约有17%的初级能源来自可再生能源。在可再生能源研究领域中，加拿大的研究重点是生物质能、小水电、主动式太阳能、风能、光电能源等。

在1996年可再生能源发展战略的推动下，加拿大自然资源部采取政策鼓励、市场开发、支持科研开发等措施，大力开发和提供可再生能源技术的能力。

为鼓励可再生能源技术的发展，联邦政府采取了一定的财政、税收补贴政策，如可对热力和电力生产用的可再生能源投资业提供一次性财政补贴，加速设备折旧等，对采用可再生能源的运输业可以免除乙醇燃料销售的联邦消费税等。政府鼓励用于对空气和水加热的项目的投资，为企业设立了可再生能源应用项目计划。对于项目购买和安装费用，返回其中的25%，最高可达5万加元。

近来，安大略省政府制定的绿色能源法案（Ontario Green Energy Act）也提出要促进清洁能源和可再生能源（风能、太阳能、水电能、生物能）在安大略省的使用。

2. 计划项目

2005年1月31日，加拿大太阳能产业协会（CanSIA）提出了一项屋顶太阳光伏发电的计划项目，项目内容包括：

（1）为光伏发电系统提供总投资的30%的补助——假设系统原价格为6美元/W，补助以后的价格可以减少到1.8美元/W；

（2）计划项目的规模为十万个太阳能屋顶；

（3）假设每个系统平均的容量为2kW，这就表示每个屋顶的补贴平均为3600美元，而10年时间里整个项目总的补助将到达2520亿美元。

3.2.2.5 相关协会

（1）加拿大太阳能建筑研究网络（Solar Buildings Research Network，SBRN）

加拿大太阳能建筑研究网络是加拿大进行太阳能建筑应用研究的主力军，它将来自10所加拿大高校的24位研究人员聚集起来，共同进行未来住宅型和商业型太阳房优化的研究工作。这个网络机构里也有来自加拿大自然资源组织（Natural Resources Canada，NRCan）、Canada Housing and Mortgage Corporation和Hydro-Québec的专家和研究人员。能源和建设领域的商业合作伙伴纷纷加入到相关的研究项目中去，获得相关的指导以保证其在国际市场上的竞争力。

该网络五年内的预算将达到60亿美元，其中的4724000美元来自NSERC，430000美元来自NRCan，250000美元来自CHMC，75000美元来自Hydro-Québec，还有一百多万美元来自于20多个商业合作伙伴。

加拿大太阳能建筑研究网络的长远目标是进行太阳能建筑的优化研究，开发出先进的太阳能—建筑一体化体系，使这种太阳能建筑在经济合理及满足舒适条件的情况下达到零能耗标准。这种所谓的“一体化”暗示了在建筑设计上的创新，即建筑的外围结构将起到收集太阳能以通过太阳能光伏—光热系统供热和发电以及起到透射日光的作用。

该网络的研究工作主要集中在以下四个方向：

① 太阳能建筑一体化的研究；

② 用于供热和制冷的太阳能热系统的研究；

③ 建筑太阳能发电的研究；

④ 太阳能建筑设计的模拟工具的研究。

网址：http：//www. solarbuildings. ca

（2）加拿大太阳能产业协会（the Canadian Solar Industries Association）

加拿大太阳能产业协会建立的目的是扩大加拿大的太阳能产业，提高相关企业的专业化程度，培养国内外的太阳能市场以及推动可再生能源在加拿大的利用。其使命是建立一个强大、高效和专业的加拿大太阳能产业，以更好地为急剧增长的国内太阳能市场服务，并致力于为世界能源问题提供具有创新意义的太阳能技术以及在世界范围内推动太阳能的使用。

加拿大太阳能产业协会制定了8个具体的目标：

① 制定和实施相关的项目和活动，以促进太阳能在加拿大的广泛使用。

② 通过继续加强教育和培训，以提高太阳能行业和从业人员的专业水平。

③ 确保加拿大政府认识到一个可靠的太阳能设备产业基础能够促进加拿大工业和社会的发展。

④ 根据制定及修订的产品标准、与太阳能设备行业有关的建筑法规就产品的质量、性能和经济性等方面给其成员提供咨询和帮助。

⑤ 收集和发布太阳能行业有关的数据和相关信息，召开有关会议并且发行相关出版物，加强协会的交流和扩大协会的影响力。

⑥ 开展影响整个太阳能行业发展的研究工作。

⑦ 与有志于推进上述目标的其他行业协会建立合作关系并开展合作。

⑧ 从事推动加拿大太阳能行业所需的福利事业发展的其他项目活动。

网址：http：//www. cansia. ca

3.3 亚洲太阳能建筑应用发展状况

亚洲地区的纬度跨度较大，各个国家经济技术水平发展不一，太阳能利用的条件和程度也不同，但是在石油危机的影响下，近几十年该地区的太阳能技术开发和应用得到了巨大的发展。亚洲太阳能技术较为成熟的地区主要集中在日韩等经济条件发达国家和地区，对亚洲国家尤其是我国近邻——日本和韩国——的太阳能建筑应用进行研究有助于分析我国的太阳能建筑应用的发展模式和制定相关的发展政策。以下分别介绍日本、韩国和亚洲其他国家的太阳能建筑应用的发展情况。

3.3.1 日本

日本是世界上的能源消费大国，能源消费量居世界第四位，占世界能源消费总量的5.2%。其能源需求的80%来自于进口，并且进口能源中的50%又依存于石油。为了实现《京都议定书》中承诺的减排目标，日本非常重视太阳能等可再生能源的发展，国家颁布各种政策和法令全力支持太阳能等新能源的发展。目前，日本在太阳能电池的生产和主动式太阳房研究等领域处于世界前列。

3.3.1.1 太阳能光伏发电

20世纪90年代初以来，日本在太阳能光伏发电方面取得了巨大的成功，通过推行可再生能源配额法和实行强补贴等政策，日本已经成为世界光伏发电的先导，是世界上光伏发电最大的市场之一。截至2007年，日本的太阳能光伏发电系统容量为1.92GW，且约90%的太阳能光伏发电系统为屋顶并网系统。

与其他发达国家一样，日本也积极推行"太阳能房屋计划"。在1994年日本仅有539户家庭安装太阳能电池，总容量仅为7000kW。为鼓励太阳能电池板在居民住宅中应用，日本政府从1994年开始实施"朝日七年计划"，确定了屋顶发电的发展计划。由于政府采取从经济上加以扶持的政策，个人住宅屋顶太阳能电池的使用件数逐年增加，1999年一年中安装太阳能电池的家庭增加到了约17000户。1997年又再次宣布实施"七万屋顶计划"，每套容量扩大到4kW，总容量为280MW，并提出安装7万台太阳能发电设备的计划。1997~2004年，日本政府共投入1230亿日元的资助金。居民光伏屋顶系统最近几年增长极为迅速，其中2002年生产能力增长了47%，2003年增长了45%。2003年底，总计安装88.7万kW，2004年达到113.2万kW，到了2005年，当年安装总发电容量就达到了29万kW。日本政府计划2010年总计安装482万kW，将比2005年增加3倍以上，届时所有新建的房屋都要求利用太阳能供电。2007年12月30日，日本政府制定出普及家庭太阳能发电的方针，计划在2030年将安装太阳能发电设备的家庭从2007年的40万户扩大到1400万户，相当于日本国内三成的家庭数量，发电总容量将达到目前的30倍，这项目标已列入日本的"能源革新技术计划"中。

个人住宅屋顶太阳能电池发展趋势 **表3-13**

年　度	1994	1995	1996	1997	1998	1999
支付安装费补助金预算额（亿日元）	20	30	40	111	147	160
安装户数	539	1065	1986	5654	8229	17000

（数据来源于《日本太阳能发电技术的发展动向》）

此外，日本政府为了推广建筑使用太阳能发电，还进行示范区的建设，允许家庭太阳能并网发电。如在日本关东地区有一座卫星城，所有房屋都装有太阳能电池板，是日本经济产业省的太阳能发电试点区。各家除了太阳能发电设施外，还与电力公司的电网相连。夜里、阴天太阳能发电不够用的时候，从电力公司的电网上供电。当阳光强烈、太阳能产生的电力用不完时，又可把剩余的电力卖给电力公司。在日本大田，超过550户居民的房顶上安装了太阳能电池板。这些家庭的家用电器都由太阳能发电来驱动，也可以将多余电量卖给当地电厂。一般情况下，每户家庭每月能有50美元的卖电收入。由于安装太阳能电池板需花费两万美元，二十多年才能收回设备投资成本，日本政府为了推广这种家庭太阳能发电的项目，对每户家庭给予安装成本的10%的补贴，鼓励居民使用太阳能。而对日本南部的两栋太阳能发电住宅进行研究表明，这种与电网并网的方式可以在10月和1月每月平均分别节省15859日元和12541日元的电费。

经过这么多年的技术开发支持和普及促进政策的实施，日本的太阳能光伏发电系统已经形成了稳定的技术和产业体系。太阳能光伏发电系统从技术到设置容量得到了迅速发展。尤其是住宅建筑的太阳能光伏并网发电系统，已经成为最大的太阳能光伏发电系统的设置用户。这与初期设置费用的降低，剩余电力上网而带来的电费节省等给用户带来的经济效益是不可分割的。

制约日本太阳能发电设备普及的主要因素是其成本太高。目前，日本家庭用太阳能发电设备的平均费用为200万日元（约14万元人民币），发电成本为平均每千瓦47日元（约3.5元人民币）。为了更加普及家庭太阳能发电，降低太阳能电池的成本，日本政府在2008年成立由国内外专家组成的国际研究机构，专门从事低成本新型太阳能板的研制开发，并在年度预算中列入相关经费20亿日元。日本政府已提出将开发使能源效率比现在提高1~2倍的新型太阳能板，使发电成本大体上与火力发电相当，预计到2030年其成本由现在的每千瓦46日元降低到7日元。日本的京瓷公司已计划到2010年将太阳能发电设备的产量比现在提高2倍，如果进展顺利，初期费用可进一步降低。

日本在太阳能发电方面付出了巨大的努力，也取得了较大的成功。1997年太阳能发电功率在世界太阳能发电总功率中所占的比例为29.3%，低于美国的37%，居世界第二位。而到1999年日本的这一比例竟增至约40%，跃居世界首位，超过美国（所占比例为30%）。日本即使在经济衰退时期也未放松加速普及太阳能发电系统，并逐年增加这方面的预算，计划到2010年将太阳能发电和太阳热能的利用共占所开发的新能源的36%。其中太阳能发电系统的总功率为5000MW。而根据日本的PV路线图（PV Roadmap 2030），到2030年PV电力将达到居民电力消耗的50%，大约占全部电力供应的10%（累计安装容量约为100GW）。

图3-30显示了日本太阳能电池和光伏组件安装累积容量的增长趋势，可以看出最近几年，日本光伏安装和太阳能电池产量增长率为40%~50%。如果分别按照30%或20%的增长率计算，即便是光伏系统转化效率只有12%左右，预计在2020年或2030年光伏电也能会实现占总能耗10%的目标。

3.3.1.2 太阳能热利用

早在1956年柳町就建造了一座太阳房，这是日本第一座装有主动式太阳能采暖系统的建筑物。这座建筑采用设两个水箱的热泵系统形式，供热时先用集热器收集的热能对一次水加热，使其温度达到5~25℃，并储存在低温水箱中，然后将其引入热泵对二次水进行加热，使二次水温度升高到42℃后进入高温水箱。进行夏季空调时，只需要将热泵工况改变为制冷工况即可。

到了20世纪70年代，日本制定了“阳光计划“以后，日本的太阳能集热器的生产和使用就取得了较快的发展。当时生产太阳能集热器的工厂就达到了20多家，其中包括川崎重工、三菱重工等知名大企业。而生产的集热器种类既有平板型又有真空管型，以平板型集热器居多，主要是由于真空管型集热器的成本是平板型的2倍以上造成的。

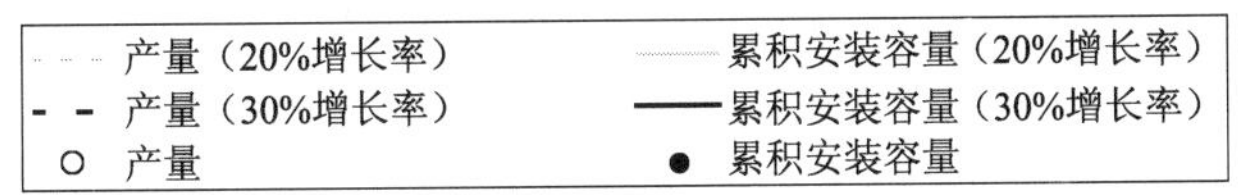

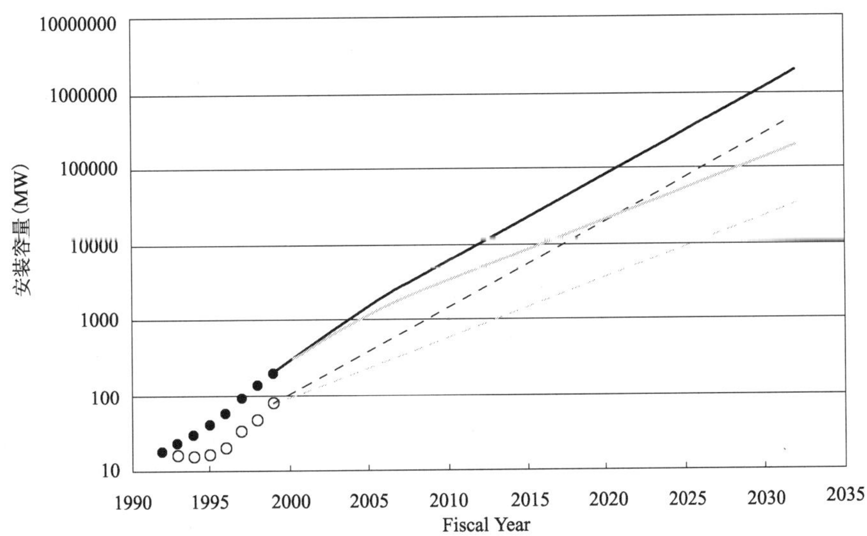

图3-30 日本太阳能电池生产和光伏累计安装数增长趋势

（来源于《Present status and prospects of photovoltaic technologies in Japan》Masafumi Yamaguchi）

实际应用方面，刚开始时，主要在小型住宅中用太阳能热水器解决热水供应的问题，随后，随着技术的不断进步，逐渐推广到集中采暖供热和夏季空调的应用上来。

1977～1981年短短四年时间里，就有超过9个大型的太阳能集热系统用于各种类型的建筑的供热和空调系统中。夏季将太阳能集热器获得的热能提供给吸收式冷水机组，进行制冷。而冬季时同样利用集热器收集的太阳能提供给供热泵机组供热。

日本在1995年时一般住宅屋顶共装置自然循环太阳能热水器470万套，强制循环太阳能热水器49.4万套，普及率超过11%，提供能源109万吨油当量。到2010年太阳热能利用发展目标将达到550万吨油当量。

到2002年底，全世界累计安装太阳热水器共约7350m^2，日本安装730万m^2。另据统计，截至2004年，日本太阳能热水器累计安装量为5408MW，居全球第三，排在中国（第一，43400MW）和美国（第二，20038MW）之后，其产品的类型几乎全为平板型。

目前，日本太阳热利用系统超过400万套，但被废弃的数量超过新增的数量，主要原因在于太阳热利用系统成本过高。而随着科技的不断进步，将有助于增加太阳热利用系统的使用，这一领域的发展方向是太阳热利用系统取代屋顶建材，这样既减少屋顶的造价又能有效利用太阳能，缩短设备投资回收年限。此外，与太阳光电系统搭配使用也将促进太阳能热利用的发展。

3.3.1.3 政策法规和激励措施

（1）新能源政策

20世纪70年代的石油危机使日本经济受到重挫，为了开发可以替代石油的能源，减小经济对石油的依赖程度，日本政府近几十年不断地提出各项鼓励开发新能源的计划。日本发展可再生能源的主要经验有两点：第一，加强制度建设，包括法律、法规及技术标准、实施细则等；第二，包括财政支持在内的鼓励政策和相关制度与具体实施方案具备较强的连续性，其主要体现在对从事可再生能源业者进行补助，对清洁能源、环境协调型能源提供补贴，为开发可再生能源提供国家预算等方面。

1974 年 7 月，日本提出“新能源技术开发计划”，即“阳光计划”。目的是扩大新能源的开发和利用，其核心内容是太阳能开发利用，同时也包括地热能开发、煤炭液化和气化技术、风力发电和大型风电机研制、海洋能源开发和海外清洁能源输送技术等。此后，又分别于 1978 年和 1989 年提出了“节能技术开发计划”，即“月光计划”和“环境保护技术开发计划”。按照“月光计划”，日本将进行以能源有效利用为目的的技术开发，推进以燃料电池发电技术、热泵技术、超导电力技术等“大型节能技术”为中心的技术开发。1993 年时上述三个计划被合并成为规模庞大的“新阳光计划”，列为国家重点发展项目，此计划将一直延续到 2020 年，总预算为 1.5 万亿日元。“新阳光计划”的特点是对技术开发进行财政支援，对新能源消费者实施“直补”政策。

日本于 1997 年 4 月 18 日制定了《促进新能源利用特别措施法》，大力发展风力、太阳能、地热、垃圾发电和燃料电池发电等新能源与可再生能源。其目的是“为确保安定稳妥地供应内外社会经济环境的能源，在促进公民努力利用新能源的同时，采取必要措施以顺利推进新能源的利用，为国民经济健康发展以及人民生活安定作出贡献”。该法第 2 条中规定“新能源”是指“在研制或利用促进石油替代能源开发引进第 2 条中规定的石油替代能源以及通过变电得到的动力（只限于对减少石油依赖有特别作用的）利用过程中，由于经济方面的制约而未得到充分普及的，但在政令中规定促进其普及是谋求石油替代能源的应用所特别需要的”能源。此后，该法于 1999 年、2001 年、2002 年等先后几次进行了修改，其重点在于促进企业对新能源的利用。

为贯彻实施《促进新能源利用特别措施法》，1997 年 6 月 20 日又制定了《促进新能源利用特别措施法施行令》。该指令指出新能源利用内容具体包括太阳光发电、风力发电、太阳热利用、温度差能源、废弃物发电、废弃物热利用、废弃物燃料制造、清洁能源汽车、天然气发电所获得的热量送热水供暖房冷气房等、燃料电池发电、动植物的有机物发电、动植物的有机物热利用、动植物的有机物燃料制造以及利用冰或雪为热源发电等。同时还规定了所指中小企业的范围。该指令于 1999 年、2000 年、2001 年、2002 经过多次修改。

根据 2003 年的《新能源法》要求，电力公司有义务使用风力、太阳能等可再生能源；加强教育，提高国民利用可再生能源的意识。2006 年，日本经济产业省又发表了《新国家能源战略》：2030 年前将日本的整体能源使用效率提高 30% 以上；发展太阳能、风能、燃料电池以及植物燃料等可再生能源，降低对石油的依赖；推进可再生能源发电等能源项目的国际合作。

（2）太阳能利用政策

在太阳能利用方面，1974 年日本出台 Sunshine 计划，鼓励利用太阳热能，对于太阳能光伏发电系统以降低太阳能电池的造价作为计划目标。1980 年，制定了太阳能系统普及促进融资制度，以利息补助的方式促进融资。此后，日本相关的政策措施主要是针对太阳能光伏发电制订发展计划。1992年，开始实行电力公司收购太阳能光伏发电系统的剩余电力的制度。1993年，制定了系统并网技术指导，将白天太阳能光伏发电系统的剩余电力卖给电力公司，所得收益抵消一部分购买电力费用。同年，开始实施“新阳光计划”，一直延续到2020年，总预算为1.5万亿日元。对节能住宅提供低息贷款优惠，包括使用太阳能热水器和建造太阳房，年利率4.7%，还款期10~35年。1994年，开始实施“朝日七年计划”，计划到2000年安装16.2万套屋顶系统，总容量达185MWp。而同时在《新能源导入大纲》中提出，到2010年太阳能光伏发电系统的设置目标容量为4.6GW。经过1998年和2001年两次修订，该目标最终改为4.82GW。1997年，日本政府提出“七万屋顶计划”。该计划对将太阳能电池发电系统纳入电网的居民，提供一半补贴，因而，极大地提高了太阳能电池的产量。2000年，日本政府颁布了《Green购入法》，各电力公司也纷纷设立了“Green电力基金”，以购入太阳能光伏发电系统等的可再生能源的剩余电力。2002年日本政府颁布了《新能源电力发电法》，规定电力公司上网电力中的可再生能源发电的市场份额，购买的剩余电力也可以算入，这一规定的出台促使电力公司更愿意购买剩余电力。

3.3.1.4　PV产品认证

为了应对国际上IECEE的PV认证制度，从2002年开始日本制定了相关太阳能电池认证的标准：

（1）IEC 61215 “Crystalline Silicon Terrestrial Photovoltaic（PV）module-Design Qualification and Type Approval（结晶系太阳电池组件的性能规格—设计资格和形式认可）”对应日本国内的规格（JIS C 8990）。

（2）IEC 61646 “Thin film Terrestrial Photovoltaic（PV）

module-Design Qualification and Type Approval（薄膜系太阳电池组件的性能规格—设计资格和形式认可）”对应日本国内的规格（JIS C 8991）。

（3）IEC 61730-2 “Photovoltaic module safety qualification-Part2：Requirement for testing（光伏电池组件的安全试验要求）”。

（4）IEC 61730-1 “Photovoltaic module safety qualification-Part1：Requirement for construction（太阳电池组件的安全性构造的要求事项）”。

经过对以上标准的基本整备，从2003年10月开始，日本对光伏发电系统PV组件进行了认证试验。现在，日本国内在此领域的认证已顺利地展开，2005年4月起，标有JET认证标签的PV组件已开始在市场上出现。

3.3.2　韩国

作为一个新兴工业国，韩国也是一个能源消耗大国，消耗量位居世界第十。长期以来，韩国的能源主要依赖石油进口和核能发电，太阳能等可再生能源发展缓慢。据韩国中央银行估计，国际油价每上涨1%，将导致韩国经济增长速度下降0.02%。能源问题直接关系到韩国的经济命脉。随着国际能源价格不断飙升，韩国单纯依赖石油的能源结构受到严峻挑战。为了确保能源安全，韩国从能源消费结构入手，对传统能源和新兴能源所占比例进行逐步调整，通过实现多元化来增加能源消费安全系数，以保障本国经济和社会的持续稳定发展。

早在20世纪70年代初，韩国许多学术机构和科研中心在私营财团的资助下就开始了新能源的研究和开发，然而由于没有政府部门的主导，其努力未见什么成效。随着1978年能源部的组建，韩国又集中力量组建了一个包括天然能源、矿物能源和新能源三个开发分部的能源开发研究院。该院集科研、经营、人事管理权力于一身，大大提高了新能源研究、开发、经营的效益。更重要的是，政府通过该院加强了对新能源开发的宏观指导，并能及时掌握新能源开发的最新信息和技术，同时也大大调动了科学家们开发新能源的积极性。

太阳能因其自身优势和市场潜力逐渐受到韩国各界的重视。在中央和地方政府大力扶持下，企业和社会积极响应，使得韩国的太阳能发电在短时间内异军突起，形成气候。与此同时，太阳能住宅也得到了快速发展。

3.3.2.1 韩国太阳能发电的发展

近年来，韩国太阳能电站建设潮在全国蔓延。2005年，韩国的太阳能发电站为15座，发电装机容量138kW。2006年，发展到51座，发电装机容量9088kW。到2007年3月，发电站数量达66座，发电装机容量达10406kW。

近两年，韩国先后建成了多座大型的太阳能发电站。其中位于全罗南道新安郡智岛邑的新安东洋太阳能发电站总投资约2000亿韩元，占地面积67万m^2，安装有13.0656万块太阳能电池板，发电规模为24MW。与以往固定式发电装置不同，该电站采用的是跟踪式聚焦太阳光发电装置，太阳能面板可尾随太阳方向的变化而移动，从而延长聚集太阳光时间并提高聚光效率，使发电效率提高15%以上。该电站一举超越此前世界上最大规模的西班牙20MW级跟踪式太阳能发电站，成为目前世界上最大规模的跟踪式太阳能发电站。

在太阳能发电潮中，韩国企业也纷纷参与，积极推动太阳能产业的发展。目前进入太阳能发电领域的大型企业集团及其系列企业已达20家，其中三星、LG、现代、SK等一流大企业凭借资金、技术和经营优势，其势力迅速占据太阳能发电上下游产业主要地盘。而一批中等中坚企业和中小企业也不甘落后，纷纷加入到该产业之中。在大型企业、中等中坚企业和中小企业的竞争与合作中，韩国太阳能发电事业得到迅猛的发展。

3.3.2.2 太阳能建筑应用的发展

20世纪70年代，经历了石油危机以后，由韩国科学与技术研究院（KIST）牵头，韩国开始了太阳热能的研究与发展工作。1988年到1995年期间，韩国把太阳热能和光电能开发作为享有优先权的项目进行投资。其中对太阳热能投资3809亿韩元，立项32个，对光电能投资13460亿韩元，立项35个，取得了太阳能热水系统的商业化推广和完成NAK-DO地区发电系统单晶硅太阳能电池操作定位等一系列的成就。

韩国能源技术研究所于1995年开发出太阳能电池空调系统，整个开发过程历时三年半，总投入4亿韩元。这种空调系统适合制冷面积约20m^2家庭使用，系统利用规格为7.5m×1.1m的太阳能电池板供电，其供电能力可达1034W，能够提供空调系统运行时所需的85%的电能。

2004年韩国开始实施“普及10万户太阳能住宅”项目，因太阳能住宅具有巨大的市场潜力，尤其借助于政府积极扶持，进展良好。据公布，到2007年底，建成并投入使用的太阳能住宅已达约14500户，总装机容量近2万kW，按太阳能发电设备利用率15.5%计算，每年向居民家庭供应的电力达2676kW。

3.3.2.3 政策法规和激励措施

(1) 可再生能源政策

新能源主要包括太阳能、核能、潮汐能和风能等。但是，要想利用这些新能源来替代石油、天然气和煤还需要付出相当大的努力。韩国认识到只有降低新能源和可再生能源系统的价格，同时提高其可靠性，新能源和可再生能源在能源市场上才有竞争力。为此，需要扩大基础研究，并且同时加强立法保障。

韩国于1979年底公布实施了《能源利用合理化法》，至今已经过多次补充和修订，使其逐步合理和完善，更具操作性。它包括《能源利用合理化法》,《能源利用合理化法施行令》,《能源利用合理化法施行规则》三部分。该法提出了"对总统令确定的节能型设施投资，节能型机资材的制造、设置、施工及其他有关能源利用合理化事业，予以金融、税制上的支持及支付补助金等其他必要支持"等对合理利用能源进行经济上的支持的规定。

1985年，韩国能源部制定了"至2000年的能源供应长期计划"。根据这个规划，韩国将大大减少对石油的依赖。1991年要将它减至占能源总消费量的47.7%，2001年将减至39%。为达到这个目标，规划要求从1985年直至2001年，新能源的消费量必须逐年提高。政府还通过津贴或减免税收等措施来鼓励企业采用新能源。

1987年12月4日，韩国国会又通过了《开发新能源和可再生能源法》。

为了进一步促进新能源和可再生能源的研究、开发和利用，在1988年6月，韩国政府制订了"新能源和可再生能源研究与发展长远计划"。其目标是：在2001年以前，完成新能源和可再生能源的基础研究；引进和推广经济技术上可行的先进技术；使可再生能源达到韩国能源供应的3%。采取的方法是：依靠韩国国内的技术力量，由科学院和研究所承担基础研究和开发工作；由工业部门承担应用研究，改善其经济效益。

新能源和可再生能源的研究与开发计划分三个阶段，每个阶段都有一个明确的目标。各个阶段的计划见表3-14。

韩国新能源和可再生能源发展计划 **表3-14**

第一阶段（1988~1991年）	第二阶段（1992~1996年）	第三阶段（1997~2001年）
新能源和可再生能源的基础研究 投资3.7×10^8美元	1. 提高系统能力 2. 开发系统加工技术 投资9.9×10^8美元	1. 消化吸收先进技术 2. 推广利用 投资20×10^8美元

在当时韩国开发新能源和可再生能源的主要障碍是：市场没有保障；推广资金不足；新能源和可再生能源工作不成熟；过分依赖引进技术。

为了促进地方引进新能源和节能项目，韩国于1996年提出了"地方发展补贴计划"。对于地方进行的可行性研究、人员培训和促进当地新能源发展的活动，最多可给予全额补贴。对于地方安装太阳能电池和风力发电机等新能源和可再生能源装置，最高补贴可达70%。

1997年韩国又制定了为期10年（1997~2006年）的《第一期新能源和可再生能源基本计划》，第一期计划的重点是跟随发达国家的先进技术进行本国的基础研究。随着国内技术水平的不断提高，2003年韩国提前制定了为期10年（2003~2012年）的《第二期新能源和可再生能源基本计划》。第二期基本计划的目标是提升能源自给率以及构建新能源和可再生能源工业的基础设施。第二期基本计划还提出了2011年前新能源和可再生能源占韩国能源供应5%的具体指标（2003年开始实施计划时只占2.06%）。第二期基本计划的投资（包括贷款）约为118亿美元。考虑到未来的巨大市场潜力，第二期基本计划将太阳能电池、风能和氢燃料电池等列为优先发展领域。其中太阳能电池的重点是发展3kW的民用系统。

2003年，韩国颁布了《新生、再生能源开发、利用与普及促进法》，并制订了相应的配套扶持政策。同年又开始实施《新生、再生能源技术开发及利用普及计划》，提出了2004年至2012年要完成“普及10万户太阳能住宅”的目标。

2004年，包括太阳能、风能、水能、氢能等在内的可再生能源仅占韩国能源消费总量的2.3%，远低于石油、煤炭和核能所占比重。随着石油价格的不断攀升，以及2005年2月京都议定书正式生效，在政府的直接支持下，韩国最大的公用事业部门——韩国电力公司、韩国水资源公司和韩国民用供暖公司等多家大公司，计划在2006~2008年期间共同投入11000亿韩元（约10.9亿美元）用于开发可再生能源。

为了促进新能源和可再生能源的产业化，韩国还制定了“贷款和税收激励计划”，向制造商和消费者提供长期低息贷款。装置贷款主要面向安装新能源和可再生能源装置的消费者，经营贷款主要面向制造商。贷款最高可达总投资的90%（大公司最高为80%）。另外，还有10%左右的投资可以从所得税或公司税中减除。据统计，2002年贷款额只有1698万美元，2007年已增加到1.2134亿美元。

为了促进新能源和可再生能源在建筑上的应用与普及，韩国也制定了相关的政策法规。2002年韩国规定，政府机关和国有企业在兴建3000m^{2}以上面积的建筑物时，必须将5%以上的建筑投资用于安装新能源和可再生能源设施。据统计，从2004年3月至2007年底，已有254家公共机构提交了414项安装计划，政府已投资1.892亿美元用于新能源和可再生能源设施，其中790万美元用于太阳热利用，7610万美元用于太阳能电池。2007年，韩国建筑投资为33.79亿美元，其中5.6%用于新能源和可再生能源设施的投资。

2008年，韩国政府正式提出并开始实施“低碳绿色增长战略”，揭示出韩国未来经济发展的基本方向和道路。主要内容包括：（1）将新、再生能源普及率由2006年的2.24%提高到2030年的11%，2050年将提高到20%以上；（2）到2020年将使用太阳能等新再生能源的“绿色住宅”普及到100万户；（3）到2012年跻身世界“绿色汽车四大强国”行列。同时，根据“低碳绿色增长战略”的精神制定了“第一阶段国家能源基本计划（2008年至2030年）”。其目标是：到2030年将新再生能源比重由2007年的2.4%提高到11%，石油等化石燃料所占比重由83%降到61%，同期太阳能、风能、生物能及地热将分别增长43倍、36倍、18倍和50倍。“基本计划”确定，到2030年，韩国政府拟对新、再生能源设备和技术研发投资111.5万亿韩元。其中设备投资100万亿韩元，企业和政府分别投资72万亿韩元和28万亿韩元；技术研发投资11.5万亿韩元，政府和企业分别投资7.2万亿韩元和4.3万亿韩元。

韩国政府最近公布了增加投资开发替代能源的计划。根据该项计划，韩国今年的替代能源开发费用将增加1.93亿美元，增加幅度为60%。这1.93亿美元的投资将用于包括太阳能热发电、风力发电、生物燃料等替代能源技术的开发。

（2）太阳能利用政策

韩国的太阳能发电事业取得巨大的发展与韩国政府对太阳能发电的扶持政策是分不开的。这些政策主要包括：

① 资金扶持。对太阳能发电设备、零部件生产、设施安装以及运营提供长期低利融资，以减轻企业初期投资的资金负担。比如，对太阳能发电设备和核心技术实用化项目，提供资金规模可达5亿至40亿韩元不等，利率为4.25%，偿还期最长达5年至10年，远比一般商业贷款优惠。

② 技术扶持。鉴于核心技术是太阳能发电业发展的关键，韩国政府把政策重点放在扶持技术开发上。据韩国知识经济部公布，2008年对新生、再生能源技术开发的扶持资金总额达1994亿韩元，比2007年增长60%，其中对太阳能部门，决定每年给每个战略性技术研发项目拨款100亿韩元，最长扶持期长达5年，促使核心技术开发尽早突破和投入使用。

③ 差额补贴。太阳能发电站生产的电力由于成本因素价格居高不下，初期阶段只有依靠政府补贴才能发展起来。韩国政府采取的做法是：太阳能电站卖给国家电网的电价与政府公示标准电价之间的差价由政府补贴。目前，韩国政府对太阳能发电每千瓦时补贴677.38韩元，大大高于风力发电补贴额107.29韩元、水力发电补贴额86.04韩元和潮汐发电补贴额62.81韩元。

而在太阳能建筑应用方面，韩国也有相应的专项计划。例如，"10万户太阳能屋顶计划"提出2012年前安装10万套3kW民用太阳能电池发电系统，并对该项目持续给予大力扶持。对安装3kW以下太阳能发电设备的一般住宅和公共住宅，政府补贴总安装费用的60%，有些地方政府补助比例高达75%。2007年，享受中央政府安装费补贴的太阳能住宅发电量8046kW，补贴总额达410亿韩元。

在"10万户太阳能屋顶计划"中，2007年有7317户居民安装了太阳能电池屋顶，政府补贴达4899.7万美元。其中蔚山市日出村是新能源示范点，32户中有22户安装了太阳能电池屋顶和太阳能热水器，每户安装费为3700万韩元（合3.89万美元），居民自己负担185万韩元（合1950美元），约占5%，其余由中央财政和地方政府补贴。

3.3.3 亚洲其他国家和地区太阳能建筑应用的发展

下面介绍亚洲其他国家和地区的太阳能技术在建筑上应用的相关情况及其政策措施。

3.3.3.1 台湾地区太阳能建筑应用的发展

我国台湾地区发展太阳能的地理条件与大陆有相似之处，对其太阳能建筑应用的发展状况的研究也可以为大陆地区的太阳能建筑应用提供有益的指导。

由于我国台湾地区的能源结构与日本、韩国相似，一次能源十分贫乏，石油、天然气无法自给自足。随着世界能源危机的加重，台湾地区也开始意识到再生能源开发的重要性。

2002年1月，台湾编制了《再生能源发展方案》。预计到2020年，台湾累计投入成本2667亿元新台币，累计年产量505万公秉（台湾计量单位，1公秉=1000公升）油当量，累计再生能源装机容量360万kW，累计发电量将达到153亿kWh。

2002年8月，台湾的《再生能源发展条例草案》中，规定台湾再生能源定义为太阳能、生质能、地热、海洋能、风力、非抽水蓄能或其他经中央主管机关认定之可永续利用能源。到2020年，再生能源发电容量奖励总量为650万kW。对再生能源保证收购价格规定为风力、水力与地热为每千瓦时2元新台币，太阳能为每千瓦时15元新台币。

2003年6月，台湾召开“非核家园大会”，提出到2010年再生能源发电装机容量配比应占10%的目标。

2005年6月，台湾召开“全国能源会议”，重点讨论再生能源发展，作出了如下重大决议：

（1）积极发展无碳之再生能源推广使用，预定2010年发电装机容量达到513万kW，2020年达到700万～800万kW，2025年达到800万～900万kW，未来以达到占总发电装机容量12%为目标。

（2）再生能源推广目标：2010年占总能源3%～5%，或发电装机容量为500万kW，约10%，持续增长。

（3）规划台湾能源结构比，再生能源在2020年估计约为4%～6%，2025年约为5%～7%。

（4）规划台湾发电装机容量配比，再生能源在2020年估计约为10%～11%。其中台湾电力公司在未来10年内兴建200部风电机组。

（5）太阳光伏发电方面：加强太阳光伏发电系统设置，目标是2010年2.1万kW、2015年32万kW、2020年57万kW、2025年80万kW。

据统计，从1986年到2004年12月，台湾累计已安装的太阳能热水器集热板面积达120万m^2。但是，由于受当地的电价较为便宜等因素影响，目前台湾地区的太阳能热水器普及程度仍然不高，与世界其他国家和地区比差距还比较大。为了鼓励太阳能热水系统的安装，推广太阳能的利用，增加再生能源供应，节约传统能源的使用，2000年台湾地区出台了《台湾太阳能热水系统推广奖励办法》。其中第七条规定：“台湾本岛及离岛地区之太阳能热水系统产品用户依本办法申请补助时，按其所购置之集热器种类及有效集热面积，依下列计算基准，予以补助：

（1）面盖式平板集热器：每平方公尺：台湾本岛新台币1500元；离岛地区新台币3000元。

（2）真空管式集热器：每平方公尺：台湾本岛新台币1500元；离岛地区新台币3000元。

（3）无面盖式平板集热器：每平方公尺：台湾本岛新台币1000元；离岛地区新台币2500元。

（4）其他形式之集热器：由主管机关核定之。

3.3.3.2　亚洲其他发展中国家太阳能建筑应用的发展

逐渐重视发展利用太阳能的亚洲国家，有属于热带地区，太阳能资源丰富的东南亚岛国——菲律宾和马来西亚；有与我国一样人口众多，有着巨大的太阳能需求的南亚国家——印度；甚至还有石油资源丰富的中东国家——沙特阿拉伯和科威特。

1999年，菲律宾政府已批出了首个太阳能计划，在澳洲政府“海外援助计划”的协助下，在全国263个社区安装1000个太阳能系统。目前菲政府正在推行全球最大太阳能应用计划，整个计划耗资4800万美元，是目前为止世界上最庞大的太阳能计划。太阳能发电计划共分两期，受惠的除了民居外，还包括25个灌溉系统、97个净水及分配系统、68间学校和社区中心及35间诊所。

2007年底，马来西亚全国光伏发电的安装总量仅为7MW，其中32个系统的640kW是并网系统。在马来西亚MBIPV项目的支持下，仅仅2007年一年就安装了12个并网光伏系统——3个是办公建筑、7个居民建筑、一个大学建筑和一个中学建筑。MBIPV项目的目标是使光伏系统的总容量达到12MW。到2007年底，马来西亚最大的光伏系统是安装在马来西亚技术园Enterprise Four Building中的一套362kW的系统。而第二大的光伏系统则是位于马来西亚能源中心的零能耗办公室的一套92kW的光伏发电系统。

从20世纪80年代起，印度政府就为可再生能源开发计划提供资金，最初的工作重点是太阳能和风能的生产与商品化，同时对一些可能的未来能源展开研究。

印度为提高太阳能系统的生产和使用，政府实施一系列优惠奖励措施，包括补贴、优惠贷款以及减免太阳能相关设备、系统的原材料进口税、消费税，并由印度可再生能源开发署提供周转资金用于购买光伏发电系统。政府还规划到2022年时建成可覆盖1000万m^2面积的太阳能集热系统，其发电当量相当于一个500MW的常规发电厂。所有发电容量达50MW的太阳能发电装置将得到30美分/度的补贴。政府准备在第一个十年计划里将20%的财政支出用于特别经济区的太阳能科技项目研究与开发，同时对特别经济区外的项目提供20%财政支出数额。由于太阳能光伏发电成本很高，政府通过高额税收返还政策降低其成本，鼓励商业化。此外，印度于1997年12月宣布在2002年前推广150万套太阳能屋顶系统。

印度还是世界上最大的太阳能电池模板制造国之一。在印度，太阳能发电应用于不同领域，有总容量达到62MW的约105万个光伏太阳能系统和电站，还出口了总容量为48MW的光伏太阳能产品。在非常规能源的光伏太阳能项目中，印度共安装了价值约82万卢比的系统，总容量约29MW，其中包括509894万个太阳能灯、256673个家庭照明系统、47969万个街道照明系统和5000个水泵系统。全国约有3600个偏远的村庄和部落已经通过光伏太阳能系统和电站获得供电。

近年来，在中东地区人们越来越意识到寻找石油的替代能源的重要性，各个国家从20世纪70～80年代就开始对太阳能利用和开发产生兴趣。到了20世纪90年代初，沙特阿拉伯由政府出资，在离首都利雅德西北50km处的沙漠地区，建造了一个“太阳村”。这个村庄用160台太阳能发电机，为附近3个村庄的4000多名居民提供太阳能电力。这种太阳能发电系统产生的电能除了满足当地的需要，还能给利雅德市的主要电网供电。

阿拉伯地区另一个石油资源丰富的国家——科威特，因为天气干旱炎热，其每年商用及公共建筑的空调耗电量约占总发电量的二分之一。20世纪70年代中期，科威特科学研究院把太阳能制冷作为其主要的研究课题之一。到了20世纪80年代，已建成数个数十千瓦的中小型太阳能蒸汽吸收式制冷项目工程。1983年，科威特国防部办公楼的吸收式制冷系统安装完成，这也是科威特国内最大最成功的一套大型的太阳能吸收式制冷系统。该系统共有172块平板型集热器，每块面积为1.72m^2，总集热面积达到296m^2，采用4台35kW的溴化锂吸收式制冷机，3供1备。经测试显示，该系统能比相同制冷量的压缩式制冷机组的总能耗节省25%～40%，节能效果显著。

主要参考文献

[1] 杜生梅. 德国弗赖堡的绿色建筑. 社区，2008第2期.
[2] 卢艳. 德国住宅设计中的太阳能利用系统. 建筑学报，2003年第3期.
[3] 瑞典荷兰地下能源与太阳能新能源建筑应用技术. 建设科技，2002第4期.
[4] 张枚. 太阳能热利用的现状和发展. 云南冶金，1998年6月第27卷第3期（总第150期）.
[5] 傅黎. 欧洲太阳能利用现状. 太阳能，2000第2期.
[6] 霍志臣，罗振涛. 国外太阳能热水器发展现状. 太阳能，2003年第6期.
[7] 史葱葱. 太阳能集中供热系统在欧洲城市住宅小区的应用. 太阳能，2003年第4期.
[8] 张小明. 美国的太阳能住宅. 中国房地信息，2005年第4期.
[9] 陈军. 加拿大可再生能源和新技术. 全球科技经济瞭望，2002第3期.
[10] 严永红，张国兴，李金畅. 加拿大卡尔加布里市Okotoks小镇太阳能小区建设. 新建筑，2005年第6期.
[11] 王崇杰，何文晶，薛一冰. 欧美建筑设计中太阳墙的应用. 建筑学报，2004年第8期.
[12] 王如竹，代彦军. 太阳能制冷. 北京：化学工业出版社，2007年第一版.
[13] Global market outlook for photovoltaics until 2013. EPIA.
[14] Werner Weiss，Irene Bergmann，Gerhard Faninger. Solar Heat Worldwide Markets and Contribution to the Energy Supply 2006，IEA-SHC.
[15] V. Salas，E. Olias. Overview of the photovoltaic technology status and perspective in Spain，Renewable and Sustainable Energy Reviews，13（2009）1049-1057.
[16] Förderung von Solaranlagen in Deutschland，Ein Übersicht des Bundesverbandes Solarwirtschaft，2008.
[17] Statistische Zahlen der deutschen Solarwärmebranche（Solarthermie），Bundesverbandes Solarwirtschaft，2008. 2.
[18] Soteris A. Kalogirou，Solar thermal collectors and applications，Progress in Energy and Combustion Science30（2004）231-295.
[19] Solar Thermal Markets in Europe Statistics 2007，2008. 6.
[20] Arnulf Jäger-Waldau，PV Status Report 2007-Research，Solar Cell Production and Market Implementation of Photovoltaics，EUR 23018 EN-2007.
[21] US Solar Industry Year in Review 2008，SEIA.
[22] Josef Ayoub and Lisa Dignard-Bailey，CANMET Energy Technology Centre-Varennes，Natural Resources Canada Photovoltaic Technology Status And Prospects Canadian Annual Report 2007.
[23] Cassidy Johnson，Lisa Dignard-Bailey，Implementation Strategies for Solar Communities，open house international，No. 3，September 2008.
[24] A PV Roof Program for Canada，CanSIA.
[25] Ontario Green Energy Act shines bright for Solar Energy industry，CanSIA.

第4章　标准、规范及技术书籍

目前，太阳能作为永不枯竭的清洁能源方式，在国内外已经取得了迅猛发展。为使太阳能在建筑中规范化、标准化推广，我国已经陆续出版了一系列标准、规范、技术指南和工程图集等。据此，本章收集了目前国内外出版的具有指导意义的相关材料。

本章中将太阳能热水、太阳能供热采暖、太阳能制冷空调和太阳能光伏发电概括为两部分，即太阳能热利用和太阳能光伏发电，其中太阳能热利用包括将太阳能热水、太阳能供热采暖、太阳能制冷空调以及被动太阳房。本章将分别阐述与太阳能热利用和太阳能光伏发电技术相关的标准、规范、工程图集以及技术图书和手册等。

4.1　太阳能热利用标准、规范及技术书籍

本节中收集了部分国内外太阳能热利用的标准、规范图集和工程技术图书以及手册等，下面分别对其进行阐述。

4.1.1　标准

4.1.1.1　国家标准

近年来，太阳能热利用的推广和普及取得了良好的节能效果，与此同时，我国已出台一系列太阳能的国家技术标准规范，包括产品标准和工程标准以及图集等。

1. 产品标准

为了进一步促进太阳能热利用产业的发展，提高我国太阳能热利用产品质量，引导太阳能热利用产业技术进步，指导企业生产，规范市场秩序，保护消费者利益，促进太阳能热利用产业的健康、持续发展，国家标准化管理委员会以及其他相关部门相继批准公布了一系列的太阳能热利用的国家标准和行业标准。下面列出部分产品标准。

(1)《家用太阳热水系统技术条件》(GB/T 19141—2003)

该标准适用于贮热水箱容积在0.6m^3以下的家用太阳热水系统。

该标准规定了家用太阳热水系统的定义、分类与命名、技术要求、试验方法、检验规则以及标志、包装、运输、贮存等技术条件。

(2)《家用太阳热水系统热性能试验方法》(GB/T 18708—2002)

该标准适用于贮热水箱容积在0.6m^3以下，仅用太阳能的家用热水系统。该标准不适用于同时进行辅助加热的太阳热水系统的试验。该标准规定了家用太阳热水系统在没有辅助加热时的热性能测试步骤。

(3)《平板型太阳集热器技术条件》(GB/T 6424—2007)

该标准适用于利用太阳辐射加热，传热工质为液体的平板型太阳能集热器。不适用于

真空管型太阳能集热器和闷晒式热水器。该标准规定了平板型太阳能集热器的术语和定义、产品分类与标记、要求、试验方法、检验规则、标志、包装、运输、贮存以及检测报告格式内容。

(4)《真空管太阳集热器》(GB/T 17581—2007)

该标准适用于利用太阳辐射加热，传热工质为液体的非聚光型全玻璃真空管型太阳能集热器、玻璃—金属结构真空管型太阳能集热器和热管式真空管型太阳能集热器。

该标准规定了真空管型太阳能集热器产品的术语和定义、产品分类与标记、要求、试验方法、检验规则、标志、包装、运输、贮存以及检测报告。

(5) 太阳能集热器热性能试验方法 (GB/T 4271—2007)

该标准适用于利用太阳辐射加热、有透明盖板、传热工质为液体的平板型太阳能集热器，以及传热工质为液体的非聚光型全玻璃真空管型太阳能集热器、玻璃-金属结构真空管型太阳能集热器和热管式真空管型太阳能集热器。该标准不适用于储热器与集热器为一体的储热式太阳能集热器，也不适用于无透明盖板的和跟踪聚焦的太阳能集热器。该标准规定了太阳能集热器稳态和动态热性能的试验方法及计算程序。

(6)《全玻璃真空太阳集热管》(GB/T 17049—2005)

该标准适用于接收太阳辐射并转换成热能的全玻璃真空太阳集热管。该标准规定了全玻璃真空太阳集热管产品的定义、分类、技术要求、检测方法、检验规则以及标志、包装、运输和贮存。

(7)《玻璃-金属封接式热管真空管太阳集热管》(GB/T 19775—2005)

该标准仅适用于玻璃-金属封接式热管真空太阳集热管。该标准规定了玻璃-金属封接式热管真空太阳集热管的术语和定义、分类与命名、技术要求、检测方法、检验规则及标志、包装、运输、贮存。

(8)《环境标志产品技术要求 家用太阳能热水系统》(HJ/T 363—2007)

(9)《环境标志产品技术要求 太阳能集热器》(HJ/T 362—2007)

为贯彻《中华人民共和国环境保护法》，保证住宅（住区）建设节约能源与资源、降低环境负荷，提高我国生态住宅（住区）建设总体水平，推进住宅产业的可持续发展，中华人民共和国环境保护部制定HJ/T 363—2007和HJ/T 362—2007标准，这两项标准发布日期2007年9月10日，实施日期2007年12月1日。

2. 工程建设标准

(1)《民用建筑太阳能热水系统应用技术规范》(GB 50364—2005)

为使民用建筑太阳能热水系统安全可靠、性能稳定、与建筑和周围环境协调统一，规范太阳能热水系统的设计、安装和工程验收，保证工程质量，制定GB 50364—2005规范。该规范适用于城镇中使用太阳能热水系统的新建、扩建和改建的民用建筑，以及改造既有建筑上已安装的太阳能热水系统和在既有建筑上增设太阳能热水系统。

该规范自2006年1月1日起实施，主要技术内容是：1 总则；2 术语；3 基本规定；4 太阳能热水系统设计；5 规划和建筑设计；6 太阳能热水系统安装；7 太阳能热水系统验收。

其中，第3.0.4、3.0.5、4.3.2、4.4.13、5.3.3、5.3.8、5.4.2、5.4.4、5.6.2、6.3.4为强制性条文，必须严格执行。

① 3.0.4 在既有建筑上增设或改造已安装的太阳能热水系统，必须经建筑结构安全复核，并应满足建筑结构及其他相应的安全性要求。

② 3.0.5 建筑上安装太阳能热水系统，不得降低相邻建筑的日照标准。

③ 4.3.2 太阳能热水系统应安全可靠，内置电加热系统必须带有保证使用安全的装置，并根据不同地区应采取防冻、防结露、防过热、防雷、抗雹、抗风、抗震等技术措施。

④ 4.4.13 安装在建筑上或直接构成建筑围护结构的太阳能集热器，应有防止热水渗漏的安全保障设施。

⑤ 5.3.3 在安装太阳能集热器的建筑部位，应设置防止太阳能集热器损坏后部件坠落伤人的安全防护设施。

⑥ 5.3.8 设置太阳能集热器的阳台应符合下列要求：1 设置在阳台栏板上的太阳能集热器支架应与阳台栏板上的预埋件牢固连接；2 由太阳能集热器构成的阳台栏板，应满足其刚度、强度及防护功能要求。

⑦ 5.4.2 太阳能热水系统的结构设计应为太阳能热水系统安装没设预埋件或其他连接件。连接件与主体结构的锚固承载力设计值应大于连接体本身的承载力设计值。

⑧ 5.4.4 轻质填充墙不应作为太阳能集热器的支承结构。

⑨ 5.6.2 太阳能热水系统中所使用的电器设备应有剩余电流保护、接地和断电等安全措施。

⑩ 6.3.4 支承太阳能热水系统的钢结构支架应与建筑物接地系统可靠连接。

(2)《太阳能供热采暖工程技术规范》(GB 50495—2009)

该技术规程已于2008年12月份形成报批稿。该标准结合近年来太阳能供热采暖工程技术的发展现状，吸收了我国及国际上成熟先进的技术成果，对规范太阳能供热采暖工程的设计、施工和验收，确保太阳能供热采暖系统安全可靠运行并更好发挥节能效益具有重要的意义。

该规范具有较强的科学性、先进性和可操作性，对推广太阳能供热采暖系统工程应用，具有较强的指导意义。该规范的制订可以满足当前广泛而迫切的需求，将获得良好的节能和环境效益。

第1.0.5、3.1.3、3.4.1（1）、3.6.3（4）、4.1.1等条（款）为强制性条文，必须严格执行。

① 1.0.5 在既有建筑上增设或改造太阳能供热采暖系统，必须经建筑结构安全复核，并应满足建筑结构及其他相应的安全性要求。

② 3.1.3 太阳能供热采暖系统应根据不同地区和使用条件采取防冻、防结露、防过热、防雷、防雹、抗风、抗震和保证电气安全等技术措施。

③ 3.4.1（1）建筑物上安装太阳能集热系统，不得降低相邻建筑的日照标准。

④ 3.6.3（4）为防止因系统过热造成运行故障或安全隐患而设置的安全阀，其安装位置及配备的相应措施，保证在开启工作进行泄压时，排出的高温蒸汽和水不会危及周围人员的安全；其设定的开启压力，应与系统可耐受的最高工作温度对应的饱和蒸汽压力相一致。

⑤ 4.1.1 太阳能供热采暖系统的施工安装不得破坏建筑物的结构、屋面、地面防水层

和附属设施，不得削弱建筑物在寿命期内承受荷载的能力。

(3)《太阳热水系统性能评定规范》(GB/T 20095—2006)

该标准适用于单个贮水箱有效容积大于或等于0.6m^3的太阳热水系统；不适用于由多台太阳热水器组成的太阳热水系统。该标准规定了太阳热水系统性能的检验和评定方法。

(4)《太阳热水系统设计、安装及工程验收技术规范》(GB/T 18713—2002)

该标准适用于提供生活用及类似用途热水的储水箱容积大于0.6m^3的具有液体传热工质的自然循环、直流式和强迫循环太阳热水系统（包括带辅助能源的太阳热水系统）。这些系统是根据当地条件单独设计和安装的。

该标准规定了太阳热水系统设计、安装要求及工程验收的技术规范。

(5)《民用建筑太阳能空调工程技术规范》(编制中)

该标准于2008年12月9日在北京召开了编制组成立会暨第一次工作会议，会中提出该标准强调是将太阳能作为一种能源来支持空调系统的运行，重点是放在解决将太阳能用于空调后所出现的问题。

(6)《被动式太阳房热工技术条件和测试方法》(GB/T 15405—2006)

该标准适用于农村和城镇地区被动式太阳房。该标准规定了被动式太阳房的热工技术条件、热性能测试方法和检验规则。

内容有：主题内容与适用范围、引用标准、术语、技术要求、测试条件、测试仪表及测量、数据处理、检验规则以及附录。

4.1.1.2 国际和欧洲标准

1. 国际ISO标准

国际标准化组织（ISO）于1980年成立了太阳能技术委员会（TC 180），它的工作范围包括太阳能热水、采暖、制冷空调和工业加热等方面的标准化。目前，ISO/TC 180已经制订并发布了一批有关太阳能热水器的国际标准，其范围包括太阳能术语、太阳能集热器和家用太阳能热水系统等几大类。主要有以下八个标准：

(1) 太阳集热器试验方法—第一部分：带压力降的有玻璃盖板的液体集热器热性能(ISO 9806-1：1994)

Test methods of solar collectors—Part1：Thermal performance of glazed liquid heating collectors including pressure drop.（ISO 9806-1：1994）

(2) 太阳集热器试验方法—第二部分：太阳能集热器测试方法（ISO 9806-2：1995)

Test methods for solar collectors—Part2：Qualification test procedures.（ISO 9806-2：1995)

(3) 太阳集热器试验方法—第三部分：带压力降的无盖板的太阳能集热器热性能（显热）测试方法（ISO 9806-3：1995)

Test methods for solar collectors—Part3：Thermal performance of unglazed liquid heating collectors (sensible heat transfer only) including pressure drop.（ISO 9806-3：1995)

(4) 家用太阳能热水系统—第一部分：室内热性能试验方法下的性能评价程序（ISO 9459-1：1993)

Solar heating-domestic water heating systems—Part 1：Performance rating procedure using indoor test methods（ISO 9459-1：1993）

（5）家用太阳能热水系统—第二部分：系统特性的室外试验方法和单一的太阳能系统年性能预测（ISO 9459-2：1995）

Solar heating-Domestic water heating systems—Part2：Outdoor test methods for system performance characterization and yearly performance prediction of solar-only systems（ISO 9459-2：1995）

（6）家用太阳能热水系统—第三部分：太阳能带辅助热源系统的热性能试验（ISO 9459-3：1997）

Solar heating-Domestic water heating systems—Part3：Performance test for Solar plus supplementary system（ISO 9459-3：1997）

（7）家用太阳能热水系统—第四部分：通过部件试验及计算机模拟来表征系统热性能（ISO 9459-4：1997）

Solar heating-Domestic water heating systems—Part4：Performance characterization by means of component tests and computer simulation（ISO 9459-4：1997）

（8）家用太阳能热水系统—第五部分：通过整个系统试验及计算机模拟来表征系统热性能（ISO 9459-5：1997）

Solar heating-Domestic water heating systems—Part5：System performance characterization by means of whole-systems tests and computer simulation. ISO 9459-5：1997

ISO 9806 主要针对集热器的测试方法进行了规定，详细情况如下：

ISO 9806-1：1994 规定了平板型太阳能集热器的热性能试验，具体包括瞬时效率曲线、时间常数、入射角修正系数、压力降落。具体内容有：范围、引用标准、符号和单位、集热器安装和定位、测试仪器、测试装置、室外稳态效率曲线、使用太阳能辐射模拟器的稳态效率曲线、集热器热效率和时间常数测定、集热器入射角修正系数、集热器压力降落测定和附录。

ISO 9806-2：1995 规定了耐压试验、耐高温试验、空晒试验、外热冲击、内热冲击、淋雨、抗冻结、机械负载和撞击试验方法。

ISO 9806-3：1995 规定了无盖板的太阳能集热器的热性能试验，具体包括瞬时效率曲线、时间常数、入射角修正系数、压力降落。

国际标准 ISO 9459 是用来推动在家用太阳能热水系统方面国际间交流而制定的标准。ISO 9459 被分成了五部分，分别在以下三类范围内。

（1）评估测试

ISO 9459-1：1993 使用室内检测方法的性能等级测试过程，在一天中分阶段的按照标准的一套参考条件进行测试。因此，系统可以将测试结果与同样太阳辐照、环境和负荷条件下的结果进行比较。

（2）“黑盒子”性能预测程序

ISO 9459-2 适用于只用太阳能的系统和太阳能预热系统。确立了太阳能家用热水系统在没有辅助加热情况下的性能试验步骤，并给出了在任何给定的天气和运行条件下预测年特性曲线的试验步骤。该标准只适于贮水箱容积在 0.6m^3 以下且晚上用水的系统。

对只用太阳能的系统进行性能测试“黑盒子”程序，一个系统得到一组“输入-输出”数据。测试结果被用来直接结合每天的平均太阳辐射、平均空气温度和平均冷水温度来进行年度性能的预期。

ISO 9459-3 适用于太阳能附属系统。性能测试是“黑盒子”系统测试程序，得到一个关联方程的系数，能够结合日平均太阳辐射，空气温度和冷水温度来进行年度系统性能的预测。这种测试方法只能对统一负荷下的年性能进行预测。

测试和计算机模拟性能预测

（3）ISO 9459-4 使用带有系统部件特征的计算机模拟程序“TRANSYS”来描述年系统性能。用来描述系统部件而不是集热器性能的程序也在 ISO 9459 这部分列了出来。描述集热器性能的程序在 ISO 9806-1，ISO 9806-2 和 ISO 9806-3 中列了出来。

ISO 9459-5 介绍了对系统进行动态测试来决定计算机模型中的系统参数的方法。这个模型会结合当地每小时的太阳辐射，空气温度和冷水温度来预测年系统性能。

ISO 9459-4 或 ISO 9459-5 的测试结果有直接可比性。这些方法允许对不同负荷的系统和不同操作环境下的系统进行性能预测。

ISO 9459-2，ISO 9459-3，ISO 9459-4 和 ISO 9459-5 中列出了预测系统年性能的方法，允许在一系列气候参数下测得系统的输出值。

2. 欧洲 EN 标准

欧洲是世界上太阳能热利用技术水平及太阳能热水器商品化程度都比较高的地区。近年来，欧洲标准化委员会（CEN）下设的太阳能技术委员会（TC 312）已经制定并发布了七项有关太阳能热水器的欧洲标准，其范围包括太阳能集热器、工厂制造的太阳能热水系统和客户组装的太阳能热水系统三大类。工厂制造的太阳能热水系统是指以多种形式在市场上大量销售的产品，通常有完整的包装，可直接进行安装，而且有一个商品名称。这类系统一般是小型的太阳能热水系统，我国通常称为家用太阳能热水器。

客户组装的热水系统是指客户用市场上选购的部件进行组装的系统，或者根据用户具体情况单独进行设计、组装的系统。这类系统一般是大中型的太阳能热水系统，我国通常称为太阳能热水系统。我国目前收集到的有关太阳能热水器的欧洲标准都是 2006 年修订的英文版本，主要有以下七项：

（1）太阳热水系统及部件——第一部分：总则（EN 12975-1：2006）Thermal solar systems and components——Solar collectors——Part1：General requirements.（EN 12975-1：2006）

（2）太阳热水系统及部件——第二部分：测试方法（EN 12975-2：2001）Thermal solar systems and components——Solar collectors——Part2：Test methods.（EN 12975-2：2006）

（3）太阳热水系统及部件——工厂制造的系统—第一部分：总则（EN 12976-1：2006）Thermal solar systems and components——Factory made systems Part1：General requirements.（EN 12976-1：2006）

（4）太阳热水系统及部件——工厂制造的系统—第二部分：测试方法（EN 12976-2：2006）Thermal solar systems and components——Factory made systems Part2：Test methods.（EN 12976-2：2006）

（5）太阳热水系统及部件——客户组装系统—第一部分：总则（EN 12977-1：2006）Thermal solar systems and components——Custom built systems Part1：General requirements.（EN 12977-1：2006）

（6）太阳热水系统及部件——客户组装系统—第二部分：测试方法（ENV 12977-2：2006）Thermal solar systems and components——Custom built systems Part2：Test methods.（EN 12977-2：2006）

（7）太阳热水系统及部件——客户组装系统—第三部分：太阳能热水系统储水箱性能表征（EN 12977-3：2006）Thermal solar systems and components——Custom built systems Part3：Performance characterization of stores for solar heating systems.（EN 12977-3：2006）

各个标准的主要内容是：

EN 12975-1：2006 对吸热板、透明盖板、隔热材料、壳体等的材料和设计分别提出了技术要求，还对整个集热器的耐久性、可靠性提出了技术要求。

EN 12975-2：2006 规定了集热器的热性能试验方法，还规定了集热器应该通过的各项耐久性、可靠性试验方法。

EN 12976-1：2006 对系统总体提出了各项技术要求，还对集热器、支承架、连接管、循环泵、换热器、储水箱、控制系统等分别提出了技术要求。

EN 12976-2：2006 规定了系统的热性能试验方法、还规定了系统应该通过的各项耐久性、可靠性试验方法。

EN 12977-1：2001 对热水系统总体提出了技术要求；除对部件集热器、支承架、连接管、循环泵、换热器、储水箱、控制系统等提出要求之外，还对膨胀箱、隔热材料等提出了技术要求。

EN 12977-2：2006 规定了集热器、储水箱、控制系统等部件的性能试验方法，还规定了热水系统应该通过的各项耐久性、可靠性试验方法。

EN 12977-3：2006 规定了用于太阳热水系统的储水箱性能试验方法，还规定了与系统试验结合在一起的储水箱试验方法。

3. EN 和 ISO 标准的区别

在太阳能集热器方面的技术要求及试验方法方面，EN 12975 和 ISO 9806 的大部分内容基本一致，它们都包括了热性能和耐久性、可靠性。但是在热性能试验方法上，EN 12975-2 既规定了稳态发又规定了动态法；而 ISO 9806-1 只规定了稳态法。

在工厂制造的太阳能热水系统（家用太阳能热水系统）的技术要求及试验方法方面，EN 12976 既规定了热性能，又规定了耐久性、可靠性；而 ISO 9459 只规定了热性能试验方法。

在热性能试验方法上，EN 12976 和 ISO 9459 都以全年性能的预示来表征系统的热性能；而且分别规定了对太阳能单独系统可采用能量输入输出法（CSTG），对太阳能带辅助热源系统可采用动态法（DST）。

在客户组装的太阳热水系统方面，EN 12977 规定了技术要求及试验方法，而 ISO 没有专门的标准。在热性能试验方法上，EN 12977-3 规定的方法与 ISO 9459-4 和 ISO 9459-5 规定的方法是基本一致的。

4.1.2 工程图集

1. 《太阳能集热系统设计与安装》(06K503)

该图集适用于新建、扩建和改建的工业与民用建筑以及既有建筑改造中与太阳能生活热水供应、采暖或空调系统配套的太阳能集热系统的设计和设备安装。该图集适用于集热器工作温度小于130℃的太阳能集热系统。不包含空气太阳能集热系统和聚焦型太阳能集热系统的设计和设备按照内容。

2. 《太阳能集中热水系统选用与安装》(06SS128)

《太阳能集中热水系统选用与安装》(06SS128) 一书由中国计划出版社于2006年12月1日出版。该图集适用于新建、改建和扩建的工业与民用建筑的太阳能集中热水系统中集热部分的选用与安装，适用于太阳能集热器热媒工作温度低于130℃，热水工作温度低于75℃的集中热水系统，不适用于贮热水箱容量小于600L的紧凑家用太阳能热水器的选用与安装。

3. 《太阳能热水器选用与安装》(06J908—6)

《太阳能热水器选用与安装》(06J908—6) 一书由中国建筑标准设计研究院组织编制。

该图集适用于与建筑结合的太阳能热水器，该热水器为新建、扩建和改建的民用建筑提供生活热水及类似用途热水。该图集供建筑设计人员在进行建筑设计时选用，同时也为建筑施工单位安装太阳能热水系统和建筑开发商在所在开发的工程项目中利用太阳能提供热水使用。

4. 《住宅建筑太阳能热水器工程图集》

该图集是由中国建筑科学研究院空气调节研究所于1988年编制。该图集是编制单位信访了全国67个单位，到15个省市的工程现场调查太阳能热水器在住宅建筑中试点应用，总结设计经验，并将一部分工程情况和目前国内家用太阳能热水器的产品情况编绘成此图集，供设计应用、施工安装以及生产制造太阳能热水器的有关人员参考使用。

5. 《国外建筑设计详图图集13：被动式太阳能建筑设计》

该图集由日本彰国社编著，于2004年由中国建筑工业出版社出版。该图集将被动式太阳能建筑设计方法分为35个方面的内容进行介绍，每个方面内容都是由（1）基础资料，（2）方法与原理，（3）设计要点，（4）实例，（5）补充事项等构成，可以作为被动式太阳能设计的入门读本和指导读物。此外，为了适应21世纪新的时代要求，书中尽量多地收集最新的资料和实例。

4.1.3 工程技术图书

4.1.3.1 国内工程技术图书

1. 《民用建筑太阳能热水系统工程技术手册》

该书由中国建筑科学研究院空气调节研究所郑瑞澄主编，2006年出版。该书作为一本有关民用建筑太阳能热水系统的工程技术手册，系统地介绍了太阳能利用的基本知识和太阳能集热系统性能参数、适用规范等内容，并从太阳能热水系统的设计、施工、工程验收、运行维护与管理以及节能效益分析等方面进行了详尽介绍，同时给出了大量工程实例供读者参考，该书的出版对于提高我国民用建筑太阳能热水系统的设计水平，加快太阳能热水系统在民用建筑中的应用和推广有着十分重要的意义。该书的主要章节为：

第 1 章 概论

第 2 章 规划布局与建筑设计原则

第 3 章 太阳能热水系统的技术要求

第 4 章 太阳能热水系统设计

第 5 章 太阳能热水系统施工

第 6 章 太阳能热水系统工程验收

第 7 章 太阳能热水系统的运行管理与维护

第 8 章 太阳能热水系统的节能效益分析

第 9 章 典型设计工程示例

2. 《太阳能热水器原理、制造与施工》

该书由罗运俊、李元哲和赵承龙主编，2005 年出版。全书分原理、制造和施工三篇，共 14 章。原理篇介绍了相关基础知识、太阳能与太阳热水器的知识。制造篇介绍了各类闷晒太阳热水器、平板太阳集热器、全玻璃真空集热管、热管真空管、太阳热水器水箱、空气源热泵热水器的种类、性能、特点和制造，同时对支架的制造也顺便涉及。施工篇主要介绍太阳热水系统及其与建筑一体化的设计、施工、运行与维护、热能再利用与节水技术。该书可作为太阳热水器企业的设计人员、生产人员、管理人员及销售安装施工人员的常备用书，也可供科研院所，大专院校相关专业师生，房地产开发商，建筑师，农村能源及环保部门管理人员和广大太阳能业余爱好者学习参考。

3. 《太阳能热水系统手册》

该书由袁家普主编，2009 年 1 月出版发行。该书详细介绍了太阳能热水系统的基本知识和设计应用，内容包括传热的基本知识，太阳能热水系统的基本知识、设计计算和分析，太阳能热水系统的智能化控制，各类太阳能与建筑的结合方案，太阳能热水系统的招投标操作、组织计划和验收规范，以及太阳能热水系统中常用的设备、配件和设计资料等。书中列举了大量太阳能热水系统的实际工程案例。

该书可供从事太阳能热利用的工程技术人员阅读，也可作为大专院校相关专业师生的参考书。该书的主要章节为：

第 1 章 热量传递

第 2 章 太阳能热水系统概述

第 3 章 系统设计

第 4 章 系统设计计算分析

第 5 章 特殊类型的系统方案设计或分析

第 6 章 太阳能热水系统智能化控制

第 7 章 太阳能与建筑结合

第 8 章 管路布置及安装方案

第 9 章 太阳能热水系统招投标操作

第10章 太阳能热水系统的施工组织计划
第11章 热水系统安装及验收规范
第12章 设备及配件
附 录

4.《太阳能利用技术》

该书全面、具体地介绍了农村太阳能利用方面的实用技术。主要内容包括：太阳能基本知识，太阳灶，太阳能热水器与热水系统，太阳能干燥，被动式太阳房，太阳能光伏发电和太阳能的其他应用等。在附表中还给出了常用参数、我国太阳能利用标准与规范和太阳能产品部分专业生产厂家，以方便读者选购、安装、使用与维护太阳能产品。

该书通俗易懂、图文结合、便于自学，可供从事太阳能开发的技术人员和工人，以及普通农民阅读参考。

5.《太阳能喷射式制冷》

该书在总结太阳能喷射制冷领域国内外研究成果及作者研究工作的基础上，介绍了太阳能喷射制冷的基础理论，并对太阳能喷射制冷系统及其组成装置的性能预测与设计方法进行了系统阐述。主要内容包括太阳辐射基础，集热器、蓄热装置、喷射器、蒸发器、冷凝器、发生器等主要组成装置的性能分析与设计计算，太阳能喷射制冷系统设计及性能分析等。

该书可供能源、制冷、暖通、环境保护等专业的科研、教学、设计等人员参考，也可作为相关领域研究生、高年级本科生的参考教材。

6.《太阳能制冷》

该书由上海交通大学王如竹和代彦军编著，2007年1月出版。该书详细介绍了利用太阳能实现空调制冷效应的各种技术途径，包括研究分析太阳能制冷现象的有关理论基础、太阳能制冷的工作原理和应用实例等，其中很多内容是作者多年从事太阳能热利用和制冷的研究和开发工作的总结。该书是目前专题介绍太阳能制冷的专著，适用于从事太阳能热利用，特别是致力于太阳能空调制冷领域研究的广大科技工作者和工程技术人员。全书的主要章节为：

第1章 太阳能热利用基础
第2章 太阳能集热器
第3章 太阳能制冷与空调
第4章 太阳能吸收式空调
第5章 太阳能吸附式制冷空调
第6章 太阳能驱动的除湿空调
第7章 太阳能制冷空调及其能量贮存
第8章 太阳能供热与制冷复合系统

第 9 章 被动式太阳能制冷

7. 《太阳能制冷技术》

该书由薛德千主编，2005 年出版。该书对太阳能热转换和光电转换的制冷技术的基本原理、制冷系统的热工性能、结构方案等进行了全面的叙述，其中包括有太阳能吸收式制冷、太阳能除湿式制冷、太阳能吸附式制冷、太阳能蒸气喷射式制冷、太阳能热机驱动压缩式制冷以及太阳能光伏制冷等。同时还介绍和分析了国内外的研究动向和应用实例，叙述深入浅出，内容丰富、实用性强。

该书可供能源领域的技术人员及太阳能企业、研究所及高等院校师生参考，特别是对制冷技术有兴趣的太阳能利用工作人员会有所帮助，也可供广大能源及太阳能业余爱好者阅读。

8. 《太阳能建筑设计》

该书由王崇杰，薛一冰等编著。该书基于太阳能与建筑作为统一体的前提，将太阳能采暖、热水、通风、降温、发电、导光等技术与建筑进行有机结合，做到了太阳能与建筑的一体化设计。该书包括九章内容，分别从太阳能基本知识、太阳能建筑设计要点综述、太阳能采暖技术设计、太阳能建筑通风降温设计、太阳能热水应用设计、建筑中的太阳能光伏发电设计、太阳能建筑其他技术设计、太阳能建筑实例及方案等方面进行了充分的论述，详尽地阐述了太阳能建筑设计的基本原理、设计方法、技术特性、经济技术评价等内容。

该书除可作为相关专业大专院校师生、研究人员参考资料外，还可为设计者、建造者、投资方及业主等提供有关太阳能建筑技术方面的参考。全书的主要章节为：

第 1 章 绪论
第 2 章 太阳能基本知识
第 3 章 太阳能建筑设计要点综述
第 4 章 太阳能采暖技术设计
第 5 章 太阳能建筑通风降温设计
第 6 章 太阳能建筑热水应用设计
第 7 章 建筑中的太阳能光伏发电设计
第 8 章 太阳能建筑其他技术设计
第 9 章 太阳能建筑实例及方案

9. 《被动式太阳房热工设计手册》

该书由李元哲主编，1993 年出版。该书立足于我国的气象条件、建筑与材料的特点、居住习惯与生活水平等国情，总结已有的理论与工程实践成果，引进国外先进技术，提出一套科学、完整的设计方法，并运用我国自行研究编制的数学模拟程序进行大量的运算，从而获得便于设计使用的数据、图表。内容简洁明了、通俗实用，能为广大的工程设计、管理人员以及业余爱好者所接受。

10.《太阳房：太阳能建筑设计手册》

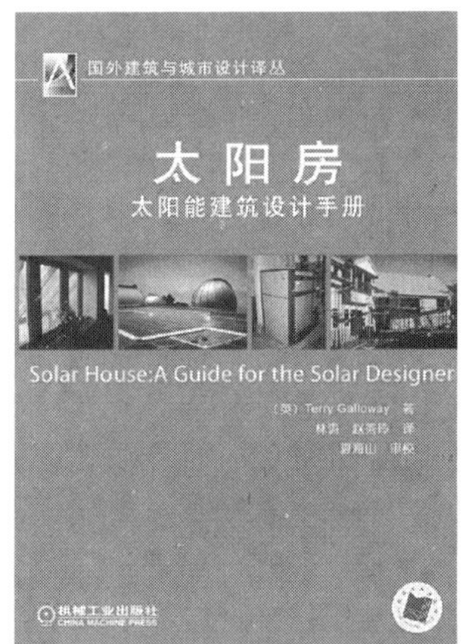

该书由英国的特里　盖尔威（Terry Galloway）著，林涛、赵秀玲译，2008年出版。该书以新颖的理念和独特的视角阐述了目前通用的太阳能技术，书中详细介绍了太阳房项目的具体设计到房屋和设备维护的全过程，为太阳房的设计、规划和建造提供了全面的指导，讨论了太阳房设计、运行、维护和经济性等方面的技术及实践，并对空间加热和冷却技术、生活热水技术以及光伏发电技术等进行了评判。该书为设计师和建筑师开展最佳实践和确定评估要点提供了依据。

4.1.3.2　国外技术手册

1. Solar Heating Systems for Houses A Design Handbook for Solar Combisystems/《住宅用太阳能供热系统—太阳能综合系统设计手册》

该书作者是英国 Werner Weiss，于2003年出版。该书主要介绍了太阳能供热系统和热水系的各种设计，并结合实践工作针对当地的气候情况进行优化。

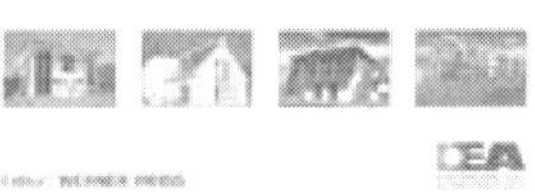

该书目录如下：

（1）太阳能综合系统和全球能源挑战

（2）太阳能资源

（3）建筑供热需求

（4）通用的太阳能综合系统

（5）与建筑相关的太阳能综合系统

（6）太阳能综合系统性能

（7）太阳能综合系统可靠性和耐久性

（8）太阳能综合系统的规模

（9）示例

（10）太阳能综合系统的测试和认证

2. Solar-Assisted Air-Conditioning in Buildings：a handbook for planners/《太阳能空调建筑应用设计手册》

该手册作者为美国 Henning，Hans-Martin，2007年再版。目前，大约有50个太阳能辅助空调系统安装在了参加任务 Task 25 “太阳能辅助空调系统建筑应用”的国家中，任务 Task 25 是国际能源机构（IEA）的太阳能供热空调项目内容之一。在此强调太阳能空调技术正处于发展起步阶段，而不可作为标准化的设计依据，且缺乏常用的设计和建设的具体实践。实际系统的现场数据和安装经验显示出系统的水力设计和控制都有很多问题。在很多情况下，所期望的节能效果并不能在实际中达到。按照该手册提供的信息和指导，可以避免其中的一些问题，如把系统的水力设计简化、系统易于操作和控制透明化等，以减少发生错误和故障的几率。

该手册集中介绍市场上已有的或已经小规模试验的技术和产品，目前该系统的关键部件是热驱动制冷系统（同时有产生冷冻水的闭路循环和处理通风空气的开路循环）和作为制冷系统主要热源的太阳能集热器。

该手册可为专业人员在设计阶段设备选型提供依据，并介绍了系统方面的知识。编制此手册的主要目的是鼓励设计人员和潜在用户考虑太阳能辅助空调系统的安装，并且为他们做出决定和设计过程提供有用的信息。全书的主要章节为：

（1）介绍

第1部分　构成

（2）空调系统的负荷

（3）制冷子系统

（4）制热子系统

第2部分　系统

（5）系统配置：实例、控制和操作

（6）设计方法

（7）性能指标

（8）设计实例

（9）摘要

3. Solar Domestic Water Heating/《家用太阳能生活热水》

该书作者为美国克里斯·劳顿（Chris Laughton）。该书介绍全面介绍了美国太阳能热水系统的各种形式，各种类型的集热器，包括平板和真空管，各类蓄热水箱和其他配件。并叙述了如何安装太阳能热水热水系统，列举出很多世界各地的成功案例。可作为水暖工、暖通工程师、建筑师、住宅和房地产开发商、业主等对太阳能热水技术的入门书籍。全书主要分为以下章节：

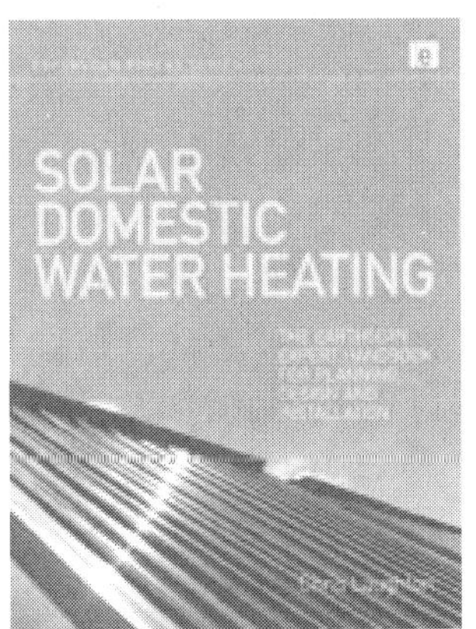

（1）前言

（2）导言

（3）太阳辐射和太阳能资源

（4）家用太阳热水系统的工作原理

（5）太阳能集热器/板

（6）其他系统部件

（7）系统的设计定位与安装

（8）经济性

（9）其他类型的热水系统

（10）市场营销

（11）词汇表

（12）深入资料的来源

（13）索引

4. Planning and Installing Solar Thermal Systems/《太阳能热利用系统的设计和安装》

该书作者为德国Gesellshaft，2009年再版。该书可指导太阳能热水系统能够提供的效率和可靠性。它们可以适用于不同的条件，以满足空间和热水的需求在住宅，商业和工业建设领域的潜力，这一技术和相关的环境效益是显著的。

该书为太阳能热系统的规划和安装提供了指导。该书吸收太阳能热系统关键技术，列举了已经成功实施的项目。从资源评定和核心部件概要，该指南详细介绍了太阳能利用系统的设计、安装、操作和维护，包括独户的、大系统的、泳池等热水系统以及太阳能空气系统和太阳能制冷的详细资料。该书还介绍了目前市场太阳热能热利用的方式，给出了开发太阳能热利用技术的详细资料，回顾了相关的模拟工具以及特定的区域、国家以及国际间可再生能源的合作项目。

总之，这本书为太阳能热利用的专业人员提供了全面的指导，该书对于正在研究新项目的建筑师和工程师、电工，屋面施工人员以及其他安装工、工匠等的职业培训，专业人员和对此领域感兴趣的个人都将是非常宝贵的资源。

5. Thermal Analysis and Design of Passive Solar Buildings/《被动式太阳能建筑的热分析与设计》

该书由加拿大 A. K. Athienitis 和希腊 M. Santamouris 共同编写，2002 年出版。

出版该书是基于被动式太阳能设计技术在建筑设计中日益发挥着重要的作用。建筑工程师或物理学家利用该设计参考书可逐步对被动式太阳能建筑进行热分析和设计。该书强调两个重要内容：最大限度利用太阳能的可用能和蓄热器，和具有良好的热控制相适应的辅助冷/热系统的涂料。

该书一个重要的贡献是优化了作为的室内和室外环境之间天然过滤器的楼宇系统，同时最大限度地利用太阳能。该书对于工程师、建筑师、工程师和建筑暖通空调物理学家将是必不可少的信息来源。

4.2 太阳能光伏应用标准、规范及技术书籍

本节中收集了部分国内外太阳能光伏的标准、规范和工程技术图书以及手册等，下面分别对其进行阐述。

4.2.1 标准

4.2.1.1 国家标准

1. 《地面用太阳能电池标定的一般规定》(GB 6497—1986)

该标准规定了地面用单晶或多晶硅太阳电池标定的一般技术要求以及产生一级标准太阳电池的程序。

2. 《单晶硅太阳能电池总规范》(GB 12632—90)

该规范规定了未封装的硅太阳电池的一般要求。该规范适用于地面、航天应用的单晶硅太阳电池。

该规范主要包括主题内容与适用范围、引用标准、技术要求、试验方法、检验规则和

标志包装运输贮存六部分。

该规范对于产品提出了详细的技术要求，规定了详尽的试验方法和检验规则，对于单晶硅太阳能电池起到了规范生产和检测市场的作用。

3.《非晶硅太阳电池电性能测试》(GB 11011—1989)

该标准规定了非晶硅太阳电池电性能的测试方法的一般原则。该标准适用于各类单体非晶体硅太阳电池，集成型非晶硅太阳电池，非晶硅太阳电池组件，非晶硅太阳电池板及方阵的测试。

4.《光伏器件 第1部分：光伏电流-电压特性的测量》(GB/T 6495.1—1996)

该标准规定了在自然或模拟太阳光下，晶体硅光伏器件的电流-电压特性的测量方法。这些方法适用于单体太阳电池，太阳电池组合或平板式组件。

5.《光伏器件 第2部分：标准太阳电池的要求》(GB/T 6495.2—1996)

该标准规定了晶体硅标准太阳电池的分类、选择、封装、标志、标定及维护的要求。

6.《地面用晶体硅光伏组件 设计鉴定和定型》(GB/T 9535—1998)

该标准规定了地面用晶体硅光伏组件设计鉴定和定型的要求，该组件是在GB/T 4797.1中所定义的一般室外气候条件下长期使用。该标准仅适用于晶体硅组件，有关薄膜组件和其他环境条件如海洋或赤道环境条件的标准正在考虑之中。该标准不适用于带聚光器的组件。此试验程序的目的是在尽可能合理的经费和时间内确定组件的电性能和热性能，表明组件能够在规定的气候条件下长期使用。通过此试验的组件的实际使用寿命期望值将取决于组件的设计以及它们使用的环境和条件。

7.《太阳能电池组件参数测量方法》(GB/T 14009—92)

该标准规定了地面用太阳电池组件、板及方阵的伏安特性、绝缘电阻、绝缘强度、工作温度、总反射率和热机械应力等参数的测量方法。该标准适用于各种类型的非聚光型太阳电池组件、板及方阵的室内和室外测量。

8.《晶体硅光伏（PV）方阵Ⅰ-Ⅴ特性的现场测量》(GB/T 18210—2000)

该标准描述晶体硅光伏方阵特性的现场测量及将测得的数据外推到标准测试条件（STC）或其他选定的温度攻辐照度条件下的程序

9.《地面用薄膜光伏组件设计鉴定和定型》(GB/T 18911—2002)

该标准等同采用IEC 61646：1996，规定了地面用薄膜光伏组件设计鉴定和定型的要求。本标准制定时是以非晶硅薄膜组件技术为主，同样适用于其他薄膜光伏组件。

该标准中试验程序的目的是在尽可能合理的经费和时间内确定组件的电性能和热性能，表明组件能够在规定的气候条件下长期使用。本标准不适用带聚光器的组件。

10.《光谱标准太阳电池》(GB/T 11010—1999)

该标准规定了光谱标准太阳电池的分类、技术要求及其标定。该标准规定的光谱标准太阳电池适用于太阳电池光谱响应测量时校准单色光谱的辐照度，也适用于校准在各种书籍光谱辐照度的光源下产生太阳电池的短路电流值。

11.《光伏（PV）系统电网接口特性》(GBT 20046—2006)

该标准适用于与电网相互连接的光伏（PV）发电系统，该系统并联于电网运行，并且使用将DC变换变为AC的静态（半导体）非孤岛逆变器。该标准描述了对额定功率在10kVA或以下系统的相关建议，例如用于独立住宅的单相或三相系统。该标准适用于与低压电网配电系统的相互连接。该标准的目的是规定光伏系统与电网配电系统相互连接的要求。该标准不解决针对电磁兼容或孤岛效应的保护机制方面的问题。

12.《家用太阳能光伏电源系统技术条件和试验方法》(GB/T 19064—2003)

该标准规定了离网型家用太阳能光伏电源系统及其部件的定义、分类与命名、技术要求、文件要求、试验方法、检验规则以及标志、包装。

该标准适用于由太阳能电池方阵、蓄电池组、充放电控制器、逆变器及用电器等组成的家用太阳能光伏电源系统。

4.2.1.2 国外标准

1. IEC 61730—1 (2004-10)《太阳能电池系统安全鉴定-结构与测试要求》

2. IEC 61730—2 (2004-10)《光伏组件安全认证》

欧盟光伏标准IEC 61730包括IEC 61730—1和IEC 61730—2两部分。IEC 61730标准描述了太阳光电(PV)模组的基本构造要求，从而保证太阳能电池在其使用期内，在电工和机械方面工作时的安全性。标准中有明确规定了由于机械和环境的作用而导致的电击、火灾、人身伤害的阻止措施。这一标准的测试顺序与IEC 61215或者IEC 61646的测试顺序相同，从而使得一组样品可以同时用来评估太阳能电池设计的安全性和性能。

IEC 61730—1适用于结构的要求。定义了太阳光电模组各种应用等级的基本要求，但并不包含所有国家或地域性的构造规则，不含海上和交通工具上应用的太阳能电池要求。该标准不适用于具有整合功能的交流变流器的模组（交流太阳能电池）。该标准所阐述的测试顺序可能无法测试PV模组在所有可能应用的所有的安全事项。该标准使用的是现有的最佳测试顺序。有一些问题，如在高压系统内由于破损模组所产生电击而潜在危险，应在系统设计、系统位置、限制与维护程序上加以注意。该标准一般检查、电击危险、火灾危险、机械应力与环境应力。

IEC 61730—2概述了实验的要求。IEC 61730—2的部分规定了太阳能电池的试验要求，详细说明太阳能电池在不同应用等级的基本要求，以使其在预期使用期限内提供安全的电气和机械运转要求，并且针对由机械或外界环境影响所造成的电击、火灾和人身伤害的保护措施进行评估。

3. IEC 61215—2005《地面用晶体硅光伏组件（PV）—设计鉴定和定型》

该标准已被《地面用薄膜光伏组件设计鉴定和定型》(GBT 18911—2002)等同采用了。

4. IEC 61646《薄膜太阳光电模组测试标准》

透过诊断量测、电性量测、照射测试、环境测试、机械测试五种类型测试及检查模式，确认薄膜型太阳能的设计确认及形式认可之要求，并且确认模组能够在规范所要求的一般气候环境下长期运行。

5. UL1703《平板型太阳能组件安全认证标准》

UL1703是UL于1986年发展制定针对平板型太阳能电池面板与太阳能电池模组的安全标准。多数太阳能电池是处于日晒雨淋酷暑寒冬的使用环境，因此其可靠度与安全性不容忽视。有别于一般大家所知道的IEC 61215规范标准。IEC 61215是针对太阳能电池模组的电与热性能进行测试，而UL1703则是以更严格的角度强调涵盖太阳能电池的性能测试、安全测试和长期可靠度测试三大验证区块，要求产品必须通过如防火测试及老化测试等试验，以确认这些材料能长期承受户外恶劣的使用环境，降低灾害发生的几率，所以美规标准 UL1703 相较于欧规标准 IEC61215 有更为严苛的安全性要求。另外针对在太阳能电池系统周边设备方面，UL 制定了 UL873 和 UL1741 的标准来规范系统设备、电源和整流器等相关设备。同时 UL1703 被接纳为了美国国家标准。

6. UL1741《用于独立电源系统的控制器，变压器，换流器标准》

4.2.2 太阳能光伏国家技术规程（图集等）

《民用建筑太阳能光伏系统应用技术规范》（征求意见稿）

适用于在新建、扩建和改建的民用建筑上安装使用的太阳光伏系统，也适用于改造既有建筑上已安装的太阳光伏系统。主要技术内容包括：光伏系统设计、规划和建筑设计、光伏系统安装、工程验收等。

4.2.3 太阳能光伏工程技术图书

4.2.3.1 国内技术图书

1.《并网型太阳能光伏发电系统》

该书由崔容强、赵春江、吴达成编著，2007 出版发行。该书首次较全面、系统地介绍了并网型太阳能光伏发电系统的基本原理、设备组成、各部分的特点、系统的安装、运行和维护，并列举了部分并网光伏系统实例。该书内容新颖，实用性强，对广大从事太阳能应用技术研究的技术和科研人员具有重要的参考价值。

第 1 章 概论
第 2 章 太阳和太阳能
第 3 章 太阳电池
第 4 章 太阳电池组件及光伏方阵
第 5 章 逆变器
第 6 章 蓄能系统
第 7 章 BIPV 建筑一体化
第 8 章 并网光伏发电系统
第 9 章 太阳能光伏并网发电系统的安装、运行与维护
第 10 章 并网光伏系统实例

2.《家用太阳能光伏电源系统》

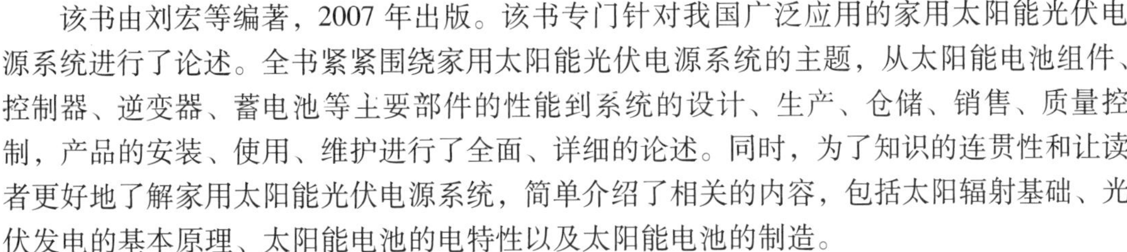
该书由刘宏等编著，2007 年出版。该书专门针对我国广泛应用的家用太阳能光伏电源系统进行了论述。全书紧紧围绕家用太阳能光伏电源系统的主题，从太阳能电池组件、控制器、逆变器、蓄电池等主要部件的性能到系统的设计、生产、仓储、销售、质量控制，产品的安装、使用、维护进行了全面、详细的论述。同时，为了知识的连贯性和让读者更好地了解家用太阳能光伏电源系统，简单介绍了相关的内容，包括太阳辐射基础、光伏发电的基本原理、太阳能电池的电特性以及太阳能电池的制造。

该书从工程实际出发，深入浅出，以大量真实的产品照片代替抽象理论叙述，以简要的概括避免烦琐的叙述，简明、实用。可供太阳能光伏的工程技术人员、管理人员、生产销售人员、维修服务人员以及大专院校、中等技术学校有关专业的师生参考。

第 1 章 太阳辐射基础及我国太阳能资源简况
第 2 章 家用太阳能光伏电源系统的应用状况
第 3 章 太阳能电池基础
第 4 章 家用电阳能光伏电源系统主要部件
第 5 章 家用电阳能光伏电源系统的设计
第 6 章 家用太阳能光伏电源系统的生产
第 7 章 家用太阳能光伏电源系统的质量控制
第 8 章 家用太阳能光伏电源系统产品及其销售
第 9 章 系统的安装、使用及维护

3. 《太阳能发电原理与应用》

该书由冯垛生主编，宋金莲等编著，2007 出版。该书分为 6 章，前 4 章叙述太阳能光伏发电的基础知识，如光伏发电原理、太阳能电池的原理与分类、并网发电和离网发电，同时还介绍了重要部件光伏电池模块、控制器（特殊变频器）和蓄电池的类型，可供读者设计时参考。第 5 章讲解系统控制方法，介绍了最大功率点跟踪控制的几种方案，可供科研工作者选题时参考。第 6 章介绍光伏发电系统的应用，主要涉及太阳能 PV 空调器和太阳能电动车两种典型应用，并给出电路图、计算机控制软件和实验数据曲线，内容翔实。

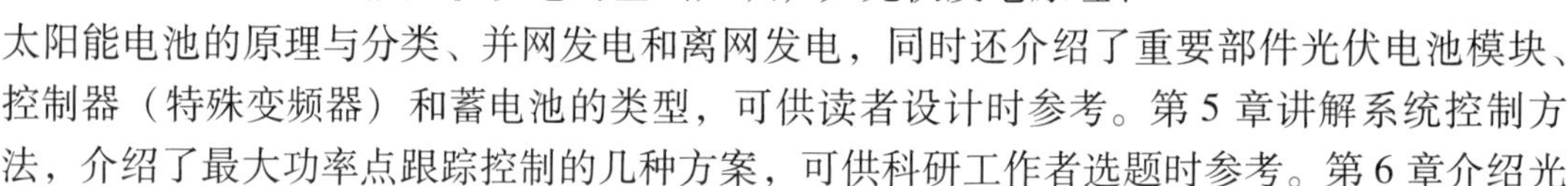

第 1 章 太阳能发电概述
第 2 章 太阳能电池的发电原理和特性
第 3 章 太阳能电池的种类及其特点
第 4 章 太阳能发电系统的结构和设计
第 5 章 太阳能发电系统的控制
第 6 章 太阳能光伏发电系统的应用

4. 《建筑工程太阳能发电技术及应用》

该书由李宏毅，金磊编著，2008 出版。该书从能源短缺、环境遭破坏的背景出发，简要介绍了几种可再生（新）能源发电原理、应用状况，重点概括了光伏发电的工作原理和光电转换的优势。以大量的篇幅阐述了光电效应、光伏建筑一体化、光伏电站、光伏照明和光伏设施等相关概念和工程设计运用实例。同时广泛地收集国内开发和利用光伏发电技术的实例，以唤起业界人士关注太阳能的坚定信心。

该书信息量大、针对性强、内容翔实，以期起到普及和推动光伏产业发展的作用。适合于建筑设计、施工、房地产开发商和建设单位等相关人员阅读，亦可供高等院校师生参考。

5. 《太阳能光伏发电及其应用》

《太阳能光伏发电及其应用》由赵争鸣等编著，并于 2005 出版发行。该书是高效电能变换应用丛书之一。该书系统地介绍了太阳能光伏发电的基本原理、系统构成和实际应用。第 1 章主要综述光伏发电技术的背景、意义和发展状况；第 2、3 章着重阐述光伏电池的基本理论和主要特性；第 4 章介绍光伏发电系统的种类、结构和原理；第 5 章讨论光伏发电系统的最大功率点跟踪原理和算法；第 6、7 章分别介绍光伏储能及其充放电模式和光伏水泵结构及其原理；第8章介绍光伏发电系统中的电力电子装置；第9、10章分别为光伏发电系统的仿真和应用实例分析。

该书可供从事太阳能光伏发电系统设计、研究、运行和管理等工作的专业科技人员、技术管理人员以及高等院校相关专业的教师与学生参考使用，也可作为电气工程方面的研究生教材使用。

6.《太阳能光伏发电技术》

《太阳能光伏发电技术》由沈辉、曾祖勤著，于2005出版发行。该书是《可再生能源丛书》中的一本，系统介绍了太阳能光电利用方面的基础知识，包括太阳电池和太阳电池组件的原理、结构及生产工艺，并论述各种光伏系统的基本工作原理和设计方法，对光伏系统的主要部件，如蓄电池、控制电路的基本原理和光伏系统运行方式等进行了详细的描述，同时结合应用实例讨论了光伏发电系统的实用技术的现状和发展，最后展望了太阳能光伏发电的应用前景。

该书内容丰富，图文并茂，深入浅出，学术性与实用性并举，可供研究机构和高等院校的可再生能源相关学科的教师及学生参考，也可作为太阳能光电企业管理和技术人员以及太阳能光伏发电技术爱好者的参考用书。

第1章　太阳辐射简述

第2章　太阳电池基础

第3章　太阳电池组件

第4章　光伏系统设计

第5章　电力电力与控制

第6章　光伏技术应用

第7章　光伏前景展望

附录一　太阳位置计算程序

附录二　太阳电池组件相关信息

7.《太阳能光伏发电实用技术》

该书由王长贵，王斯成主编，2005出版。太阳能光伏发电作为可再生的清洁能源正受到日益广泛的关注与应用。太阳能光伏发电的技术水平得到快速的发展与提高。该书从工作原理到系统构成和主要部件，从系统设计到操作使用和维护管理，对太阳能光伏发电的最新技术进行了全面系统的介绍，技术内容先进、实用、可操作性强。

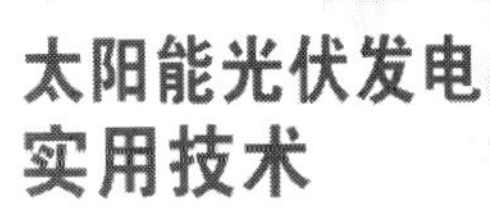

该书针对科研、院校及生产制造单位，对太阳能光伏发电技术的各方面进行了全面翔实地阐述，可供该领域的设计、科研、管理及施工建设人员及大专院校相关专业的师生参考借鉴。

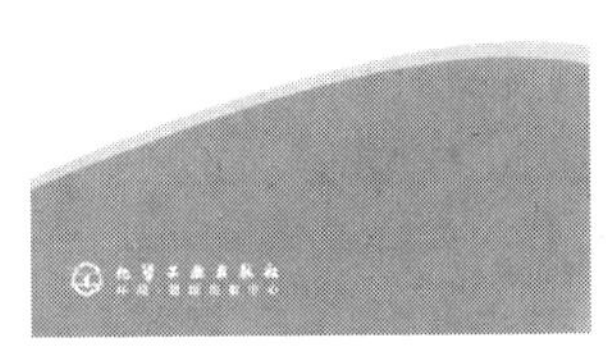

第一章　概述

第二章　太阳能光伏发电工作原理、运行方式及系统组成

第三章　太阳能电池

第四章　铅酸蓄电池

第五章　控制器

第六章 逆变器

第七章 交流配电设备、输电线路、备用电源及防雷与接地

第八章 太阳能光伏发电系统的设计

第九章 太阳能光伏发电系统操作使用与管理维护

第十章 中国典型太阳能光伏发电工程介绍

4.2.3.2 国外技术图书

1.《太阳能光伏电池及其应用》

该书由日本滨川圭弘编著，张红梅、崔晓华翻译，于2008年出版。该书对有关太阳能电池及太阳能发电系统的世界最新技术进行了综述。各章各节的执笔者都选自日本的杰出专家，由他们介绍尖端技术的现状。该书主要介绍了太阳能电池及太阳能发电系统的基本原理、系统构成和实际应用，包括太阳能发电的特点、太阳能电池的原理及装置物性、单晶硅太阳能电池和太阳能电池模板、多晶硅太阳能电池、非晶硅及微晶硅薄膜太阳能电池、CIS以及CIGS系太阳能电池、Ⅲ-Ⅴ族太阳能电池、色素增感型太阳能电池、太阳能在日常生活中的应用、住宅用太阳光发电系统、楼房用太阳光发电模板及其系统、空间太阳能发电所等等。

该书可供从事太阳能光伏电池及光伏发电系统研究、设计、运行和管理等工作的专业科技人员、技术管理人员使用，也可作为高等院校相关专业师生的参考用书。

第1章 总论

第2章 太阳能电池的原理及装置物性

第3章 单晶硅太阳能电池和太阳能电池模板

第4章 多晶硅太阳能电池

第5章 非晶硅及微晶硅薄膜太阳能电池

第6章 CIS以及CIGS系太阳能电池

第7章 Ⅲ-Ⅴ族太阳能电池

第8章 色素增感型太阳能电池

第9章 太阳能电池在日常生活中的应用

第10章 住宅用太阳光发电系统

第11章 楼房用太阳光发电模板及其系统

第12章 空间太阳光发电所

第13章 太阳光发电的展望

2.《太阳能光伏发电系统的设计与施工》

该书由日本太阳光发电协会主编，刘树民，宏伟于2006年翻译出版。该书主要介绍太阳能光伏发电系统的设计与施工，内容包括太阳能电池组件的特性、结构及种类，功率调节器的工作原理、功能、电路构成以及种类、选择方法，相关设备及部件如旁路元件、接线箱、蓄电池、防雷对策等，以及太阳能光伏发电系统设计与施工、维护检查及测量。在最后一章

和附录中还介绍日本的安装太阳能光伏发电系统的相关法令及手续，以及并网系统技术要求准则、日本重要地区日照量数据等，该部分对国内相关部门及企业具有较高参考价值。

该书可作为从事太阳能应用相关领域工作的技术人员、研发人员及管理人员的技术指导书，也可作为大专院校相关专业师生的参考书。

3.《太阳能发电—光伏能源系统》

该书由德国斯蒂芬克劳特（Stefan Krauter）编著，王宾、董新洲翻译，2008 出版发行。该书从实际应用的角度全面介绍了光伏发电系统，主要分为三部分：第一部分，包括第 1 ~ 5 章，介绍了太阳能基础知识和光伏发电系统的基本构成、现场安装等技术问题；第二部分，包括第 6 ~ 9 章，通过研究组件生产、运行维护和循环在利用的整个生命周期中光伏发电系统的能量平衡，详细阐述了光伏发电对二氧化碳减排的积极作用；最后部分给出了提高光伏发电系统运行特性的具体措施。另外，附录中提供了光伏发电中常用的指标参数和丰富的实测数据。

该书阐述的理论分析方法，对科研院所、大专院校、设备制造商的研究分析工作有重要的借鉴价值；同时，该书也十分有利于政策指导机构以及相关的银行基金组织研究太阳能光伏发电的现状与未来。全书目录如下：

第 1 章　绪论
第 2 章　光伏转换
第 3 章　逆变器
第 4 章　储能装置
第 5 章　热带地区的光伏发电系统
第 6 章　建设光伏发电站的能量消耗
第 7 章　光伏发电
第 8 章　循环再利用带来的能量输入
第 9 章　全局能量平衡
第 10 章　系统优化
第 11 章　结论

4. Designing with Solar Power

该书作者 Deo Prasad 和 Mark Snow，2006 年出版

该书是在国际能源组织光伏发电系统计划（IEA PVPS）下的国际合作的研究试验的工作结果，全世界各学科的专家在光伏建筑一体化上的经验在该书中集合起来为技术和设计问题提供艺术级的建议。

这本书的目的是鼓励建筑专业人士去考虑光电作为建筑提供能量的源泉，并且尽可能整合太阳能能源。

该书中有数百幅图片，其展示了光伏发电的基本原理，面临的障碍，迄今为止的经验，还有它的巨大潜力。

此外，超过 20 个当代国际案例研究详细说明如何建立集成光伏已应用到新的和现有的建筑物，并讨论了建筑设计和技术质量，以及取得成功的各种战略。

便携的照片和插图，是这本书一个非常突出的特点，这为建筑师、建筑商、设计师、工程师和学生提供了一个感性认识集成光伏系统建筑的机会。

第 5 章　太阳能建筑应用技术发展与评价

太阳能的应用可分为光热应用、光电应用和光化学应用。在本章中仅阐述太阳能光热应用和光电应用方面的技术和发展研究状况，不涉及太阳能光化学应用方面的知识。

光热利用中，低温热利用比较简便，易于推广，可用于生产热水、农产品干燥、海水蒸馏淡化、温室和冬季供暖等。采用聚焦和对太阳跟踪装置，可以获得高温，制成太阳灶、太阳炉和实现太阳能热力发电。

利用太阳能作为低温热源，是求助于太阳解决人类生活用能最自然的途径。将太阳能供暖/制冷系统与建筑设计结合起来而成为建筑结构的有机组成部分的建筑物称为太阳能采暖建筑，太阳能采暖建筑按其工作方式通常可分为主动式和被动式两大类。

5.1　被动式太阳房

被动式太阳能采暖技术在我国已应用于住宅、学校、办公、图书馆、商场、旅馆等民用建筑以及微波通信、车站、边防哨所、气象台站、公路道班、乡镇卫生院等专用建筑。其应用和分布非常广泛。

5.1.1　基本原理与分类

被动式太阳房的定义是不用机械动力而在建筑物本身采取一定措施，利用太阳能进行冬季采暖的房屋。被动式太阳能采暖建筑是不需要专门的集热器、热交换器、水泵等设备，只是通过建筑朝向和周围环境的合理布置、内部空间和外部形体的巧妙处理以及建筑材料和结构与构造的恰当选择，使其在冬季能集取、保持、储存和分配太阳热能，夏季能遮蔽太阳辐射，散逸室内热量，达到采暖和降温的目的，适度解决建筑物的热舒适问题。运用被动式太阳能采暖原理建造的房屋称为被动式采暖太阳房。

南向玻璃窗是被动式太阳房中利用太阳能的一个最基本的部件和组成部分。为使房间温度在夜间不致过低以及白天温度不致过高，还需要有蓄热物质和夜间保温装置（如窗帘，保温板等）。通常，被动式太阳能集热部件与房屋结构合为一体，作为围护结构的一部分。这样既可达到利用太阳能的目的，又可作为房屋总体结构中的一个组成部分而发挥它的多功能作用。

被动式太阳房的类型很多，到目前为止尚无统一的划分标准，分类方法也不尽相同。被动式太阳房分为两大类，即直接受益和间接受益。直接受益类型是太阳辐射能直接穿过建筑透光面进入室内；间接受益类型太阳能是通过一个接受部件或称作太阳能集热器，这种接受部件实际上是建筑组成的一部分或在屋面或在墙面，而太阳能辐射能在接受部件中转换成热能再经由送热方式对建筑采暖。直接受益和间接受益类型的被动式太阳房可分为以下 6 种：

（1）直接受益式：太阳光穿过透光材料直接进入室内的采暖形式，见图 5-1；

（2）集热蓄热墙式：太阳光穿过透光材料照射集热蓄热墙，墙体吸收辐射后以对流、传导、辐射方式向室内传递热量的采暖形式，见图 5-2；

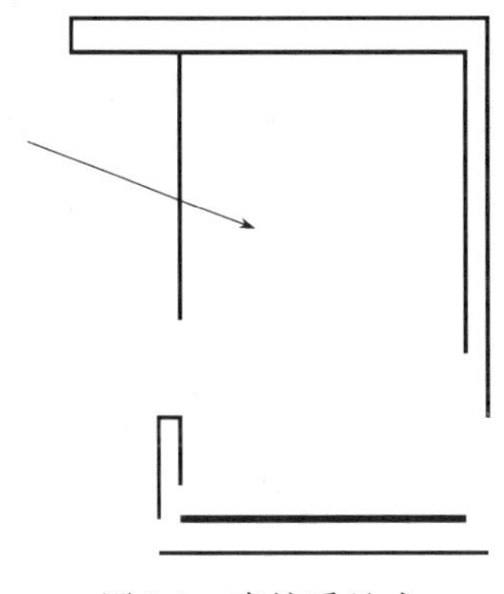

图 5-1 直接受益式

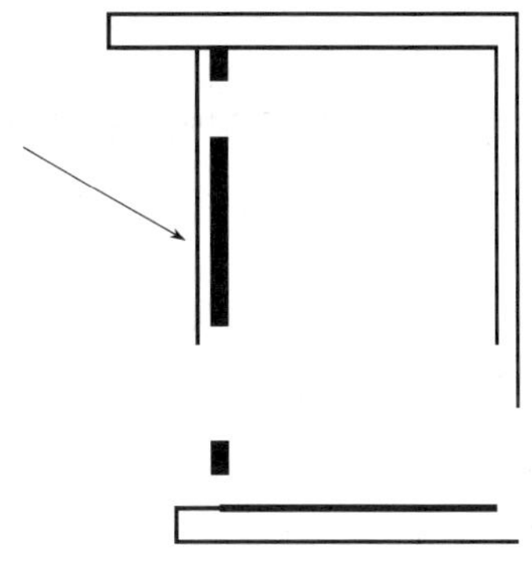

图 5-2 集热蓄热墙式

（3）附加阳光间式：在房屋主体南面附加一个玻璃温室，被加热的空气可以直接进入室内或者热量通过房间和温室之间的蓄热墙传入室内，见图 5-3；

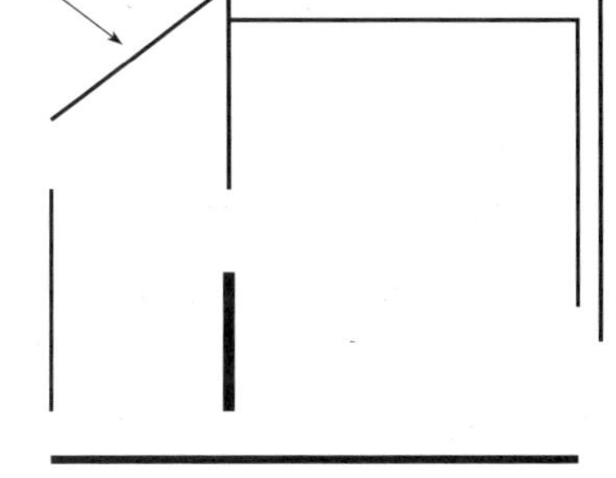

图 5-3 附加阳光间式

（4）屋顶集热蓄热式：利用屋顶进行集热蓄热；

（5）热虹吸式又称对流环式：利用热虹吸作用通过自然循环向室内散热，并设置有蓄热体；

（6）综合式：由上述两种或两种以上的基本类型组合而成的被动式太阳房。

5.1.2 特点及技术要点

5.1.2.1 直接受益式

利用建筑南向透光窗的直接采暖方式也是唯一的直接受益类型，因此也就称作直接受益式，其工作原理如图 5-4 所示。白天，阳光透过南窗直接投入房屋室内，由室内的地面、墙面和家具吸收变成热能后经由热对流和辐射对室内空间进行加热采暖，同时蓄热。夜间，当室外和房间温度下降时，地面、墙面和家具蓄存的热量通过辐射、对流和传导被释放出来。直接受益方式中，房屋本身成了一个包括有太阳能集热器、蓄热器和分配器的集合体。这种太阳能采暖方式最直接、简单、效率也较高，但是当夜间无日照时而建筑保温和蓄热性能又较差时，室温降温快，温度波幅大。这种采暖方式对于仅在白天使用的办公室、学校教室、图书馆和小商铺等比较适用。

为了克服日夜室温波幅较大的缺点，增加透光面的夜间保温是有效措施，可根据具体情况选用活动保温窗帘、保温扇、保温板等，如图 5-5、图 5-6 所示的实用图例。设计要重点解决的是这些活动保温部件的便捷操纵方法和边缘密封构造。“七五”、“八五”时期曾研制开发了多种保温窗帘，包括操控装置，实际上，窗外保温帘板可兼做多种用途，包括隔声、保温和防盗。国外已有该种产品。随着建筑节能日益受重视，国内已在高档节能公寓中引进使用，今后还需进一步开发自主产权的产品。

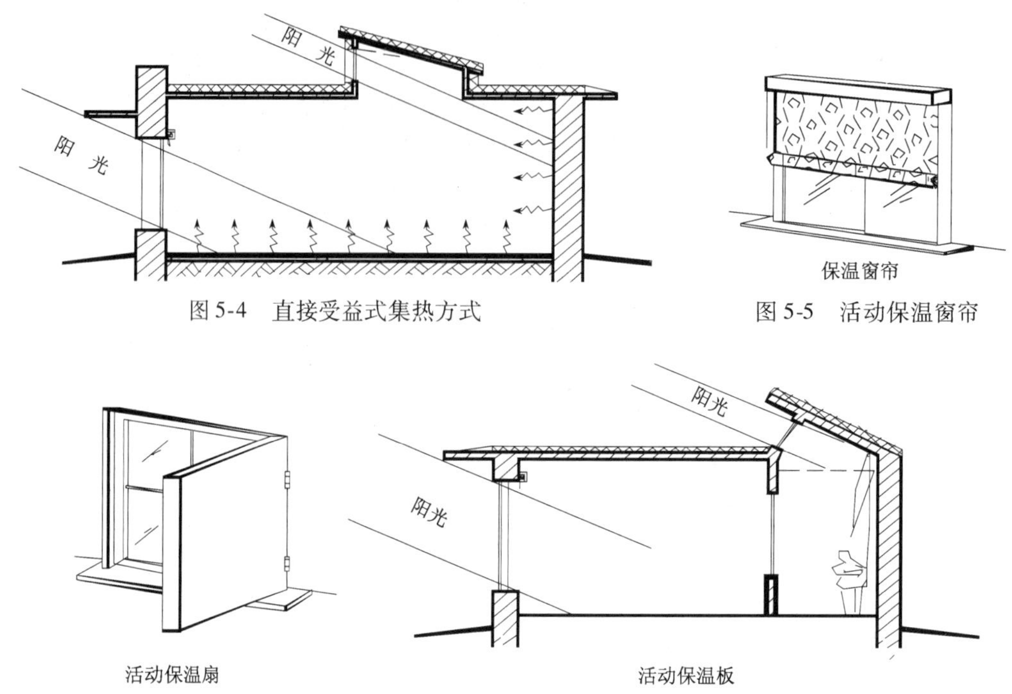

图5-4 直接受益式集热方式

图5-5 活动保温窗帘

图5-6 活动保温扇和活动保温板

5.1.2.2 集热蓄热墙式

集热蓄热墙是间接受益式被动式太阳房的一种。在南向墙体前加透光面就可组成集热蓄热墙，此墙体宜采用具有一定蓄热能力的混凝土或砖砌体，又名“特朗勃墙”（TrombeWall），如图5-7所示。透光面与墙体之间留有空气间层，厚度在60～100mm间为宜。集热蓄热墙的工作原理是当阳光投射到蓄热墙表面被吸收转换为热能，通过传导把热量传到墙内一侧，再以对流和辐射方式向室内供热。另外，墙体也可开上下通风口，其工作原理是：冬季，在玻璃和墙体的夹层中，被加热的空气上升，由墙上部的通气孔向室内送热，而室内的冷空气则由墙下部的通气孔进入夹层，如此形成向室内输送热风的对流循环，在夜间则需关闭上下风口，以防止逆循环；夏季，关闭墙上部的通风孔，室内热空气随设在外墙上部的排气孔排出，使室内得到通风，达到降温的效果，见图5-8。

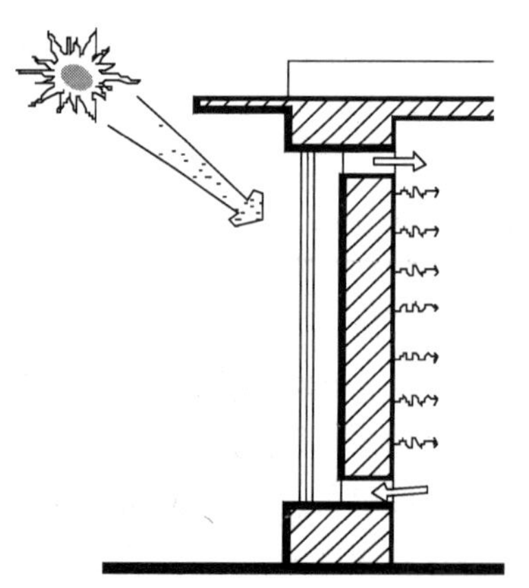

图5-7 带风口的集热蓄热墙

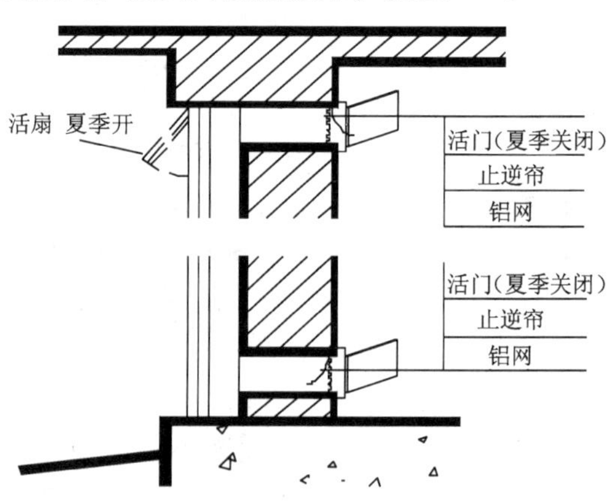

图5-8 集热蓄热墙的上下风口及风口活门

另外一种形式是在玻璃后面设置一道“水墙”，利用“水墙”集热蓄热国内少见，主要是国外有此种太阳房。即使用盛水的圆柱状或叠层桶状器物排布成列替代混凝土和砖石墙体，其原理是：“水墙”的表面吸收热量后，有对流作用热量在整个“水墙”内部传递，由“水墙”内壁通过辐射和对流，把“水墙”中的热量传到室内。“水墙”内的水具有加热快、贮热能力强及均匀的优点。盛水器物材料有玻璃、金属和塑料。透光或表面涂黑色，见图5-9。透光面后用墙体做蓄热墙时，其外表面应涂高吸收光能的颜色，黑色最理想，墙体也可开上下风口。采用“水墙”的设计的建筑使其风格别具一格。

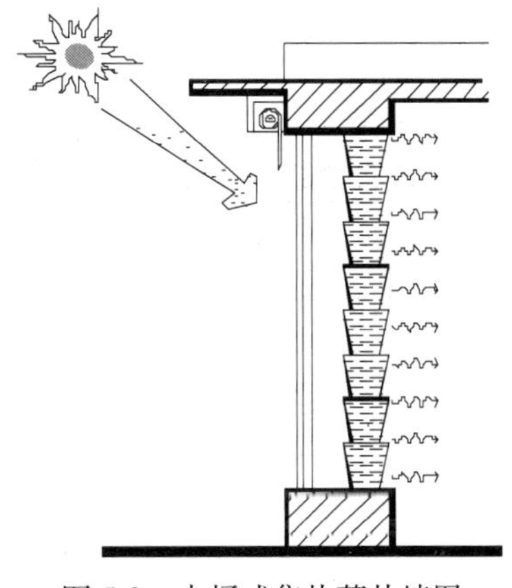

图5-9　水桶式集热蓄热墙图

我国在“七五科技攻关”中还开发了一种镂空花格蓄热墙。此墙增加了热空气与墙体间的热交换界面，兼有蓄热和直接热对流的作用，换热效率高，因而可提高集热蓄热墙的综合效率，但这种集热墙必须设置能够覆盖整片集热墙面的保温板，夜闭昼启，给用户带来一定的不便。此外，透空的花格墙用于建筑一层时，用户的私密性也受到影响，因此该类构造方式较适用于公共建筑。

5.1.2.3　屋顶集热蓄热式

利用屋顶进行集热蓄热，即在屋顶设置集热蓄热装置。该装置表面加设活动保温板，活动保温板在冬夏两季应反向操作。该系统有夏季降温和冬季采暖双重作用。屋顶不设置保温层，只起到承重和围护作用。

夏季降温的工作原理是：保温板夜开昼合，利用蓄热装置在白天吸收室内热量和保温板隔绝室外尤其是阳光直射热量，夜晚打开保温板向太空辐射散热，从而使建筑降温。冬季供热的工作原理是：保温板昼开夜合，白天打开保温板利用蓄热装置吸收蓄积太阳能热量，夜间关闭保温板，蓄热装置所蓄的热通过顶棚的热辐射及对流方式向室内空间供热，如图5-10所示。由于热空气比重轻，由顶向下进行对流供热一般需要加风扇强制送热风。因此，系统主要是通过顶棚的辐射向室内供暖。

水是良好的蓄热工质和优良的导体，因此修建水屋面是一种选择，国外曾试点建设。具体做法有两种，一是建屋顶浅池，二使用黑色塑料袋装水，由钢制格栅支撑。然而，每平方米重达数百公斤的水置于建筑顶部显然对于建筑防震抗震不利，同时防漏防渗问题也是工程难点。此外，活动保温板面积较大，操控困难，因此这一方式虽早在20世纪80年代被开发，却并未得到推广。然而，用其他具有储热性质的材料也可达到同样效果，例如，利用混凝土顶板或堆放卵石或者安置专门贮热的相变蓄热材料都可达到类似水屋面的集热、蓄热、采暖效果。

用屋顶作为集热蓄热的方法，不受结构和方位的限制。屋顶作为室内散热面，能使室温均匀，也不影响室内的布置。

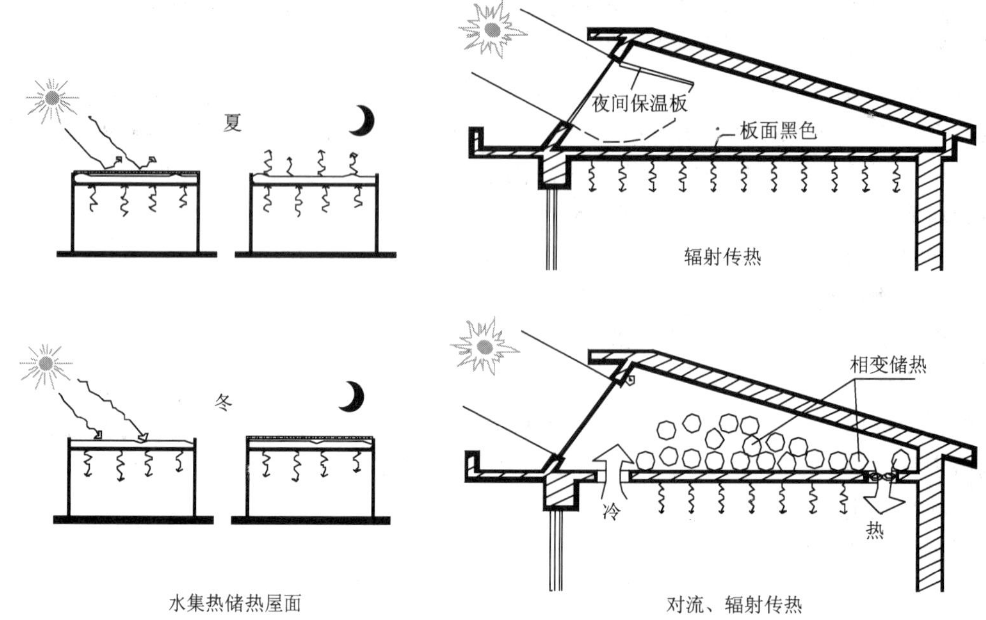

图5-10　集热蓄热屋面

5.1.2.4　对流环路式

对流环路工作原理是利用空气受热后冷热空气比重不同而产生的虹吸作用，所以又被称作热虹吸式。最初的对流环路式是集热器、储热器和建筑物分开独立设置的，集热器低于建筑物地面，适用于建在山坡上的房屋，一般借助建筑地坪与室外地面的高差位置安装空气集热器，并用风道与设在室内地面以下的卵石储热床相连通，见图5-11。白天太阳能集热器中的空气（或水）被加热后，由温差产生热虹吸作用，通过风道（或水管）上升到它上部的岩石贮热层，空气中热量被岩石吸收变冷再流回集热器底部，进行下一次循环。夜间岩石贮热层通过送风口以对流方式向采暖房间供热。一般要借助风扇强制循环。此方法有一定局限性。

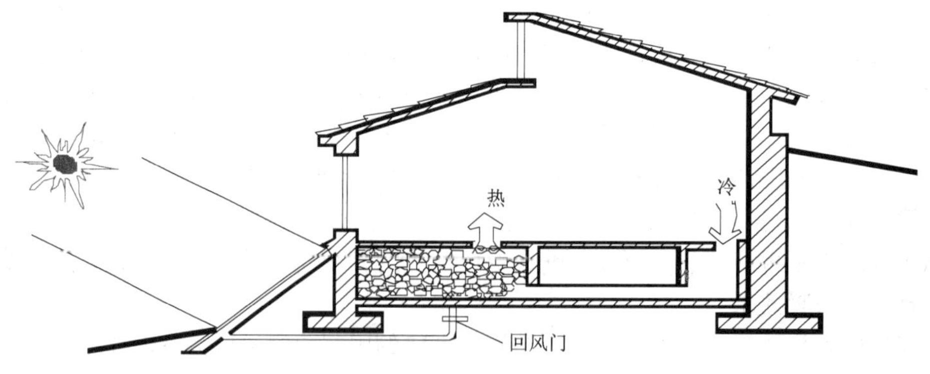

独立对流环路（热虹吸式）

图5-11　对流环路式集热方式

目前，比较常见的对流环路式的被动太阳房是对流环路集热墙。在建筑南向外墙面上加贴一层金属板（铁皮、铝皮）和保温材料，金属板表面涂成黑色或其他深色，作为吸热体吸收太阳辐射热，金属板做成平板型或折板型以增加吸收面积，金属板外覆透光盖板形成空气面层，墙上开有上下通风孔，就组成对流环路集热墙。对流空气夹层设置位置有两种，一种在玻璃板和金属板之间，见图5-12；另一种在金属与保温材料之间，见图5-13。金属板吸热体吸收的太阳辐射热加热夹层中的空气，被加热后的夹层空气与房间空气之间经由上下风口对流，把热量用空气对流方式传给房间，达到采暖的目的。

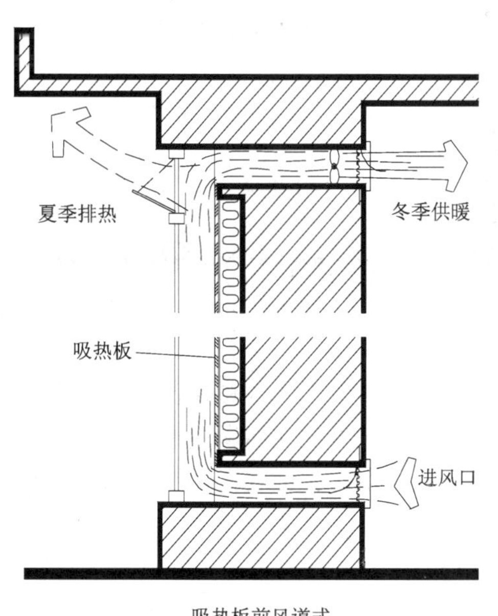

图5-12 集热墙保温构造（吸热板前风道式）

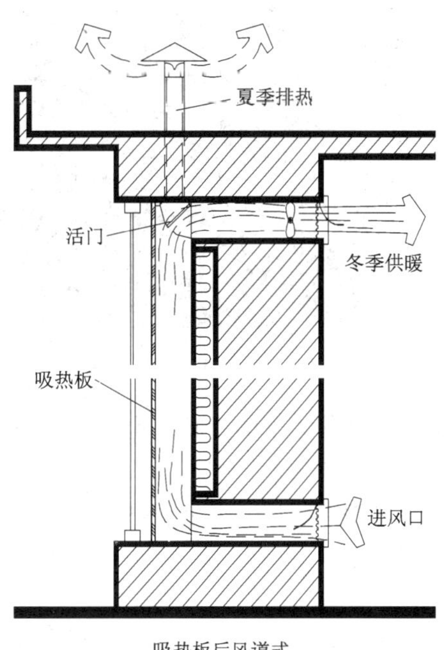

图5-13 集热墙保温构造（吸热板后风道式）

由于金属板吸热后升温快，夹层空气也相应很快升温，而且空气温度高于集热蓄热墙型的夹层空气温度。所以对于在早上需要尽快提高房间温度的建筑使用空间，如教室、办公、小商铺类建筑比较适用。

5.1.2.5 附加阳光间式

附加阳光间式被动太阳房是指在房间南侧的附建一个温室，建筑南墙作为间墙把室内空间与阳光间分隔，便形成附加阳光间采暖方式。阳光间的南侧以及屋顶用玻璃或其他透光材料，阳光间与需要采暖的室内空间之间的隔墙上开有门、窗或通风孔洞等，作为空气对流的通道。采暖主要经由空气对流实现，太阳光穿过透光面加热阳光间内的空气，再经由间隔墙上的门窗或专设风口对流进入室内供暖。夜间阳光间成为室内外的缓冲区，减少房间对外热损失。

阳光间的透光面面积较大，因此加设夜间保温难度较大，但是国外有很多冬季加保温设施，夏季加遮阳设施的实例。有些部件具有双重功能，夏季呈百叶遮阳帘，冬季转动页片使之闭合成保温帘，金属页片呈空腹构造，内腔填充保温材料，如聚氨酯、蜂窝赛璐珞或玻璃棉等。见图5-14。

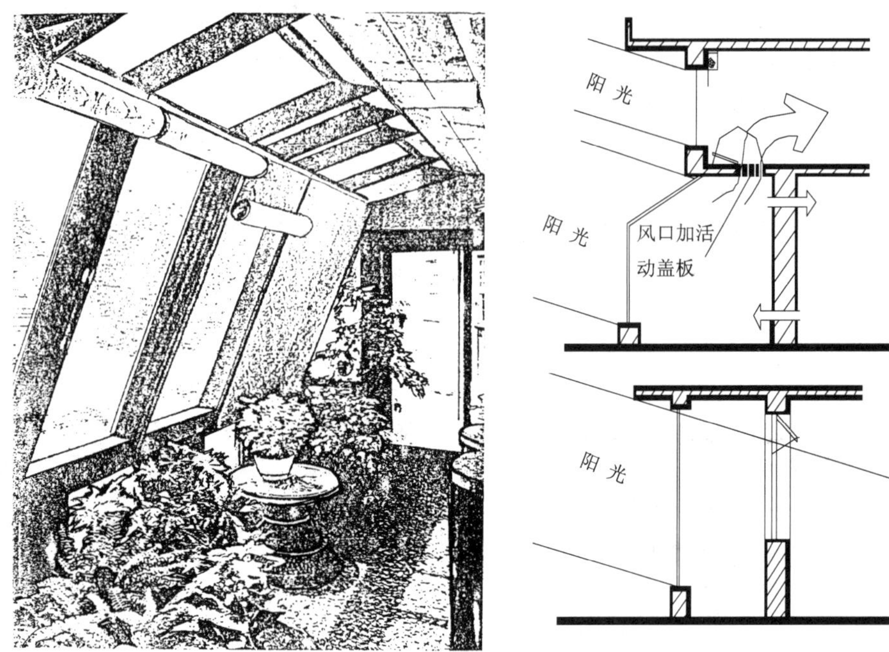

图5-14 附加阳光间采暖方式

阳光间可作为生活空间，也可作为阳光走廊或门斗，阳光间内种植蔬菜和花草，可美化环境增加经济效益，缩短回收年限。附加阳光间使建筑外观立面增加造型美感，热效率略高于集热蓄热墙式，但是温室造价较高，在温室内种植物，湿度大，有气味，使温室的利用受到限制。

5.1.2.6 组合式

由上述两种或两种以上的基本类型组合而成的被动式太阳房称之为组合式太阳房。不同的采暖方式结合使用，可以形成互为补充、更为有效的被动式太阳能采暖系统。实际建成的太阳房大多为组合式。

5.1.3 存在的问题及解决措施

被动式太阳能房的推广利用已经历了近三十年的发展历程，积累了一定的经验，但也存在很多问题，目前我国被动式太阳房发展中存在的主要问题是：

（1）整体上缺乏太阳能行业与建筑行业的相互配合

当前，太阳能与建筑相结合已成为太阳能行业和建筑行业共同设计研究的课题，如何在建筑这个载体上更加合理充分的利用太阳能资源，使太阳能的利用能够规范、有机的与建筑相结合，已成为业内人士探讨的话题和需要研究的课题。由于整体上缺乏太阳能行业与建筑行业的相互配合，建造被动太阳房会增大建筑投资，有时还要增大建筑的负荷。因此被动太阳房技术不能孤立于建筑功能、结构、美学等因素之外，且不能影响了太阳能建筑一体化的进程。

对此，需要加强从事太阳能行业与建筑行业相关人员的相互配合，对太阳能行业、建筑行业、房地产开发商、设计院等单位的设计、施工、管理等人员进行建筑行业和太阳能行业的相关知识的培训、技术交流。使太阳房的设计和建造与建筑真正结合起来，变成建筑师的设计思想和理念，将太阳房建造纳入建筑规范和标准，在一定程度上达到快速发展和实现商业化。

（2）被动太阳房集热构件还未形成工厂化、标准化、规模化生产

被动太阳房集热构件的工厂化、标准化、规模化生产一直没有被突破，也是影响太阳能建筑推广的主要原因。

鼓励企事业单位和个人安装和使用太阳能建筑应用设施，鼓励房地产开发企业设计安装太阳能应用设施，加强太阳房集热构件产品培训，提高生产企业对太阳能集热构件生产的积极性，鼓励和引导生产企业对太阳能集热构建的工厂化、标准化和规模化生产。

（3）太阳房新型建筑材料尚待进一步开发

新型建筑材料的研究与发展制约了太阳房的推广。目前我国建材市场上较少看到非常适合太阳能建筑的新型透光、保温、储热等水平高又价格低廉的建筑材料。其次是相关的透光隔热材料、带涂层的控光玻璃、节能窗等没有商业化，使太阳房的水平受到限制。

鼓励企业加强太阳能建筑应用的自主创新、技术进步和产品升级换代，开发太阳房的新型材料、构件，做到“因地制宜”、“就地取材”，利用当地的资源。例如在农民住宅中，选用麦糠、锯末和秸秆等有机保温材料。另外，要解决活动保温部件的便捷操纵方法和边缘密封构造。“七五”、“八五”时期曾研制开发了多种保温窗帘，包括操控装置。实际上，窗外保温帘板可兼做多种用途，包括隔音、保温和防盗，今后还需进一步开发自主产权的产品。

（4）太阳能建筑施工及施工质量问题

太阳能建筑施工相对比较复杂，施工质量的好坏严重影响它的集热效果，也因此影响了它的推广利用。

太阳房的施工需要执行普通建筑有关的施工规范、规程之外，还要按照太阳房的特殊要求进行施工。太阳房的验收应按照《被动式太阳房热工技术条件和测试方法》(GB/T 15405—2006）执行。

（5）政策扶持和宣传力度不够

政策扶持力度不够，没有一个奖惩分明的有效政策，虽然媒体等积极推广宣传，但太阳能建筑的一次性投入成本相对较高，国家财政应采取相应的奖励措施，通过经济手段的介入，提高建设单位推广使用太阳能建筑的热情和积极性。

通过政府主管部门制定鼓励新能源利用的法律文件和扶持措施，以及在经济上采取有效措施，在太阳房研究方面投入大量经费，同时通过对太阳能系统买主减税的优惠办法，来促进太阳能建筑的发展，以期加强对太阳能建筑的研究、设计优化、材料和房屋部件结构的产品开发合应用，以及真正形成商业运作的房地产开发，在国内形成完整的太阳能建筑产业化体系。

加强太阳房利用的宣传教育，提高人们对开发利用太阳能和其他可再生能源重要性的认识。由政府主管部门负责组织实施及提供技术支持，充分利用现有的科研成果，加快太阳房发展步伐。

（6）缺乏维护与管理

太阳房的运行与普通房有相同之处，但是也存在着其特殊的问题，由于集热构件的标

准化设计、工厂化生产等一系列问题至今还没有很好的解决，以往推广的太阳房在运行中容易出现的问题有：一是房屋主体使用过程中出现的问题，即房屋主体构件，包括基础、墙体、屋面、梁板等构件；二是太阳房热工性能，主要是集热系统出现的故障，包括集热密封窗损坏漏风、吸热板锈蚀、涂层脱落、透光面破损、集热墙内积灰等，以及保温部位损坏，包括材料浸水受潮、墙面开裂渗透等。

对太阳房用户加强太阳房知识的宣传，增强用户对太阳房的维护和管理知识的培训。

5.1.4 国内研究现状及评价

我国“六五”、“七五”、“八五”以及“十一五”的国家科技攻关项目，为被动式太阳房在我国的普及推广奠定了坚实的技术基础。这些科研项目的攻关内容，涉及了被动式太阳房的各个领域，既有基础理论研究、模拟试验、热工参数分析、设计优化，又有材料、构件的开发和示范工程建设。“十一五”的“村镇建筑太阳能综合利用关键技术研究”又将村镇建筑太阳能采暖的主动和被动相结合结合作为关键技术进行研究，进一步推进被动太阳房的发展。

在基础理论方面，通过对太阳房传热机理的分析，建立了太阳房热过程的动态物理、数学模型，编制了模拟计算软件，利用 DOE-2、Energy Plus、Energy-10 和 TRNSYS 等模拟计算软件及模拟试验验证，对影响太阳房热性能的相关参数进行了灵敏度分析和优化计算，并在对已建成的试验和示范太阳房所作的大量试验、测试及工程实践以及利用太阳房采暖设计的 SLR 法计算太阳房的节能率等的基础上，提出了优化设计方法，热舒适性评价方法及技术经济分析等；编写出版了热工测试标准《被动式太阳房热工技术条件和测试方法》(GB/T 15405—2006)，出版了适合我国国情的《被动式太阳房热工设计手册》。

在工程设计技术方面，形成了一整套有中国特色的被动太阳房设计技术，相继出版了《被动式太阳房的设计与建造》和《中国被动式太阳能采暖卫生院》等书籍，各省、各地区也针对地域特点和居住习惯的设计技术措施，相继出版了多册被动太阳房实例汇编和设计图集，如《被动式太阳能采暖乡镇住宅通用设计试用图集》、《甘肃省被动式采暖太阳房通用设计图集》、《内蒙古被动式采暖太阳房通用设计图集》和《内蒙古采暖太阳房建筑构造图集》等，从而满足了不用地区、不同档次和不同经济条件用户的需求。

太阳房建筑材料的开发利用方面，主要在太阳房的透光、保温和蓄热材料等方面有了一定的成绩。透光材料上，除了玻璃，还对高分子及复合增强透光材料进行了研究；保温方面，对墙体、屋顶、地面的保温措施因地制宜地创造了多种具有中国特色的形式，如在农民住宅中，利用麦糠装在塑料袋中、选用掺10%生石灰作钙化防腐处理的锯末、秸秆等有机保温材料。特别在利用中国建筑物重质结构较多的特性来解决被动式太阳房室温波动大的问题上有所突破，创造了结合中国国情的保温窗帘、门窗密封、玻璃贴膜等技术，改进窗和遮光装置的特性和效率等。在太阳房的构造方面，创造了花格蓄热墙、快速集热墙等新型的采暖构造方式。

在示范工程的建设方面，建成了数百栋示范房屋，而且地域分布很广，有西北地区的甘肃、陕西、青海、西藏，华北地区的内蒙古、河北、京津两市，东北地区的辽宁，还有华中地区的河南和华东地区的山东等。这些太阳房的建筑类型，大部分为农村住宅和乡镇中、小学，也有办公楼、商店、宾馆、医院、邮电所、公路道班房和城市住宅等，几乎覆盖了除工业用建筑物以外的所有民用建筑，包括单层和多层建筑，以及带有我国典型地域特点的窑洞等，为各个不同地区的太阳房建设树立了样板。

5.2 太阳能热水系统

5.2.1 基本原理与分类

太阳能热水系统是利用温室原理，将太阳辐射能转变为热能，并向冷水传递热量，从而获得热水的一种系统。太阳能热水系统由集热器、蓄热水箱、循环管道、支架、控制系统及相关附件组成，必要时需要增加辅助热源。

5.2.1.1 太阳能热水系统分类

太阳能热水系统根据实际用途，分为小容量的家庭使用的太阳能热水系统（通常称之为家用太阳能热水系统）和供大型浴室、住宅及酒店等建筑集中使用的大容量的太阳能热水系统（或称之为太阳能热水工程）。这两种系统之间没有根本区别，只是前者的水容量比较小，根据国家标准规定贮热水箱水容量600L以下为家用太阳能热水系统，用户可以直接购买的产品，安装后即可使用；后者是根据用户对水温、水量的需求，对建筑物的实际情况进行了解后，进行系统设计之后进行安装施工，验收通过之后才能交付使用的太阳能热水系统。

太阳能热水系统根据太阳集热系统与太阳热水供应系统的关系分为直接式系统（一次循环系统）和间接式系统（也称二次循环系统）。直接式系统是指在太阳集热器中直接加热水供给用户的系统；间接式系统是指在太阳集热器中加热某种传热工质，再利用该传热工质通过热交换器加热水供给用户的系统。由于热交换器阻力较大，间接式系统一般采用强制循环系统。考虑到用水卫生和防冻等因素，一般推荐采用间接式系统。

太阳能热水系统按有无辅助热源分为有辅助热源系统和无辅助热源系统。有辅助热源系统是指太阳能和其他水加热设备联合使用提供热水，在没有太阳能时，仅依靠系统配备的其他能源的水加热设备也能提供建筑物所需热水的系统。这里必须强调的是，在需要保证生活热水供应质量的场合，辅助热源是必不可少的。无辅助热源系统是指仅依靠太阳能来提供热水的系统，该系统中没有其他水加热设备，在没有太阳能的情况下，系统无法产出热水。

太阳能热水系统按水箱与集热器的关系分为紧凑式系统、分离式系统和闷晒式系统。闷晒式系统是指集热器和贮水箱结合为一体的系统；紧凑式系统是指集热器和贮水箱相互独立，但贮水箱直接安装在太阳集热器上或相邻位置上的系统；分离式系统是指贮水箱和太阳集热器之间分开一定距离安装的系统。在与建筑工程结合同步设计的太阳热水系统中，使用的系统主要为分离式。

太阳能热水系统按供热水范围分为集中供热水系统，局部供热水系统。集中供热水系统是指为几幢建筑、单幢建筑或多个用户供水的系统。局部供热水系统是指为建筑物内某一局部单元或单个用户供热水的系统。

太阳能热水系统按系统是否承压分为承压太阳能热水系统和非承压太阳能热水系统。

5.2.1.2　太阳能热水系统运行方式

太阳能热水系统按太阳集热系统运行方式分为自然循环系统、直流式系统和强制循环系统。

（1）自然循环系统

自然循环系统是指利用太阳能使系统内传热工质在集热器与贮水箱之间或集热器与换热器之间自然循环加热的系统。系统循环的动力为液体温度差引起的密度差导致的热虹吸作用。由于间接式系统的阻力较大，热虹吸作用不能提供足够压头，自然循环系统一般为直接系统。

通常采用的自然循环系统一般可分为两种类型：自然循环系统（图5-15）和自然循环定温放水系统（图5-16）。在自然循环系统中，贮热水箱中的水在热虹吸作用下通过集热器被不断加热，通过自来水的压力顶至热用户使用。自然循环定温放水系统多设一个可以放在集热器下部的供热水箱，原有贮热水箱体积可以大大缩小，当贮热水箱中水温达到设定值时，利用自来水压力将贮热水箱中的热水顶到供热水箱中待用。自然循环定温放水系统安装和布置较自然循环系统容易，但造价有所提高。自然循环系统可以采用非承压的太阳能集热器，集热系统的造价较低。由于自然循环系统的贮水箱必须高于集热器以提供热虹吸动力，这种系统在与建筑结合的设计中贮水箱的位置不好布置，使用较少。

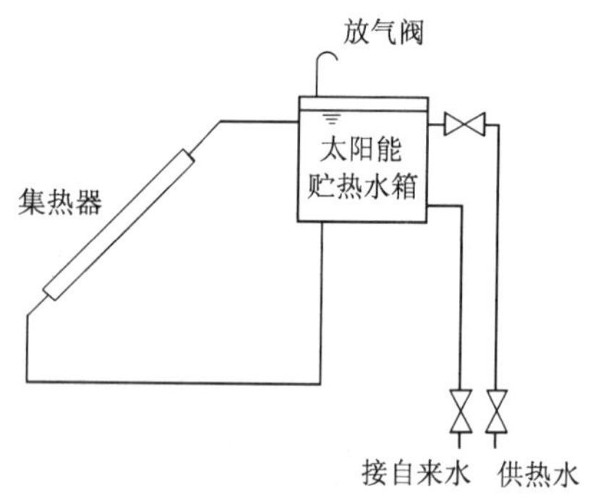

图5-15　自然循环系统

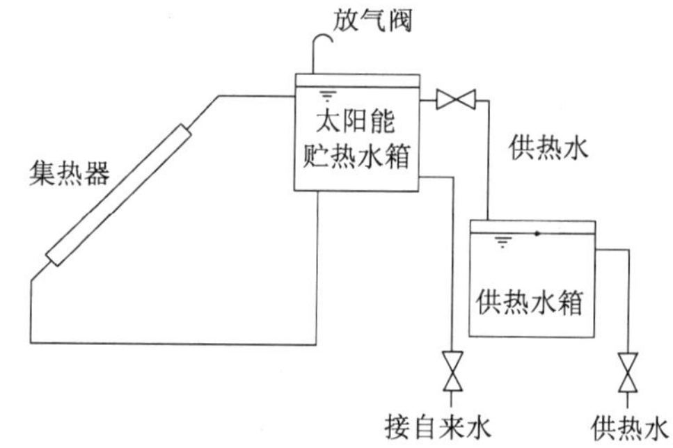

图5-16　自然循环定温放水系统

（2）直流系统

直流系统是利用控制器使传热工质在自来水压力或其他附加动力作用下，直接流过集热器加热的系统（图5-17）。直流系统一般采用变流量定温放水的控制方式，当集热系统出水温度达到设定温度时，水阀打开，集热系统中的热水流入热水贮水箱中；当集热系统出水温度低于设定温度时，水阀关闭，补充的冷水停留在集热系统中吸收太阳能被加热。直流系统只能是直接系统，所采用的集热器也可以是非承压的，集热系统造价较低，在国内的中小型建筑中使用较多。由于存在生活用水易被污染、集热器易结垢和防冻问题不易解决的缺点，国外较少使用。

（3）强制循环系统

强制循环系统由水泵驱动强制循环。强制循环系统的系统形式较多，主要有直接和间接两种。其中直接系统主要可以分为单水箱方式（图5-18）和双水箱方式（图5-19），一般采用变流量定温放水的控制方式或温差循环控制方式；间接系统主要也可以分为单水箱方式（图5-20）和双水箱方式（图5-21），控制方式以温差循环控制方式为主。强制循环系统一般要求采用能承压的太阳集热器，是与建筑结合的太阳能热水系统的发展方向。

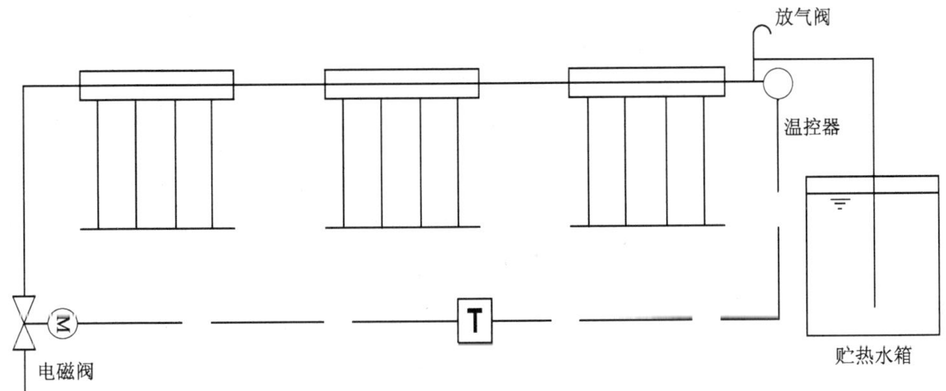

图 5-17 直流系统

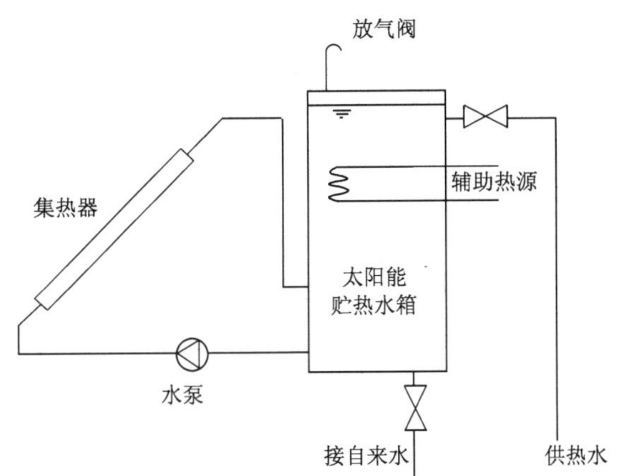

图 5-18 强制循环直接单水箱系统

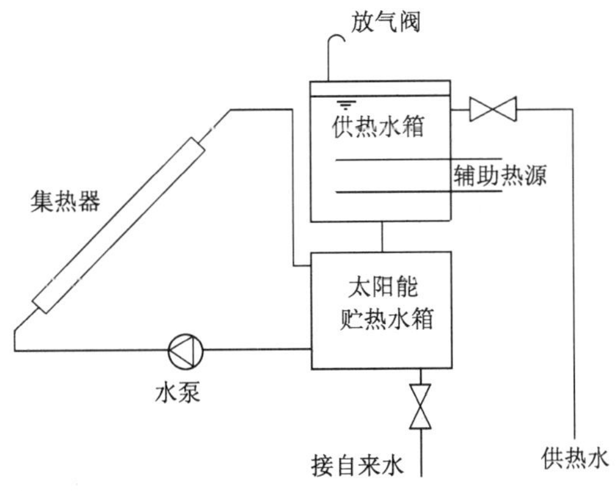

图 5-19 强制循环直接双水箱系统

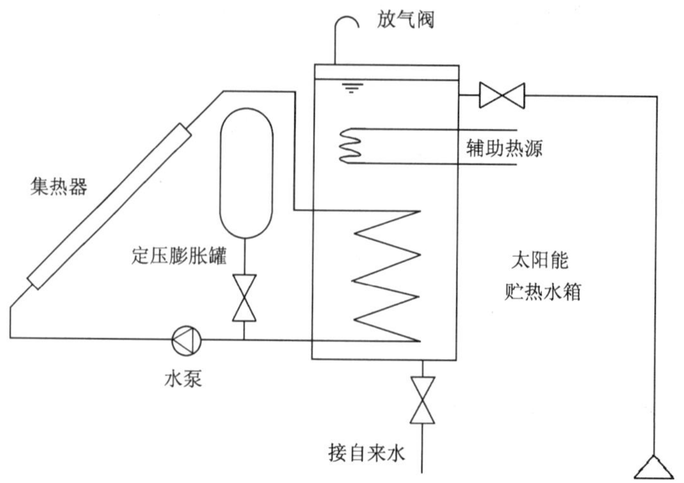

图5-20 强制循环间接单水箱系统

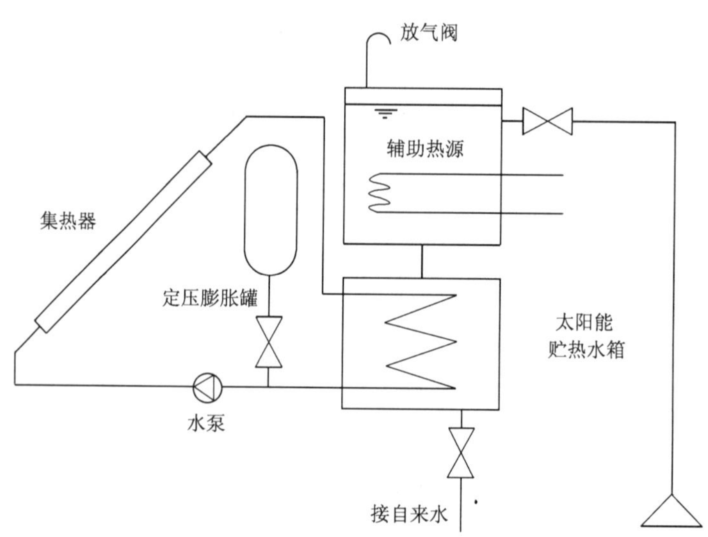

图5-21 强制循环间接双水箱系统

5.2.2 特点及技术要点

根据具体情况将各种基本热水供应系统和太阳能集热系统进行优化组合，设计成综合的太阳能热水系统方案。本书对不同形式的太阳能集热系统和热水供应系统的特点、流程和适用性进行了总结，其中集中供热水系统列于表5-1，分户供热水系统列于表5-2。工程设计人员和相关人员可以根据项目的实际情况和具体要求，从中选择适宜的系统形式，也可以根据太阳能集热系统和热水供应系统的特点，按照实际需要组合出新的系统形式来应用。为表述方便，在后文中我们将双水箱系统中太阳能集热系统的贮水箱简称为贮热水箱，热水供应系统的贮水箱简称为供热水箱。

常用集中供热水太阳能热水系统汇总表 **表 5-1**

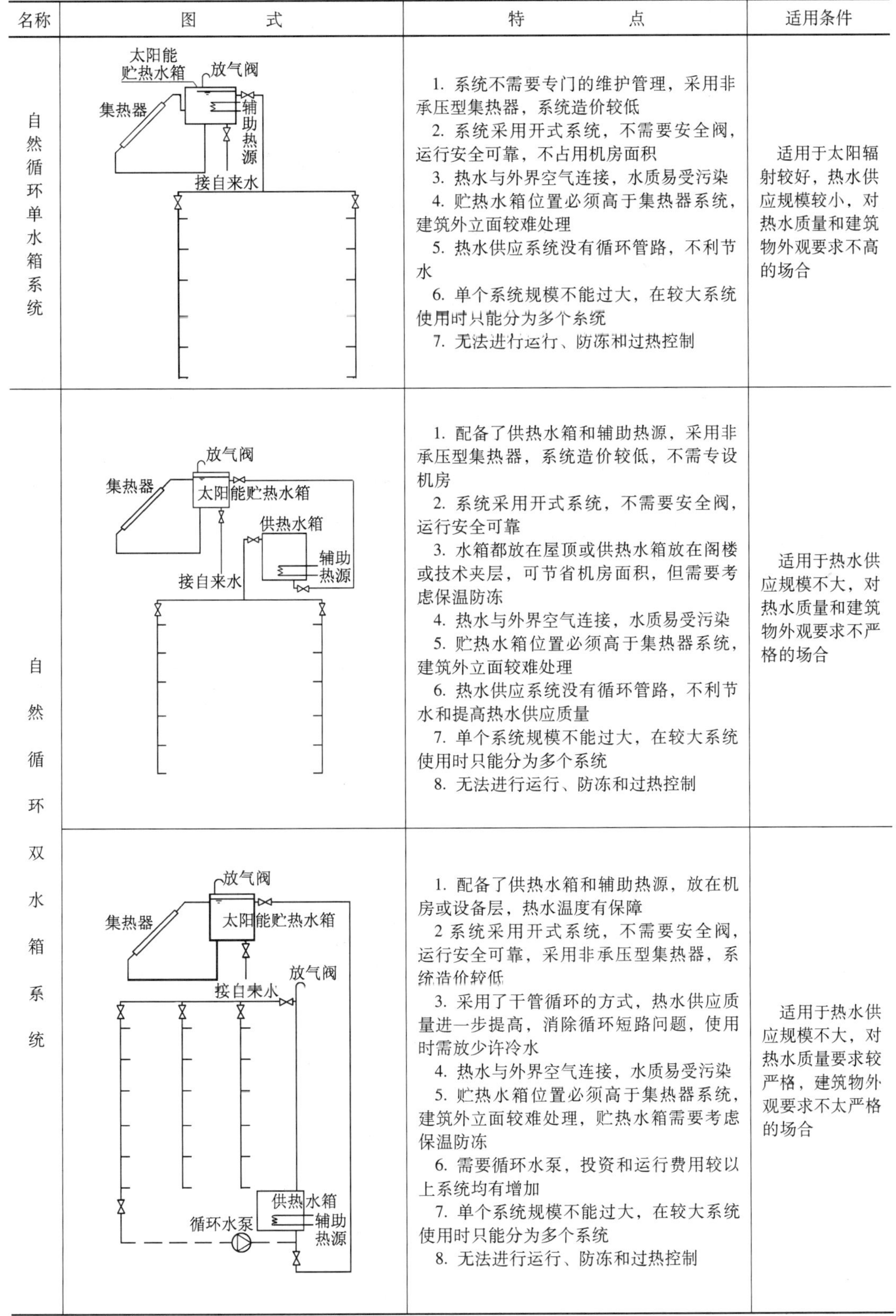

名称	图式	特点	适用条件
自然循环单水箱系统	太阳能贮热水箱；放气阀；集热器；辅助热源；接自来水	1. 系统不需要专门的维护管理，采用非承压型集热器，系统造价较低 2. 系统采用开式系统，不需要安全阀，运行安全可靠，不占用机房面积 3. 热水与外界空气连接，水质易受污染 4. 贮热水箱位置必须高于集热器系统，建筑外立面较难处理 5. 热水供应系统没有循环管路，不利节水 6. 单个系统规模不能过大，在较大系统使用时只能分为多个系统 7. 无法进行运行、防冻和过热控制	适用于太阳辐射较好，热水供应规模较小，对热水质量和建筑物外观要求不高的场合
自然循环双水箱系统	放气阀；集热器；太阳能贮热水箱；供热水箱；辅助热源；接自来水	1. 配备了供热水箱和辅助热源，采用非承压型集热器，系统造价较低，不需专设机房 2. 系统采用开式系统，不需要安全阀，运行安全可靠 3. 水箱都放在屋顶或供热水箱放在阁楼或技术夹层，可节省机房面积，但需要考虑保温防冻 4. 热水与外界空气连接，水质易受污染 5. 贮热水箱位置必须高于集热器系统，建筑外立面较难处理 6. 热水供应系统没有循环管路，不利节水和提高热水供应质量 7. 单个系统规模不能过大，在较大系统使用时只能分为多个系统 8. 无法进行运行、防冻和过热控制	适用于热水供应规模不大，对热水质量和建筑物外观要求不严格的场合
	放气阀；集热器；太阳能贮热水箱；放气阀；接自来水；供热水箱；辅助热源；循环水泵	1. 配备了供热水箱和辅助热源，放在机房或设备层，热水温度有保障 2 系统采用开式系统，不需要安全阀，运行安全可靠，采用非承压型集热器，系统造价较低 3. 采用了干管循环的方式，热水供应质量进一步提高，消除循环短路问题，使用时需放少许冷水 4. 热水与外界空气连接，水质易受污染 5. 贮热水箱位置必须高于集热器系统，建筑外立面较难处理，贮热水箱需要考虑保温防冻 6. 需要循环水泵，投资和运行费用较以上系统均有增加 7. 单个系统规模不能过大，在较大系统使用时只能分为多个系统 8. 无法进行运行、防冻和过热控制	适用于热水供应规模不大，对热水质量要求较严格，建筑物外观要求不太严格的场合

续表

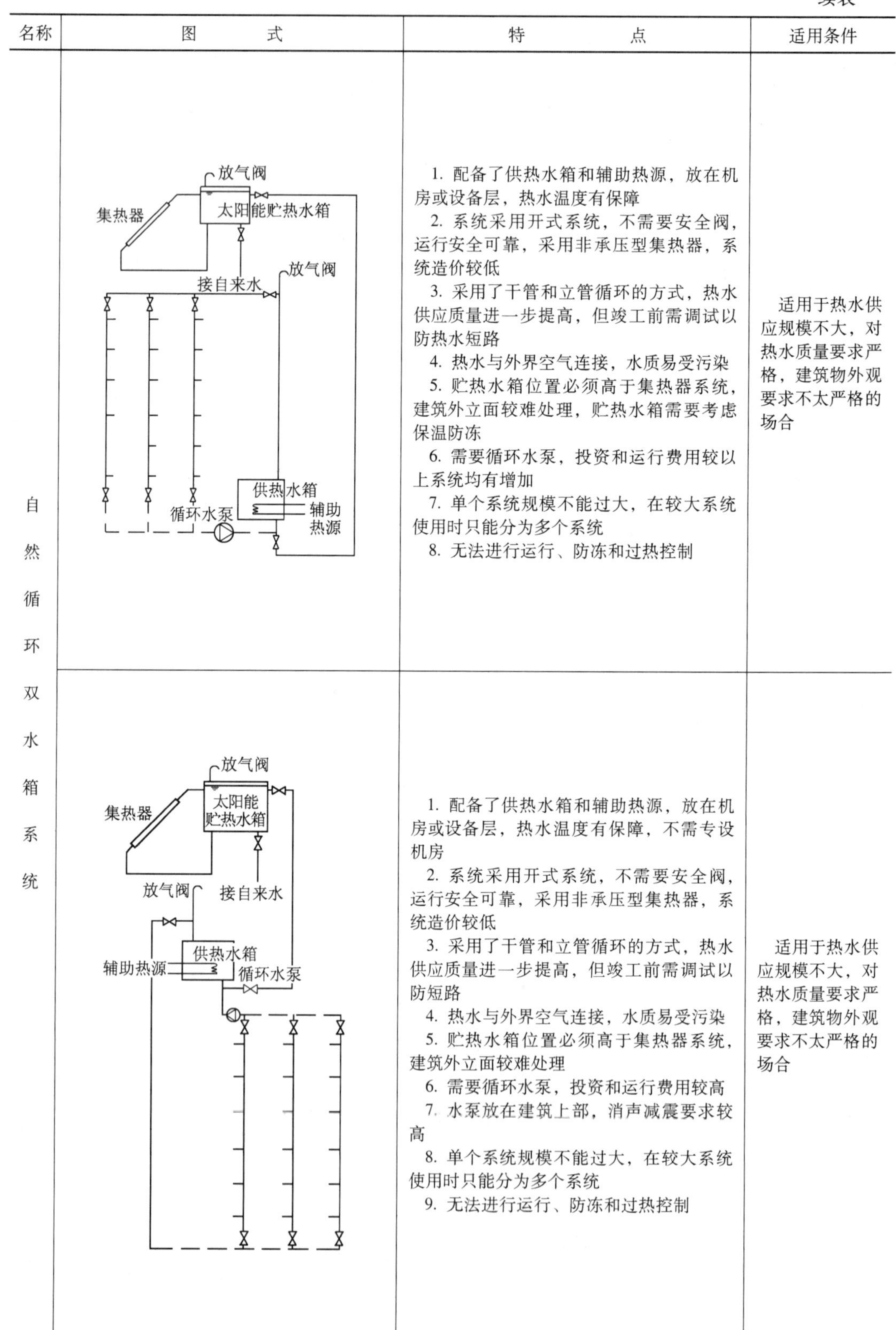

名称	图式	特点	适用条件
自然循环双水箱系统		1. 配备了供热水箱和辅助热源，放在机房或设备层，热水温度有保障 2. 系统采用开式系统，不需要安全阀，运行安全可靠，采用非承压型集热器，系统造价较低 3. 采用了干管和立管循环的方式，热水供应质量进一步提高，但竣工前需调试以防热水短路 4. 热水与外界空气连接，水质易受污染 5. 贮热水箱位置必须高于集热器系统，建筑外立面较难处理，贮热水箱需要考虑保温防冻 6. 需要循环水泵，投资和运行费用较以上系统均有增加 7. 单个系统规模不能过大，在较大系统使用时只能分为多个系统 8. 无法进行运行、防冻和过热控制	适用于热水供应规模不大，对热水质量要求严格，建筑物外观要求不太严格的场合
		1. 配备了供热水箱和辅助热源，放在机房或设备层，热水温度有保障，不需专设机房 2. 系统采用开式系统，不需要安全阀，运行安全可靠，采用非承压型集热器，系统造价较低 3. 采用了干管和立管循环的方式，热水供应质量进一步提高，但竣工前需调试以防短路 4. 热水与外界空气连接，水质易受污染 5. 贮热水箱位置必须高于集热器系统，建筑外立面较难处理 6. 需要循环水泵，投资和运行费用较高 7. 水泵放在建筑上部，消声减震要求较高 8. 单个系统规模不能过大，在较大系统使用时只能分为多个系统 9. 无法进行运行、防冻和过热控制	适用于热水供应规模不大，对热水质量要求严格，建筑物外观要求不太严格的场合

续表

名称	图式	特点	适用条件
直流单水箱系统	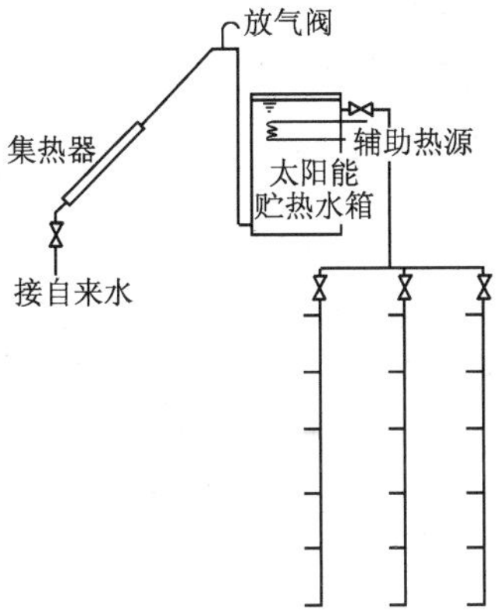 放气阀 集热器 辅助热源 太阳能 贮热水箱 接自来水	1. 水箱可放在阁楼、技术夹层或地下室，不影响建筑外观设计，系统阻力受自来水上水压力限制，水箱位置应高于用水点位置 2. 系统采用开式系统，不需要安全阀，运行安全可靠 3. 热水与外界空气连接，水质易受污染 4. 采用定温放水方式，供水不连续，放水点温度设置需随太阳辐照变化调节，运行管理较麻烦 5. 热水供应系统没有循环管路，不利节水和提高热水供应质量 6. 自来水硬度较高的地区需要对自来水上水进行软化处理 7. 无法进行防冻控制	适用于热水供应规模较小，对热水质量要求不高，建筑物外观要求严格，自来水硬度较小，水质要求和防冻要求不高的场合
直流双水箱系统	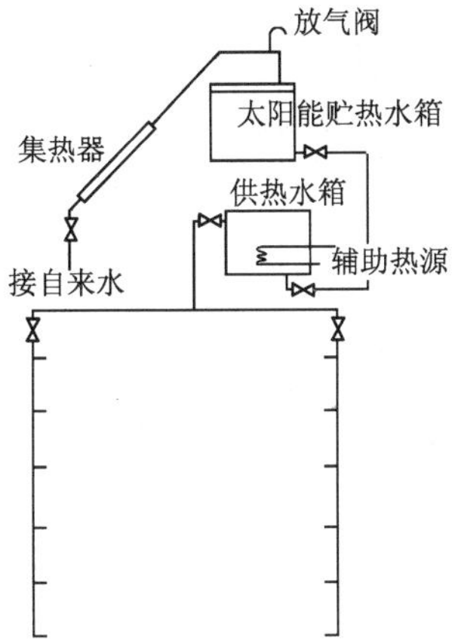 放气阀 太阳能贮热水箱 集热器 供热水箱 辅助热源 接自来水	1. 配备了供热水箱和辅助热源，放在阁楼或技术夹层，热水温度有较大保障，不需专设机房 2. 水箱放置在阁楼或技术夹层，不影响建筑外观设计，系统阻力受自来水上水压力限制，可以在较大规模的太阳能热水系统中应用 3. 系统采用开式系统，不需要安全阀，运行安全可靠 4. 热水与外界空气连接，水质易受污染 5. 采用定温放水方式，供水不连续，放水点温度设置需随太阳辐照变化调节，运行管理较麻烦 6. 热水供应系统没有循环管路，不利节水和提高热水供应质量	适用于热水供应规模较大，对热水质量要求不高，建筑物外观要求严格，水质要求和防冻要求不高的场合
	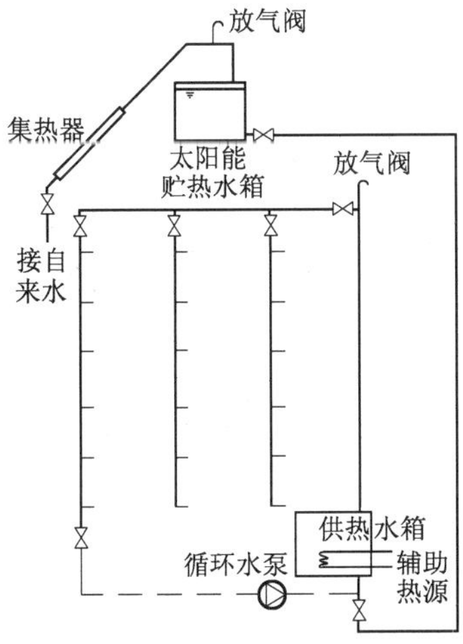 放气阀 集热器 太阳能 贮热水箱 放气阀 接自来水 供热水箱 循环水泵 辅助热源	1. 配备了供热水箱和辅助热源，热水温度有较大保障 2. 供热水箱放在地下机房，不影响建筑外观设计，系统阻力受自来水上水压力限制，可以在较大规模的太阳能热水系统中应用 3. 系统采用开式系统，不需要安全阀，运行安全可靠 4. 采用了干管循环的方式，水供应质量进一步提高，消除循环短路问题，使用时需放少许冷水 5. 热水与外界空气连接，水质易受污染 6. 采用定温放水方式，供水不连续，放水点温度设置需随太阳辐照变化调节，运行管理较麻烦 7. 需要循环水泵，投资和运行费用较高，且需占用部分机房面积	适用于热水供应规模较大，对热水质量要求较高，建筑物外观要求严格，水质要求和防冻要求不高的场合

续表

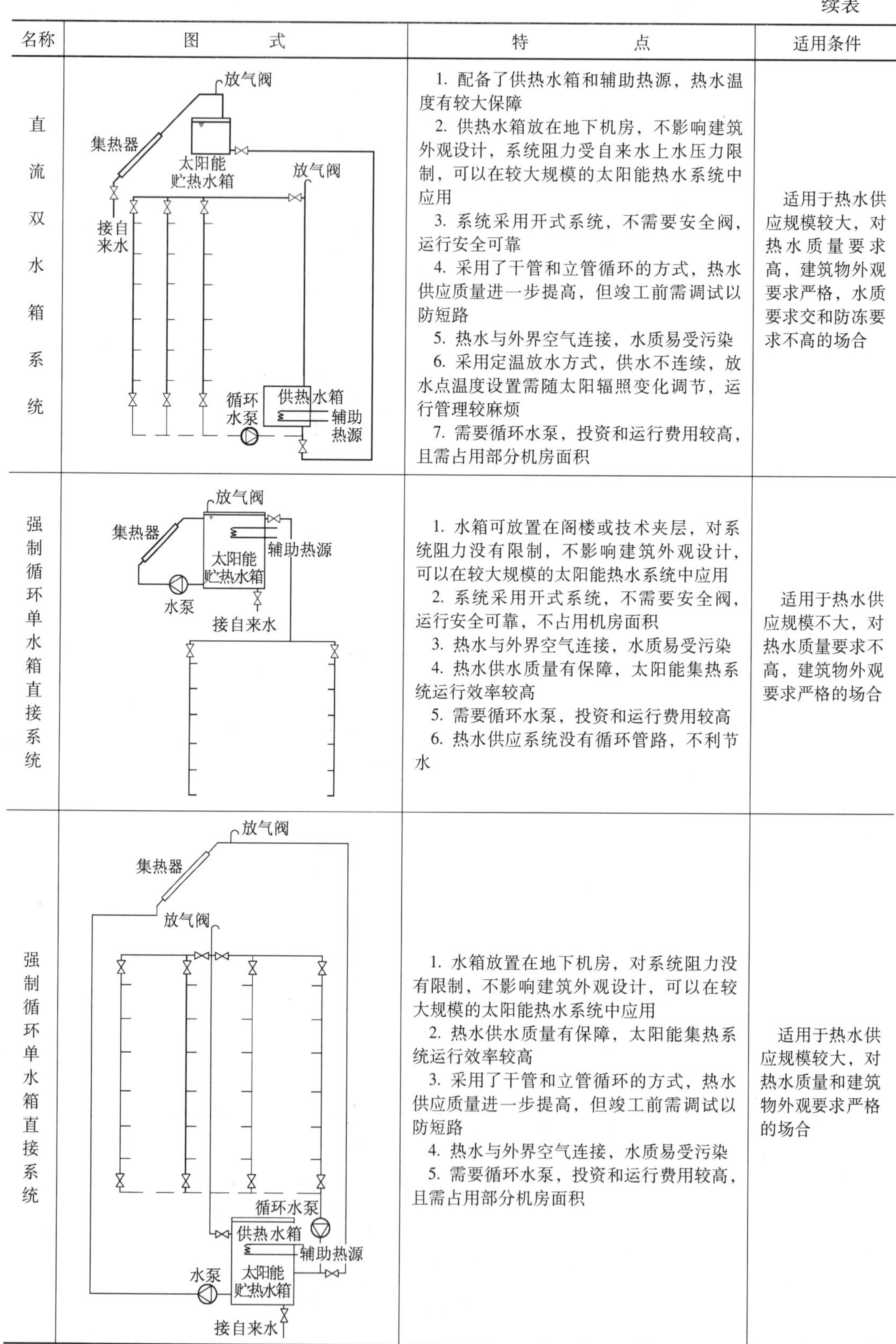

名称	图式	特点	适用条件
直流双水箱系统		1. 配备了供热水箱和辅助热源，热水温度有较大保障 2. 供热水箱放在地下机房，不影响建筑外观设计，系统阻力受自来水上水压力限制，可以在较大规模的太阳能热水系统中应用 3. 系统采用开式系统，不需要安全阀，运行安全可靠 4. 采用了干管和立管循环的方式，热水供应质量进一步提高，但竣工前需调试以防短路 5. 热水与外界空气连接，水质易受污染 6. 采用定温放水方式，供水不连续，放水点温度设置需随太阳辐照变化调节，运行管理较麻烦 7. 需要循环水泵，投资和运行费用较高，且需占用部分机房面积	适用于热水供应规模较大，对热水质量要求高，建筑物外观要求严格，水质要求交和防冻要求不高的场合
强制循环单水箱直接系统		1. 水箱可放置在阁楼或技术夹层，对系统阻力没有限制，不影响建筑外观设计，可以在较大规模的太阳能热水系统中应用 2. 系统采用开式系统，不需要安全阀，运行安全可靠，不占用机房面积 3. 热水与外界空气连接，水质易受污染 4. 热水供水质量有保障，太阳能集热系统运行效率较高 5. 需要循环水泵，投资和运行费用较高 6. 热水供应系统没有循环管路，不利节水	适用于热水供应规模不大，对热水质量要求不高，建筑物外观要求严格的场合
强制循环单水箱直接系统		1. 水箱放置在地下机房，对系统阻力没有限制，不影响建筑外观设计，可以在较大规模的太阳能热水系统中应用 2. 热水供水质量有保障，太阳能集热系统运行效率较高 3. 采用了干管和立管循环的方式，热水供应质量进一步提高，但竣工前需调试以防短路 4. 热水与外界空气连接，水质易受污染 5. 需要循环水泵，投资和运行费用较高，且需占用部分机房面积	适用于热水供应规模较大，对热水质量和建筑物外观要求严格的场合

续表

名称	图　　式	特　　点	适用条件
强制循环双水箱直接系统	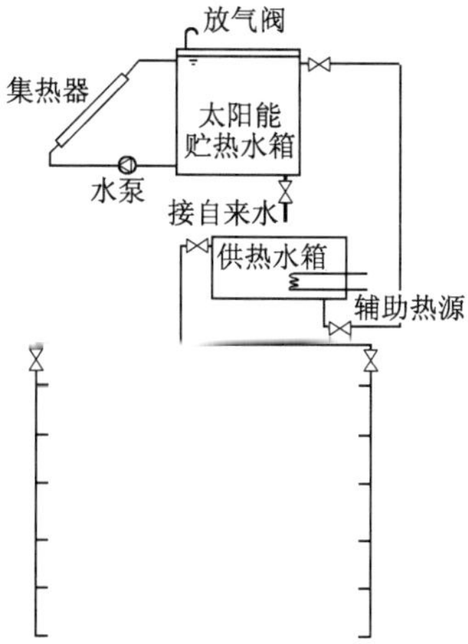	1. 水箱可放置在阁楼或技术夹层，对系统阻力没有限制，不影响建筑外观设计，可以在较大规模的太阳能热水系统中应用 2. 热水供水质量比较有保障，太阳能集热系统运行效率较高 3. 热水供应系统重力自流，需要太阳能集热系统循环水泵，但管路投资较低，不需专设机房 4. 热水与外界空气连接，水质易受污染 5. 热水供应系统没有循环管路，使用时需先放冷水，不利节水和提高热水供应质量	适用于热水供应规模大，对热水质量要求不高，建筑物外观要求严格的场合
	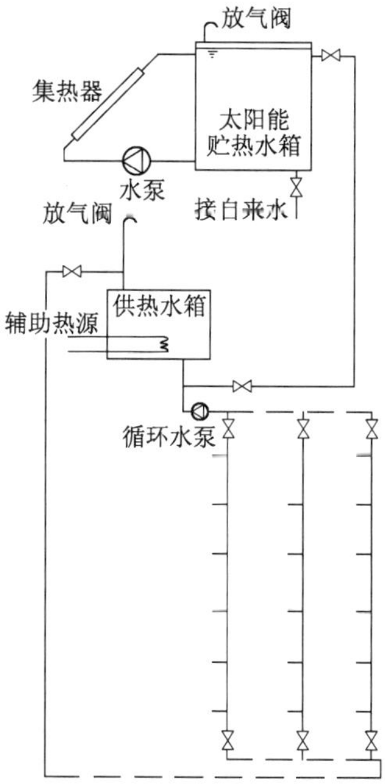	1. 水箱放置在阁楼或技术夹层，对系统阻力没有限制，不影响建筑外观设计，可以在较大规模的太阳能热水系统中应用 2. 热水供水质量有保障，太阳能集热系统运行效率较高 3. 水箱放在阁楼或技术夹层，不需专设机房，采用了干管和立管同程循环的方式，热水供应质量进一步提高，有利于消除管路热水短路 4. 热水与外界空气连接，水质易受污染 5. 需要循环水泵，投资和运行费用较高 6. 水泵放在建筑上部，消声减震要求较高	适用于热水供应规模大，对热水质量和建筑物外观要求严格的场合

续表

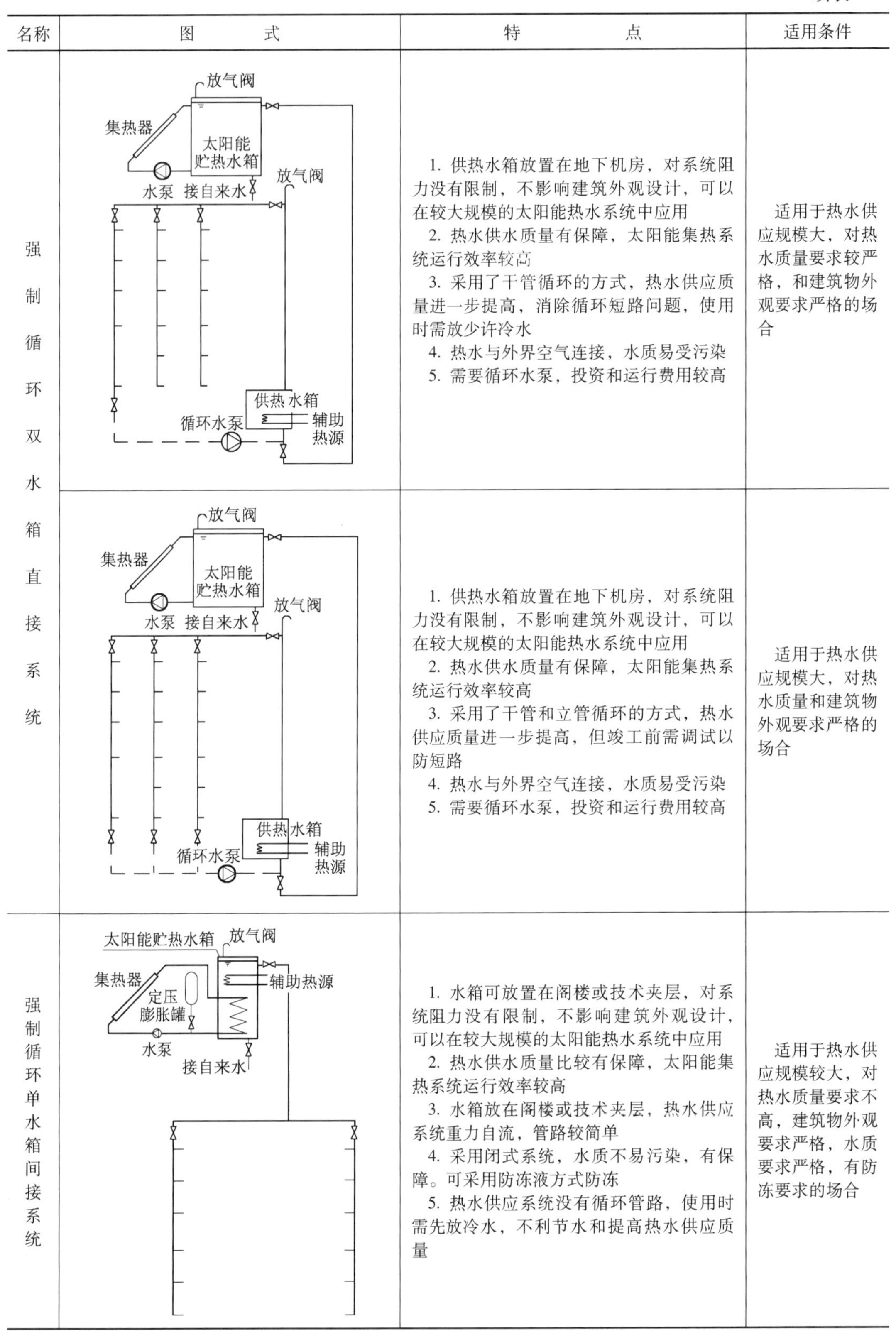

名称	图式	特点	适用条件
强制循环双水箱直接系统		1. 供热水箱放置在地下机房，对系统阻力没有限制，不影响建筑外观设计，可以在较大规模的太阳能热水系统中应用 2. 热水供水质量有保障，太阳能集热系统运行效率较高 3. 采用了干管循环的方式，热水供应质量进一步提高，消除循环短路问题，使用时需放少许冷水 4. 热水与外界空气连接，水质易受污染 5. 需要循环水泵，投资和运行费用较高	适用于热水供应规模大，对热水质量要求较严格，和建筑物外观要求严格的场合
		1. 供热水箱放置在地下机房，对系统阻力没有限制，不影响建筑外观设计，可以在较大规模的太阳能热水系统中应用 2. 热水供水质量有保障，太阳能集热系统运行效率较高 3. 采用了干管和立管循环的方式，热水供应质量进一步提高，但竣工前需调试以防短路 4. 热水与外界空气连接，水质易受污染 5. 需要循环水泵，投资和运行费用较高	适用于热水供应规模大，对热水质量和建筑物外观要求严格的场合
强制循环单水箱间接系统		1. 水箱可放置在阁楼或技术夹层，对系统阻力没有限制，不影响建筑外观设计，可以在较大规模的太阳能热水系统中应用 2. 热水供水质量比较有保障，太阳能集热系统运行效率较高 3. 水箱放在阁楼或技术夹层，热水供应系统重力自流，管路较简单 4. 采用闭式系统，水质不易污染，有保障。可采用防冻液方式防冻 5. 热水供应系统没有循环管路，使用时需先放冷水，不利节水和提高热水供应质量	适用于热水供应规模较大，对热水质量要求不高，建筑物外观要求严格，水质要求严格，有防冻要求的场合

续表

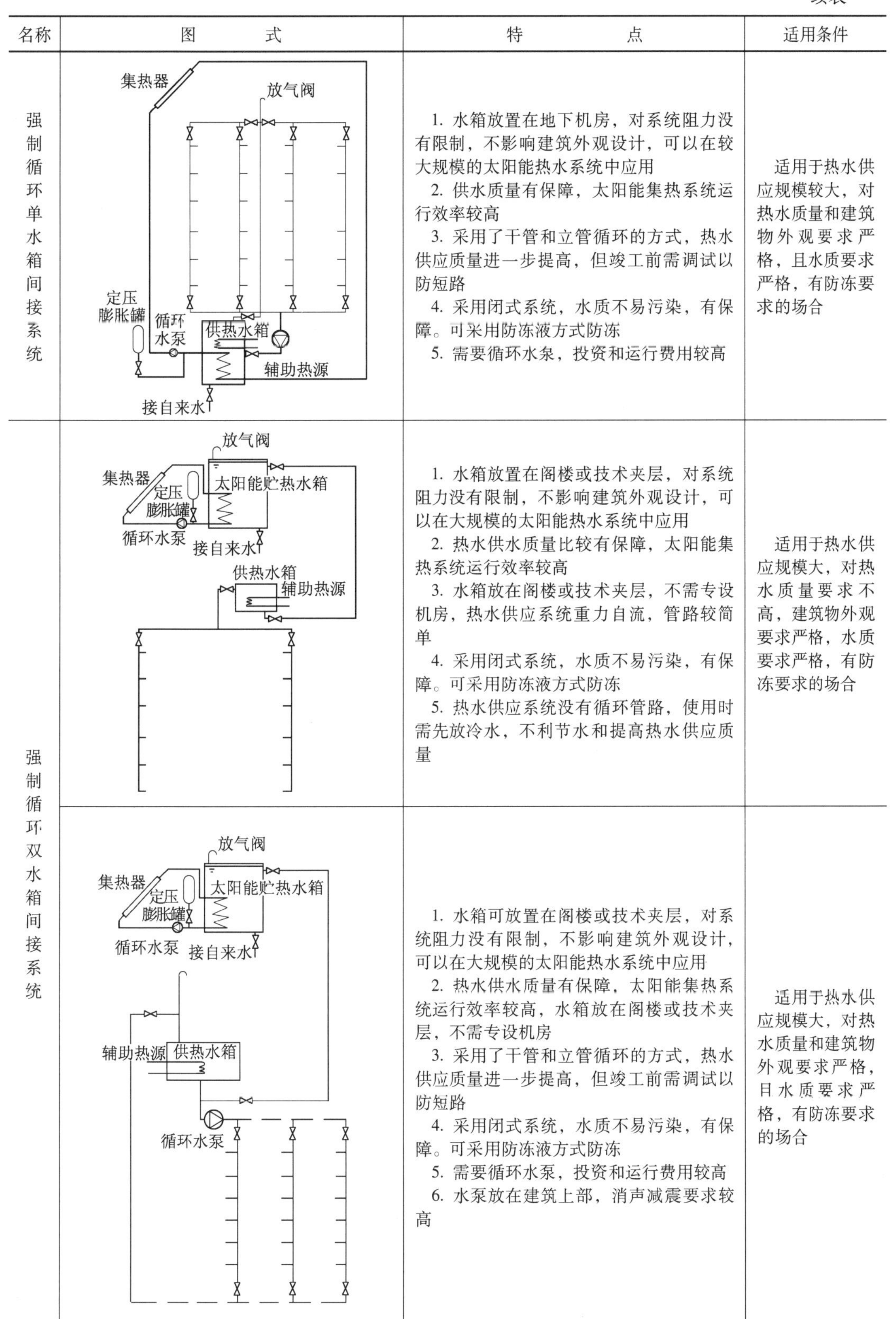

名称	图式	特点	适用条件
强制循环单水箱间接系统		1. 水箱放置在地下机房，对系统阻力没有限制，不影响建筑外观设计，可以在较大规模的太阳能热水系统中应用 2. 供水质量有保障，太阳能集热系统运行效率较高 3. 采用了干管和立管循环的方式，热水供应质量进一步提高，但竣工前需调试以防短路 4. 采用闭式系统，水质不易污染，有保障。可采用防冻液方式防冻 5. 需要循环水泵，投资和运行费用较高	适用于热水供应规模较大，对热水质量和建筑物外观要求严格，且水质要求严格，有防冻要求的场合
强制循环双水箱间接系统		1. 水箱放置在阁楼或技术夹层，对系统阻力没有限制，不影响建筑外观设计，可以在大规模的太阳能热水系统中应用 2. 热水供水质量比较有保障，太阳能集热系统运行效率较高 3. 水箱放在阁楼或技术夹层，不需专设机房，热水供应系统重力自流，管路较简单 4. 采用闭式系统，水质不易污染，有保障。可采用防冻液方式防冻 5. 热水供应系统没有循环管路，使用时需先放冷水，不利节水和提高热水供应质量	适用于热水供应规模大，对热水质量要求不高，建筑物外观要求严格，水质要求严格，有防冻要求的场合
		1. 水箱可放置在阁楼或技术夹层，对系统阻力没有限制，不影响建筑外观设计，可以在大规模的太阳能热水系统中应用 2. 热水供水质量有保障，太阳能集热系统运行效率较高，水箱放在阁楼或技术夹层，不需专设机房 3. 采用了干管和立管循环的方式，热水供应质量进一步提高，但竣工前需调试以防短路 4. 采用闭式系统，水质不易污染，有保障。可采用防冻液方式防冻 5. 需要循环水泵，投资和运行费用较高 6. 水泵放在建筑上部，消声减震要求较高	适用于热水供应规模大，对热水质量和建筑物外观要求严格，且水质要求严格，有防冻要求的场合

续表

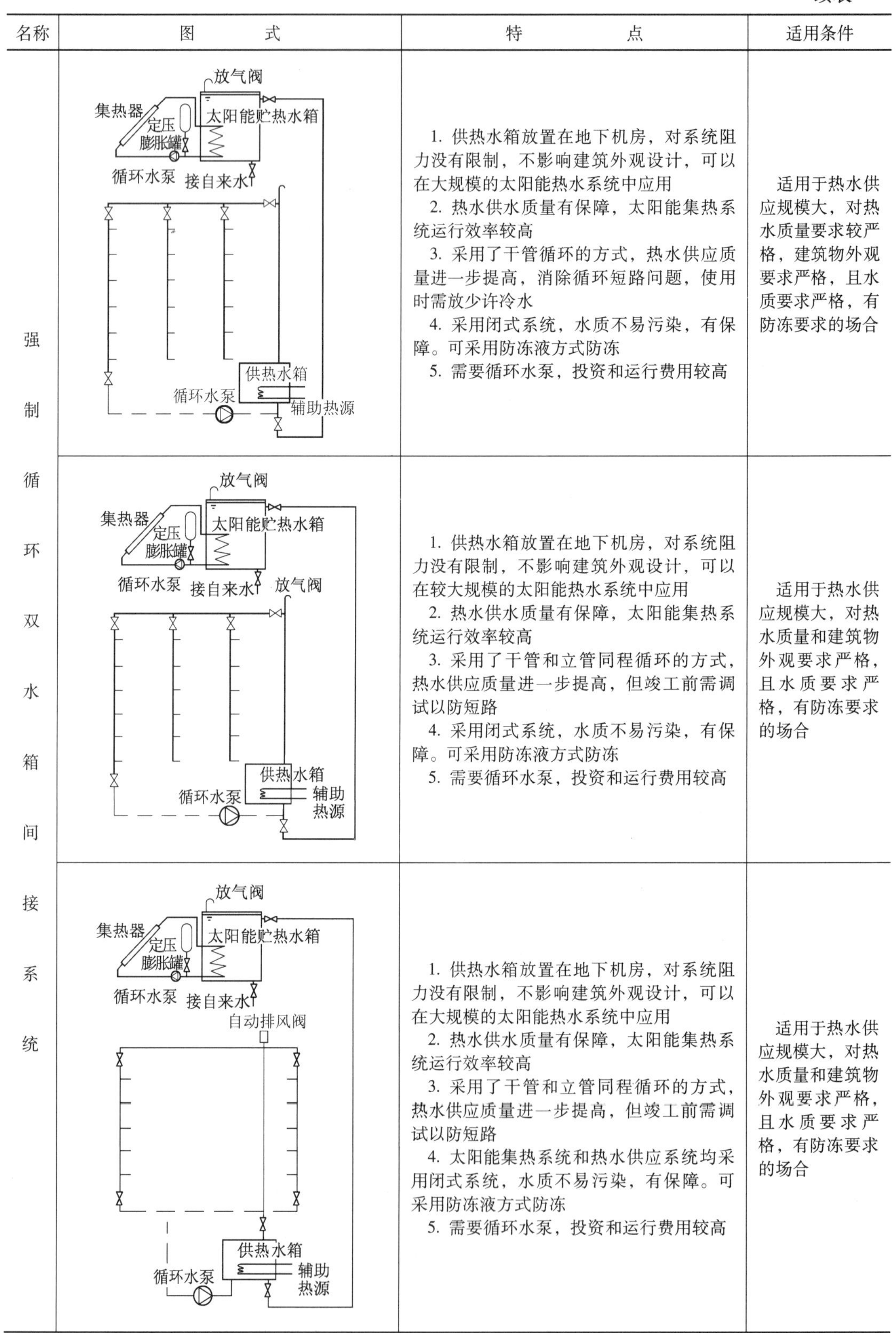

名称	图　　式	特　　点	适用条件
强制循环双水箱间接系统		1. 供热水箱放置在地下机房，对系统阻力没有限制，不影响建筑外观设计，可以在大规模的太阳能热水系统中应用 2. 热水供水质量有保障，太阳能集热系统运行效率较高 3. 采用了干管循环的方式，热水供应质量进一步提高，消除循环短路问题，使用时需放少许冷水 4. 采用闭式系统，水质不易污染，有保障。可采用防冻液方式防冻 5. 需要循环水泵，投资和运行费用较高	适用于热水供应规模大，对热水质量要求较严格，建筑物外观要求严格，且水质要求严格，有防冻要求的场合
		1. 供热水箱放置在地下机房，对系统阻力没有限制，不影响建筑外观设计，可以在较大规模的太阳能热水系统中应用 2. 热水供水质量有保障，太阳能集热系统运行效率较高 3. 采用了干管和立管同程循环的方式，热水供应质量进一步提高，但竣工前需调试以防短路 4. 采用闭式系统，水质不易污染，有保障。可采用防冻液方式防冻 5. 需要循环水泵，投资和运行费用较高	适用于热水供应规模大，对热水质量和建筑物外观要求严格，且水质要求严格，有防冻要求的场合
		1. 供热水箱放置在地下机房，对系统阻力没有限制，不影响建筑外观设计，可以在大规模的太阳能热水系统中应用 2. 热水供水质量有保障，太阳能集热系统运行效率较高 3. 采用了干管和立管同程循环的方式，热水供应质量进一步提高，但竣工前需调试以防短路 4. 太阳能集热系统和热水供应系统均采用闭式系统，水质不易污染，有保障。可采用防冻液方式防冻 5. 需要循环水泵，投资和运行费用较高	适用于热水供应规模大，对热水质量和建筑物外观要求严格，且水质要求严格，有防冻要求的场合

常用分户供热水太阳能热水系统汇总表 表 5-2

名称	图式	特点	适用条件
自然循环单水箱	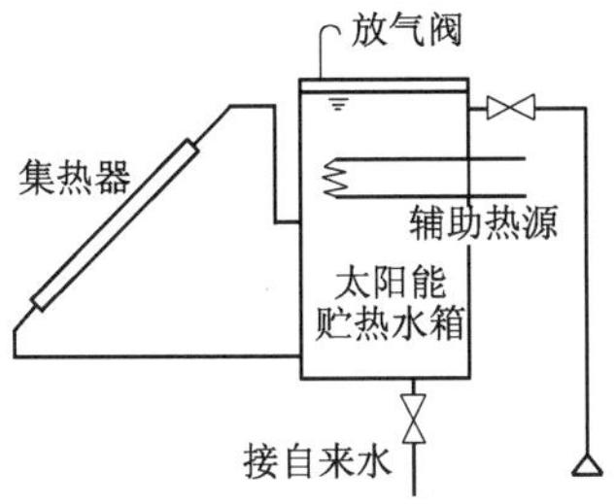	1. 除去辅助热源外，没有电力需求，系统不需要专门的维护管理 2. 系统采用开式系统，不需要安全阀，运行安全可靠 3. 热水与外界空气连接，水质易受污染 4. 贮热水箱位置必须高于集热器系统，建筑外立面较难处理 5. 热水供应系统没有循环管路，不利节水和提高热水供应质量	适用对热水质量和建筑物外观要求不太高的场合
直流式单水箱系统	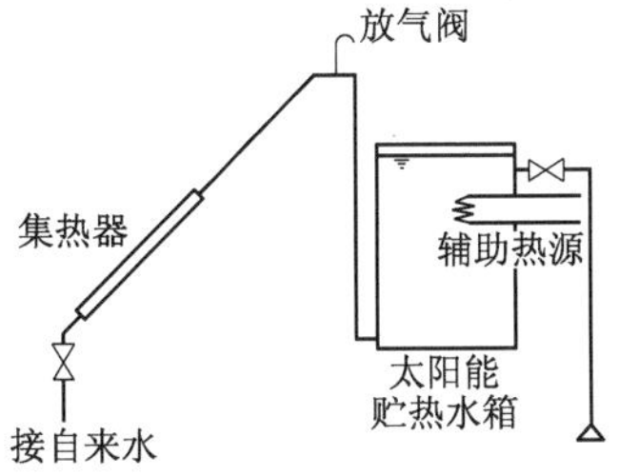	1. 水箱可放在阁楼、技术夹层或储藏间，不影响建筑外观设计，系统阻力受自来水上水压力限制 2. 系统采用开式系统，不需要安全阀，运行安全可靠 3. 热水与外界空气连接，水质易受污染 4. 采用定温放水方式，放水点温度设置需随太阳辐照变化调节，运行管理较麻烦 5. 热水供应系统没有循环管路，不利节水和提高热水供应质量	适用于建筑物外观要求严格，水质要求和防冻要求不高的场合
强制循环直接式单水箱系统	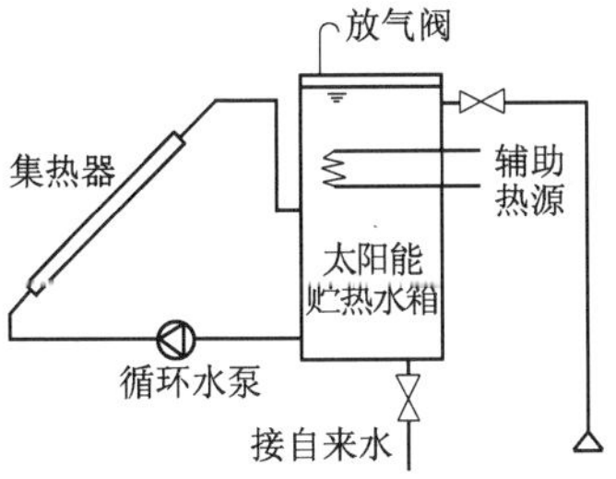	1. 水箱可放置在阁楼、技术夹层或储藏间，对系统阻力没有限制，不影响建筑外观设计，可以在较大面积的建筑中应用 2. 系统采用开式系统，不需要安全阀，运行安全可靠，不占用机房面积 3. 热水与外界空气连接，水质易受污染 4. 热水供水质量有保障，太阳能集热系统运行效率较高 5. 需要循环水泵，投资和运行费用较高 6. 热水供应系统没有循环管路，不利节水和提高热水供应质量	适用于热水供应规模较大，建筑物外观要求严格，水质要求和防冻要求不高的场合
强制循环间接式单水箱系统	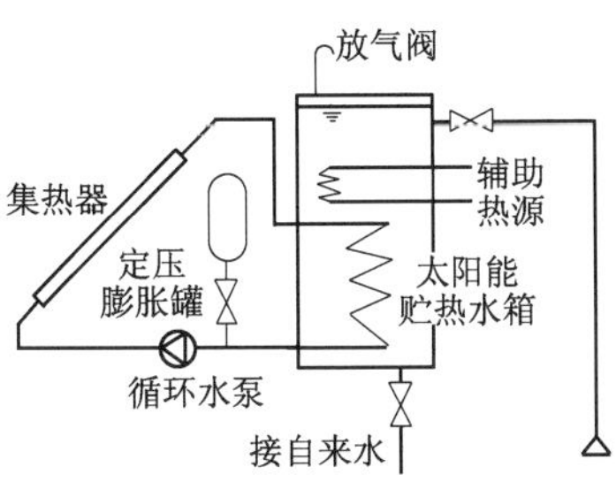	1. 水箱可放置在阁楼、技术夹层或储藏间，对系统阻力没有限制，不影响建筑外观设计，可以在较大规模的太阳能热水系统中应用 2. 热水供水质量比较有保障，太阳能集热系统运行效率较高 3. 水箱放在阁楼或技术夹层，热水供应系统重力自流，管路较简单 4. 采用闭式系统，水质不易污染，有保障。可采用防冻液方式防冻 5. 热水供应系统没有循环管路，使用时需先放冷水，不利节水和提高热水供应质量	适用于热水供应面积较大，对热水质量要求不高，建筑物外观要求严格，水质要求严格，有防冻要求的场合

5.2.3　存在问题及解决措施

太阳热水系统的建筑一体化在各地的发展还不平衡，存在着一些认识上的误区，有相当多的技术问题亟待解决。大部分建筑设计院和房地产开发商对太阳热水系统和建筑一体化关注较少，一些太阳热水器生产企业对建筑一体化的认识也还停留在概念上，并没有投入实质性的努力。这一现状的产生有多方面原因。

原因之一是我国当前的太阳热水器市场虽然竞争激烈，但销售依然旺盛，不但太阳能产业界内部的企业产量节节上升，而且许多原来生产家电的企业也纷纷涉足。既然现有产品的销售前景良好，就不一定非得建筑一体化不可。加之建筑一体化对太阳能集热器的功能质量提出了更高的要求，进行产品改型或开发新产品要投入资金，投入技术，而且有一定的难度，在目前的市场条件下就会缺乏动力。

原因之二是作为建筑设计主体的各专业建筑设计院，过去基本上没有介入太阳热水系统的设计，对太阳能集热系统缺乏了解，设计人员在进行太阳热水系统设计时，缺乏必要的基础设计参数。常规生活热水供应系统所用的热源，比如热水锅炉等，其额定产热水量可以从产品样本上非常方便地查出，而太阳能热水器则没有任何一个企业能在产品样本中给出适用于不同气候条件、不同季节比较准确的产热水量。这就使设计人员感到心中无数，对没有依据的设计缺乏积极性。

原因之三是对太阳热水系统建筑一体化的认识还不统一。提高我国太阳热水系统的建筑一体化水平，是当前太阳能产业界和建筑业界的共识，也需要双方的协作和共同努力，必须发挥各自的优势，二者缺一不可。但是在何谓建筑一体化的太阳热水系统这一基本概念上，双方的认识还有一定的差距。目标不一致就没有共同的努力方向，也就在一定程度上削弱了双方的合作。

原因之四是太阳能与建筑结合的太阳能热水系统初投资需由房地产开发商负担，开发成本的增加如果不能同时带动房屋销售，就会影响开发商投入的积极性。

因此，要提高我国太阳能建筑应用水平，需要太阳能产业界和建筑业界的协作和共同努力，应发挥各自优势，二者缺一不可。太阳能产业界要致力于改善所制造产品的质量，使之符合与建筑结合的要求，建筑业界则应改进建筑设计，使设计适合于太阳能设备或部件的应用，并努力提高施工水平，保证太阳能设备和部件的安装质量。

同时需要政府出台相应的引导政策和激励措施，鼓励房地产开发商投资与建筑结合的太阳能热水系统。随着人民生活水平的不断提高，具有24小时供应生活热水功能的商品住宅越建越多，而且今后供热水会逐步成为住宅的必备功能。无论从节能还是环保角度来看，太阳能热水系统都有其明显的优势。初投资增加不多，运行费用却大大节省，而且包含了“绿色建筑”的概念，既能给房地产开发商带来新卖点，又能减少物业管理部门的日常开支，对国家、企业和用户都有好处。

5.2.4　国内研究现状及评价

我国太阳能热水器的开发利用始于1958年，第一台太阳能热水器由北京市建筑设计院研制开发，用于北京天堂河农场的公共浴室，但后来一直发展缓慢。直到20世纪70年代末席卷世界的能源危机，使以太阳能为代表的可再生能源，因其作为煤炭、石油等化石能源替代品的地位和作用，受到世界各国的普遍重视，才又在我国逐步发展壮大。多年以来，由于中国政府对新能源利用在政策上给予的支持，以及科技工作者的勤奋努力，坚持将科研成果转化为生产力，产、学、研相结合，使作为新兴产业的太阳热水工业得到了迅速发展。

我国的太阳能热水器产业进入20世纪90年代后期以来发展迅速，生产量由1998年的350万m^2/年增长到2002年的1000万m^2/年，年平均增长率为30.3%，热水器的总保有量由1998年的1500万m^2增长到2002年的4000万m^2，年平均增长27.8%，户均占有率达到7.8%。2002年中国太阳热水器产业实现产值110亿元，销售量达到960万m^2，总销售额105.6亿元，上交税金4亿元。当前国产产品几乎完全占有了我国的太阳热水器市场，某些著名品牌还出口国外，质量达到国际先进水平。在我国某些地区，太阳热水器的成本已与电或煤气/天然气加热的热水成本相当或者更低些。这些都为太阳热水器/系统在我国的进一步发展奠定了基础。

但是长期以来，太阳能热水器一直是房屋建成后才由用户购买安装的一个后置部件，随着太阳能热水器在城市普及率的不断提高，由这种使用方式而带来的一系列问题和矛盾也逐渐显现，特别是对建筑物外观和房屋相关使用功能造成的影响和破坏，直接导致了一些城市和小区、单位的主管部门出台不允许安装太阳热水器的管理规定，给太阳热水器的进一步发展造成了严重制约。太阳能热水器/系统必须与建筑结合的理念，已经在太阳能利用学术界、产业界和建筑业界达成共识，并得到国家发改委、建设部、省市建设厅等各级政府机构的大力支持。

近年来在推进太阳能热水系统与建筑结合的过程中，已经取得了一批有重大意义的成果和实质性的进展。在新产品的开发上，我国已成功开发出建筑构件型的太阳能集热器，如新元热板；在原有产品的技术进步上，通过对系统、水箱、支架和控制部件的重新设计，以及对产品安全性、可靠性、稳定性、耐久性的质量控制，已大大提高了目前太阳能集热器对建筑一体化的适应能力；各地一批示范工程的建设，则为太阳能与建筑结合的实施树立了样板，积累了经验。

此外，还有一些正在开展和即将启动的项目，包括科技攻关、产品检测、标准编制、国际合作等，将会对今后太阳能热水系统的建筑一体化进程产生重大影响。

国家十五科技攻关项目“太阳能供热制冷成套技术的集成和示范”，已将建筑构件型太阳能集热器的产品开发、用于建筑一体化太阳热水系统设计软件的开发、标准规范的编制和示范工程列为主要研究内容。其中的设计软件将包括两个部分：太阳热水器性能参数数据库和优化设计计算软件。软件的功能定位是为工程设计服务，可进行经济分析，将有效解决目前系统设计缺乏基础参数和依据的问题。标准规范则包括设计、施工安装和工程验收三个部分，使建筑一体化太阳能热水系统的建设全过程都能做到有章可依。

作为联合国开发计划署（UNDP）资助的“提高中国可再生能源商业化能力”项目中的一个子项，三个国家级太阳能热水器质量监督检验机构已经成立并对社会开展检测业务，为太阳能热水系统的应用提供了产品质量保证。

联合国基金会（UNF）等国际机构，还资助了“中国太阳能热水器行业发展项目”，内容包括利用国际先进技术，对太阳热水器一体化住宅的试点项目做改型设计，编写设计实用手册和进行相关人员培训等。这些国际合作项目的完成，大大提高我国与建筑结合的太阳热水系统的建设水平。

5.3　太阳能供热采暖系统

5.3.1　基本原理与分类

太阳能采暖系统是指将太阳能转化成热能，供给建筑物冬季采暖的系统，系统主要包括集热器、贮热器、供热采暖末端设备、辅助加热装置和自动控制系统等。

按热媒种类的不同，太阳能采暖系统可分为空气加热系统及水加热系统。按利用太阳能的方式不同，太阳能采暖系统可分为被动式系统和主动式系统。按集热系统与蓄热系统的换热方式不同，太阳能采暖系统可分为直接式系统和间接式系统。按蓄热系统的蓄热能力不同，太阳能采暖系统可分为短期蓄热系统与季节蓄热系统。

5.3.1.1　空气加热系统

图5-22是以空气为集热介质的太阳能采暖系统图。风机1驱动空气在集热器与贮热器之间不断地循环，让空气与集热器中的采暖板发生热接触，将集热器所吸收的太阳热量通过空气传送到贮热器存放起来，或者直接送往建筑物。风机2的作用是驱动建筑物内空气的循环，建筑物内冷空气通过风机2输送到贮热器中与贮热介质进行热交换，加热空气，然后将暖空气送往建筑物中进行采暖。若空气温度太低，需使用辅助加热装置。一般来说，锅炉及电加热器可作为辅助加热装置。此外，也可以让建筑物中的冷空气不通过贮热器，而直接通往集热器加热以后，送入建筑物内。但是一天24小时内太阳辐射能量变化很大，尤其是晚上，集热器不但得不到热量，还要消耗热量。另外，阴天或其他原因都影响太阳能的收集。若不利用贮热器保存一部分热量，辅助加热装置就要增加常规能源的消耗。因此贮热装置是不可缺少的部分。使用时根据具体情况，适当控制各阀门的位置就能有效地进行采暖。

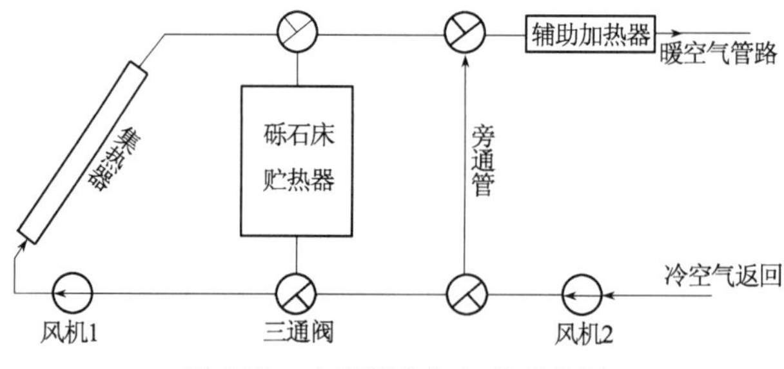

图5-22　太阳能空气加热系统图

集热器是太阳能采暖的关键部件。应用空气作为集热介质时，首先需有一个能通过容积流量较大的结构。空气的容积比热较小（0.3kcal/m^3·℃），而水的容积比热较大（1000kcal/m^3·℃）。其次空气与集热器中采热板的换热系数，要比水与采暖板的换热系数小得多。因此，集热器的体积和传热面积都必须较大。当前已研制出几种空气太阳能集热器的采暖板，如图5-23所示。此外，在制作集热器时应注意密封，防止使用时空气渗漏。如果改变风机1的安装位置，使集热器处于负压区也能防止热空气漏出。

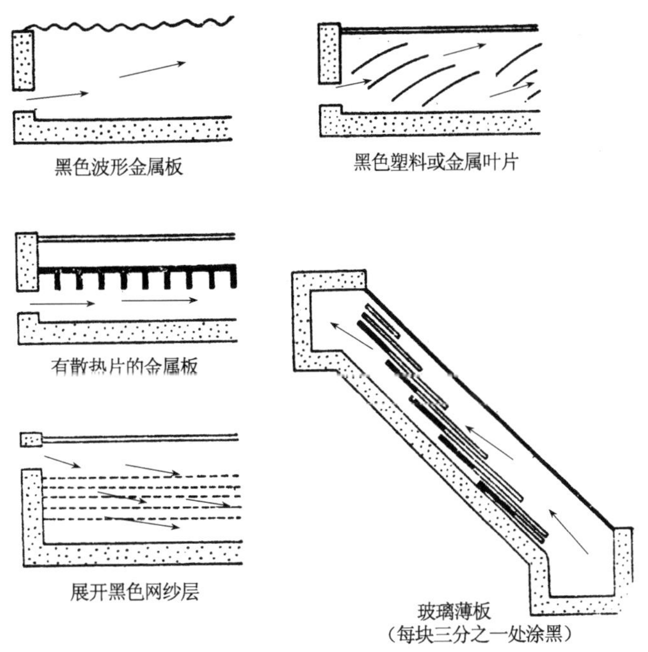

图 5-23　几种空气太阳能集热器的采暖板

当集热介质为空气时，贮热器一般使用砾石固定床。砾石堆有巨大的表面积及曲折的缝隙。当热空气流通时，砾石堆就贮存了由热空气所放出的热量。然后通入冷空气就能把贮存的热量带走。这种直接换热器具有换热面积大、空气流通阻力小及换热效率高的特点，而且对容器的密封要求不高，镀锌铁板制成的大桶、地下室、水泥涵管等都适合于装砾石。砾石的粒径以 2～2.5cm 较为理想，用卵石更为合适。但装进容器以前，必须仔细刷洗干净，否则灰尘会随暖空气进入建筑物内。在这里砾石固定床既是贮热器又是换热器，因而降低了系统的造价。

这种系统的优点是集热器不会出现冻坏和过热情况，可直接用于热风采暖，控制使用方便。缺点是所需集热器面积大。

5.3.1.2　水加热系统

图 5-24 是以水为集热介质的太阳能采暖系统图。此系统以贮热水箱与辅助加热装置作为采暖热源。当有太阳能可采集时开动水泵 1，使水在集热器与水箱之间循环，吸收太阳能来提高水温。该系统的集热器—贮热器部分及贮热部分—辅助加热—负荷部分可以分别控制。水泵 2 的作用是保证负荷部分采暖热水的循环，旁通管的作用是为了避免用辅助能量去加热贮热热水箱。

根据设计要求，在合理操作每个阀门的情况下，一般有三种工作状态：假设采暖热媒温度为 40℃、回水温度为 25℃时，收集温度超过 40℃，辅助加热装置就不工作；当收集温度介于 40～25℃之间，循环仍然通过贮热水箱，辅助加热器只起补充作用，把水温提高到 40℃；当收集温度降到 25℃以下，系统中全部水量只通过旁通管进入辅助加热装置，采暖所需热量都由辅助加热装置提供，暂不利用太阳能。此外，还可以依靠热泵系统将较低的收集温度提高进行采暖，关于热泵系统本节将有详细论述。

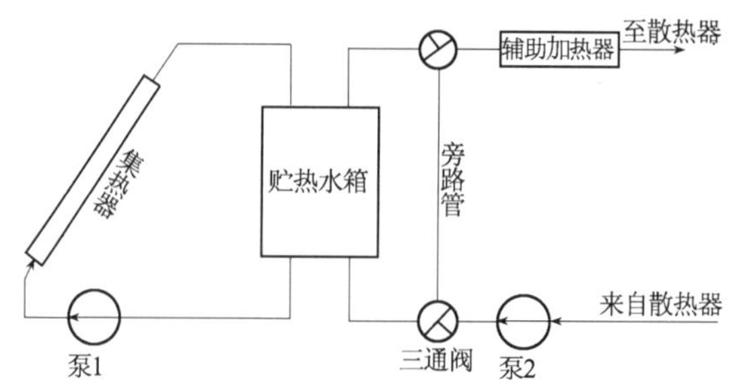

图 5-24　太阳能水加热系统图

此系统贮热介质一般采用水，水的比热较大，约为 1kcal/m^3 · ℃，因此大大缩小了贮热装置的体积，从而降低造价。

水加热系统应该特别注意防止集热器冻结。晚上或天气非常寒冷时，可用棉帘、草帘覆盖集热器进行保温。在不使用时可用系统排干方法将集热器内存水排干。如图 5-25 所示的自动排干回路，当有阳光可供采集时，泵 1 启动，集热器中有水存在，当泵 1 停止时，集热器中存水便流入水箱，避免了冰冻危险。使用防冻剂也是一种有效方法，水中加入防冻剂，降低冰点，达到防止冻结的目的。图 5-26 表示水中乙二醇含量与冰点的关系。可见添加防冻剂效果很好，但防冻剂只能在闭合循环内使用，因此，需要增加一个换热器。

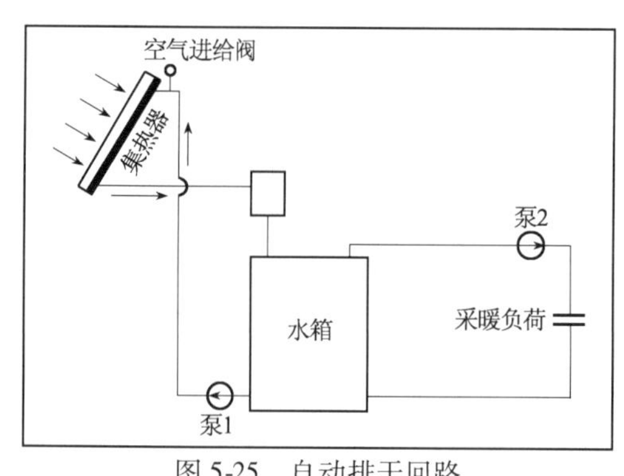

图 5-25　自动排干回路

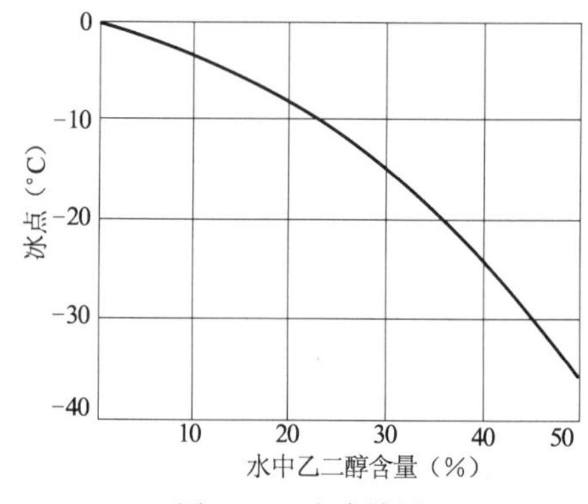

图 5-26　防冻效果

水加热系统的优点是集热器与贮热器体积小及运行可靠。缺点是水系统存在腐蚀问题，集热器管理不当还有可能冰冻，造成设备损坏。

5. 3. 1. 3　被动式太阳能采暖系统

不采用专门集热器、管道和泵等装置，只是依靠建筑物的方位、本身构造和材料的热工性能，吸收和贮存太阳入射热量，以达到采暖目的，这样的系统叫做被动式太阳能采暖系统，也称太阳能自然采暖，如图 5-27 所示。将一道实墙外面涂成黑色，外面再用一层或两层玻璃加以覆盖。将墙设计成集热器而同时又是贮热器。室内冷空气由墙体下部入口进入集热器，被加热后又由上部出口进入室内进行采暖。当无太阳能时，可将墙体上、下通道关闭，室内只靠墙体壁温以辐射和对流形式不断地加热室内空气。近几年来这种系统引起了广泛注意和重视。

5. 3. 1. 4　主动式太阳能采暖系统

主动式太阳能采暖系统与常规能源的采暖没有多大区别，只是以太阳能集热器作为热源代替以煤、石油、天然气等常规能源作燃料的锅炉。主动式太阳能采暖主要包括集热器、贮热器、辅助热源以及管道、阀门、风机、泵、控制部件等部分。由图 5-28 可见，集热器获取的热量通过配热系统送至室内进行采暖。过剩的热量贮存起来，当收集的热量小于采暖负荷时，由贮存的热量来补充，热量不足时由备用的辅助热源提供。

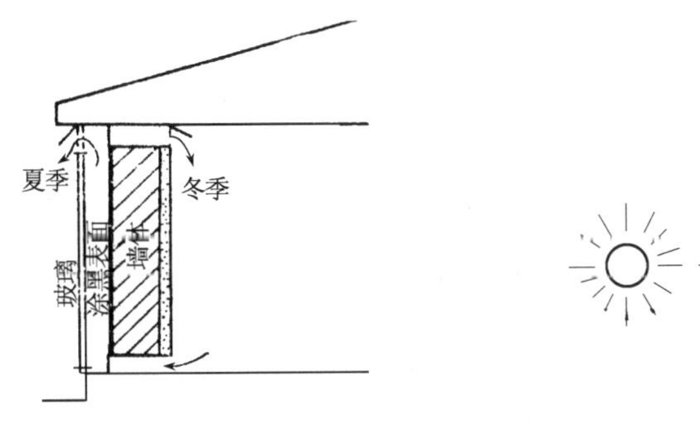

5-27　被动式太阳能采暖系统

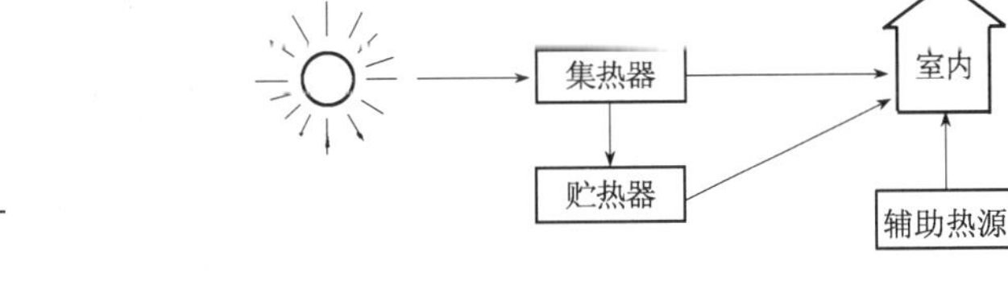

图 5-28　主动式太阳能采暖示意图

这种采暖系统有两个较突出的特点。其一是需要有较大面积的集热器。在一般情况下，当太阳能利用率在 60% 左右时，集热器面积要占地板面积的 50% 或者更大一些。其二是由于太阳能有它的断续性，受到昼夜、气候和季节等的影响。它不能成为连续温度的独立热源。为了满足连续供暖的要求，系统中必须有一个贮热设备。设计贮热器时，其容量通常按可维持 2 ~ 3 天能量来计算。一般多数用卵石或水的显热变化进行贮热，此种方法简易，价格便宜，只是容积较大。还有一种方法是利用贮热材料，由固态转化为液态时吸收热量来贮存太阳能。目前实际应用的相变材料主要是含结晶水的无机盐类，称为水化盐类。这类物质在发生相变时能放出大量潜热，因此能大大缩小贮热设备的体积，效率也较高，但仍存在材料的老化和过冷以及水、晶分离现象，造价也高。此外，最近有些国家利用天然湖底部温度高于其表面温度的原理，进行浓度差来贮热。这种贮热的盐水池也称太液池。它既是集热器又是一个大贮热器。试验结果和经济分析表明，利用太阳能贮存热量进行供暖，可与一般常规能源相竞争。

主动式系统的优点是可以使室内保持稳定的、舒适的温度。缺点是需要较多设备，费用很大。另外，由于系统中有管道、泵或风机等，维护费用也较多。

5.3.2　特点及技术要点

5.3.2.1　建筑物的设计

应用太阳能采暖的建筑，在设计与建造方面具有一些特点。它首先需要考虑在不同季节接受不同的太阳能。例如，冬季通过南窗争取入射更多的太阳能，其他墙面及屋顶也要尽量多地吸收太阳辐射能，而夏季则需要减少太阳光射入窗内。此外，还要着重考虑建筑物的蓄热和隔热性能，以减少建筑物的热损失，降低太阳能采暖的成本。它还有与普通建筑物不同之处是具有面积相当大的集热装置，这些装置既要能较多地接受太阳辐射，又要不影响建筑物的美观。因此，在设计建筑物时必须考虑这些因素。下面分别讨论这些因素与建筑的关系。

1. 利用建筑物调节太阳光

由于地球的公转和自转，在地球上形成四季和昼夜。同一地点在不同时节则太阳光线照射的位置有所不同。根据这个特性，在朝南窗上设计水平遮阳装置，如图5-29所示。夏季太阳高度角大，太阳光被水平挑檐遮挡而防止射入室内。冬季太阳高度角小，挑檐不能遮挡太阳光，因此可进入室内。这样就起到了调节太阳光的作用。另外，还可以设计百叶窗，随着不同季节改变百叶倾角，用来调节太阳光。但此种结构复杂，造价也较高，一般建筑物都不采用。

不同种类的玻璃，具有不同的吸热性能，图5-30给出了几种玻璃的反射、透射、吸收热辐射的比例。选用不同种类的玻璃可以调节进入窗内的太阳光。

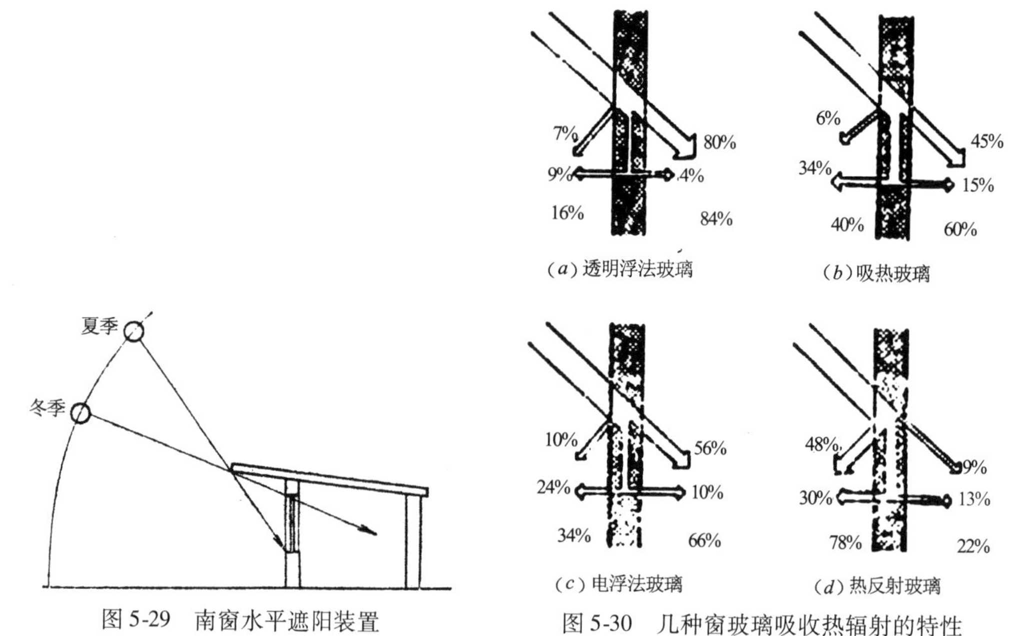

图5-29　南窗水平遮阳装置

图5-30　几种窗玻璃吸收热辐射的特性

2. 围护结构的隔热与蓄热性能

建筑物的隔热性能对太阳房来说比普通建筑物更重要。提高隔热标准会增加建筑物的造价，但可较大程度地减少太阳能供暖装置的投资。因此，设计时必须进行经济核算，应在采暖设备及维修运行费用较低条件下来确定建筑物的隔热性能。

3. 集热器安装位置与建筑物的关系

集热器的面积大，构造复杂，如果不考虑建筑的美观，杂乱地将集热器安装在屋顶或南墙上，就会严重破坏市容。因此设计时一定要考虑到与建筑的统一，最好把集热器与建筑物并为一体。如图5-31（*a*）所示为集热器作为屋顶的一部分，这是较普通的一种。如图5-31（*b*）是壁式安装，其安装角度近于垂直，适用于高纬度地区。图5-31（*c*）把集热器安装在垂直的南墙上，适用于高纬度地区的高层建筑。图5-31（*d*）是集热器安装在建筑外侧，适用于山坡上的房屋。

集热器需要单独安装时，必须整齐成行排列，如图5-32所示。此外，也可以采用加高女儿墙、增加房檐等措施，把集热器隐藏在从地面看不到的地方。集热器安装位置既不破坏建筑的完整性，又要有利于接受太阳能。设计时应注意尽量减少周围物体对它的遮挡。

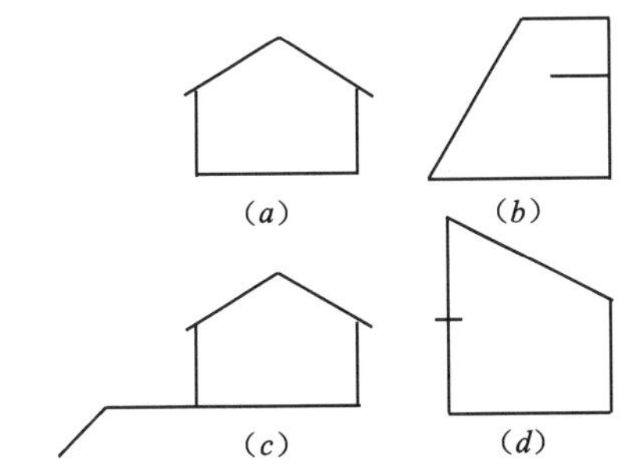

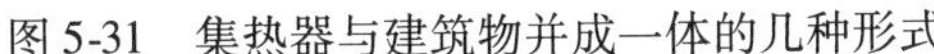

图 5-31 集热器与建筑物并成一体的几种形式

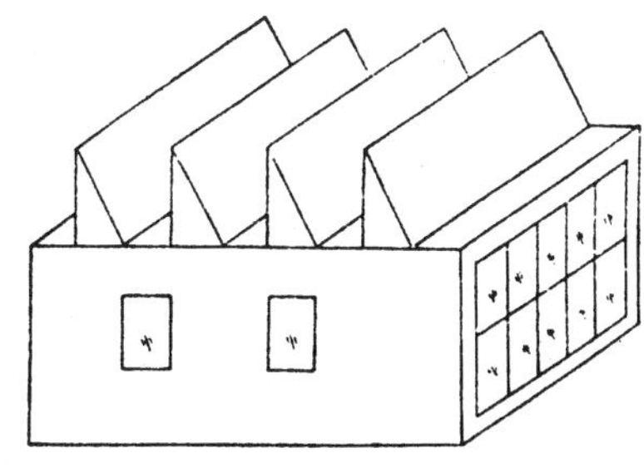

图 5-32 成行排列的集热器

5.3.2.2 采暖系统的选择

采暖选择空气加热系统还是水加热系统，需要根据贮热介质而定。如果贮热介质是水，集热流体也应是水，以选用水加热系统为宜。空气加热系统适合于利用碎石或砾石进行贮热。

水加热系统的设计和管理具有较大的灵活性，控制精度高，集热器及贮热器体积较小，而且能方便地与普通的中心供暖和热水系统联合使用。但要采取防冻和防腐蚀措施，还应注意水渗漏破坏建筑物的危险。空气加热系统则不存在这些问题，但有集热器与贮热器体积大的缺点。

以利用太阳能方式区分，主要有被动式采暖系统与主动式采暖系统。从经济上考虑，主动式采暖系统设备复杂，而且耗电量大，目前工业发达国家使用较多。设计建筑物时，做到在增加少量的投资情况下，应用被动式采暖系统也可以得到很好的效果。多层与较大的建筑物通常将主动采暖系统和被动采暖系统联合使用，因为所需采暖能量大，只靠被动式采暖系统所获太阳能有限。此外，热泵式采暖系统，也有一定发展。系统的选择需要根据当地太阳能的大小及各种经济情况进行比较后而确定。

5.3.2.3 集热器的选用与安装

集热器应具有价廉、制作和安装方便、使用寿命长等特点。集热器大致可分为平板型与聚焦型两种。聚焦型能得到较高温的热量，用于采暖时，集热温度在 30 ~ 50℃ 即可。若应用热泵则集热温度在 10 ~ 20℃ 之间也能使用。因此一般不选用聚焦型，多数采用平板型。平板型集热器构造简单（前面章节已作了详细介绍），并且已进入实用阶段，不少形式已商品化，选用什么形式可根据设计要求来选购。需要依据采暖系统使用什么集热介质来确定，因为不同的集热介质的比热、流动阻力、热表面与流体的换热情况各不相同，所以集热器的结构也不一样。例如，空气加热系统的集热器就要使用空气集热器，与水集热器不能通用。

集热器作为建筑物的一部分时，安装形式可分为平装式和面装式。平装式是集热器平装在屋面或墙上，作为屋顶和墙壁的组成部分。从外部看来，像是一个大面积窗。这种设计可节省一部分建筑材料，但应注意防漏。集热器的背面要裱上一层防汽材料，以免水蒸气凝结在组件的金属蒙皮上。面装式是集热器装在屋面上，房顶可采用价廉的材料，这种方法在集热器下面装有防水膜，因此不用担心漏水问题。

还有不少集热器是安装在屋顶或地面构架上，不与建筑物成为一体。支架可以制成可调式，使集热器的倾角能随季节调整，以得到更多的太阳能。但这样管理起来稍微复杂一些。

对于专门用于采暖的集热器，最佳倾斜角（集热器与地平面的交角）的粗略估算方法是简便地采用所在地区的纬度加上15°，也有推荐采用垂直面，这样使冬季性能更好。图5-33给出了北京地区不同季节的最佳倾角。从图中可见，为了获得最高的年收集总量，倾角应采用40°，使用期在10月~翌年3月之间应取55°，使用期在12月~1月之间应取65°。这种确定最佳倾斜角度的方法表明，允许误差有一定的范围。所以建筑工程师具有相当大的灵活性，可以选择一道稍有倾斜或垂直的墙作为太阳墙。此外在北纬地区，集热器倾斜度朝水平方向减少时，所接受到的太阳光要比它朝竖直方向增加时更加显著地降低，设计时集热器的倾斜度不要比最佳倾斜度小5°~7°以上。

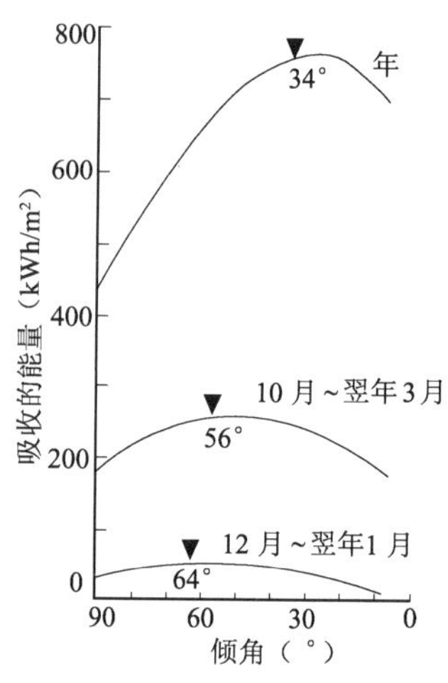

图5-33　北京地区最佳倾角的确定

位于北半球的集热器，正南是最佳朝向，但南偏东或偏西10°~15°对集热器收集的能量大小没有明显影响。这个范围的朝向都是可取的。集热器的方位可用罗盘来确定，但罗盘指示的是地磁极方向，与地球真正的南北极有一定偏差，必须根据当地地磁极与地球南北极的相对方向来确定朝南方向。

5.3.2.4　贮热器的类型及大小

太阳能的热贮存通常可分为显热贮存和潜热贮存。所谓显热贮存就是利用贮热材料吸收热量，使温度升高而达到热量贮存的目的。为了使较小的体积贮存较多的热量，要求贮热材料的比热和密度尽可能大。由于材料的用量不少，因此还应是价廉和易于得到的材料。最通常的有水、砾石和土壤。同一体积的这几种材料以水贮热量最大。

空气加热采暖系统多数以砾石或土壤为贮热介质。水加热采暖系统通常以水作为贮热介质。

系统需要多大的贮热量与连续阴雨的天数、装置的特性、建筑物的热特性及太阳能保证率有关。严格来说，必须对系统进行年运转模拟来定。一般用于采暖的系统可贮存2~3天的所需热量。简化计算时可以认为每平方米集热器面积所需贮热水量在50~100L之间（或相当于运用其他形式的物质贮热，其热容量在50~100kcal/℃之间）。贮热器中贮热介质容量越小，使用效率越高。温度上升快会减少收集效率。容积大会使能量得不到充分利用，但能使回流到集热器中的流体温度低，从而增加收集效率。贮热器容量大小的选择，还应考虑收集温度。如果工作温度较高（50℃左右）则采用较小的贮热器。如果工作温度在30~35℃时，选择较大的贮热器为好。

贮热器的大小还与建筑物的热工特性有很大关系。热容量大的厚墙建筑结构有较大的贮热能力，贮热器可以小一些。对于轻质建筑物，无论绝热多好，其贮热器应选择大一些。有时每平方米集热器面积所须贮热水容量高达150L左右。此外，设计时还必须注意贮热器的隔热，加强贮热器外表面的保温能在很大程度上减少热损失。

5.3.2.5　辅助热源的选择

当太阳能收集较少或温度过低时，使用辅助热源起补充作用。连续坏天气和阳光不充足时，就只能依靠辅助热源保证采暖系统正常运转。

辅助热源的选择取决于实际条件。如果电力充足且费用低廉，用电加热最为简便。在设计中要根据通常应用的标准作出选择，它可以是一台燃煤或燃油的锅炉，也可以与热力官网相连通，以热力站的蒸汽或热水作为辅助热源。选择锅炉时要注意效率高和体积小，还要采取排烟除尘的措施，否则使用锅炉会污染集热器表面，减少太阳能的收集。

辅助热源在采暖系统中不同的安装位置有不同的工作情况。如图 5-34 表示辅助加热器的三种安装位置。位置 1 中加热器启动时间较长，可以缓慢地对系统进行加热。若使用非峰值电力，加热元件应是这种位置。但是它得加热大量不必要加热的水，还可能影响下一天集热器的效率。位置 2 可以将供暖回路与贮热器分开，因而当贮热温度低于所需供暖水平时，可以完全不用太阳能，像普通采暖系统一样运行。位置 3 是一种最有利的方式，它具有位置 2 的效果而又能将太阳能集热器作为预热器。

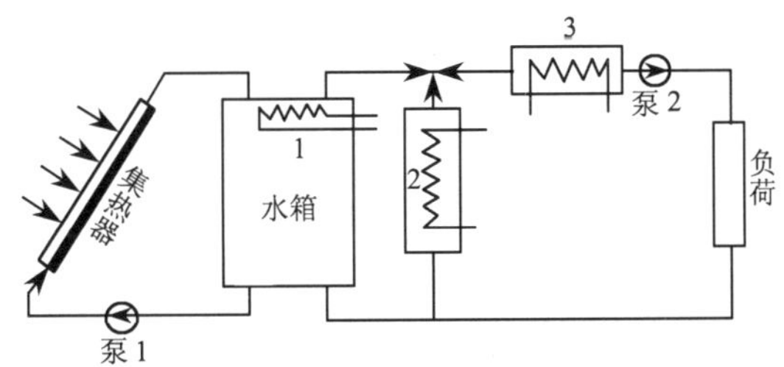

图 5-34 辅助加热器在采暖系统中的安装位置

5.3.2.6 采暖分配系统

采暖分配系统包括各种循环回路的管道，阀门和散热器。

以水为热媒的采暖系统，管道一般选用焊接钢管，阀门多采用闸板阀。在系统的最高点要考虑排气装置，最低点则应设置排气阀门，便于管理和维修。常规能源集中供暖系统使用的散热器的工作水温平均在 75℃左右，而应用于太阳能采暖的集热器供水温度一般在 30～35℃之间。若使用一般的散热器就必须增大散热面积，不但设备投资要增加，而且散热器太多会影响布局。所以太阳能采暖系统多数采用顶棚散热器或带有埋入式盘管的辐射顶棚，也可以采用埋入热水盘管地板式散热器。这样顶棚和地板可以作为一个很大的散热面，而且顶棚和地板温度较高，以增加人们的舒适度，这是十分理想的散热器。

以空气为热媒的采暖系统，应当注意管道流速不要太大，以免产生噪声。室内空气流速也应小于 0.15m/s，使人没有“吹风感”，同时要设计好进风口与回风口的位置，合理组织气流，才能更好地达到采暖的目的。

5.3.2.7 控制系统的选择

控制系统可分为手动控制和自动控制两种。采暖系统内安装一些温度计，根据设计要求用人工控制阀门，使其工作正常，这就是手动控制。自动控制是使用仪表来控制系统的正常工作。在收集回路中的自动控制一般有三种方式：（1）定时开关。这是一种以时间作为指令的自动开关。在太阳升起几小时后，循环泵或风机自行启动，太阳没落后关闭。不考虑其他气候条件。（2）太阳开关。以太阳能辅助强度的大小来控制开关。通常用热电堆、太阳电池板或其他光电器件作为控制元件。这种方法能随天气变换而控制，但不能与系统状态相联系。（3）差动控制。使用两个温度传感器和一个差动控制器。其中一个温度传感器（热敏电阻或热电偶）安装在集热器板接近传热介质出口处，另一个温度传感器安装在贮热器接近收集回路回流出口。当第一个传感器温度大于第二个，并达到预定的限度时，差动控制器就开启。相反，当贮热器出口温度与集热器出口温度相等时就关闭。

采暖回路是指采暖房间中热媒的循环回路。它的控制也可以有手动和自动两种。自动控制一般使用两个温度传感器和一个差动控制器。其中一个是温度传感器置于贮热器采暖回路出口附近，当贮热器温度很高并达到一定的数值时，辅助加热器关闭；另一个温度传感器安装在采暖回路的回水（回风）管道中。当第一个传感器读出的温度低于第二个时，差动控制器操作阀门，切断贮热器与系统的联系，使其脱离循环，这时有辅助加热器供暖。

5.3.3 存在问题及解决措施

5.3.3.1 防冻

太阳采暖系统在冬季温度可能低于0℃的地区使用时还需要考虑防冻问题。开始执行防冻措施的温度一般取3~4℃。

对直接系统而言，一般采用如图5-35的排空（draindown）系统。当可能会有冻结发生或停电时，系统自动通过多个阀门的启闭将太阳集热系统中的水排空，并将太阳集热系统与市政供水管网断开。当使用排空系统时，集热系统集热器和管路的安装坡度有严格要求，以保证集热系统中的水能完全排空。

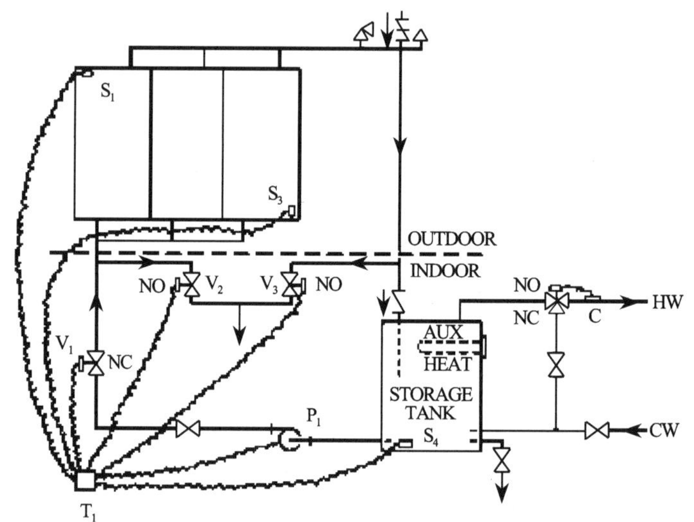

图5-35 排空系统

对间接式系统而言，一般可采取如图5-36的排回（drainback）系统或采取如图5-37在太阳集热系统中充注防冻液的防冻液系统。

采用排回系统时，当太阳集热系统出口水温低于贮水箱水温，太阳集热系统停止工作时，循环泵关闭，太阳集热系统中的水依靠重力作用流回贮水箱。在承压系统中，贮水箱同时也是膨胀水箱，需要安装放气阀和安全阀；在非承压系统中，水箱直接与空气相连。当使用排回系统时，集热系统集热器和管路的安装坡度有严格要求，以保证集热系统中的水能完全排回。

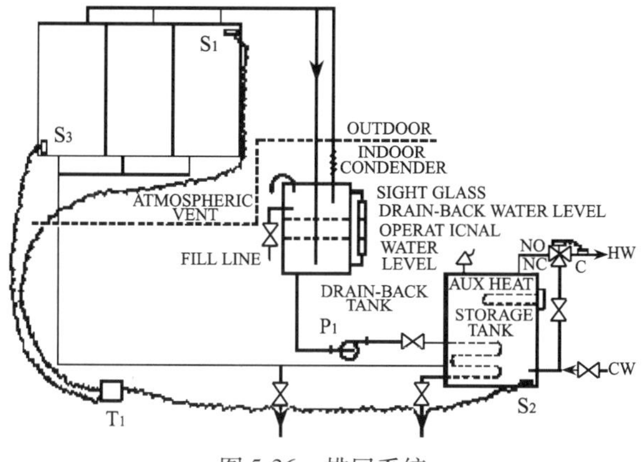

图 5-36 排回系统

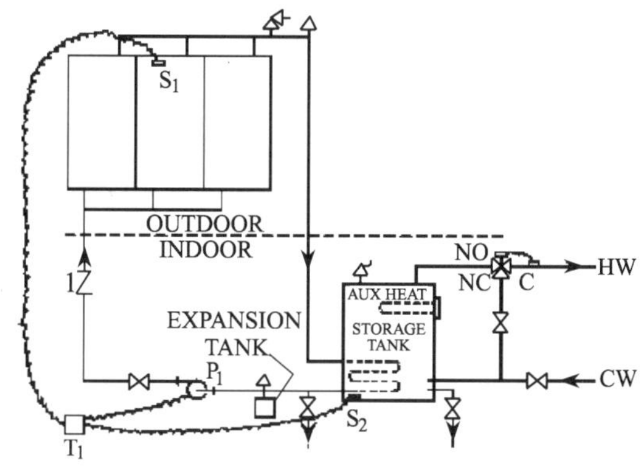

图 5-37 防冻液系统

防冻液系统中常用的防冻剂溶液包括氯化钙、乙醇（酒精）、乙二醇、甲醇、醋酸钾、碳酸钾、丙二醇和氯化钠等。由于防冻液通常带有腐蚀性，因此系统采用的热交换器一般需用双层壁以免污染生活热水。防冻液的组成成分对其冰点有关键性影响，集热系统不应设自动补水，以免破坏防冻液成分。在大型系统中，使用防冻液的集热系统应设旁通管路，以防系统启动时水箱中的水冻结。防冻液根据生产商要求应定期更换，没有具体要求时最多5年必须进行更换。

当集热器本身没有防冻要求时，可以采用电伴热等方式对管路和贮水箱进行防冻保温。在严寒地区，由于真空管集热器中的水不能完全排空，在环境温度很低的情况下也可以采用防冻循环的方式，即开启集热系统循环泵，用水箱中热水冲刷管道和集热器，以防止冻裂。

5.3.3.2 过热防护

当长期无人用水时，贮热水箱中热水温度过高。当采用直接系统时，水箱里的水可能会沸腾；当采用间接系统时，集热系统中的水或热媒也可能会沸腾。当集热系统的循环泵发生故障或停电时也可能导致过热。过热的发生可能会造成系统的损坏，应采取相应的措施防止过热现象对系统的损害，如在系统中安装安全阀等泄压装置，在必要时启用。

对直接系统而言，最常用的过热防护措施就是在集热系统水温超过要求时将集热系统内的水排回贮热水箱中，集热系统循环泵停止运行，当贮热水箱内水温回落到相应水温时再重新开启循环泵恢复运行。对间接系统而言，当贮热水箱中热媒超过规定温度时，循环泵停止运行，等待贮热水箱水温回落后恢复运行。这就要求集热系统的各个部件都是要耐高温的，集热系统膨胀罐在选型时应适当放大以容纳热媒部分汽化后产生的蒸汽，集热系统中应安装安全阀等泄压装置，在必要时启用。

5.3.3.3 储水装置温度分层

为了满足两种不同形式的热需求（热水和采暖），水箱里的水应该同时满足两种温度。通过一个"聪明"的控制单元对阀门和泵进行控制，运行两个不同的水箱可以做到这点。然而，如果小心地避免两种不同温度的水混在一起，只用一个水箱也有可能实现。由于热水的密度比冷水小，热水一般分布在水箱的上部；相反，冷水一般分布在水箱的底部。这个特性被称为水箱的垂直分层。

在水箱的顶部加热（加载）或者移除底部的热量（卸载）可以实现水箱分层。加载或卸载可以直接从入口/出口注水或泄水，或者通过在水箱内和周边加换热器间接实现。在水箱内安装热交换器是为了在水箱顶部（加载）或底部（卸载）制造恒温区域。例如，加载时，热水从热交换器中上升同时和热交换器上部的水混合。因此，热交换器仅能制造有限的分层并且有时候会破坏现有的分层（混合）。直接的加载和卸载可以制造更好的分层，但是必须对入口进行合理的设计，并且入口和出口应该在一个适应系统设计的高度。

5.3.4 国内研究现状及评价

进入21世纪以后，太阳能采暖系统在国内的应用逐渐增多，国内一些研究单位、高校和企业相继开展了太阳能采暖相关的研究工作。目前，研究热点主要集中在以下几个方面：

（1）太阳能采暖系统模型及模拟研究及设计软件的开发；

（2）太阳能集热器的开发与研究；

（3）蓄热技术和产品的研究；

（4）太阳能采暖的适用性、节能及经济性的评价与分析；

（5）系统优化的研究。

5.3.4.1 太阳能采暖系统模型及模拟研究及设计软件的开发

太阳能采暖系统模型及模拟研究及设计软件的开发研究方向主要分为下列几个方面：

（1）规模化利用大、中型太阳能供热、采暖系统的设计参数优化分析和系统优化设计技术；

（2）太阳能供热、采暖系统短期和季节蓄能的传热、蓄热机理分析，短期蓄能、土壤季节蓄能、地下水池蓄热换热系统运行工况的数值分析模型和模拟计算；

（3）太阳能供热、采暖短期和季节蓄能系统的优化设计技术和工程应用技术；

（4）规模化利用大、中型太阳能供热、采暖系统优化设计软件的开发技术。

5.3.4.2 太阳能集热器的开发与研究

（1）可与建筑结合、安全可靠、热性能符合太阳能供暖、空调需求的中高温太阳能集热器的结构优化设计技术，高效中温太阳能选择性吸收涂层选择制备与制造工艺技术，新型磁控溅射镀膜机与排气台的制造技术，高效中温太阳能集热管的封接技术，产品性能检测技术等；

（2）适宜于太阳能供热、采暖系统的辅助加热、换热设备的结构优化设计技术，制造工艺技术和设备控制软、硬件的开发技术等；

（3）太阳能集热器一体化安装在阳台、墙面上的模块化预制构配件的开发技术，集热器配管与管网接管的安装技术，保证安全可靠的建筑技术措施等。

5.3.4.3 蓄热技术和产品的研究

（1）季节蓄热技术的研究；

（2）相变蓄热材料的研究。

5.3.4.4 太阳能采暖的适用性、节能及经济性的评价与分析

太阳热水系统最重要的特点是充分利用太阳能，节约常规能源的消耗。因此对太阳热水系统进行节能效益分析非常重要。节能效益分析是评价太阳热水系统的一个重要方面，也是系统方案选择的重要依据。

相对于常规热水系统，太阳热水系统在寿命期内的消费特点是初投资大而运行费用低。初投资大是因为太阳热水系统是在常规热水系统的基础上增加了太阳集热系统，因此增加了初投资；运行费用低，则是因为充分利用太阳能提供生活热水而减少了常规能源的消耗。

太阳热水系统的节能效益分析根据评估的依据和评估的时期分为太阳热水系统节能效益的预评估和太阳热水系统节能效益的长期监测评估。太阳热水系统节能效益的预评估是在系统设计完成后，根据太阳热水系统形式，确定的集热器面积及集热器性能参数、设计的集热器倾角及给定的气象条件下在系统寿命期内的节能效益分析；太阳热水系统的长期监测指的是太阳热水系统建成投入运行后，对于系统的运行进行监测，通过对监测数据的分析，得到实际的节能效益。太阳热水系统节能效益分析指标包括太阳热水系统寿命期内节省费用的分析，太阳热水系统增加初投资的回收年限，以及太阳热水系统环保效益分析等。

5.3.4.5 系统优化的研究

系统优化主要是在系统模拟的基础上，以节能为目标，在设计阶段对系统进行优化配置，或对系统的运行调节进行优化控制。目前国内在这方面开展的研究还比较少， 些系统优化研究中，对系统的某些关键环节进行了过多的假设，导致结果的主观性和随意性过大。另外，还缺乏运行优化方面的研究。

5.4 太阳能制冷系统

5.4.1 基本原理与分类

太阳能制冷主要可以通过光-热和光-电转换两种途径实现。图5-38列出了目前可能的利用太阳能制冷的方式。

光-热转换制冷是指太阳能通过太阳能集热器转化为热能，根据所得到的不同热能品位，驱动不同的热力机械制冷。太阳能热力制冷可能的途径主要有除湿冷却空调、蒸汽喷射制冷、朗肯循环制冷、吸收式制冷、吸附式制冷和化学反应制冷等。光-电转换制冷是指太阳能通过光伏发电转化为电力，然后通过常规的蒸汽压缩制冷、半导体热电制冷或斯特林循环等方式来实现制冷。

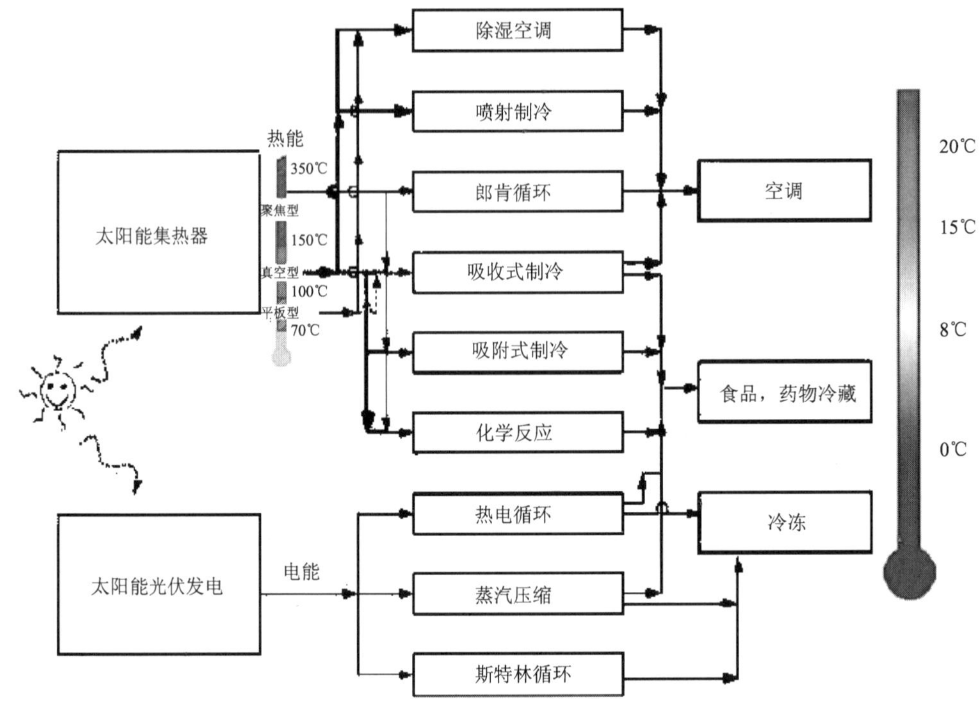

图5-38 太阳能制冷技术途径

不同制冷方式特性 表5-3

制冷方式	太阳能技术类型		制冷循环COP（不考虑太阳能）	常用工作介质	目前应用领域
	太阳能集热器（工作温度℃）	太阳能电池（每瓦制冷量所需的功率W）			
太阳能光电驱动制冷					
蒸汽压缩制冷	—	16～40	3～5	R134a，R290等	制冷，空调
半导体热电制冷	—	少量	0.5	—	冷藏
斯特林循环制冷	—	8～50	3	He，H_2，N_2	冷藏，低温制冷
太阳能光热驱动制冷					
吸收式制冷	80～190	—	0.6～0.8（单效）≤1.3（双效）	NH_3/H_2O $H_2O/LiCl$ $H_2O/LiBr$	空调，制冰
吸附式制冷	80～300	—	0.3～0.8	H_2O-沸石，甲醇-活性炭，水-硅胶	空调，冷藏，制冰
化学反应制冷	80～300	10～40	0.1～0.2	$NH_3/SrCl_2$	制冰，冷藏
双朗肯循环制冷	>120	—	0.3～0.5	水，R114，甲苯，有机流体	空调
去湿冷却空调	40～100	—	0.5～1.5	水	空调
蒸汽喷射制冷	80～150	—	0.3～0.8	水，丁烷，R141b等	空调

表5-3 列出了以上不同制冷方式的一些特性。结合目前国外应用情况和我国经济、技术和市场情况来看，最有可能得到应用和推广的方式为太阳能吸收式制冷、太阳能吸附式制冷和太阳能除湿冷却空调。其他方式由于经济或技术原因目前只能在一些特定领域中应用，尤其是光-电转换制冷技术。电制冷的技术是传统技术，非常成熟，推广和应用的主要障碍在于光-电转换的经济性，在可预见的很长一段时间难以得到推广应用。

因此，本报告将就以上三种目前最具有推广应用价值的制冷方式做重点介绍，其他制冷方式本报告后文中将不做重点介绍。

1. 太阳能吸收式制冷原理

吸收式制冷是建筑空调系统中常用的一种制冷方式，为大多数技术人员所熟知。太阳能吸收式制冷原理如图5-39 所示。蒸发器中制冷剂在一定压力下蒸发吸热，在吸收器中再利用吸收剂吸收制冷剂蒸汽，自蒸发器出来的低压蒸汽进入吸收器并被吸收剂吸收，吸收过程中放出的热量被冷却水带走，形成的浓溶液由泵送入发生器中被热源加热后蒸发产生高压蒸汽进入冷凝器冷却，而稀溶液减压回流到吸收器完成一个循环。与常规的蒸汽压缩制冷相比，用吸收器和发生器代替了压缩机，消耗的是热能而不是电能；与常规热力驱动的吸收式制冷相比，制冷用热源为太阳能热水集热器产生的热水，而不是传统的余热热水、蒸汽及燃气或燃油燃烧器产生的热能。

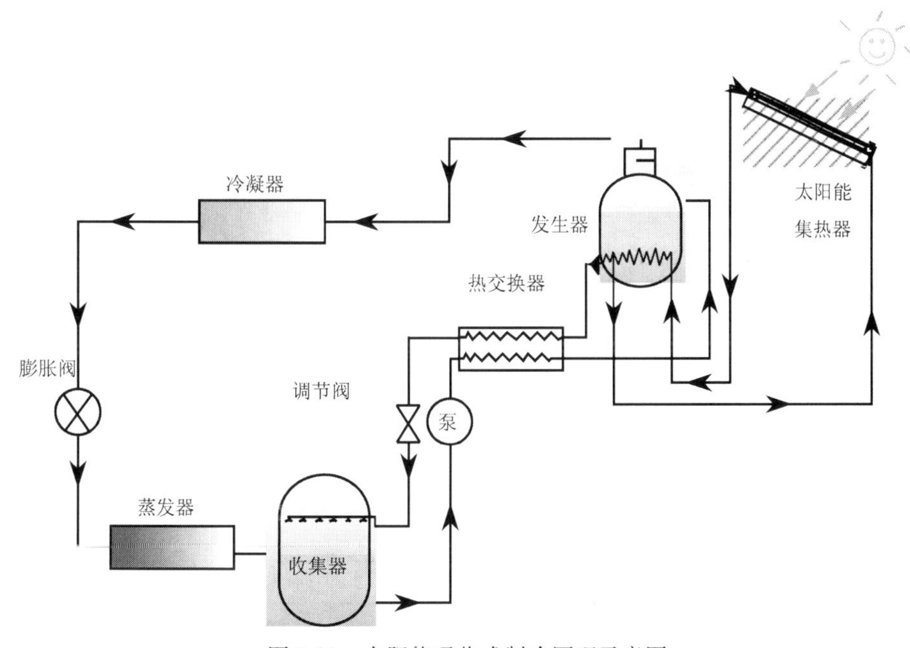

图5-39 太阳能吸收式制冷原理示意图

因此，太阳能吸收式制冷系统可以分为太阳能集热系统和常规的吸收式制冷机两个部分。

太阳能集热系统主要由太阳能集热、贮存、输配等子系统构成，其中用于太阳能集热的太阳能集热器为最关键的部件。根据吸收式制冷机对热源温度要求的不同，太阳能集热器可以选用平板型、真空管型或聚光型太阳能集热器。

吸收式制冷常用的制冷剂工质对有氨-水和水-溴化锂。氨-水工质对以氨为制冷剂，水为吸收剂，可以获得零度以下的温度，但由于氨-水工质对存在一些致命的缺陷，如COP较溴化锂小，工作压力高、具有一定的危险性，有毒，氨和水之间沸点相差不够大、需要精馏等，往往应用在食品冷冻和冷藏等非建筑应用领域；水-溴化锂工质对以水作为制冷剂，溴化锂为吸收剂，其系统COP值较高，对热源要求低，无毒，对环境无害，但由于以水作为制冷剂，制冷温度一般不低于7℃，在建筑空调系统中得到了广泛的应用。常用的溴化锂吸收式制冷机如图5-40所示，但溴化锂吸收式制冷机一般冷量都在100kW以上，较难小型化；制冷机真空度要求较高，空气渗入不仅会造成冷量衰减，还会增加溴化锂溶液的腐蚀性；在运行中还需要注意冷却温度以防止溴化锂溶液结晶。

图5-40 溴化锂吸收式制冷机示意图

根据太阳能集热系统所提供热源品位的不同，吸收式制冷循环可以采用单效、双效或多效等多重循环方式，为进一步降低所需的热源温度，可采用单效双级等复合式循环。一般来说，不同循环方式所需的热源温度、可用集热器类型、COP等参数见表5-4所示。

不同吸收式循环方式比较 **表5-4**

循环方式	单效	单效双级	双效	多效
所需温度（℃）	80～90	65～75	130～200	>200
COP	0.6－0.75	0.3－0.4	1.1－1.2	>1.6
适用集热器类型	平板、真空管	平板、真空管	真空管，聚焦型真空管	聚焦型真空管

从表5-4中可以看出，当采用双效或多效吸收式循环时，太阳能集热器需要选用中高温真空管太阳能集热器或聚焦型真空管太阳能集热器，目前非聚焦的中高温真空管太阳能集热器技术尚处于研发阶段，聚焦型太阳能集热器造价过高，因此热源温度要求较低的单效吸收式循环仍是目前太阳能制冷发展的主流。在单效循环中，单效双级循环虽然要求热源温度较低，但其工艺较复杂，COP值过低，与常规平板、真空管集热器即可驱动的单效吸收式循环相比没有优势；国内外的应用也证明在目前单效吸收式制冷是目前太阳能吸

收式制冷应用最成熟和广泛的一种方式。因此，在本报告后文中，将重点就太阳能单效溴化锂吸收式制冷进行介绍，其他方式将不做详细介绍。

2. 太阳能吸附式制冷原理

如图5-41所示，太阳能吸附式制冷目前主要是指固体吸附式制冷。其基本原理是以某种具有多孔性的固体作为吸附剂，某种气体作为制冷剂，形成吸附制冷工质对。吸附式制冷通常包含两个阶段：(1) 冷却吸附→蒸发制冷：通过水、空气等热沉带走吸附剂显热与吸附热，完成吸附剂对制冷剂的吸附，制冷剂的蒸发过程实现制冷；(2) 加热解吸→冷凝排热：吸附制冷完成后，再利用热能（如太阳能、废热等）提供吸附剂的解吸热，完成吸附剂的再生，解吸出的制冷剂蒸气在冷凝器中释放热量，重新回到液体状态。

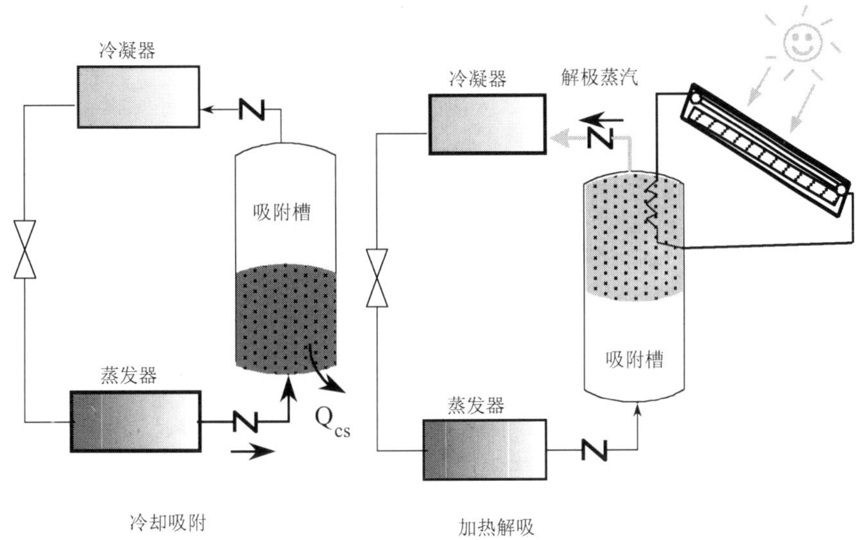

图5-41　太阳能吸附式制冷原理示意图

与太阳能吸收式制冷系统类似，太阳能吸附式制冷系统也可以分为太阳能集热系统和吸附式式制冷机两个部分。太阳能吸附式制冷常用的吸附剂有沸石、分子筛、硅胶、活性炭、氯化钙等，常用的制冷剂有水、甲醇、氨等，制冷温度低于零度的常用工质对有活性炭-甲醇等，建筑空调系统常用的制冷温度高于零度的常用工质对有沸石-水、硅胶-水等。吸附剂的再生温度一般在80～150℃之间，某些工质对，如硅胶-水，吸附剂再生温度可以低至70℃左右，对太阳能集热系统的要求与太阳能单效吸收式制冷类似。

太阳能吸附式制冷根据制冷系统的运行方式一般可分为连续式制冷系统和间歇式制冷系统。建筑空调系统中应用一般需要连续运行，因此需要多个吸附床联合运行，在某个吸附床解吸的时候其他吸附床可以吸附制冷。

吸附制冷所采用的制冷剂都是天然制冷剂，如水、氨、甲醇以及氢等，其臭氧层破坏系数（ODP）和温室效应系数（GWP）均为零。太阳能吸附式制冷设备结构简单、没有运动部件，不需要溶液泵或精馏装置，无噪声，无污染，运行稳定，也不存在制冷剂的污染、盐溶液结晶以及对金属的腐蚀等问题，能制作成小型装置，几乎可以不需要电力就能运行。图5-42给出了太阳能吸附式制冷机的示意图。但是，该设备采用的固体吸附剂多为多微孔结构，导热系数低，传热效果差，导致吸附和解吸周期长，单位质量吸附剂的制冷功率小，设备体积大，系统的热量利用率不高，COP值低，难以长期保证系统的高真空度等缺点等。从目前的研究看来，太阳能固体吸附制冷需要解决的关键性问题有：吸附剂/集热器白天的高效集热和夜间的有效散热之间的矛盾关系如何有效的解决；对于以甲醇和水等低蒸汽压吸附质作为制冷剂的负压系统如何长期维持系统的真空度；如何将夜间所制的冷量有效地储存到白天使用等。

图5-42　太阳能吸附式制冷机示意图

3. 太阳能除湿冷却空调原理

太阳能除湿冷却空调的过程实际是直流式蒸发冷却空调过程，不借助专门的制冷机工作。它利用吸湿剂（例如氯化锂、硅胶等）对空气进行减湿，然后通过水作为制冷剂，在干空气中蒸发降温，对房间进行温度和湿度的调节，用过的吸湿剂被加热进行再生。其原理如图5-43所示，室外空气通过除湿转轮后湿度降低，温度升高，通过热交换器后被空调排风冷却，然后进入蒸发加湿器进行蒸发降温变成低温饱和空气进入房间，在房间内被房间热负荷加热后温度升高变成不饱和空气，房间不饱和排风通过第二级的蒸发冷却后温度降低，通过热交换器对除湿后的房间送风进行冷却后温度升高，然后进入太阳能空气集热器进一步升温，太阳能空气集热器的出风对除湿转轮中的吸湿剂再生后排入室外大气。

以上过程中，吸湿剂采用的是固体吸湿剂，太阳能集热器采用的是太阳能空气集热器，吸湿剂还可以采用液体吸湿剂，如氯化锂、氯化钙和溴化锂的水溶液等，集热器也可以采用液体集热器，然后再通过热交换器来加热再生用的热风。

图5-44给出了与液体太阳能集热器配合使用的太阳能除湿冷却空调装置示意图。该装置采用水作为制冷剂，清洁环保，但在湿度较大地区应用效果较差，且体型较大，一般用在需要大量新风的建筑中。

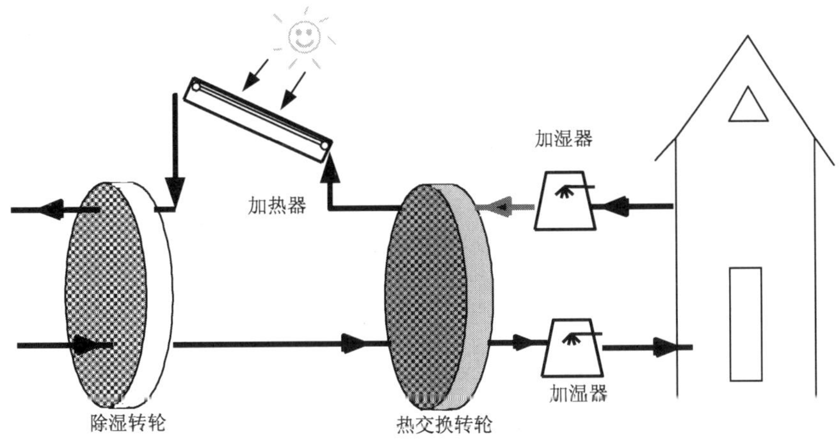

图 5-43 太阳能除湿冷却空调原理示意图

图 5-44 太阳能除湿冷却空调装置示意图

5.4.2 特点及技术要点

1. 太阳能制冷系统的构成

图 5-45 给出了太阳能制冷系统在建筑中应用的可能构成，根据建筑的实际情况，可以选择不同的系统配置。

从图中可以看出，驱动制冷系统的热源首先是太阳能集热系统的太阳能得热，辅助热源可以选用工业余热、地热等低品位热源，不建议将电、燃气、燃油等高品位能源转化为低品位的 100℃以下的低品位热水去驱动能效比较低的太阳能制冷系统，造成高品位能源的浪费。

为平衡太阳能与建筑负荷的不同步性，在太阳能热水侧一般需要设置贮热水箱。对于吸收式制冷机组和吸附式制冷机组，都需要配备冷却塔来散热。当系统没有余热可用，需要配备辅助冷源时，可采用常规的电制冷或其他高效率的制冷系统作为辅助冷源。对建筑负荷和太阳能供给不同步的场合，最好在冷冻水侧设置蓄冷装置，当建筑物热惰性较大时，蓄冷装置也可以取消。

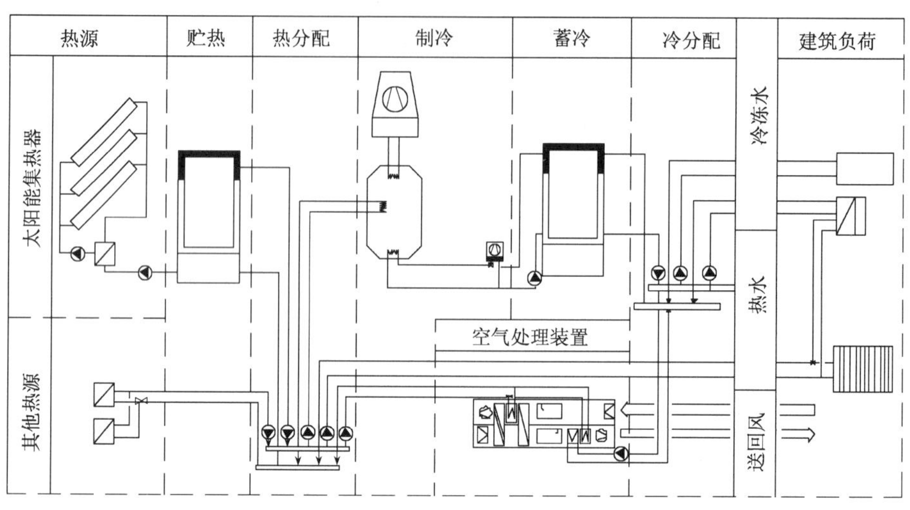

图5-45 太阳能制冷系统的可能构成

除湿冷却空调系统主要用于建筑物的新风处理，当采用辅助冷源时，除湿转轮和蒸发装置停止工作，系统与常规的新风处理系统一样进行工作。

太阳得热和辅助热源在空调季驱动太阳能制冷系统制冷，在采暖季直接供给建筑物采暖系统采暖，在过渡季可作为生活热水热源等其他用途。

2. 太阳能制冷系统的特点

根据制冷系统服务对象的要求，太阳能制冷系统可以分为不带辅助冷热源和带辅助冷热源两种系统形式。

（1）不带辅助冷热源的太阳能制冷系统

不带辅助冷热源的太阳能制冷系统是指驱动系统制冷的热源完全来自太阳能，一般来说，驱动泵、风机和控制系统仍需要电力，但在小型系统中，如果用太阳能光伏发电系统来驱动泵、风机和控制系统的话，系统可以完全只依赖太阳能运行。

不带辅助冷热源的太阳能制冷系统具有以下特点：

① 系统的目的是最大限度地利用太阳能来改善建筑物的室内环境；

② 由于太阳能的不可靠性，该系统不能保证建筑物室内环境总是处于要求的状态，但与没有空调系统相比室内环境得到了改善；

③ 系统比较适用于太阳辐照和建筑物冷负荷同步的地区，如我国海南等海洋性气候地区；

④ 可通过计算机对系统进行模拟来分析系统运行过程中建筑物室内环境的变化情况，以确定选用不带辅助冷热源的太阳能制冷系统后建筑物室内环境的变化情况；

⑤ 该系统初投资较低，主要用于常规能源较缺乏（如岛屿）或对建筑室内环境要求不高的场合。

图5-46是一种典型的不带辅助冷热源的太阳能吸收式制冷系统的工程示意图，它用于法国的一个酒窖。由于酒窖热惰性较大，只要每天固定向酒窖补充冷量就可以使酒窖内温度满足在一定的温度范围内。

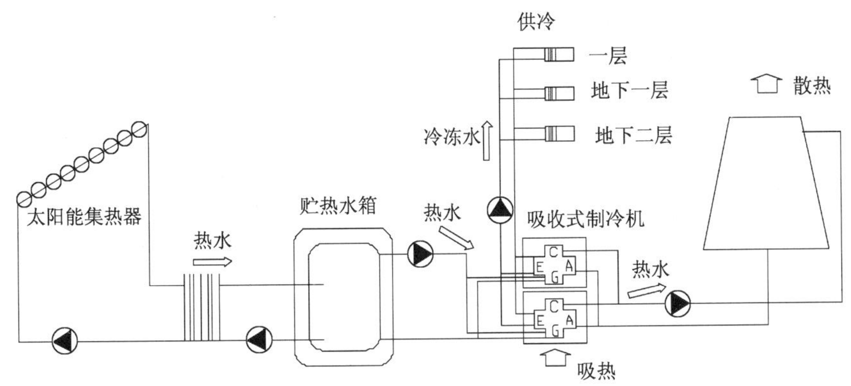

图 5-46 不带辅助冷热源的太阳能吸收式制冷系统示意图

（2）带辅助冷热源的太阳能制冷系统

带辅助冷热源的太阳能制冷系统是系统提供的冷量不完全靠太阳能驱动，在太阳能不能满足要求的时候，可以采用工业余热等其他热源协同驱动热力制冷或由电制冷等 COP 较高的制冷方式制备冷量来满足建筑物的要求。

带辅助冷热源的太阳能制冷系统具有以下特点：

① 系统的目的是最大限度地满足建筑物冷负荷的要求，将建筑物室内环境保证在要求的条件下，同时尽量节省常规能源的使用；

② 在正确配备辅助冷热源后，任何时候建筑物室内环境条件都可以得到保障；

③ 系统中的太阳能保证率可以根据系统全年的系统动态模拟来计算，并根据项目的实际技术经济要求来确定设计中选取的太阳能保证率；

④ 该系统初投资较高，主要用于对建筑室内环境要求较高的场合。

图 5-47 是一个带辅助冷热源的太阳能除湿冷却空调系统示意图。该工程位于法国，服务对象为一个容纳 100 人的约 $216m^2$ 的教室，当太阳能不能满足要求时，启动辅助冷源，系统变为常规的带热回收的直流式新风系统。

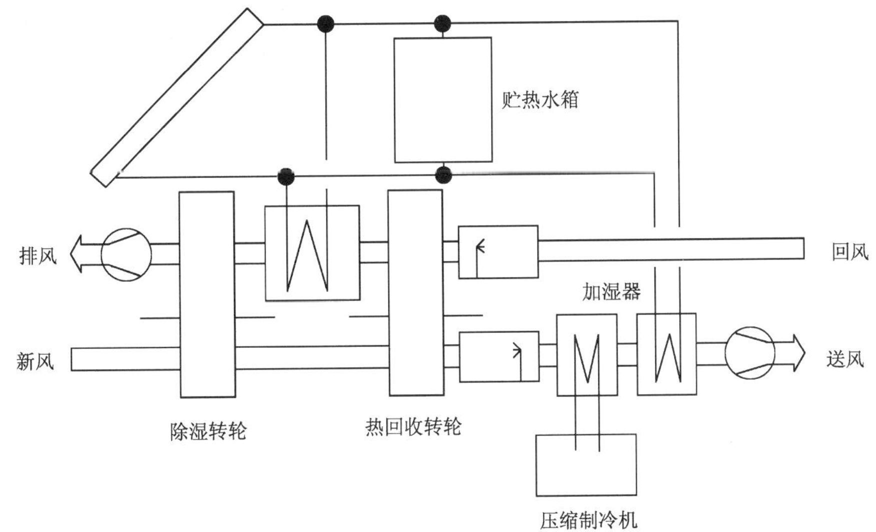

图 5-47 带辅助冷热源的太阳能除湿冷却空调系统示意图

3. 太阳能制冷系统技术要点

太阳能制冷系统在建筑中的应用目前正处于示范阶段，相关设备和成套技术都正在完善之中。与建筑中传统应用的制冷系统相比，太阳能制冷系统主要增加了太阳能集热系统和辅助冷热源系统，因此太阳能制冷系统技术应用要点主要在于太阳能集热系统和辅助冷热源系统的设置以及上述系统与常规制冷设备，如吸收式制冷机、吸附式制冷机和除湿冷却空调设备的协同工作上，常规的建筑物内制冷空调系统技术已经很成熟，本报告中不再赘述。

以下本报告将根据太阳能制冷系统在建筑中应用的实施程序，对一些需要注意的技术要点进行说明。

（1）太阳能资源状况和建筑负荷特性等基础参数确定

确定工程所在地太阳能资源状况和所服务建筑的负荷特性等基础参数是实施太阳能制冷系统必须的基础工作，主要需要注意以下几个方面的工作：

① 当地太阳能资源状况，包括当地水平面太阳能年辐照量，月平均日太阳辐照量，平均日照时数，月平均室外气温等；

② 所服务建筑的负荷特性分析，必要时对全年冷负荷做全年动态分析；

③ 建筑物的使用要求分析，是否全年需要制冷，非制冷季太阳能可能的其他用途有哪些，室内环境要求高还是低等；

④ 希望太阳能在建筑空调能耗中所占的比例是多少，或是提出希望的其他技术经济指标，如回收年限，费效比等，以方便下一步确定太阳能集热系统的规模；

⑤ 如果不采用太阳能制冷系统，准备采用的常规制冷系统是什么，调研建筑可用的能源及其价格，为下一步进行相关比较提供比较基准。

（2）制冷系统形式确定

根据建筑物的具体要求，从以下几个方面确定制冷系统的具体形式：

① 根据太阳能资源和建筑负荷特性的同步性和对室内环境要求水平的高低，结合技术经济指标确定系统是采用带辅助冷热源的系统还是不带辅助冷热源的系统；

② 根据建筑需求确定采用哪种制冷方式。较大规模的需要用冷冻水的建筑一般考虑采用吸收式制冷；集热器出水温度较低，规模较小的建筑可以考虑采用吸附式制冷；室外空气湿度不很高，需要大量新风的建筑可以考虑采用除湿冷却空调；

③ 如果采用带辅助冷热源的系统，是用辅助热源还是辅助冷源，是否需要蓄冷水箱。一般在有工业余热等废热时推荐采用辅助热源，否则推荐采用辅助冷源，避免高品位的电、燃气等能源得不到充分的利用。在建筑热容较小，全天冷负荷变化较大，或太阳辐照强度与冷负荷不同步的情况下，建议设蓄冷水箱，以减小相关设备容量；

④ 系统需要热风还是热水作为热源。一般除太阳能除湿冷却空调系统可采用太阳能空气集热器外，其他系统均需要太阳能水集热器。同时还需要确定太阳能集热系统提供的热水或热风供回温度和流量等。

（3）太阳能集热系统

太阳能集热系统是太阳能制冷系统中的关键组成部分，它决定了太阳能在系统中所起的作用大小。太阳能制冷系统中太阳能集热系统需要关注的技术要点与太阳能供热采暖系统类似，在设计和应用中一般要注意以下几点：

① 集热系统形式的确定。为保护集热系统和制冷机组，集热系统一般都需要采用强制循环的闭式系统，与制冷系统一般通过热交换器间接连接；

② 集热器选择。常用的太阳能集热器分为平板型和真空管型两种，平板型集热器瞬时效率截距较高，但热损也较大，出口水温一般在100℃以内，较适合在室外温度较高的地区使用；真空管型集热器热损较小，出口水温可超过100℃，但相同的采光面积需要占用更多的安装空间，更适合在中高温和室外温度较低的地区使用。目前国内平板型集热器的工艺相对落后，出水温度一般在80℃以内，在太阳能制冷系统中一般选择采用真空管型集热器，空气集热器可考虑采用平板型集热器；

③ 集热面积确定。太阳能制冷系统集热面积的确定较为复杂，受太阳能集热器热性能、系统太阳能保证率、建筑负荷特性、系统蓄热蓄冷水箱大小等多方面参数的影响，需要精确确定需要利用TRNSYS等动态模拟软件建模计算后得到。目前，太阳能制冷系统的集热面积可以参照国家建筑工程标准《太阳能供热采暖工程技术规范》中的集热面积计算公式计算，其中的建筑物耗热量为建筑物设计月日平均耗冷量结合热力制冷设备性能曲线得到的设计月日平均耗热量，太阳辐照强度宜以集热器倾斜面上设计月日平均太阳辐照度来计算。

④ 集热系统设计要点。太阳能集热系统在设计中需要注意以下几点：

• 太阳能制冷系统需要集热面积较大，如何与建筑结合需要重点关注，多数情况下建筑物不能提供足够的安装空间，需要另外寻找太阳能集热器的安装空间；

• 太阳能制冷系统以制冷空调为主，工作时太阳高度角较高，集热器倾角宜比当地纬度低；

• 太阳能集热器工作温度较高，昼夜工作温差大，系统膨胀收缩补偿和放气需要重点关注；

• 应以制冷设备热源进出口温差作为在设计工况下水流通过集热器一次循环的温升来确定单位集热器面积的水流量。为保证每个集热器阵列的进出口温升相同，集热器间应采用同程连接，不同面积的集热器阵列间应采用平衡阀等装置以确保流过单位集热器面积的流量相同；

• 间接系统在热交换器选型时，宜采用设计月平均日最大太阳辐照度，换热温差宜选择5～10℃。

⑤ 贮热水箱设计。恰当的贮热水箱设计可以有效降低集热器安装面积，保证系统的平稳运行。贮热水箱的设计重点主要有两个方面：

• 贮热水箱构造和接管位置要有效保证水箱中不同温度水的自然分层；

• 贮热水箱容积大小需要集合整个系统模拟确定，经验数据可以按30～50L水箱容积对每平方米集热面积来确定。

⑥ 运行与防护控制。除常规制冷空调的传统运行控制外，针对太阳能制冷系统还需要重点需要关注以下几点：

• 集热系统的运行控制一般采用温差控制，即集热器出口温度与贮热水箱温差达到一定值后开启集热系统循环泵集热，低于一定值后关闭循环泵；

• 太阳能向制冷设备提供热源通过温度控制，当贮热水箱温度达到设定值时向制冷设备输出热量，当低于设定值时停止向制冷设备输出热量，制冷设备停止运行或切换到备用热源来驱动制冷设备运行；蓄冷水箱温度低于设定值时制冷设备也将停止运行；

• 在室外温度可能低于零度的地区需要考虑室外集热系统的防冻问题。太阳能制冷系统中最常见的解决措施就是太阳能集热系统采用间接系统，在集热系统中灌注防冻液来防止冻结的发生；

• 在非制冷季如果太阳集热系统采集的热量不能有效应用将会导致过热。因此太阳能制冷系统所服务的建筑最好有热水或采暖需求，可以有效消化太阳得热，在必要时可以采用太阳能烟囱等方式，既强化了建筑的通风，又通过风冷将太阳能集热系统温度控制在适当的范围内。

（4）辅助冷热源系统

① 辅助热源选择。当工程所在地有工业废热、热电联产余热或地热等低品位能可供利用时，宜选择在太阳能制冷系统中配备辅助热源。辅助热源的容量根据太阳能保证率和建筑室内环境要求是否需要确保来确定，一般情况太阳能承担基本负荷，辅助热源负责调峰；

② 辅助冷源选择。当工程所在地无低品位热源可供利用时，宜采用辅助冷源。采用辅助冷源时系统中宜配置蓄冷水箱。辅助冷源的容量也根据太阳能保证率和建筑室内环境要求是否需要确保来确定，一般情况太阳能承担基本负荷，辅助冷源负责调峰，冷机容量选择时需要考虑蓄冷水箱的调峰作用。

5.4.3 存在问题及解决措施

太阳辐照强度与建筑空调负荷变化同步，可以很好地解决太阳能在非采暖季所采集热量的出路，避免过热，增加系统经济性，近年来得到了学术界的高度重视，国内针对该技术的研究和应用示范已开展多年，也取得了相当的成效。但是，由于太阳能空调技术要求较高，各方面的技术尚未成熟，而且需要投入的资金量很大，国内尚无完全市场化的太阳能制冷工程出现，太阳能制冷技术的推广和应用尚存在许多问题待解决。

1. 太阳能集热系统与建筑结合较困难

由于建筑空调负荷较大，单位建筑面积设计耗冷量较耗热量和热水负荷要高出不少，加之太阳能集热器在高温工况下效率有所下降，太阳能制冷系统导致单位建筑面积对应的太阳能集热面积大大增加，相应需要的安装空间也增加了。由于太阳能制冷系统主要在夏季使用，太阳高度角较高，建筑立面等位置无法安装集热器，集热器只能在建筑屋顶安装，往往导致建筑中没有足够的空间来安装系统所需的太阳能集热器。

解决这个问题需要太阳能产业界和建筑业界的协作和共同努力，发挥各自优势，二者缺一不可。主要可考虑采取以下两个途径：

（1）建筑师在建筑方案设计时将太阳能集热器的安装空间考虑在内，为集热器的安装留出足够空间。例如，建筑造型可以做成南向的单坡形状，可以人为将屋顶面积加大等；

（2）在建筑物周围开辟专门安装太阳能集热器的空间。如在建筑周围的空地集中布置太阳能集热器，在不会被遮挡的停车位上空安装太阳能集热器或借助周边建筑屋顶安装太阳能集热器等。

2. 适用于太阳能制冷的中高温集热器需要进一步开发

目前，市场上常见的固定式集热器产品主要为太阳能热水设计，在太阳能制冷需要的中高温工况下效率较低，有的热损较大的集热器甚至在设计工况下出水温度根本到不了制冷设备需要的温度。能生成高温的聚焦型集热器或跟踪型集热器由于价格较高，需要的安装空间太大现阶段不具备适用性，目前太阳能制冷系统仍是以出水温度在80～100℃的真空管集热器为主，但效率较低，一个方面导致系统造价和安装空间要求增加，另一方面也限制了温度要求较高的高效率的制冷设备的应用。

目前，出水温度在120～150℃，空调工况下集热效率高于40%的真空管型集热器正在开发中。该产品一旦开发成功，将在投资增加有限的条件下使双效热水吸收式制冷机组在太阳能制冷系统中的应用成为可能，显著提高太阳能制冷系统的能效比。

3. 适用于太阳能制冷的制冷设备需要开发和推广

目前，除溴化锂吸收式制冷机外，其他与太阳能系统匹配的制冷设备尚处于实验室或小规模示范阶段，一方面太阳能制冷系统没有得到推广和普及，缺乏对市场的需求；另一方面市场上缺乏成熟产品，也制约了太阳能制冷系统的应用。

国内市场的溴化锂机组冷量一般都在100kW以上，需要进一步小型化以适合太阳能制冷系统的要求；国内有机构开发了用水温度可低至70℃左右的单效双级吸收式制冷机，但机组冷冻水出水温度较高，机组COP也只有0.3～0.4，尚需要进一步改进以提高其适用性；吸附式制冷机已由某高校和企业合作制造出了样机，但机组制冷量较小，长期的运行性能尚需要检验；除湿冷却空调设备在国内也处于实验室和示范阶段，需要进一步的开发和市场化。

4. 太阳能制冷技术建筑应用成套技术需要进一步开发和推广

到目前为止，太阳能制冷技术的应用和推广都处在一个摸索和示范的阶段，在建筑中大面积推广应用所需的成套技术，如设计标准、计算机辅助应用软件、应用指南、标准图集、施工验收规范、成熟的产品和配件等都不具备，技术的推广和应用缺少技术依托。

因此，要在建筑中推广应用太阳能制冷技术，首要的是扫清技术障碍，建立起一套实用的成套技术，具体工作包括编制相关标准规范和图集，绘制标准图集，开发相关产品，进行工程示范并对示范工程进行总结。

5. 经济激励和配套政策缺乏，系统推广受到投资方面的限制

太阳能制冷技术推广中最大的障碍不是以上技术问题，而在经济方面。目前，太阳能制冷系统造价一般为常规制冷空调系统造价的2～3倍，而且系统较常规系统复杂，对运行人员的要求以及运行和维护的工作量都显著提高。经济问题制约了太阳能制冷技术的推广应用，市场的欠缺又导致成套技术和设备的开发和推广缺乏动力，二者互为前提，迫切需要外来的力量来推动。

一项新技术的推广应用从来离不开政府的扶持和推动。政府主要可以在以下几个方面对市场进行引导：

（1）推动示范工程建设，为太阳能制冷技术的推广提供样板。国家应对示范工程的实施投入必要的资金，补贴因利用太阳能制冷技术而增加的投资成本，以及为加强监管、检测所需的管理费用，从而保证工程质量和效果，并在树立样板的基础上，积极推广试点工程经验，逐步过渡到市场化运作，增加太阳能制冷技术的市场份额；

(2) 国家加大太阳能制冷技术的支持力度，鼓励科研人员进行相关开发，投入资金提高太阳能制冷系统整体技术水平，开发我国的太阳能制冷系统的适用技术，加强能力建设，包括相关标准的编制、设计手册编写、开发设计计算软件，以及国家中心检测能力的提高和检测项目的扩充等；提高骨干企业的产品研发能力，改进现有产品与建筑结合的适用性能，提高产品质量和工艺水平，开发安全可靠性更好、性能更加稳定、高效的新产品。

5.4.4 国内研究现状及评价

我国太阳能制冷技术的研究有着悠久的历史，虽然由于种种原因太阳能制冷技术仍停留在实验室和示范阶段，但我国科技工作者经过多年的努力，从以太阳能集热器和制冷机组为代表的产品和设备到太阳能制冷技术在建筑中的系统应用都取得了不菲的成绩。

1. 太阳能制冷产品设备的研究

(1) 太阳能集热器的开发与研究。

长期以来，我国真空管型集热器占据了主流，平板型集热器无论从企业规模还是研发水平上看都处于劣势，但是，从建筑应用来看，平板型集热器具有独特的优势；此外，由于聚焦型集热器具有价格贵，性能不稳定，占用空间大等缺点，在太阳能制冷系统中应用很少，但聚焦型集热器产生的高品位热源能显著提高太阳能制冷设备的能效比。

因此，在发展太阳能制冷用中高温集热器时，应注重聚焦型和非聚焦型并重，真空管型和平板型并重。但从近期来看，最具备工程应用价值的中高温集热器还是以非聚焦的真空管型集热器为主要研究方向，清华大学在国家十一五支撑计划课题“太阳能规模化应用关键技术研究”的支持下，目前正在开展相关研究，并取得了初步成效。

(2) 吸收式制冷装置的研究。

溴化锂吸收式制冷机在我国具有良好的使用基础，市场上产品较成熟。但是，目前市场上的成熟产品需要热源温度多为90℃以上，机组容量较大，100kW以下的小型机组较少。

下一步主要的研究方向在于机组的小型化和进一步降低所需热源温度，提高机组能效比。

(3) 吸附式制冷装置的研究。

吸附式制冷设备发展较晚，目前主要处于实验室阶段，商品化进程还刚刚开始。国内上海交大在此方面做了大量的工作，并成功将水-硅胶为工质的吸附制冷机组应用于若干示范工程。

要想在太阳能制冷系统中与吸收式制冷装置竞争，吸附式制冷装置下一步必须加大市场化力度，使产品系列化，提高产品性能，并在寿命和耐久方面给出令人信服的证据。

(4) 除湿冷却空调装置的研究。

除湿冷却空调装置分固体除湿和液体除湿两种技术路线。固体除湿技术已发展多年，技术相对成熟；国内近年来针对固体除湿占用空间较大，新排风无法避免交叉污染，存在易磨损的运动部件等特点，结合温湿度独立控制空调系统重点对溶液除湿系统进行了研究。清华大学、西北工业大学、西安交大、东南大学等高校分别在此领域进行了比较深入的研究，取得了阶段性的成果，并开始在实际工程中进行示范。但是，如何解决除湿剂对设备的腐蚀性和强化传热传质过程，使得设备小型化仍是溶液除湿蒸发冷却空调推广应用的关键。

目前，以固体除湿为主的除湿冷却空调装置国外已有成品可供引入国内，以液体除湿为主的除湿冷却空调装置仍处在实验室阶段。除湿冷却空调技术的研究开发在近年才开始，在示范工程中的应用试验也刚刚开始，该装置推广应用所需的首要工作就是技术的商品化，即在实验室产品的基础上进一步完善，将其打造成可供系统选用的成熟商品。

2. 太阳能制冷技术建筑应用的研究与示范

我国目前公开报道太阳能制冷空调应用示范项目约20～30个，其中太阳能吸收式制冷应用较早，中国建筑科学研究院与北京市第三棉纺织厂共同协作，早于1976年以京棉三厂计量室（面积64m^2，高4.1m）为制冷空调试验对象，研究试制了利用太阳能和工业余热（辅助热源）的氨冰吸收式制冷装置；而太阳能吸附式制冷于2004年左右才开始应用，太阳能除湿冷却空调系统的应用则在近年才开始实施。表5-5列出了我国部分太阳能制冷建筑应用项目。

我国部分太阳能制冷建筑应用项目 **表5-5**

项目名称	集热器	面积（m^2）	制冷机	制冷量（kW）	COP
京棉三厂计量室	平板型（跟踪）	40	氨-水	8.14	0.12－2
山东乳山太阳能吸收式空调及供热综合系统	热管式	540	单效溴化锂-水	100	0.7
香港大学的太阳能空调系统	平板型	38	单效溴化锂-水	4.7	0.59
广东江门市的太阳能制冷空调系统	平板型	500	两级溴化锂-水	100	0.4
远大空调的太阳能空调	槽式	40－9218	双效溴化锂-水	16－3578	1－1.3
江阴两级太阳能除湿空调	平板型	/	两级转轮除湿空调	10	/
江苏扬州低温储粮系统	真空管	77.6	硅胶-水吸附式	4.7	0.096－0.133（太阳能COP）
上海市生态建筑	真空管	150	硅胶-水吸附式	20	0.35

从“九五”到“十一五”期间，太阳能空调的相关科技开发项目都列入了国家科技部的科技攻关或支撑计划，财政部、建设部的“可再生能源建筑应用示范推广项目”中也有一批太阳能空调的示范工程正在实施。通过这些年的研发和太阳能制冷示范工程的检测和经验总结，将夯实太阳能制冷技术在建筑中推广应用的基础，为已立项的工程建设国家标准《民用建筑太阳能空调工程技术规范》提供编制条件。但必须提出的是，由于投资方面的限制，太阳能制冷技术应用的市场条件目前仍不成熟，预计太阳能空调从示范工程向应用推广的过渡期将在2010年之后。

5.5 太阳能光伏发电系统

1839年，法国物理学家A·E·贝克勒尔意外地发现，用两片金属浸人溶液构成的伏打电池，光照时会产生额外的伏打电势。这种现象被称为“光生伏打效应”（photovoltaic effect)。1954 年，在贝尔实验室恰宾和皮尔松，第一次做出了光电转换效率为 6% 的实用单晶硅太阳电池，开创了光伏发电的新纪元。1958 年，太阳电池首次应用于地球外层空间，美国宇航局（NASA）在美国第一颗人造地球卫星-先锋 1 号上安装了 108 个太阳电池作为卫星的电源。上个世纪 70 年代末，光伏技术开始大量应用于地面。早期最常见的应用是向手表、计算器提供电能。有代表性的地面应用是近年来欧美、日本大规模安装的建筑光伏、大型光伏电站、我国的村落集中光伏供电系统和发展中国家农牧民使用的光伏户用系统等。

面对日益严峻的化石能源枯竭和环境恶化问题，全球已经清楚地认识到太阳能将是人类最重要的能源，预计光伏发电将在本世纪中期为人类提供 30% 左右的电力，而成为重要的战略替代电源。

截止 2008 年底，世界累计生产了约 19GWp 太阳电池，光伏发电的实际总装机容量约 18.5GWp。

全球 2008 年晶硅太阳电池的产量从上年的 3.44GW 猛增到 6.85GW。与此同时薄膜太阳电池生产也在高速发展，2008 年产量达到 0.89GW，年增长 123%。

光伏生产的持续高速增长主要是由于需求侧强有力的拉动（低息、电价上涨、政策激励）以及光伏系统/组件每年综合 7% 的降价。

2008 年世界光伏安装量达到创纪录的 5.95MWp，比 2007 年增长了 110%。其中欧洲占据 82% 市场份额，西班牙以 285% 的年增长率超过德国，年装机量达到 2660MWp，跃居榜首；德国 2008 年的安装量为 1375MWp，占世界光伏市场的总量 24.6%。美国排世界第三，高速发展的韩国跃升为世界第四，其后是意大利和日本。全球有 81 个国家安装了光伏系统。

我国从 1958 年起就进行光伏器件研究。70 年代初成功研制空间光伏电源，应用于我国第一颗人造地球卫星上。70 年代中后期，中国自制的光伏航标灯、太阳灯塔、气象及通讯用光伏电源开始使用，光伏应用逐渐扩大到地面并形成了中国光伏产业的雏形。我国的光伏产业是在国家的“光明工程/送电到乡工程”的激励下，靠 30 亿左右的政府投资引导，从 2002 年开始规模化发展的。在高速发展的欧美市场拉动下，以民营为主体的中国光伏产业经过 5 年拼搏，2007 年一跃成为世界第一的光伏组件生产国和出口国，截至 2007 年底，太阳电池生产的企业达到 50 余家，生产能力达到 2900MWp（其中非晶硅薄膜电池约 100MWp）；生产光伏电池 1088MWp，占全球产量的 27.2%，年产值超过 880 亿元，就业人数约 82800，总资产达到 1200 亿元（其中在建投资 500 亿元），成为高新技术产业和绿色经济增长点。2008 年光伏组件的发货量上升到 2000MWp，年增长 16.5%，继续保持世界第一大太阳电池生产国的地位。

截至 2008 年底，中国光伏系统的累计装机容量达到 140MWp（不足世界累计安装量的 1%），以离网村落供电系统为主。2008 年中国光伏系统的安装量总计约 40MWp，仅为当年中国太阳电池生产量 2000MWp 的 2%，意味着太阳电池产量的 98% 需要出口。

5.5.1 基本原理与分类

1. 基本原理

太阳电池是将太阳光转换成电能的一种器件，其发电原理是“光生伏打效应”。如图

5-48 所示普通的晶体硅太阳电池由两种不同导电类型（n 型和 p 型）的半导体构成，分为两个区域：一个正电荷区，一个负电荷区。当阳光投射到太阳电池时，内部产生自由的电子-空穴对，并在电池内扩散，自由电子被 p-n 结扫向 n 区，空穴被扫向 p 区，在 p-n 结两端形成电压，当用金属线将太阳电池的正负极与负载相连时，在外电路就形成了电流。每个太阳电池基本单元 p-n 结处的电动势大约 0.5V，此电压值大小与电池片的尺寸无关。太阳电池的输出电流受自身面积和光照强度的影响，面积较大的电池能够产生较强的电流。

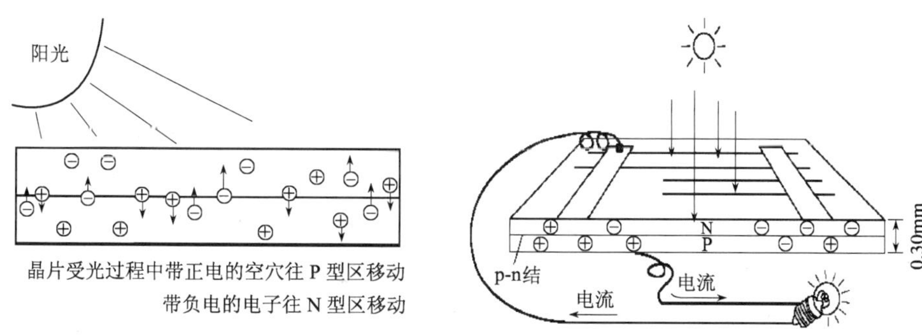

图 5-48 太阳电池发电原理图

2. 太阳电池的分类

太阳电池的种类很多，其分类方法大致如下：

从材料来分，有晶硅太阳能电池、砷化镓太阳能电池、镓铟铜太阳能电池、碲化隔太阳能电池、和镓铟磷太阳能电池等。

从晶体结构上分，有单晶硅、多晶硅和非晶硅太阳能电池。

从材料体型来分，有晶片太阳能电池和薄膜太阳能电池。

从内部结构的 PN 节多少或层数来分，有单节、多节或多层太阳能电池。

目前应用最多的是晶体硅电池。

（1）太阳电池、组件及方阵

为了使太阳电池在工程中应用，必须对“脆弱”的晶体硅片进行电气上的合理连接和结构上的集成处理，使之成为便于搬运、贮存和拆装的光伏组件、或称为太阳电池板。太阳电池按集成形式和规模的不同，可做如下分类：

单体太阳电池—太阳电池的最基本单元，简称“电池片”，是产生电压和电流的基本材料。每个硅电池片的输出电压约 0.5V，输出功率 1 ~3W 不等。

太阳电池组件或称光伏组件—由于电池片易损坏、电压低，为了保护电池片和提高工作电压，出厂前还需要对电池片进行连线焊接和封装，以组装成由多个电池片串联而成的“太阳电池组件”（简称“组件”），组件是构成最小实用型功率系统的基本单元。目前，每个太阳电池组件的输出电压大约 17.5V 左右，输出功率在 40 ~200W 之间不等。

光伏方阵—在光伏发电系统中，将多个太阳电池组件组装在一起，其功率应满足系统负载的需要，这样的发电装置集合体称为“光伏方阵”（简称“方阵”）。在大型光伏发电站里，为了便于安装和进行能量处理，可以将规模过大的方阵分成多个较小的“子方阵”。方阵规模可以小至只有一个组件，用于并网的方阵可以大到上十万个组件。

太阳电池片、组件、电池板和方阵如图 5-49 所示。

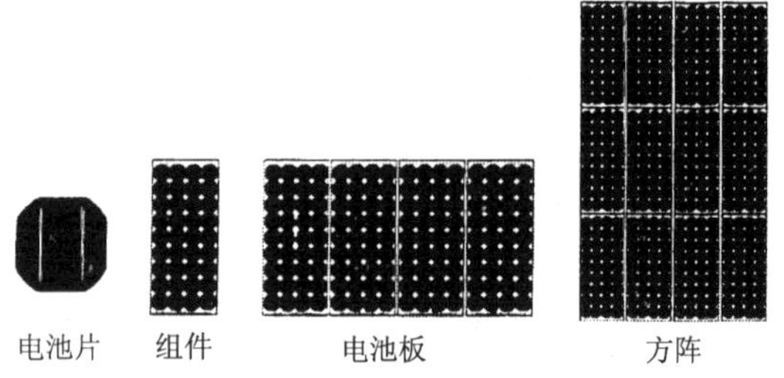

图5-49　电池片、组件、电池板和方阵

（2）组件的串联和并联

太阳电池件组件同普通电源一样，也采用电压值和电流值标定。在充足的阳光下40～50W组件的标称电压是12V（最佳电压17V），电流大约3A。同蓄电池的串、并联一样，根据需要组件同样可以组合到一起，得到不同电压和电流的太阳电池板。组件串联时电流值不变，电压将增加，相同的两个12V、3A组件串联接线后得到24V、3A系统，如图5-50所示。组件并联时电压值不变，电流将增加，相同的两个12V、3A组件并联接线后得到12V、6A系统，如图5-51所示。太阳电池组件串联接线时，总电压等于每个单独组件电压之和，串联接线的各组件电流相等。

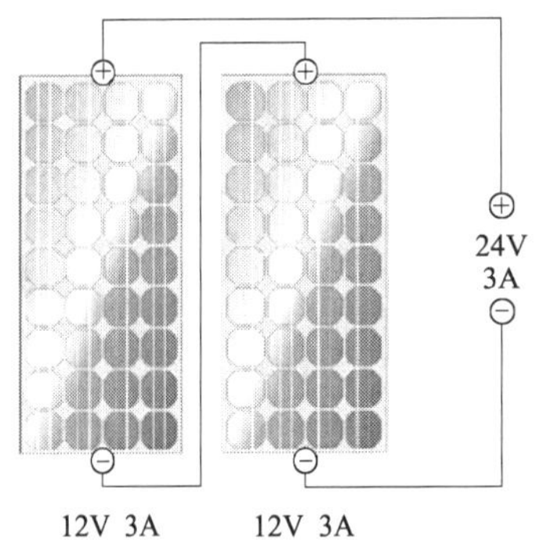

图5-50　串联太阳电池组件

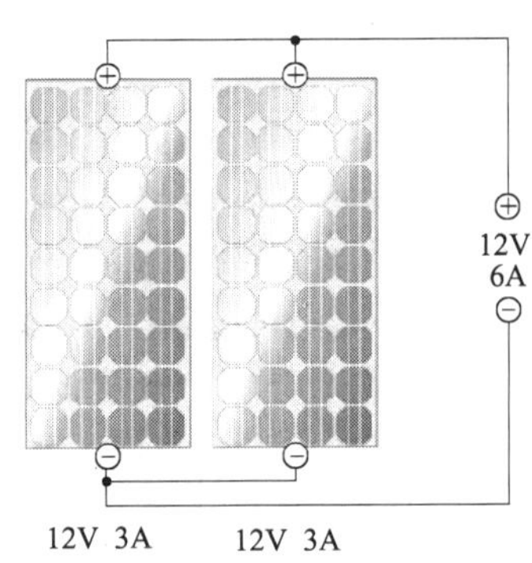

图5-51　并联太阳电池组件

太阳电池组件还可以采用混联接线方式，以使电池板或方阵获得所需要的电压和电流值。为得到24V、6A的太阳电池板需要四个电池组件，将它们两两串联之后并联，如图5-52所示。串联接线时将一个组件的正极（+）连到另一个组件的负极（-）；并联接线时将两个组件的正极与正极相连，负极与负极相连线。

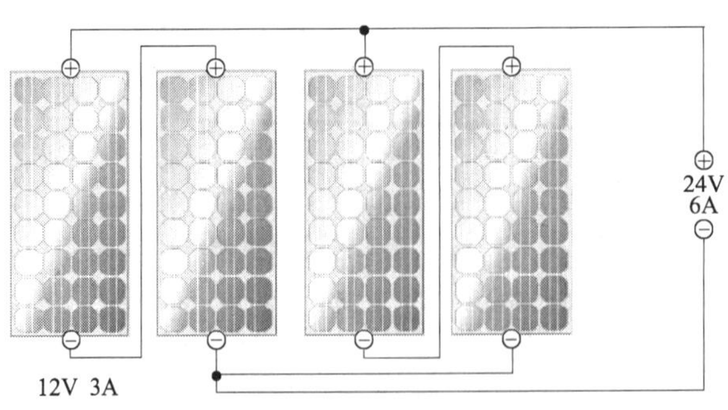

图5-52　混联太阳电池组件

单体太阳电池是光伏转换的最小单元，一般不能单独作为电源使用。为满足负载所要求的输出功率，将光伏组件再经过串并联就形成了具有一定输出功率的光伏阵列。光伏阵列是光伏发电系统的发电部分。

由于光伏阵列所产生的电压为直流电压，且受到太阳光强度的太小而变化。为了得到稳定的可供常规交流负载使用的交流电，通常采用控制器、逆变器、蓄电池等形成稳定的光伏发电系统。

3. 光伏发电系统分类

按照光伏发电系统与公共电网的连接方式，光伏发电系统可以分为离网光伏发电系统和并网光伏发电系统两大类。

（1）离网光伏发电系统

光伏发电系统不与公共电网相连接而独立供电的太阳能光伏发电系统称为离网光伏发电系统。如图5-53所示，离网光伏发电系统主要包括光伏阵列（太阳电池方阵）、蓄电池组、控制器、逆变器等。如系统需要、当地资源良好，可以与柴油发电机组、风力发电机组结合，构成风/光/柴互补系统。

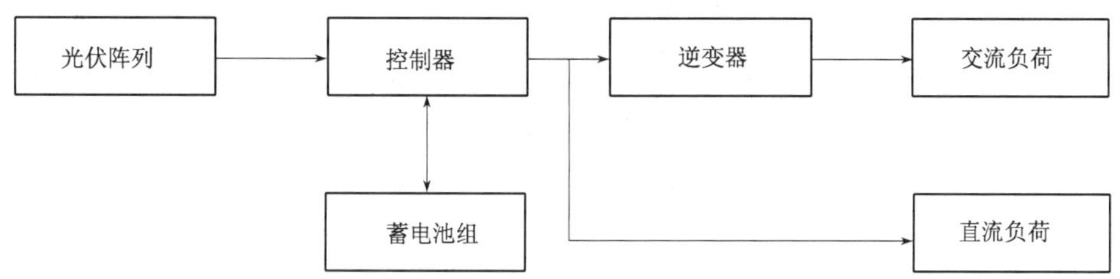

图5-53 离网光伏发电系统构成

离网光伏发电系统主要应用于远离公共电网的无电地区和一些特殊场所，如为边远偏僻农村、牧区、海岛、高原、沙漠的农牧渔民提供照明、看电视、听广播等基本的生活用电，为通信中继站、沿海与内河航标、输油输气管道阴极保护、气象电站、公路道班以及边防哨所等特殊处所提供电源。到2008年底，国内离网光伏发电系统累计安装容量83MWp，占全国总安装容量的59%。

（2）并网光伏发电系统

与公共电网相连接且共同承担供电任务的太阳能光伏发电系统称为并网光伏系统。并网光伏发电系统无需蓄电池储能设备，将电网作为储能单元，利用光伏阵列将太阳能转换成为直流电能，通过并网逆变器将太阳能发出的直流电逆变成50赫兹、230/380伏的交流电并入电网。并网系统由太阳能电池方阵、并网逆变器等组成，如图5-54所示。并网光伏发电技术是太阳能光伏发电进入大规模商业化发电阶段、成为电力工业组成部分的重要发展方向，是当今世界太阳能光伏发电技术发展的主流趋势。

① 开阔地大型并网光伏发电系统

并网光伏发电系统分为开阔地大型并网光伏发电系统和建筑光伏两种应用形式。在开阔地建设大型并网光伏发电系统，其规模通常在千瓦级、兆瓦级，甚至达到数GW，可集中布置在荒漠、荒地等广阔区域，电能经DC/AC变化、升压，并入高压输电网，这个技术被实践证明是切实可行的（图5-55）。

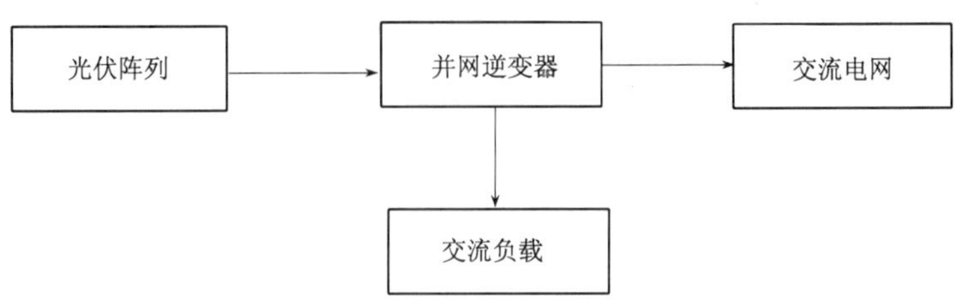

图 5-54 并网光伏发电系统构成

图 5-55 大型开阔地并网光伏系统应用实例

我国有 108 万 km^2 的荒漠，大都分布在西部，太阳能资源极为丰富。如果利用十分之一的荒漠安装并网发电系统，每年可以发电 10 万多亿千瓦时，相当于 2008 年全国用电量的 3 倍多。

② 建筑光伏

在建筑物上安装光伏系统的初衷是利用建筑物的光照面积发电，既不影响建筑物的使用功能，又能获得电力供应；由于光伏系统安装在电网的用户终端，无须额外输电投资，而且光照强度与负荷强度通常是吻合的，有调峰功效，可谓一举多得。

建筑光伏分为建筑附加光伏（BAPV）和建筑集成光伏（BIPV）两种。

建筑附加光伏（BAPV）是把光伏系统安装在建筑物的屋顶或者外墙上，建筑物作为光伏组件的载体，起支承作用（图 5-56）。光伏系统本身并不作为建筑的构成，换句话说，如果拆除光伏系统后，建筑物仍能够正常使用。当然建筑附加光伏不仅要保证自身系统的安全可靠，同时也要确保建筑的安全可靠。

建筑集成光伏（BIPV）是指将光伏系统与建筑物集成一体，光伏组件成为建筑结构不可分割的一部分，如光伏屋顶、光伏幕墙、光伏瓦和光伏遮阳装置等；如果拆除光伏系统则建筑本身不能正常使用。把光伏组件用作建材，必须具备建材所要求的几项条件，如坚固耐用、保温隔热、防水防潮、适当强度和刚度等性能。建筑集成光伏是光伏建筑一体化的更高级应用，光伏组件既作为建材又能够发电，一举两得，可以部分抵消光伏系统的高成本，有利于光伏的推广应用。建筑集成光伏有极大的潜在市场，目前在国外已经出现了大量的建筑集成光伏示范性建筑。

图 5-56 建筑附加光伏应用实例

建筑光伏的几种应用形式如下：

A. 光伏系统与建筑屋顶相结合

将建筑屋顶作为光伏阵列的安装位置有其特有的优势，日照条件好，不易受到遮挡，可以充分接收太阳辐射，光伏系统可以紧贴建筑屋顶结构安装，减少风力的不利影响。并且，太阳光伏组件可替代保温隔热层遮挡屋面。此外，与建筑屋顶一体化的大面积光伏组件由于综合使用材料，不但节约了成本，单位面积上的太阳能转换设施的价格也可以大大降低，有效地利用了屋面的复合功能。图 5-57 分别为光伏系统与建筑屋顶相结合的商业及民用建筑实例。

图 5-57 光伏系统与建筑屋顶相结合的民用建筑实例

图 5-58 为与屋顶相结合的另外一种光伏系统：太阳能瓦。太阳能瓦是太阳电池与屋顶瓦板结合形成一体化的产品。这一材料的创新之处在于使太阳能与建筑达到真正意义上

的一体化，该系统直接铺在屋面上，不需要在屋顶上安装支架，太阳能瓦内含光伏组件，光伏组件的形状、尺寸、铺装时的构造方法都与平板式的大片屋面瓦一样。

图5-58 太阳能瓦的应用

B. 光伏与墙体相结合

对于多、高层建筑来说，外墙是与太阳光接触面积最大的外表面。为了合理的利用墙面收集太阳能，可采用各种墙体构造和材料，将光伏系统布置于建筑物的外墙上。这样，可以利用太阳能产生电力，满足建筑的需求，而且还能有效降低建筑墙体的温度，从而降低建筑物室内空调冷负荷。图5-59为光伏与墙体相结合的光伏发电系统。

图5-59 与墙结合的光伏系统

C. 光伏幕墙

将光伏组件同玻璃幕墙集成化的光伏幕墙将光伏技术融入了玻璃幕墙，突破了传统玻璃幕墙单一的围护功能，把以前被当作有害因素而屏蔽在建筑物表面的太阳光，转化为能被人们利用的电能，同时这种复合材料不多占用建筑面积，优美的外观具有特殊的装饰效果，更赋予建筑物鲜明的现代科技和时代特色。图5-60即为光伏幕墙代替传统的玻璃幕墙。

图5-60　光伏幕墙

D. 光伏组件与遮阳装置相结合

将太阳能电池组件与遮阳装置构成多功能建筑构件，一物多用，既可有效的利用空间，又可以提供能源，在美学与功能两方面都达到了完美的统一，如停车棚等。图5-61为光伏组件与遮阳装置相结合的应用实例。

图5-61　光伏组件与建筑顶篷相结合的应用实例

5.5.2 特点及技术要点

1. 特点

建筑光伏系统，是光伏发电应用的一个新概念，就是将太阳能光伏发电阵列安装在建筑的采光外表面来提供电力。这种系统有诸多优点，如有效利用建筑外表面、无需额外用地或者加建其他设施、节约外饰材料（玻璃幕墙等）、缓解电力需求、降低夏季空调负荷、改善室内环境温度等。建筑光伏系统是目前世界上大规模利用光伏技术发电的重要市场，一些发达国家都将建筑光伏系统作为重点项目积极推进。

从建筑学、光伏技术和经济效益来看，光伏发电技术和建筑相结合的建筑光伏有如下特点：

（1）建筑物产生电能，光伏系统发出的电能除供给建筑物本身使用，多余电力可送入公共电网；

（2）所发电能馈入电网，省掉储能单元蓄电池，节省光伏发电系统建设投资与维护费用，从而使发电成本降低；

（3）能有效地减少建筑能耗，实现建筑节能，光伏阵列一般安装在屋顶及墙的南立面上直接吸收阳光，不仅产生电能，而且降低了墙面及屋顶的温升，从而降低了建筑物室内制冷负荷，节省了室内平衡温度所需的电力；

（4）"调峰"作用，夏季中午电网用电高峰期正是光伏阵列发电最多的时候，光伏发电系统除保证自身建筑用电外，还可以向电网供电，缓解高峰电力需求；

（5）可以有效地利用建筑物屋顶和采光外墙，无需占用宝贵的土地资源和增加基础设施，这对于土地资源昂贵的城市发展尤为重要；

（6）原地发电、就近用电，可以节省发电与送电的电网投资；

（7）对于建筑物光伏组件既可以发电，又可以用作建筑材料，起了双重作用，降低了光伏系统的成本；

（8）光伏发电系统没有噪声、没有污染物排放、不消耗任何燃料，使建筑具有绿色环保概念；

（9）建筑物光伏发电可以把电力维护、控制系统的操作都结合在建筑物内，使操控更加方便。

2. 技术要点

建筑光伏是光伏系统依附或集成于建筑的一种新能源利用形式，其主体是建筑，客体是光伏系统。因此，建筑光伏设计应以不损害和影响建筑的效果、结构安全、功能和使用寿命为基本原则。建筑光伏不同于一般的光伏电站，对建筑和光伏发电系统提出了特殊的技术要求。

（1）太阳能资源：在设计建筑光伏系统时，首先必须搞清当地的太阳能资源，确定最佳倾角等基本参数。

① 太阳能的能量

太阳内部温度极高，压力极大，物质早已离化而呈等离子态，通过不同原子核的相互碰撞，引起一系列核子反应，其中类似于氢弹爆炸的热核反应，是太阳能量的主要来源。太阳的能量是向四面八方辐射的，每秒钟投射到地球上的能量约为 1.757×10^{17} 焦耳，相

当于 6×10^{6} 吨标准煤。形象的比喻就是地球每天从太阳那里获得 5 千多亿吨的标准煤（5.184×10^{11}）。按目前的发电水平可转换成 1.41 千万亿度电（1.41×10^{15}kWh）。遗憾的是人类目前还没有能力将如此巨大的能量全部转换成电能，更没有办法储存它。值得庆幸的是，现在人们利用光伏发电技术已可以将少量的太阳能转换成电能并储存起来。

为了衡量太阳辐射能的大小，科学家确定了度量辐射能的单位：在单位时间内以辐射形式发射的能量称为太阳辐射功率或辐射通量，单位是瓦（W）。太阳投射到单位面积上的辐射功率（辐射通量）称为辐射度或辐照度，单位是瓦/平方米（W/m^{2}）。在一段规定的时间内（如每小时、每日、每周、每月、每年等）太阳照射到单位面积上的辐射能量称为辐射量或辐照量，单位是 kWh/m^{2}/日（月、年）。

② 太阳辐射及影响因素

在一个具体的场地阳光的多少取决于诸多因素，这些因素包括大气条件、地球相对于太阳的位置和附近的障碍物等。

A. 大气条件对太阳辐射的影响

地球表面接收的太阳辐射能要受到大气散射、反射和吸收的影响而衰减，主要原因是由空气分子、水滴、水晶和尘埃引起的大气散射和由臭氧、水蒸气和二氧化碳引起的大气吸收。由于大气散射波长的范围集中在能量比较大的可见光波段，因此散射是使太阳辐射能衰减的主要因素之一。大气散射取决于太阳高度、云量、云状、云厚、大气透明度和海拔高度等。在晴朗夏天的正午时刻，大约有 70% 的太阳辐射能穿过大气层直接到达地球表面；另有 7% 左右的太阳辐射能经大气分子和粒子散射后，也最终抵达地面；其余的被大气吸收或经散射返回空间。

B. 地球相对太阳位置的影响

地球到太阳的距离和地球轴的倾斜同样对太阳的辐射能量有影响。每年 6～8 月，北半球处于夏季时，地球轴的倾斜使得北半球朝太阳倾斜。而在冬季，由于地球轴的倾斜使得北半球远离太阳，造成了夏季与冬季太阳辐射能总量的巨大差别。图 5-62 展示出不同季节太阳在天空的位置，图中的数字代表太阳所在位置的时刻。

C. 地形地貌及障碍物的影响

在日常生活中经常会看到如下现象：当上午或下午太阳斜照时，高大的山峰、树林会遮住太阳，房屋、烟囱等建筑物也会挡住阳光。上述现象在冬天就更为突出，从图 5-62 可以看出，冬天时太阳在地球的南半球上空，在北半球的人看去太阳离地平线的距离较夏天近的多。由于太阳斜射的影响，阳光更容易被地形地貌及障碍物遮挡。

③ 太阳方位和电池板倾角的确定

A. 方位角

太阳从地平线升起后，在正南方由东向西移动的位置称为方位角，以正南方为基准的东西向角度来测量（图 5-63），并以度计量。中午日当头是阳光最好的时刻，确定场地正午时刻太阳的方位角对光伏发电系统的选址十分重要。

B. 高度角

太阳在地平线以上的高度以地平面与太阳所在位置的夹角来测量称为高度角（或仰角）（见图 5-63），并以度计量。由于地球是以一定的倾角绕轨道运行，太阳正午时在地平线以上全年有不同的高度角。当太阳从地平线刚刚升起和落下时，此时的高度角是 0 度。

当太阳以0度方位角位于天空的正南方时，这将是太阳在那一天的最大高度角，称那个时刻为太阳的正午。

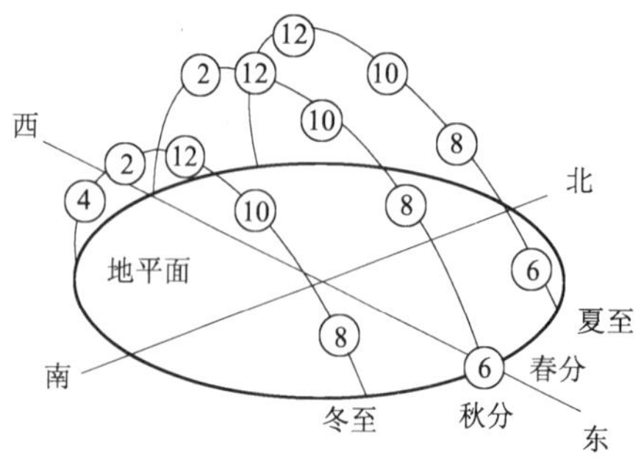

图5-62 不同季节太阳在天空的位置

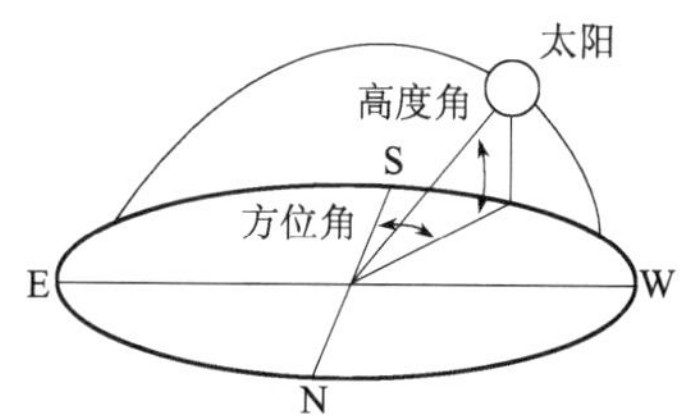

图5-63 太阳的方位角及高位角

以角度大小表示的地球从赤道向南极或北极间的量度称为纬度，最低纬度0°，最高纬度90°。一个地区的纬度很容易确定，可向当地的气象部门或地质部门查询，也可以从地图上查找，使用GPS测量仪可以准确的测出经纬度和海拔高度。用纬度值可确定出全年在任何给定位置太阳正午时刻的高度角。

C. 倾角

在正午时刻，为了使阳光垂直照射在太阳电池板上，在安装时太阳电池板与水平面之间要有一个角度，通常称电池板与水平面的夹角为倾角（图5-64），以度计量。斜面上接受的太阳总辐射量达到最大时，称为最佳倾角。根据几何学原理，欲使阳光垂直照射在太阳电池板上，电池板的倾角应按下式计算：

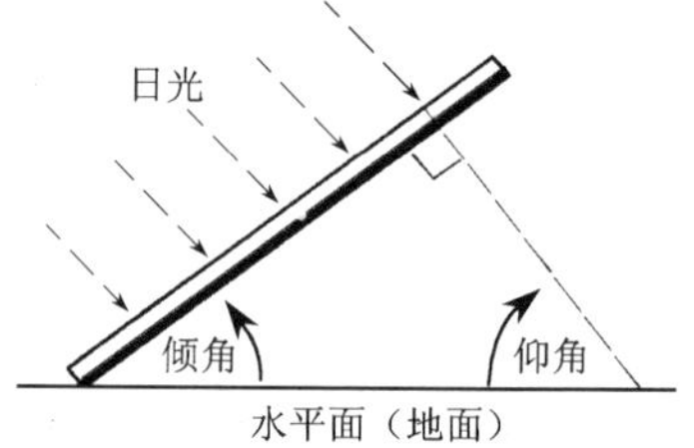

图5-64 太阳电池板倾角示意图

$$倾角 = 90° - 高度角(仰角)$$

由于地球是以一定的倾斜角度绕轨道运行，太阳正午时在地平线以上的高度角每年都有一个周期性的改变，上式说明了合理的电池板倾角应随太阳高度角的变化而改变。

D. 确定方阵倾角

为了优化太阳电池方阵接收日光的性能，光伏组件的倾角应等于场地所在的纬度。当倾角等于纬度时投射在太阳电池板上的平均日照强度最高。此外，为了考虑太阳高度角的周期性变化，电池板的倾角还要跟踪太阳高度角的变化，这样不仅在技术上有一定难度而且成本也很高。为了简化光伏系统控制，同时考虑满足不同季节的负载用电需要，可以按下列规律确定方阵倾角：

为满足冬季负载，倾角 = 纬度 + 11 度 45 分

为满足夏季负载，倾角 = 纬度 - 11 度 45 分

考虑全年平均值，倾角 = 纬度 + 5 度

太阳电池的光-电转换能力不仅与太阳辐射强度有关，还与日光的入射角有关。只有太阳光垂直于组件面板时，太阳电池方阵的电能输出才能达到最佳值。太阳电池板以前面所述的方位角和倾角直接朝向太阳，此时的日光入射角称为“标准入射角”。

方阵安装倾角应以“设计月”日照强度的最高值为准，这样可保证一般年份日照最差的月份也能满足系统负载的用电需求，这样设计的系统除满足负载用电外，还应保证蓄

电池能充满电。如果每月的负载是变化的，那么就要逐月核查各月的太阳辐射量和测算每月的负载耗电量。

方阵不同的倾角对各月能量产出的影响如图 5-65 所示。

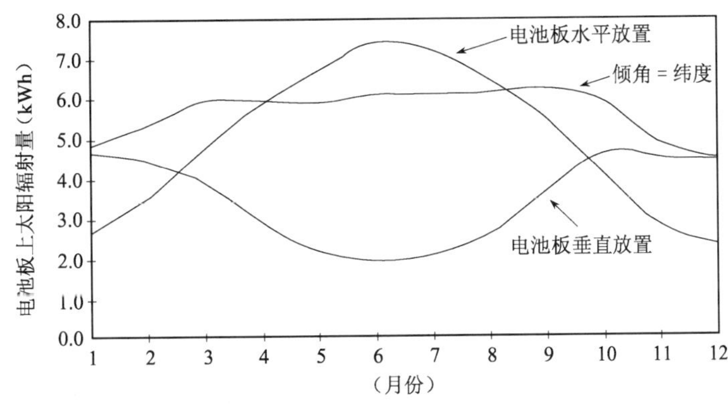

图 5-65 方位倾角对输出能量的影响

E. 确定太阳正午方位

a. 时区正午法

众所周知中午 12 点太阳所处的方位就是正南方向，然而这种说法是有前提的，即中午 12 点指的是地方时的 12 点。从地理知识中可以了解到，地球自转一周为 24 小时，地球东西向的经度为 360°，因此地球按时间可分成 15°一个时区，供有 24 个时区。根据上述时区划分原理计算出所在地域的地方时区，则地方时的 12 点太阳所处方位才是正南方向。我国现在通用的标准时—北京时，实际上并不是北京的地方时，而是 120°E 子午线的时间。例如：北京地区大约位于东经 116°，西宁地区大约位于东经 101°，两地近似相差 15°，即一个时区。按北京时间计时，北京地区的太阳正午就是 12 点；西宁地区的太阳正午应该是北京时间下午 1 点。新疆乌鲁木齐地区大约位于东经 87 度，当地的太阳正午应该是北京时间下午两点左右，以此类推。如果希望将方位定的更为准确，还可以将每个时区再划分为 1°一个分时区来进行时区的修正。

利用“时区正午法”确定正南方向时，还有一个更简便的方法，首先根据时区划分原理计算出所在地域的时区，然后在地面（垂直于水平面）立一根大约 1.5—2 米的细杆。以当地时区为准，分别于上午 9 点和下午 3 点（或上午 10 点和下午 2 点）在地面上划出木杆的阴影位置线，两阴影线形成一个夹角，此夹角的等分线方向即为当地的正南—正北方向。

b. 立竿见影法

如果只要求近似地找到正南方，可利用下述的“立竿见影法”：在地面（垂直于水平面）立一根大约 1.5 ~2m 的细杆（长一些更好），在近于中午前后的 1 ~2h 之内，不断观察并在地面上记录细杆阴影的长短变化，其中最短阴影所指的方向即为当地的正南—正北方向。

④ 场地日照条件评价

太阳电池依靠日光照射而发电，当投射到电池板上的日光被遮挡时，方阵功率输出特性将受到严重影响，甚至电池板上的一个小小阴影也能够使其性能降低 80%。因此，在光伏系统运行过程中，每年要仔细检查阳光通路和避开阴影，对保证方阵的额定出力和降低光伏系统发电成本极为重要。场地出现的阴影经常来自树木、灌木、附近建筑物、电线杆、架空线等。作为一般要求，从上午9点至下午3点方阵电池板上不应存在阴影。中国位于北半球，对太阳电池方阵发电最不利的阴影应出现在12月21日（即冬至）前后一段时间。在某些地区，由于冬季太阳仰角低，阴影时间长，电池板容易被遮挡是一个比较大的问题，应引起系统设计者和光伏电站运行人员的注意。

为消除阴影影响，必须检查和确认以下条件是否满足：

- 在一年的任何月份，投向太阳电池方阵的阳光都不会被遮挡；
- 每天上午9点至下午3点太阳电池板上无阴影；
- 识别上午9点至下午3点遮挡太阳电池方阵的障碍物，消除产生阴影的根源；
- 如无法消除产生阴影的因素，也可考虑移动太阳电池方阵或增加方阵容量以弥补由于阴影造成的能量损失。

测算方阵运行时间

太阳电池方阵接受日光照射时间越长，系统每日可发出的电能就越多。因此当方阵在场地的方位和倾角确定后，需评估和测定太阳电池板在不同季节里每日的可运行时间。

在评价场地时，必须确定一个在场地上全天无阴影的时间段，作为太阳电池方阵的运行时间，这个最适宜的时间区间称为太阳窗。图5-66绘出了反映场地日照时间和路径状况的“太阳窗”示意图。“太阳窗”概念可以反映场地的日照时间和路径状况。依据场地日照条件的不同，太阳窗可以选在上午9点~下午3点，也可以定在上午8点半~下午3点半等等。在夏季里，太阳升起的早，日落却很晚，日照时间比冬季要长很多，因此夏季的太阳窗比冬季太阳窗开得大，也就是方阵的可运行时间长。太阳窗大小除受季节影响外，还与场地周围的环境条件有关。例如场地东西两侧有高山、树林和高大建筑物等都会减少太阳电池方阵的运行时间。一年四季的太阳窗时间是不同的，欲准确地测定太阳窗，首先需要向气象部门查询当地不同季节太阳日出日落的方位角和正午的高度角（仰角），然后再根据场地的具体条件加以修正。如果仅需要近似的场地“太阳窗”时间，则通过目测即可。

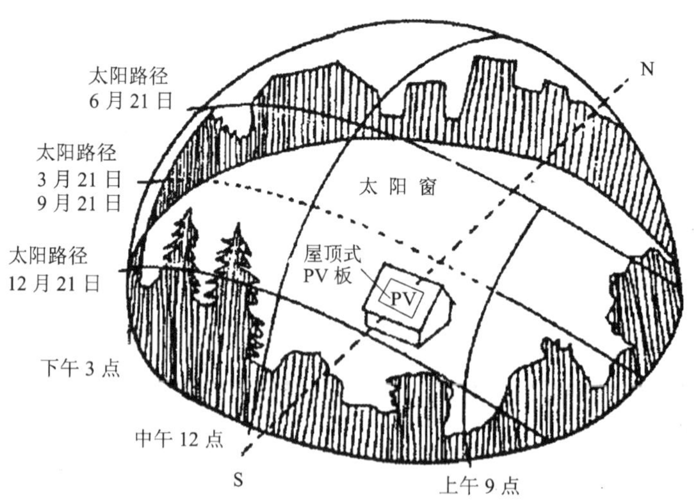

图5-66 反映场地日照时间和路径状况的“太阳窗”

如果仅从日照的时间长短评价场地，则太阳窗时间段达到上午9点~下午3点已能满足光伏系统发电条件。当太阳窗时间段小于上午10点~下午2点时，说明该场地的日照时间太短，应检查和清除场地周围的障碍物。

⑤ 我国的太阳能资源分布情况

我国幅员广大，有着十分丰富的太阳能资源。据估算，我国陆地表面每年接受的太阳辐射能约为147×10^8GWh，相当于4.9万亿吨标准煤，约等于上万个三峡工程发电量的总和。全国各地太阳能年辐射总量达335～837kJ/cm^2，中值为586kJ/cm^2（图5-67）。

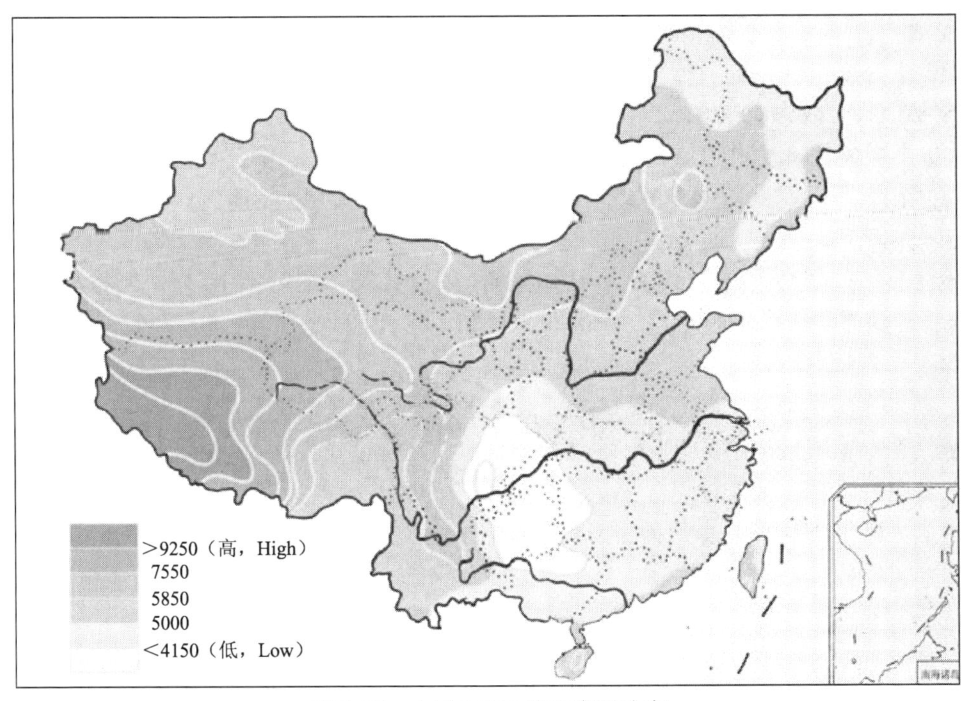

图5-67 中国宏观太阳能资源分布

从全国太阳年辐射总量的分布来看，西藏、青海、新疆、内蒙古南部、山西、陕西北部、河北、山东、辽宁、吉林西部、云南中部和西南部、广东东南部、福建东南部、海南岛东部和西部以及台湾地区的西南部等广大地区的太阳辐射总量很大。尤其是青藏高原地区最大，那里平均海拔高度在4000m以上，大气层薄而清洁，透明度好，纬度低，日照时间长。

按接受太阳能辐射量的大小，全国大致上可分为五类地区。

一类地区

全年日照时数为3200～3300小时，年辐射量在670～837×10^4kJ/cm^2。相当于225～285kg标准煤燃烧所发出的热量。主要包括青藏高原、甘肃北部、宁夏北部和新疆南部等地。这是我国太阳能资源最丰富的地区，与印度和巴基斯坦北部的太阳能资源相当。特别是西藏，地势高，太阳光的透明度也好，年太阳辐射总量最高值达921kJ/cm^2，仅次于撒哈拉大沙漠，居世界第二位，其中拉萨是世界著名的阳光城。

二类地区

全年日照时数为3000～3200小时，年辐射量在586～670×10^4kJ/cm^2，相当于200～225kg标准煤燃烧所发出的热量。主要包括河北西北部、山西北部、内蒙古南部、宁夏南部、甘肃中部、青海东部、西藏东南部和新疆南部等地。此区为我国太阳能资源较丰富区。

三类地区

全年日照时数为2200~3000小时，年辐射量在502~586×10^{4}kJ/cm^2，相当于170~200kg标准煤燃烧所发出的热量。主要包括山东、河南、河北东南部、山西南部、新疆北部、吉林、辽宁、云南、陕西北部、甘肃东南部、广东南部、福建南部、江苏北部和安徽北部等地。

四类地区

全年日照时数为1400~2200小时，年辐射量在419~502×10^{4}kJ/m^2。相当于140~170kg标准煤燃烧所发出的热量。主要是长江中下游、福建、浙江和广东的一部分地区，春夏多阴雨，秋冬季太阳能资源还可以，属于太阳能资源可利用地区。

五类地区

全年日照时数约1000~1400小时，年辐射量在335~419×10^{4}kJ/m^2。相当于115~140kg标准煤燃烧所发出的热量。主要包括四川、贵州两省。此区是我国太阳能资源最少的地区。

一、二、三类地区，年日照时数大于2000小时，年辐射总量高于586kJ/m^2，是我国太阳能资源丰富或较丰富的地区，面积较大，约占全国总面积的2/3以上，具有利用太阳能的良好条件。四、五类地区虽然太阳能资源条件较差，但仍有一定的利用价值。

我国太阳能理论资源总量为147×10^{8}GWh，大陆各省理论资源量见表5-6（按理论资源量大小排序）。

各省、市、自治区太阳能资源理论储量（以储量大小为序） **表5-6**

序号	省份	理论总储量	面积	序号	省份	理论总储量	面积
		10^{8}GWh/年	10^{4}km^2			10^{8}GWh/年	10^{4}km^2
1	新疆维吾尔自治区	27.06	165	16	湖北省	2.236	18.6
2	西藏自治区	23.606	122.8	17	山东省	2.192	15.7
3	内蒙古自治区	17.755	118.3	18	河南省	2.186	16.7
4	青海省	13.66	72.2	19	辽宁省	2.063	14.8
5	四川省	7.36	48.7	20	江西省	2.042	16.7
6	甘肃省	6.7	45.4	21	贵州省	1.894	17.6
7	黑龙江省	5.971	45.4	22	安徽省	1.695	14
8	云南省	5.774	39.4	23	江苏省	1.654	10.3
9	河北省	2.886	18.8	24	福建省	1.561	12.1
10	广西壮族自治区	2.841	23.6	25	浙江省	1.288	10.2
11	陕西省	2.601	20.6	26	宁夏回族自治区	1.091	5.2
12	吉林省	2.487	18.7	27	海南省	0.476	3.4
13	湖南省	2.474	21.2	28	北京市	0.264	1.7
14	广东省	2.407	17.8	29	天津市	0.162	1.2
15	山西省	2.304	15.6	30	上海市	0.077	0.6

a. 建筑设计

在完成上述资源评估工作，确定所选建筑适于安装建筑光伏系统后，可以开始建筑光伏的设计工作。设计应注意与建筑物的外装饰的协调，光伏组件给建筑设计带来了新的挑战与机遇，好的建筑光伏设计会使建筑更富生机，环保绿色的设计理念更能体现建筑与自然的结合。设计中要考虑光伏组件的吸热对建筑热环境的改变。

b. 结构安全性与构造设计

光伏组件与建筑的结合，结构安全性涉及两方面：一是组件本身的结构安全，如高层建筑屋顶的风荷载较地面大很多，普通的光伏组件的强度能否承受，受风变形时是否会影响到光伏组件的正常工作等。二是固定组件的连接方式的安全性。组件的安装固定不是安装空调式的简单固定，而是需对连接件固定点进行相应的结构计算，并充分考虑在使用期内的多种最不利情况。建筑的使用寿命一般在50年以上，光伏组件的使用寿命也在20年以上，建筑光伏的结构安全性问题不可小视。

构造设计是关系到光伏组件工作状况与使用寿命的因素，普通组件的边框构造与固定方式相对单一。与建筑结合时，其工作环境与条件有变化，其构造也需要与建筑相结合。

在已有建筑上附加光伏系统时，要特别注意诸如避雷、布线、屋顶防水、逆变控制器的安装等细节，要考虑日常维护的人员可操作性。

c. 光伏发电系统

建筑光伏的光伏系统与光伏电站的系统设计不同，光伏电站一般是根据负载或功率要求来设计光伏方阵大小并配套系统，建筑光伏要求根据光伏阵列大小与建筑采光要求来确定光伏系统的功率并配套系统。

光伏阵列的布置要求获得能量最大。对于某一具体位置的建筑来说，与光伏阵列结合或集成的屋顶和墙面，所能接收的太阳辐射是一定的。为获得更多的太阳辐射，光伏阵列的布置应尽可能地朝向太阳光入射的方向，如建筑的南面、西南面、东南面等。在与建筑墙面结合或集成时，还要考虑建筑效果，如颜色与板块大小。

建筑光伏对光伏组件的要求。首先，建筑附加光伏（BAPV）中的光伏组件要与整座建筑颜色与质感协调、和谐统一；其次，光伏组件的力学性能要符合建筑装饰材料的性能，光伏组件作为建筑玻璃幕墙或采光顶使用时，要具有一定的抗风压能力和韧性，满足建筑的安全性与可靠性需要，还要注意光伏组件热胀冷缩产生的应力，避免因此造成建筑结构和组件本身的损坏。第三，光伏组件要有隔热隔声的特点，满足建筑对隔热隔声的要求。第四，光伏组件的透光率应满足建筑物室内的采光要求。第五，光伏组件安装方便且可靠，建筑上的光伏组件的安装要比普通组件的安装难度大，安装位置较高、安装空间较小。可以将光伏组件和结构做成单元式结构，方便安装以提高安装精度。第五，光伏组件寿命问题，国内建筑物的使用寿命一般在50年以上，光伏组件使用寿命为20~30年。光伏组件使用寿命需提高，抗老化性能需加强，以满足建筑物的要求。

建筑光伏发电系统的设计要考虑作为分布式电源的防“孤岛效应”、系统电压波动、谐波、无功平衡等问题，还要考虑控制器、逆变器等的选型，防雷、系统综合布线、感应与显示等环节要求。当然，光污染也是建筑光伏设计必须注意的一个因素。

光伏系统的基本设计可以暂按照现有的设计手册进行；待我国正式颁布建筑光伏设计规范和设计手册后，则按照正式规范执行。

5.5.3 存在问题及解决措施

目前，我国并网光伏建筑的应用存在以下问题，有待解决。

1. 并网光伏上网电价未落实

中国自2006年颁布了《可再生能源法》、《可再生能源发电价格和费用分摊管理试行办法》，规定太阳能发电实行政府定价，但是没有像风电、生物质发电一样出台全国统一的太阳能发电电价上网政策，对太阳能光伏发电的并网政策是“一事一议”，因为国家发改委只有对国家级的项目才有可能去讨论制定具体的上网电价政策，因而小型太阳能光伏发电项目就无法获得上网电价扶持。到目前为止，只有上海市崇明岛1兆瓦项目、内蒙古鄂尔多斯255千瓦项目获得政府4元/度的发电补贴。因商业利润难以保证，企业对于并网光伏项目积极性不高。

国家应尽快制定光伏发电并网及分摊上网电价实施细则，确定并网光伏上网电价，为并网光伏的发展奠定基础。可喜的是，2009年3月，财政部、住房和城乡建设部联合出台了《关于加快推进太阳能光电建筑应用的实施意见》和《太阳能光电建筑应用财政补助资金管理暂行办法》，对太阳能光伏发电在城乡建筑领域的应用进行财政补助，这必将大大推进光伏发电与建筑结合的应用。

2. 建筑光伏设计能力不足

最理想的建筑光伏是集成设计、集成制造、集成安装，这就要求在建筑设计之初，就要考虑光伏与建筑的结合。在光伏建筑集成设计中需要考虑光伏组件的力学性能、建筑的美学要求、建筑结构与光伏组件电学性能的配合、建筑隔热隔音的要求、建筑采光的要求、光伏组件安装方便的要求、光伏系统寿命等诸多因素，这些因素决定光伏建筑一体化设计必然是一项十分复杂的工程。截至2008年底，国内建筑光伏安装容量达到26MWp，其中90%以上采用的建筑附加光伏的安装形式，真正做到建筑设计之初，建筑设计图中含有光伏系统设计的项目极少。因此，我国建筑光伏集成设计能力较弱、经验积累较少，建筑设计、光伏技术人员应积极学习国际先进经验、国内加强合作，加速开发标准化设计、提高光伏建筑一体化设计能力。目标是开发并颁布适合我国各地的建筑光伏设计规范和设计手册。

对于现有建筑，应因地制宜地开展建筑附加光伏系统的应用，这个市场也是十分巨大的。在国家激励政策的扶持下，建筑业主应积极同建筑设计单位、光伏系统营销商共同开发出各类高性价比的建筑附加光伏系统设计。在这一方面，欧美和日本同样有丰富的经验可以学习和借鉴。

3. 技术标准不完善

一方面，国内并网光伏发电标准不完善。目前，只公布了3个关于并网光伏发电技术的标准《光伏系统并网技术要求》、《光伏电站接入电力系统技术规定》、《光伏（PV）系统电网接口特性》。在《光伏（PV）系统电网接口特性》中对配电侧并网的光伏电力的电能质量和基本的安全性提出了要求，但没有试验方法，难以实施。为完善并网光伏发电标准，便于并网光伏发电的健康发展，需增加并网光伏系统性能测试方法、并网光伏发电专用逆变器技术要求和试验方法等标准。

另一方面，国内还没有并网建筑光伏的相关技术标准。中国建筑设计院起草的标准草案《民用建筑太阳光伏系统应用技术规范》和上海市地方标准草案《民用建筑太阳能应用技术规程》正在报批中，但至今尚未获得批准。应当尽快制定相关国家规范和标准，如安装在建筑上的并网光伏系统安全导则、住宅用光伏阵列（屋顶安装型）的结构设计和安装、住宅光伏系统与电力系统接口设备的测试程序等标准。并网光伏建筑相关技术标准的制定应当有光伏发电、建筑和电网部门等3方人员参加。如果没有标准或标准出台不及时，并网光伏建筑项目则会被主管部门拒之门外（如建筑部门、电网公司等）。

应该尽快研究、出台光伏与各类型建筑结合的规程、技术标准、标准图集，将光伏组件作为建筑的一个标准构件加以考虑，与建筑同步设计，统一设计、统一施工，将光伏组件很好的融入建筑结构之中，既提供了新能源的使用又不破坏建筑的结构。

4. 并网光伏关键技术研发力量薄弱，急需加强

并网光伏发电专用逆变器是并网光伏的关键设备。相比较而言，国内光伏发电用专用并网型逆变器的研究起步比较晚，研究难度和研究范围大大增加，涉及光伏阵列最大功率跟踪、逆变、并网和防止孤岛效应（指供电电网断电时由于负载匹配等原因造成发电装置未停机，仍然给局部电网供电的不安全情况）等技术难题。我国已开发一些小型的与低压用户电网直接并网的光伏逆变器；对直接和高压网并网的逆变器的研究还处于起步阶段，需加大科研力度。

5. 电力部门还没有真正接纳光伏电力

一方面，由于电力部门关心的光伏发电的安全性问题、规模应用对于电网的影响、无功补偿及电网调度等问题都还没有相应的标准和管理规程，电网企业心存疑虑。目前，国内安装的并网光伏发电系统90%以上“自发自用”，既使电力部门同意并入电网，也没发并网批文，电力部门不愿接纳光伏发电并入电网。

另一方面，由于光伏发电不连续的特点，电力部门认为“增量不增容”，只是增加了发电量，没有增加实际可调度的电力装机。要让电力部门真正接受光伏发电，在并网光伏发电的电价核准、技术标准和管理规程方面还有大量的工作要做。

6. 光伏企业对建筑光伏应用准备不足

据统计，截至2008年底，国内光伏总安装容量140MWp，其中建筑光伏应用仅为26.1MWp，占总量的18.6%。建筑光伏应用中绝大部分采用建筑附加光伏的形式。长远来看，建筑集成光伏是建筑光伏应用的发展趋势。建筑与光伏的进一步结合是将光伏器件与建筑材料集成化，而我国的光伏企业以生产传统光伏组件为主，光伏器件与建筑材料集成化的研发尚处于起步阶段，没有形成成熟技术。对于建筑集成光伏的应用形式，光伏企业需做大量的准备工作，如新型光伏组件的研发、生产、应用等。

7. 建筑光伏人才队伍尚未形成

到2008年年底，全球光伏累计安装容量大约18.5GWp，主要市场在欧美和日本，绝大部分应用于建筑光伏。欧美和日本已经形成了建筑光伏的设计、安装、运行维护的新兴产业队伍和人才培养教育体系。而我国建筑光伏的安装总量仅26MWp左右，设计、安装、运行维护产业队伍尚未形成，人才培养体系还没有建立。面对国家推动国内建筑光伏发展的政策到位，国内建筑光伏市场即将规模化发展，人才制约瓶颈将很快显现。必须加大力度，迅速建立并不断完善我国建筑光伏人才培养体系。

5.5.4 国内研究及评价

1. 中国光伏产业现状

近年来，我国光伏产业发展迅猛，一改以往“头小尾大”的产业格局，呈现出“上游企业有所突破、中游企业迅速壮大、下游企业不断涌现”的新格局。从多晶硅材料到光伏应用产品的产业链逐渐形成并渐趋平衡。据统计，截至2007年底，我国多晶硅材料企业投产的有6家，年产量达到1130t；从事硅锭/硅片生产的企业70多家，年产量达到11800t；太阳电池生产企业50余家，年产量1088MWp；光伏组件生产厂家200多家，年产量1717MWp。中国光伏产业2002~2007年最高增长率达到300%，2007光伏组件产量世界第一，占世界总产量的28.2%。形成一批具有国际竞争力和国际知名度的光伏生产企业，已形成具有规模化、国际化、专业化的产业链条。中国的光伏产业已经为国内大规模光伏应用做好了准备。

我国光伏产业在高速发展的同时，也存在一些问题，如光伏组件市场在外。2007年中国光伏系统的安装量总计约20MWp，仅为当年光伏组件产量1717MWp的1.16%，2008年光伏系统的安装量总计约40MWp，占当年光伏组件产量3000MWp的1.33%，可见，我国光伏组件98%以上出口。国内光伏市场需求不足，光伏产业过度依赖国际市场，加大了市场风险，在一定程度上影响了产业发展。推动光伏建筑应用，拓展国内应用市场，创造稳定的市场需求，促进我国光伏产业健康发展。

2. 光伏建筑研究现状

据不完全统计，我国现有大约400亿m^2建筑面积，屋顶面积40亿m^2，加上南立面大约50亿m^2可利用面积，假如20%安装光伏组件，可以安装100GWp，年发电量可达1200亿kWh。

近年来，并网光伏建筑应用已经成为研究开发的热点，国内相继出现了一些示范工程。“九五”期间我国在深圳、北京分别成功建成17kWp、7kWp光伏发电屋顶并实现并网发电。“十五”期间又在北京上海建成多座建筑并网发电系统。2002年上海奉贤建成10kWp建筑并网发电系统，该系统实现了自动化的管理。2003年建成的北京市大兴区天普工业园的一幢建筑面积8000m^2的综合利用新能源的生态建筑工程示范楼，办公用电部分由50kWp太阳能光伏并网发电系统提供（图5-68）。

2004年8月，深圳国际园林花卉博览园太阳能并网光伏发电系统建成（图5-69）。该项目采用多个小系统并联，与不同建筑相结合，总量为1MW规模。系统采用超过4000个单晶硅及多晶硅光伏组件（160瓦和170瓦组件），将太阳光能转换成电能，并与深圳市电网并网运行。此外，该系统装配的24个容量从2.5~90kW不等的逆变器，在最大限度发挥效能的同时将能量损失降至最低。

为充分体现“绿色奥运、科技奥运、人文奥运”理念，奥运园区建设了一些太阳能发电应用项目，其中包括国家体育馆100kWp光伏示范电站、奥运森林公园80kWp并网光伏发电系统、奥运中心区景观灯柱太阳能遮阳棚等项目，光伏总安装容量为358kWp。

国家体育馆100kWp光伏示范电站于2007年12月并网运行。该电站光伏安装容量为102.5kWp，安装面积约为1000m^2。其中97.5kWp常规光伏组件安装在国家体育馆屋顶，

5kWp 双玻中空光伏组件安装在南门上方的倾斜玻璃采光顶上。逆变器采用自主研发生产的单相并网逆变器 28 台，分三相接入国家体育馆交流配电系统。

图 5-68 天普生态建筑工程示范楼

图 5-69 深圳国际园林花卉博览园太阳能并网光伏发电系统

奥运森林公园 80kWp 并网光伏电站建在奥林匹克森林公园南入口廊架上，光伏组件的实际安装容量为 79.2kWp，另外还有 2.5kWp 的光伏发电系统安装在奥林匹克大厦的传达室屋顶。奥林匹克森林公园的南大门廊架分左右两个弧形部分，光伏组件分别安装在廊架东西两侧的顶部。逆变器将直流电逆变成 50 赫兹、230V 的单相交流电，其输出分别就近接入位于同侧建筑物内的两台交流配电柜（交流配电柜内配有逆功率反送保护装置）向建筑负荷供电（或同时向电网供电）。

对于并网光伏建筑的应用，国内一些光伏企业也积极地行动起来，如天威英利建设了保定电谷锦江国际酒店并网光伏系统（图 5-70）。此座建筑大面积、多角度采用了太阳能发电技术，在酒店的南、东、西三面外墙全部覆盖着由深蓝色光伏组件组成的玻璃幕墙，并且裙楼南立面、雨棚、顶部、平台、大堂透明天窗的顶棚等均铺设了这种特殊幕墙，安装并网容量达0.3兆瓦，年发电量可达26万千瓦时，不仅能满足大楼群的公共照明，而且能够向电网送电。

项目	序号	太阳能光电部分	功率（kW）	应用面积（m^2）	备注
电谷锦江国际酒店	1	标志性建筑立面	6	105	全玻组件
	2	标志性建筑顶层	2	35	
	3	裙楼平台	94.72	950	普通组件
	4	采光棚	22	397	全玻组件
	5	西立面	60	753	
	6	东立面24层	2	32	
	7	南立面5-24层	96.28	1958	
	8	东、南雨棚	8	87	
	9	裙楼2-4层	9	173	
	小计		300	4490	

图5-70　保定电谷锦江国际酒店光伏组件安装容量表

2009年1月，太阳能光伏建筑“尚德光伏研究中心”在无锡新区建成并网发电（图5-71）。光伏幕墙总高度达37m，总面积1.8万m^2，整个工程设计容量为1MW，年发电量将超过100万kWh。

图5-71　无锡尚德研发大楼光伏幕墙

总体来说，国内并网光伏建筑应用尚处于示范阶段，没有大规模应用。在上述示范项目中取得一些成果，解决了一些建筑并网发电的关键技术，如并网逆变器的自主研发。在光伏组件与建筑物有效性、实用性、美观性和经济性的和谐统一、完美结合方面，做了有益的探索。目前，国内并网光伏建筑的发展仍面临着标准不完善、建筑集成光伏设计能力不足、光伏产品与建筑结合程度不高等问题，有待于政府、科研部门、企业共同努力，降低光伏发电成本，为光伏发电在建筑物上大规模应用创造条件。

5.6 太阳能综合利用

5.6.1 基本原理与分类

根据建筑物的用能特点，采暖负荷和空调负荷是季节性的，热水负荷是全年的，太阳能采暖系统和太阳能制冷系统在设计阶段就已经考虑太阳能的综合应用，即在非采暖季和非空调季节如何充分利用太阳能，关于这方面已在前面提及，本部分主要针对太阳能与热泵等其他形式的可再生能源在建筑中的综合应用。

根据太阳能功能与建筑物结合的方式，太阳能的综合利用可以分为以下几种系统形式。

一种是集热器-蓄热器系统，集热器安装在南向的墙面上，蓄热器也安装在南向的墙面上，即集热器和蓄热器合并成建筑物的结构的一部分。通常这种系统的墙壁做成垂直的，有利于冬天采暖。系统可以根据设计者需要增加风机加强换热效果。

一种是集热器-散热器-蓄热器系统，集热器、散热器和蓄热器作为维护结构的屋面，屋面设置可以移动的隔热装置，可以使系统在采暖季的白天吸收太阳能，夏天可以向天空辐射，实现了冬季采暖和夏季空调的功能。

一种是集热器-散热器-热泵系统。系统的集热器没有盖板，白天集热，夜间散热，利用贮热、冷水箱给建筑物采暖或者空调，系统中安装了热泵，用于保持冷热水箱之间的温差。集热器安装在屋面，散热器为天棚辐射板，都作为围护结构的一部分，系统可以采暖方式运行（冬天），空调方式运行（夏天），采暖和空调方式运行（过渡季）。采暖方式运行时，系统白天收集太阳能贮存在冷水箱内（或者同一个水箱的底部），室内需要采暖时，热水箱（或者同一个水箱的顶部）的热量通过水泵输送至散热器进行采暖，热水箱热量用完后，热泵系统启动，将热水箱（或者同一个水箱的顶部）的水温加热至建筑物采暖所需温度；空调方式运行时，冷水箱（或同一水箱的下部）的水由集热器-散热器通过夜间辐射被冷却。用于空调的冷水贮存在冷水箱（或同一水箱的下部），空调负荷增加时，热泵系统启动，降低冷水箱（或同一水箱的下部）的水。过渡季运行时，被太阳能加热的水储存在热水箱内（或者同一水箱的顶部），通过辐射冷却的水储存在冷水箱（或同一水箱的下部），根据建筑物的需要，热泵系统运行，提高热水箱温度或者降低冷水箱温度。

以上三种系统适用于层数不多的建筑，需要建筑物有足够的位置安装集热器等相关附件。

太阳能集热器在低温时的热性能最佳，热泵的性能在蒸发器温度最高时最佳，因此可以考虑太阳能集热器收集的热量作为热泵系统的热源。如果太阳能集热工作温度较高，那么太阳能集热系统也可以直接向建筑物供暖。此类系统可以实现在建筑中的规模化应用。

5.6.2 特点及技术要点

采用工作温度较高的太阳能集热器供暖的工作原理同太阳能采暖的原理，本部分只对太阳能集热器收集的热量作为热泵系统低位热源的太阳能与热泵复合的综合利用系统（以下称太阳能热泵系统）进行重点阐述。

太阳能热泵系统主要特点如下：

（1）空气源热泵在室外气温较低时，热泵的出力会下降；而太阳能热泵系统由于与蓄热系统结合，在室外气温较低时也能够输出热量，因此系统的容量可小些，并且与夏天供冷负荷的平衡性也较好。

（2）在过渡季和夏季，可将太阳能集热器用于供热水，以达到节能的目的，同时可以避免太阳能集热系统出现过热，集热器也不像太阳能直接供暖时那么大。

（3）因有蓄热槽，在夏季可用夜间电力进行蓄冷运转，可以充分利用峰谷电价，节省运行费用。

（4）通过建筑用能方案的对比和建筑设计，可以采取多样化的、价格很便宜的集热方式，有利于太阳能热泵系统的规模化应用。

（5）能够组合成各种热回收方式，以便于大幅度地提高综合制冷系数。

因此在设计太阳能热泵系统时，应该尽可能地利用上述优点。

太阳能热泵系统是由低温用太阳能集热器、低温侧蓄热槽、热泵（制冷机）、冷却塔、高温侧蓄热槽、辅助热源装置、室内散热器，和连接这些设备的配管以及控制系统组成的，太阳能热泵系统原理图见图 5-72。

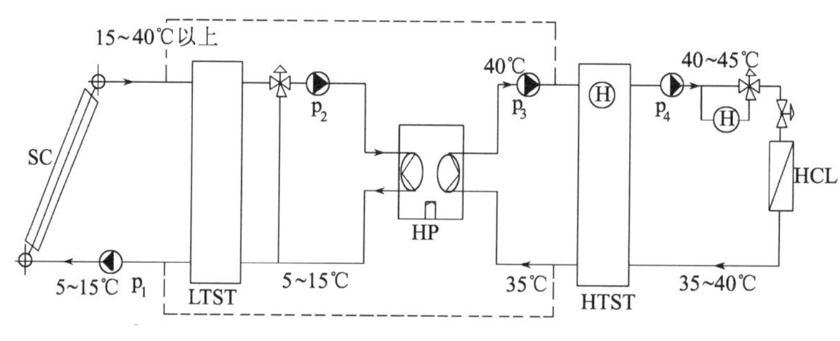

（*a*）　供暖运转

SC: 集热器（夜间冷却器）　　H: 辅助加热器
LTST: 低温侧蓄热槽　　P1: 集热器
HTST: 高温侧蓄热槽　　P2: 热源热泵
HP: 热泵（切换冷媒）　　P3: 一次热水泵
HCL: 供暖（供冷）负荷　　P4: 二次热水泵

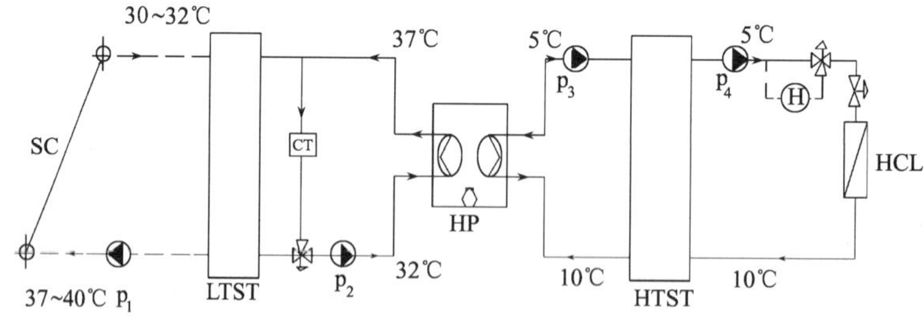

（*b*）　供冷运转

SC: 夜间冷却器　　CT: 冷却塔
LTST: 排热水槽　　P1: 排热泵
HTST: 冷水蓄冷槽　　P2: 冷却水泵
HP: 制冷机　　P3: 一次冷水泵
HCL:（供冷）供暖负荷　　P4: 二次冷水泵

图 5-72　太阳能热泵系统原理图

在冬季，集热器中收集到的10～20℃较低温的太阳能，利用热泵提升至30～50℃作为供暖（供热水）热源用，在夏季，热泵系统用于空调，集热器用于提供生活热水。因为集热温度比较低，因此即使是单层玻璃、涂黑色漆的普通集热器，集热效率也平均高达50%～70%，甚至无玻璃盖板的太阳能集热器也可以，集热器成本非常低是太阳能热泵的最大优点。可是，在提高温度时需要动力，所以当太阳能热泵的制冷系数不太大时，就不能与太阳能直接供暖和利用空气热源等其他热源的热泵形式相比拟。对于太阳能热泵系统的制冷系数，若平均值达不到4以上，节能效果就不是很明显。

太阳能热泵系统在设备选型和系统设计时，应注意以下问题：

为了降低集热器的造价，可以采用不用玻璃盖板的太阳能集热器，也可以将集热器作为屋顶材料。无玻璃盖板的太阳能集热器除价格便宜外，夏季还可以利用夜间辐射，作为热泵系统的放热板用。但是，在这种情况下，必须有与白天总供冷负荷相平衡的大冷水槽和冷却水槽。

市场上水源热泵可直接使用在太阳能热泵系统中应用。在冬季连续几天晴天时，因为低温侧蓄热水槽的温度会变得非常高，为了节省能量和防止制冷机的超负荷，可以将集热系统的配管直接与高温蓄热槽相连接。

蓄热槽有的分别在热泵的低温侧（10～20℃）和高温侧（30～50℃）两边；有的只装在低温侧一边。因为只在高温侧一边的，热泵热源侧的温度变化大，是不理想的。不管哪种，理想的工况应是夏天也能进行蓄冷。通常，低温蓄热槽大，高温蓄热槽小，在夏天将低温蓄热槽作为蓄热槽用。

热泵的容量与集热系统提供的最大能量匹配，而不是建筑物的最大热负荷匹配。采暖负荷不足部分需要采取另外的方法解决。

太阳能热泵系统设置辅助热源可以设置在低温侧或设置在高温侧。设置在低温侧的缺点是有热损失，供给供暖用的最大能力不能超出热泵的能力，如果过分加热，太阳能利用率就会降低，但是，这样热泵运转稳定，特别是在没有高温侧蓄热槽，只有低温侧蓄热槽时（单槽式）可以使用。辅助热源设置在高温侧时热效率较高，根据需要还可以考虑将辅助热源设置在蓄热槽、输送系统内，或设置在室内的其他系统内。

辅助热源的形式，有燃油、燃气锅炉和电加热器等几种方式，如太阳能保证率高时，采用电加热是最简单的。也可以排水的热回收和在不足时短期地使用井水等方式。

5.6.3 存在问题及解决措施

在太阳能热泵系统存在的问题同太阳能采暖系统和太阳能空调系统存在的问题类似，总体上归纳起来主要集中以下两个方面：

一个是技术层面，由于是太阳能集热系统和热泵系统复合在一起，系统比较复杂，增加了设计的难度，同时熟悉太阳能系统和热泵系统的工程技术人员比较少，但是国内一些单位如中国建筑科学研究院等单位已经开始这方面的研究并开始了工程实践；

二是经济层面，热泵采暖空调系统本身的造价就比常规的采暖空调系统造价高，采用了太阳能系统之后，即使是太阳能集热器再低，也需要增加造价，因此在一定程度上阻碍了太阳能热泵系统的推广，需要国家对投资采用太阳能热泵系统的项目给予政策、财政和税收等方面的支持。为促进可再生能源在建筑领域中的应用，2006年财政部和建设部联合发文:《建设部、财政部关于推进可再生能源在建筑中应用的实施意见》(建科[2006]213号),国家财政拿出专项资金支持可再生能源在建筑中应用。

5.6.4 国内研究现状及评价

国内进行太阳能与热泵复合的采暖空调系统工程应用研究的单位比较少,中国建筑科学研究院在太阳能与热泵复合的采暖空调系统的进行了一些工程应用研究工作,并在中国建筑科学研究院的科技研发基地进行了工程实践,该项目已经列入财政部、建设部可再生能源建筑应用示范项目。

国内对太阳能热泵(太阳能集热系统和热泵是作为一个产品)的研究起步较晚,有关文献和报道均在十几年内。天津大学、东南大学、青岛建筑工程学院、上海交通大学等先后对太阳能热泵进行了实验及理论研究,取得了一定的成果。天津大学对串联式太阳能热泵供热水系统进行的实验研究和理论分析表明,该系统可以一年四季可靠运行,向用户提供50℃生活热水,COP达到2.64~2.85(冬天),2.61~3.5(夏天)。青岛建筑工程学院对串联式太阳能热泵供暖系统进行了实验研究,该系统具有多功能调节能力,冬季热泵供暖时热泵机组工作稳定,COP平均值达到2.71,具有明显的节能效果。上海交通大学对直膨式太阳能热泵热水器进行了试验研究,该热水器可全天候提供45~50℃生活热水150L,每天耗电量约为1kWh(夏)~2kWh(冬),其分体式结构尤其适合于高层或多层建筑,此外,这种热水器在阴雨天可以照常工作,其工作形式转变为空气源热泵。相对于热泵系统,国内开发研究的太阳能热泵产品的性能系数比较低,需要进一步提高。

参 考 文 献

[1] 中华人民共和国国家质量监督检验检疫总局，中国标准化管理委员会. GB/T 15405—2006 被动式太阳房热工技术条件和测试方法［S］. 北京：中国标准出版社，2006

[2] 李元哲. 被动式太阳房热工设计手册［M］. 北京：清华大学出版社，1993.

[3] 郑瑞澄，南映景. 中国被动式太阳能采暖卫生院［M］. 北京：机械工业出版社，2006.

[4] 喜文华. 被动式太阳房的设计与建造［M］. 北京：北京化学工业出版社，2007.

[5] 郑瑞澄. 民用建筑太阳能热水系统工程技术手册［M］. 北京：化学工业出版社，2006.

[6] 王长贵，郑瑞澄. 新能源在建筑中应用［M］. 北京：中国电力工业出版社，2003

[7]（日）田中俊六著. 林毅，王荣光，程慧中译. 太阳能供冷与供暖［M］. 北京：中国建筑工业出版社，1982.

[8]（美）J·A·达菲，W·A·贝克曼. 太阳能-热能转换过程［M］. 北京：科学出版社，1980.

[9] Hans-Martin Henning. Solar-Acsitecl Air-conditioning in Buildings—A Handbook for planners. New York：Springer 2004.

[10] 王如竹，代彦军. 太阳能制冷［M］. 北京：北京化学工业出版社，2007.

[11] 葛新石，龚堡，陆维德等. 太阳能工程—原理和应用［M］. 北京：学术期刊出版社，1988.

第6章　太阳能建筑应用系统的测试与评价

太阳能建筑应用系统具备非常明显的替代常规能源的效果，但是不同的系统其节能性差别较大，技术经济效果也有较大差异，而建立一个完整的测试和评价体系，对于保证我国太阳能建筑应用技术的健康发展具有重要的意义。

目前，太阳能建筑应用技术的检测受到业界的充分重视，建设部组织相关科研单位正在编制的《可再生能源工程评价标准》，并要求建设部批准并享受补贴的可再生能源示范项目必须依据标准进行测评工作，依据测评结果来决定是否继续给予财政部政府财政补贴，示范项目主要为太阳能和地源热泵技术。

太阳能建筑应用系统的测评技术主要依托单位是国家太阳能热水器质量监督检验中心（北京）、高校和地方科研单位等。目前，国内对太阳能建筑应用系统的项目测试分析主要集中在太阳能热水工程方面的测试模拟研究，对于太阳能采暖、空调和光伏发电系统的测试评价才刚起步。以下主要介绍太阳能建筑应用系统的综合测试和评价方法、测试内容以及分析方法。

6.1　太阳能热水系统测试与评价

6.1.1　测评内容

（1）集热系统得热量；
（2）系统常规热源耗能量；
（3）贮热水箱热损系数；
（4）集热系统效率；
（5）太阳能保证率；
（6）常规能源替代量（吨标准煤）；
（7）项目费效比；
（8）环境效益评价；
（9）经济效益评价；
（10）项目示范推广性评价。

6.1.2　测试条件

（1）太阳能建筑应用光热系统所采用的太阳能集热器、太阳能热水器等关键设备应具有相应的国家级全性能合格的检测报告，符合国家相关产品标准的要求；

（2）系统应按原设计要求安装调试合格，并至少正常运行3天，方可以进行测试；

（3）所有示范项目必须按照测试的要求预留相关仪器的测试位置和条件；

（4）太阳能热水系统试验期间环境平均温度：8℃≤ta≤39℃；

（5）环境空气的平均流动速率不大于4m/s；

（6）至少应有4天试验结果具有的太阳辐照量分布在下列四段：$J_1<8MJ/m^2$·日；$8MJ/m^2$·日$\leq J_2<13MJ/m^2$·日；$13MJ/m^2$·日$\leq J_3<18MJ/m^2$·日；$18MJ/m^2$·日$\leq J_4$。

6.1.3 测试设备仪器及其要求

（1）温度自记仪

测量环境温度的温度仪表的准确度应为±0.5℃。

（2）手持式风速仪

测量环境空气流速的风速仪的准确度应为±0.5m/s。

（3）总日射表

应使用一级总日射表测量太阳辐射，并按国家规定进行校准。

（4）温度测量系统

测量水温的温度仪表的准确度应为±0.2℃。

（5）钢卷尺

测量长度的钢卷尺的准确度应为±1.0%。

（6）电功率表

电功率表的测量误差：≤5%。

（7）热量表或流量计和温度计

总体精度达到OIML—R75规定的4级标准（或者EN1434 2级精度）。

（8）时钟

计时的钟表的准确度应为±0.2%。

所有测试仪器、仪表都必须按国家规定进行校准，满足GB/T 18708、GB/T 20095等标准对其的要求（表6-1）。

部分测试仪表设备技术要求 **表6-1**

仪表名称	技术要求
热量表	工作温度：0-150℃； 流量计部分的精度，误差<3%； 温度传感器采用铂电阻元件，符合IEC—751标准并精确配对，当供水回水的温差在6℃时，测量误差<0.1℃； 热量表具备质量密度修正的功能，误差小于0.5%； 电池可以连续工作时间不少于1月
总日射表（记录仪）	灵敏度：7~14mV/(kW·m²)； 反应时间：≤30s（99%响应）； 年稳定度：≤±2%； 余弦响应：≤±7% 高度角10°； 线性：≤±2%； 光谱范围：0.3~3.0μm； 温度系数：≤±2%（−10~40℃）； 带50米屏蔽双线电缆； 可储存1月逐时的太阳总辐照度和日累积总辐照量；

续表

仪表名称	技术要求
总日射表（记录仪）	可读取数据软件，实现对太阳总辐照度和累积总辐照量的无人值守存储和记录功能，与计算机连接，可在一月内的任意时刻读取，获得开机时刻至读取时的全部数据并形成可以使用的数据文件。
电度表	标准参比电压：220V（380V）； 标准参比频率：50Hz； 测量误差：≤5%； 启动电流：0.5% Ib； 频率变化允许范围：±10% fn； 电压变化允许范围：±10% Un； 倾斜悬挂允许范围：±30°。
温度计	量程：0～120℃； 准确度：±0.2℃； 分辨率：0.1℃。
温度计（自记仪）	量程：－40～55℃； 准确度：±0.5℃； 分辨率：0.1℃； 测量间隔：1s～9h，可调； 响应时间：<2min（温度）

6.1.4 测试方法

1. 集热系统得热量

定义：由太阳能集热系统中太阳集热器提供的有用能量，单位：MJ/天$_{全天}$。

测试时间：测试起止时间达到测试所需要的太阳辐射量为止。

所需测试参数：集热系统进口温度、集热系统出口温度、集热系统流量、环境温度、环境空气流速、测试时间。

数据整理：

当采用热量表测试上述参数时，太阳能集热系统得热量 Q_c 可以用热量表直接测量。

当上述参数分别测量时，集热器进出口温度、流量采样时间间隔不得小于1min，记录时间间隔不得大于10min。太阳能集热系统得热量 Q_c 根据记录的温度、流量等数据计算得出。

2. 系统常规热源耗能量

系统常规热源耗能量：系统中辅助热源所耗常规热源的耗能量。

测试时间：测试起止时间达到测试所需要的太阳辐射量为止。

所需测试参数：辅助热源加热量、环境温度、环境空气流速、测试时间。

数据分析：当采用电作为辅助热源时，测量测试时间内辅助热源的耗电量。

当采用其他热源为辅助能源时，系统常规热源耗能量的测量方法同集热系统得热量的测量。

3. 贮热水箱热损系数

贮热水箱热损系数：表征贮热水箱保温性能的参数，单位：W/K。

测试时间：选取一天，测试起止时间为晚上8点开始，且开始时贮热水箱水温不得低于40℃，与水箱所处环境温度差不小于20℃，第二天早上6点结束，共计10个小时。

所需测试参数：开始时贮热水箱内水温度、结束时贮热水箱内水温度、贮热水箱容水量、贮热水箱附近环境温度、测试时间。

数据分析：贮热水箱热损系数用式（6-1）计算：

$$U_s = \frac{\rho_w c_{pw} V_s}{\Delta\tau} \ln\left[\frac{t_i - t_{as(av)}}{t_f - t_{as(av)}}\right] \tag{6-1}$$

式中 U_s——贮热水箱热损系数（W/K）；

ρ_w——水的密度（kg/m^3）；

c_{pw}——水的比热容［J/(kg·K)］；

V_s——贮热水箱容水量（m^3）；

$\Delta\tau$——降温时间（s）；

t_i——开始时贮热水箱内水温度（℃）；

t_f——结束时贮热水箱内水温度（℃）；

$t_{as(av)}$——降温期间平均环境温度。

4. 集热系统效率

集热系统效率：在测试期间内太阳能集热系统有用得热量与同一测试期内投射在太阳能集热器上日太阳辐照能量之比。

测试时间：测试起止时间达到测试所需要的太阳辐射量为止。

所需测试参数：太阳能集热器采光面积、太阳辐照量、集热系统进口温度、集热系统出口温度、集热系统流量、环境温度、环境空气流速、测试时间。

数据分析：集热系统效率用式（6-2）计算：

$$\eta = \frac{Q_c}{AH} \tag{6-2}$$

式中 η——集热系统效率（%）；

Q_c——太阳能集热系统得热量（MJ）；

A——太阳能集热器采光面积（m^2）；

H——太阳能集热器采光面上的太阳能辐照量（MJ/m^2）；

5. 太阳能保证率

太阳能保证率：系统中太阳能部分提供的能量与系统需要的总能量之比。

测试时间：测试起止时间达到测试所需要的太阳辐射量为止。

所需测试参数：太阳能集热器采光面积、太阳辐照量、集热系统进口温度、集热系统出口温度、集热系统流量、环境温度、环境空气流速、辅助热源加热量、测试时间。

数据分析：系统太阳能保证率用式（6-3）计算：

$$f = \frac{Q_c}{Q_T} \tag{6-3}$$

式中 f——系统太阳能保证率；

Q_c——太阳能集热系统得热量（MJ）；

Q_T——系统需要的总能量（MJ）。

系统需要的总能量 Q_T 用式（6-4）计算：

$$Q_T = Q_c + Q_{fz} \tag{6-4}$$

其中 Q_{fz} 为辅助热源加热量（MJ）。

6.1.5 工程评价

1. 太阳能保证率

方法一：短期测试

对全年太阳能保证率计算如下：

（1）当地日太阳辐照量小于 8MJ/m^2 的天数为 x_1 天；当地日太阳辐照量小于13MJ/m^2 且大于等于 8MJ/m^2 的天数为 x_2 天；当地日太阳辐照量小于 18MJ/m^2 且大于等于13MJ/m^2 的天数为 x_3 天；当地日太阳辐照量大于等于 18MJ/m^2 的天数为 x_4 天；

（2）经测试，当地日太阳辐照量小于 8MJ/m^2 时的太阳能保证率为 f_1；当地日太阳辐照量小于 13MJ/m^2 且大于等于 8MJ/m^2 的太阳能保证率为 f_2；当地日太阳辐照量小于 18MJ/m^2 且大于等于 13MJ/m^2 的太阳能保证率为 f_3；当地日太阳辐照量大于等于18MJ/m^2 的太阳能保证率为 f_4；

则全年的太阳能保证率 $f_{全年}$ 为

$$f_{全年} = \frac{x_1 f_1 + x_2 f_2 + x_3 f_3 + x_4 f_4}{x_1 + x_2 + x_3 + x_4} \tag{6-5}$$

方法二：长期监测

实际测得一年周期内太阳辐照总量为 $J_{全年}$，一年周期内太阳能热水系统需要的总能量 $Q_{R全年}$，则全年的太阳能保证率 $f_{全年}$ 为

$$f_{全年} = \frac{J_{全年}}{Q_{R全年}} \tag{6-6}$$

2. 常规能源替代量（吨标准煤）

方法一：短期测试

对全年常规能源替代量计算如下：

经测试，当地日太阳辐照量小于 8MJ/m^2 时的集热系统得热量为 Q_1；当地日太阳辐照量小于 8MJ/m^2 且大于等于 13MJ/m^2 的集热系统得热量为 Q_2；当地日太阳辐照量小于 18MJ/m^2 且大于等于 13MJ/m^2 的集热系统得热量为 Q_3；当地日太阳辐照量大于等于 18MJ/m^2 的集热系统得热量为 Q_4；

则全年常规能源替代量 Q_{bm}（吨标准煤）为

$$Q_{bm} = \frac{x_1 Q_1 + x_2 Q_2 + x_3 Q_3 + x_4 Q_4}{29309 \times 65\%} \tag{6-7}$$

方法二：长期监测

实际测得一年周期内太阳能集热系统得热总量为 $Q_{J全年}$；则全年常规能源替代量 Q_{bm}（吨标准煤）为

$$Q_{bm} = \frac{Q_{J全年}}{29309 \times 65\%} \tag{6-8}$$

3. 项目费效比

对项目的项目费效比（增量成本/常规能源替代量）(元/kW·h）进行评价，作为评

价项目的参考性指标。

注：增量成本应依据项目单位提供的项目决算书进行核算。

4. 环境效益

（1）二氧化碳减排量（吨/年）

$$Q_{CO_2}=2.47Q_{bm} \tag{6-9}$$

式中 Q_{CO_2}——二氧化碳减排量（吨/年）；

Q_{bm}——标准煤节约量（吨/年）；

2.47——标准煤的二氧化碳排放因子，无量纲。

（2）二氧化硫减排量（吨/年）

$$Q_{SO_2}=0.02Q_{bm} \tag{6-10}$$

式中 Q_{SO_2}——二氧化硫减排量（吨/年）；

Q_{bm}——标准煤节约量（吨/年）；

0.02——标准煤的二氧化硫排放因子，无量纲。

（3）粉尘减排量（吨/年）

$$Q_{FC}=0.01Q_{bm} \tag{6-11}$$

式中 Q_{FC}——二氧化硫减排量（吨/年）；

Q_{bm}——标准煤节约量（吨/年）；

0.01——标准煤的粉尘排放因子，无量纲。

5. 经济效益

计算项目实施后每年节约的费用（元/年）；

静态投资回收年限。

6. 示范推广性

按照项目的《申请报告》，依据测试及评价结果，综合分析项目的节能减排效果及代表性、示范性和可推广性等，并最终形成项目的评价意见。

6.2 太阳能供热采暖系统测试与评价

6.2.1 测评内容

（1）集热系统得热量；

（2）系统常规热源耗能量；

（3）采暖房间室内温度；

（4）集热系统效率；

（5）太阳能保证率；

（6）常规能源替代量（吨标准煤）；

（7）项目费效比；

（8）环境效益评价；

（9）经济效益评价；

（10）项目示范推广性评价。

6.2.2 测试条件

（1）太阳能建筑应用光热系统所采用的太阳能集热器、太阳能热水器、采暖设备等关键设备应具有相应的国家级全性能合格的检测报告，符合国家相关产品标准的要求；

（2）系统应按原设计要求安装调试合格，并至少正常运行3天，方可以进行测试；

（3）所有示范项目必须按照测试的要求预留相关仪器的测试位置和条件；

（4）太阳能热水系统试验期间环境平均温度：8℃≤ta≤39℃；太阳能供热采暖系统的采暖性能试验期间环境平均温度：当地采暖室外设计温度≤ta≤12℃；

（5）环境空气的平均流动速率不大于4m/s；

（6）至少应有4天试验结果具有的太阳辐照量分布在下列四段：$J_1<8\text{MJ/m}^2\cdot$日；$8\text{MJ/m}^2\cdot$日$\leq J_2<13\text{MJ/m}^2\cdot$日；$13\text{MJ/m}^2\cdot$日$\leq J_3<18\text{MJ/m}^2\cdot$日；$18\text{MJ/m}^2\cdot$日$\leq J_4$。

6.2.3 测试设备仪器及其要求

同太阳能热水系统。

6.2.4 测试方法

（1）集热系统得热量；

分别测量、计算系统只供应生活热水和系统同时供应生活热水与采暖时的集热系统得热量。测试方法同太阳能热水系统。

（2）系统常规热源耗能量

分别测量、计算系统只供应生活热水和系统同时供应生活热水与采暖时的系统常规热源耗能量。测试方法同太阳能热水系统。

（3）采暖房间室内温度

采暖房间室内温度：反映采暖系统供热性能的参数，单位：℃。

测试时间：测试起止时间为整个测试期间；

所需测试参数：室内环境温度、室外环境温度、室外环境空气流速、测试时间。

数据分析：测试时间内每10min记录一次数据，取平均值。

（4）集热系统效率

分别测量、计算系统只供应生活热水和系统同时供应生活热水与采暖时的集热系统效率。测试方法同太阳能热水系统。

（5）系统太阳能保证率

分别测量、计算系统只供应生活热水和系统同时供应生活热水与采暖时的太阳能保证率。测试方法同太阳能热水系统。

6.2.5 工程评价

1. 太阳能保证率

方法一：短期测试

对采暖期太阳能保证率计算如下：

（1）采暖期内，当地日太阳辐照量小于 8MJ/m^2 的天数为 x_1 天；当地日太阳辐照量小于 13MJ/m^2 且大于等于 8MJ/m^2 的天数为 x_2 天；当地日太阳辐照量小于 18MJ/m^2 且大于等于 13MJ/m^2 的天数为 x_3 天；当地日太阳辐照量大于等于 18MJ/m^2 的天数为 x_4 天；

（2）经测试，采暖期内当地日太阳辐照量小于 8MJ/m^2 时的太阳能保证率为 f_1；当地日太阳辐照量小于 13MJ/m^2 且大于等于 8MJ/m^2 的太阳能保证率为 f_2；当地日太阳辐照量小于 18MJ/m^2 且大于等于 13MJ/m^2 的太阳能保证率为 f_3；当地日太阳辐照量大于等于 18MJ/m^2 的太阳能保证率为 f_4。

则采暖期的太阳能保证率 $f_{采暖期}$ 为

$$f_{采暖期}=\frac{x_1f_1+x_2f_2+x_3f_3+x_4f_4}{x_1+x_2+x_3+x_4} \tag{6-12}$$

对非采暖期太阳能保证率计算如下：

（1）在非采暖期内，当地日太阳辐照量小于 8MJ/m^2 的天数为 x_5 天；当地日太阳辐照量小于 13MJ/m^2 且大于等于 8MJ/m^2 的天数为 x_6 天；当地日太阳辐照量小于 18MJ/m^2 且大于等于 13MJ/m^2 的天数为 x_7 天；当地日太阳辐照量大于等于 18MJ/m^2 的天数为 x_8 天；

（2）经测试，当地日太阳辐照量小于 8MJ/m^2 时的太阳能保证率为 f_5；当地日太阳辐照量小于 13MJ/m^2 且大于等于 8MJ/m^2 的太阳能保证率为 f_6；当地日太阳辐照量小于 18MJ/m^2 且大于等于 13MJ/m^2 的太阳能保证率为 f_7；当地日太阳辐照量大于等于18MJ/m^2 的太阳能保证率为 f_8。

则非采暖期的太阳能保证率为

$$f_{非采暖期}=\frac{x_5f_5+x_6f_6+x_7f_7+x_8f_8}{x_5+x_6+x_7+x_8} \tag{6-13}$$

且全年的太阳能保证率 $f_{全年}$ 为

$$f_{全年}=\frac{x_1f_1+x_2f_2+x_3f_3+x_4f_4+x_5f_5+x_6f_6+x_7f_7+x_8f_8}{x_1+x_2+x_3+x_4+x_5+x_6+x_7+x_8} \tag{6-14}$$

方法二：长期监测

实际测得一年周期内采暖期太阳辐照总量为 $J_{采暖期}$，非采暖期太阳辐照总量为 $J_{非采暖期}$；一年周期内采暖期太阳能热水系统需要的总能量 $Q_{R采暖期}$，非采暖期太阳能热水系统需要的总能量 $Q_{R非采暖期}$，则采暖期的太阳能保证率 $f_{采暖期}$ 为

$$f_{采暖期}=\frac{J_{采暖期}}{Q_{R采暖期}} \tag{6-15}$$

且非采暖期的太阳能保证率 $f_{非采暖期}$ 为

$$f_{非采暖期}=\frac{J_{非采暖期}}{Q_{R非采暖期}} \tag{6-16}$$

全年的太阳能保证率 $f_{全年}$ 为

$$f_{全年}=\frac{J_{全年}}{Q_{R全年}} \tag{6-17}$$

2. 常规能源替代量（吨标准煤）

方法一：短期测试

对全年常规能源替代量计算如下：

（1）采暖期内，经测试，当地日太阳辐照量小于8MJ/m^2 时的集热系统得热量为 Q_1；当地日太阳辐照量小于8MJ/m^2 且大于等于13MJ/m^2 的集热系统得热量为 Q_2；当地日太阳辐照量小于18MJ/m^2 且大于等于13MJ/m^2 的集热系统得热量为 Q_3；当地日太阳辐照量大于等于18MJ/m^2 的集热系统得热量为 Q_4；

（2）非采暖期内，经测试，当地日太阳辐照量小于8MJ/m^2 时的集热系统得热量为 Q_5；当地日太阳辐照量小于8MJ/m^2 且大于等于13MJ/m^2 的集热系统得热量为 Q_6；当地日太阳辐照量小于18MJ/m^2 且大于等于13MJ/m^2 的集热系统得热量为 Q_7；当地日太阳辐照量大于等于18MJ/m^2 的集热系统得热量为 Q_8。

则全年常规能源替代量 Q_{bm}（吨标准煤）为

$$Q_{bm}=\frac{x_1Q_1+x_2Q_2+x_3Q_3+x_4Q_4+x_5Q_5+x_6Q_6+x_7Q_7+x_8Q_8}{29309\times60\%} \tag{6-18}$$

方法二：长期监测

实际测得全年周期内太阳能集热系统得热总量为 $Q_{J全年}$；则全年常规能源替代量 Q_{bm}（吨标准煤）为

$$Q_{bm}=\frac{Q_{J全年}}{29309\times65\%} \tag{6-19}$$

3. 项目费效比

应综合考虑非采暖期只供应生活热水和采暖期同时供应生活热水与采暖的情况，综合计算全年项目费效比（增量成本/常规能源替代量）(元/kW·h)。

注：增量成本应依据项目单位提供的项目决算书进行核算。

4. 环境效益

同太阳能热水系统。

5. 经济效益

同太阳能热水系统。

6. 示范推广性

同太阳能热水系统。

6.3　太阳能制冷系统测试与评价

6.3.1　测评内容

（1）集热系统得热量；

（2）系统常规热源耗能量；

（3）制冷房间室内温度；

（4）集热系统效率；

（5）太阳能保证率；

（6）太阳能制冷 COP；

（7）常规能源替代量（吨标准煤）；

（8）项目费效比；

（9）环境效益评价；

（10）经济效益评价；

（11）项目示范推广性评价。

6.3.2 测试条件

（1）太阳能建筑应用光热系统所采用的太阳能集热器、太阳能热水器、制冷机、制冷设备等关键设备应具有相应的国家级全性能合格的检测报告，符合国家相关产品标准的要求；

（2）系统应按原设计要求安装调试合格，并至少正常运行3天，方可以进行测试；

（3）所有示范项目必须按照测试的要求预留相关仪器的测试位置和条件；

（4）太阳能热水系统试验期间环境平均温度：8℃≤ta≤39℃；太阳能供热制冷系统试验期间环境平均温度：25℃≤ta≤当地夏季室外制冷设计温度；

（5）环境空气的平均流动速率不大于4m/s；

（6）至少应有4天试验结果具有的太阳辐照量分布在下列四段：$J_1<8\mathrm{MJ/m^2}$·日；$8\mathrm{MJ/m^2}$·日$\leq J_2<13\mathrm{MJ/m^2}$·日；$13\mathrm{MJ/m^2}$·日$\leq J_3<18\mathrm{MJ/m^2}$·日；$18\mathrm{MJ/m^2}$·日$\leq J_4$。

6.3.3 测试设备仪器及其要求

同太阳能热水系统。

6.3.4 测试方法

（1）集热系统得热量

分别测量、计算系统只供应生活热水、系统只供应太阳能制冷或系统同时供应生活热水与制冷时的集热系统得热量。测试方法同太阳能热水系统。

（2）系统常规热源耗能量

分别测量、计算系统只供应生活热水、系统只供应太阳能制冷或系统同时供应生活热水与制冷时的系统常规热源耗能量。测试方法同太阳能热水系统。

（3）制冷房间室内温度

制冷房间室内温度：反映制冷系统供冷性能的参数，单位：℃；

测试时间：测试起止时间为整个测试期间；

所需测试参数：室内环境温度、室外环境温度、室外环境空气流速、测试时间。测试时间内每10分钟记录一次数据，取平均值。

（4）集热系统效率

分别测量、计算系统只供应生活热水、系统只供应太阳能制冷或系统同时供应生活热水与制冷时的集热系统效率。测试方法同太阳能热水系统。

（5）系统太阳能保证率

分别测量、计算系统只供应生活热水、系统只供应太阳能制冷或系统同时供应生活热水与制冷时的太阳能保证率。测试方法同太阳能热水系统。

（6）太阳能制冷 COP

太阳能制冷 COP：系统中制冷机提供的制冷量与输入的太阳能辐照量之比。

测试时间：测试起止时间达到测试所需要的太阳辐射量为止；

所需测试参数：制冷机冷冻水进水水温、制冷机冷冻水出水水温、太阳能集热器采光面积、太阳辐照量、测试时间。

太阳能制冷 COP 下式计算：

$$C = \frac{Q_L}{AH} \tag{6-20}$$

式中　C——太阳能制冷 COP；

Q_L——系统中制冷机提供的制冷量（MJ）。

6.3.5　工程评价

1. 太阳能保证率

方法一：短期测试

对制冷期太阳能保证率计算如下：

（1）制冷期内，当地日太阳辐照量小于 8MJ/m^2 的天数为 x_1 天；当地日太阳辐照量小于 13MJ/m^2 且大于等于 8MJ/m^2 的天数为 x_2 天；当地日太阳辐照量小于 18MJ/m^2 且大于等于 13MJ/m^2 的天数为 x_3 天；当地日太阳辐照量大于等于 18MJ/m^2 的天数为 x_4 天；

（2）经测试，制冷期内当地日太阳辐照量小于 8MJ/m^2 时的太阳能保证率为 f_1；当地日太阳辐照量小于 13MJ/m^2 且大于等于 8MJ/m^2 的太阳能保证率为 f_2；当地日太阳辐照量小于 18MJ/m^2 且大于等于 13MJ/m^2 的太阳能保证率为 f_3；当地日太阳辐照量大于等于 18MJ/m^2 的太阳能保证率为 f_4。

则制冷期的太阳能保证率 $f_{制冷期}$ 为

$$f_{采暖期} = \frac{x_1 f_1 + x_2 f_2 + x_3 f_3 + x_4 f_4}{x_1 + x_2 + x_3 + x_4} \tag{6-21}$$

对非制冷期太阳能保证率计算如下：

（1）在非制冷期内，当地日太阳辐照量小于 8MJ/m^2 的天数为 x_5 天；当地日太阳辐照量小于 13MJ/m^2 且大于等于 8MJ/m^2 的天数为 x_6 天；当地日太阳辐照量小于 18MJ/m^2 且大于等于 13MJ/m^2 的天数为 x_7 天；当地日太阳辐照量大于等于 18MJ/m^2 的天数为 x_8 天；

（2）经测试，非制冷期内当地日太阳辐照量小于 8MJ/m^2 时的太阳能保证率为 f_5；当地日太阳辐照量小于 13MJ/m^2 且大于等于 8MJ/m^2 的太阳能保证率为 f_6；当地日太阳辐照量小于 18MJ/m^2 且大于等于 13MJ/m^2 的太阳能保证率为 f_7；当地日太阳辐照量大于等于 18MJ/m^2 的太阳能保证率为 f_8。

则非制冷期的太阳能保证率为

$$f_{非制冷期} = \frac{x_5 f_5 + x_6 f_6 + x_7 f_7 + x_8 f_8}{x_5 + x_6 + x_7 + x_8} \tag{6-22}$$

且全年的太阳能保证率 $f_{全年}$ 为

$$f_{全年} = \frac{x_1f_1 + x_2f_2 + x_3f_3 + x_4f_4 + x_5f_5 + x_6f_6 + x_7f_7 + x_8f_8}{x_1 + x_2 + x_3 + x_4 + x_5 + x_6 + x_7 + x_8} \tag{6-23}$$

方法二：长期监测

实际测得一年周期内制冷期太阳辐照总量为 $J_{制冷期}$，非采暖期太阳辐照总量为 $J_{非制冷期}$；一年周期内采暖期太阳能热水系统需要的总能量 $Q_{R制冷期}$，非采暖期太阳能热水系统需要的总能量 $Q_{R非制冷期}$，则制冷期的太阳能保证率 $f_{制冷期}$ 为

$$f_{制冷期} = \frac{J_{制冷期}}{Q_{R制冷期}} \tag{6-24}$$

且非制冷期的太阳能保证率 $f_{非制冷期}$ 为

$$f_{非制冷期} = \frac{J_{非制冷期}}{Q_{R非制冷期}} \tag{6-25}$$

全年的太阳能保证率 $f_{全年}$ 为

$$f_{全年} = \frac{J_{全年}}{Q_{R全年}} \tag{6-26}$$

2. 常规能源替代量（吨标准煤）

短期测试

（1）制冷期内，经测试，当地日太阳辐照量小于 $8MJ/m^2$ 时的集热系统得热量为 Q_1；当地日太阳辐照量小于 $8MJ/m^2$ 且大于等于 $13MJ/m^2$ 的集热系统得热量为 Q_2；当地日太阳辐照量小于 $18MJ/m^2$ 且大于等于 $13MJ/m^2$ 的集热系统得热量为 Q_3；当地日太阳辐照量大于等于 $18MJ/m^2$ 的集热系统得热量为 Q_4；

（2）非制冷期内，经测试，当地日太阳辐照量小于 $8MJ/m^2$ 时的集热系统得热量为 Q_5；当地日太阳辐照量小于 $8MJ/m^2$ 且大于等于 $13MJ/m^2$ 的集热系统得热量为 Q_6；当地日太阳辐照量小于 $18MJ/m^2$ 且大于等于 $13MJ/m^2$ 的集热系统得热量为 Q_7；当地日太阳辐照量大于等于 $18MJ/m^2$ 的集热系统得热量为 Q_8。

则全年常规能源替代量 Q_{bm}（吨标准煤）为

$$Q_{bm} = \frac{x_1Q_1 + x_2Q_2 + x_3Q_3 + x_4Q_4 + x_5Q_5 + x_6Q_6 + x_7Q_7 + x_8Q_8}{29309 \times 60\%} \tag{6-27}$$

3. 项目费效比

应综合考虑只供应生活热水和只供应太阳能制冷或同时供应生活热水与制冷的情况，综合计算全年项目费效比（增量成本/常规能源替代量）(元/kW·h)。

注：增量成本应依据项目单位提供的项目决算书进行核算。

4. 太阳能制冷 COP

对项目的太阳能制冷 COP 进行评价。

5. 环境效益

同太阳能热水系统。

6. 经济效益

同太阳能热水系统。

7. 示范推广性

同太阳能热水系统。

6.4　太阳能光伏发电系统测试与评价

6.4.1　测评内容

太阳能建筑应用光伏电源系统光电转换效率测试。

6.4.2　检测条件

（1）太阳能建筑应用光伏电源系统所采用的太阳能电池方阵、蓄电池组、充放电控制器、逆变器及用电器等关键设备应具有相应资质的检测报告，符合国家相关产品标准的要求；

（2）本标准只对太阳能建筑应用光伏电源系统进行综合性能检测。

6.4.3　检测设备仪器

（1）总日射表；

应使用一级总日射表测量太阳辐射，并按国家规定进行校准。

（2）电功率表；

电功率表的准确度等级为3.0级。

（3）温度自记仪；

测量环境温度的温度仪表的准确度应为±0.5℃。

（4）风速计；

测量环境空气流速的风速仪的准确度应为±0.5m/s。

（5）钢卷尺；

测量长度的钢卷尺的准确度应为±1.0%。

（6）时钟；

计时的钟表的准确度应为±0.2%。

注：所有测试仪器、仪表都必须按国家规定进行校准。

6.4.4　检测方法

（1）系统要求

太阳能建筑应用光伏电源系统应按原设计要求安装调试合格，并至少正常运行3天，才能进行光电转换效率测试；

（2）试验对气象条件和太阳辐照量要求

- 环境平均温度8℃≤ta≤39℃；
- 环境空气的平均流动速率不大于4m/s；
- 当太阳能电池方阵正南放置时，试验起止时间为当地太阳正午时前1h到太阳正午时后1h，共计2h；测试期间内，太阳辐照度不应小于800W/m^2；
- 独立太阳能发电系统：电功率表应接在蓄电池组的输入端；并网太阳能发电系统：电功率表应接在逆变器的输出端。

(3) 试验步骤

• 试验开始前，应切断所有外接辅助电源，安装调试好太阳辐射表、电功率表/温度自记仪和风速计，并测量太阳能电池方阵面积；

• 试验开始时，应同时记录总辐射表太阳辐照量读数及各仪表的数据；

• 试验开始后，应每隔 10min 记录一次各仪表数据；

• 计算试验期间单位太阳能电池板面积的太阳辐照量 H。对于处在不同采光平面上的太阳能电池方阵，应分别计算试验期间不同采光平面单位太阳能电池板面积的太阳辐射量。

6.4.5 数据分析

系统试验期间单位面积太阳能电池板的发电量 Q (MJ/(m^2)) 计算公式：

$$Q=\frac{3.6tw}{A_c} \tag{6-28}$$

式中 t——试验时间 (h)；

w——试验期间电功率表的读数 (kW)；

A_c——太阳能电池板面积 (m^2)。

太阳能建筑应用光伏电源系统光电转换效率 η 计算如下：

$$\eta=\frac{Q}{H} \tag{6-29}$$

当太阳能电池板不在同一采光面时，可用下式计算太阳能建筑应用光伏电源系统光电转换效率 η：

$$\eta=\frac{3.6tw}{\sum_{i=1}^{n}H_iA_{ci}} \tag{6-30}$$

6.4.6 工程评价

(1) 光电转换效率

根据上文中测出的太阳能建筑应用光伏电源系统光电转换效率 η 即为全年的光电转换效率。

(2) 常规能源替代量 (吨标准煤)

对项目的常规能源替代量 (吨标准煤) 进行评价。

经测试，当地光伏电源系统光电转换效率为 η。则全年常规能源替代量 Q_{bm} (吨标准煤) 为

$$Q_{bm}=0.001\eta WA_c \tag{6-31}$$

式中 A_c——太阳能电池板面积 (m^2)；

W——当地全年的太阳能辐射量 (MJ/m^2)。

(3) 项目费效比

对项目的项目费效比 (增量成本/常规能源替代量)(元/kW·h) 进行评价。

注：增量成本应依据项目单位提供的项目决算书进行核算。

(4) 环境效益

同太阳能热水系统。

(5) 经济效益

同太阳能热水系统。

(6) 示范推广性

同太阳能热水系统。

第7章 太阳能建筑应用典型工程

本章筛选了部分我国太阳能建筑应用典型工程进行简单介绍，供广大技术人员参考。

7.1 被动式太阳房

7.1.1 山西省榆社县东汇卫生院

1. 工程概况

该卫生院建筑面积298m^2，单层，功能设置主要有门诊用房、检验用房和产房（图7-1，图7-2）。地理坐标为北纬37°，东经112°，海拔1041m，气候条件为：年平均温度6.8℃，冬季平均温度-7.5℃，夏季平均温度22.2℃，极端最低温度-24.3℃；年日照时数2622h。

图7-1 南立面（主入口）

采用附加阳光间和集热墙被动太阳能采暖系统，辅助热源使用热水锅炉。外围护结构采用夹心砖墙砌体，保温材料采用100厚聚苯乙烯板，保温地面，屋面采用100厚聚苯乙烯板，外门窗采用塑钢门窗，双层玻璃。

图7-2　南立面（附加阳光间、集热蓄热墙）

2. 建筑特点

附加阳光间透光面采用倾斜面，与水平面呈75°夹角，加大对太阳幅照的接收，而附加阳光间不作为使用空间，增强南墙保温。透光面上开启窗扇与公用墙开窗位置对应，以利于通风。建筑立面活泼丰富，但是选择倾斜面的透光材料时应注意材料的强度，特别是有强冰雹地区，同时倾斜面表面比垂直面清洁困难，因此纬度高的地区宜优选垂直面。此外，由于只有少量直射阳光进入室内，阳光间收集的热量应能及时有效地传入室内，否则将无效流失。

建筑南北各有一个出入口，都设有门斗，内外门，北向出入口外门为双层门，强化了建筑出入口尤其是北向出入口减少热损失的措施，值得推荐（图7-3）。

7.2　太阳能热水系统

7.2.1　海南山水国际小区

1. 工程概况

山水国际小区位于海南省三亚市凤凰路，项目总占地2351亩，总建筑面积逾100万m^2，其中E6区峰秀阁由15栋高层组成，总计726户（图7-4）。应开发商要求，使用太阳能热水系统提供生活热水。该项目于2008年12月竣工，2009年1月开始投入运行。

2. 系统设计

（1）设计参数

日最高用水定额60L/(人·d)，设计热水温度60℃，设计冷水温度19℃。

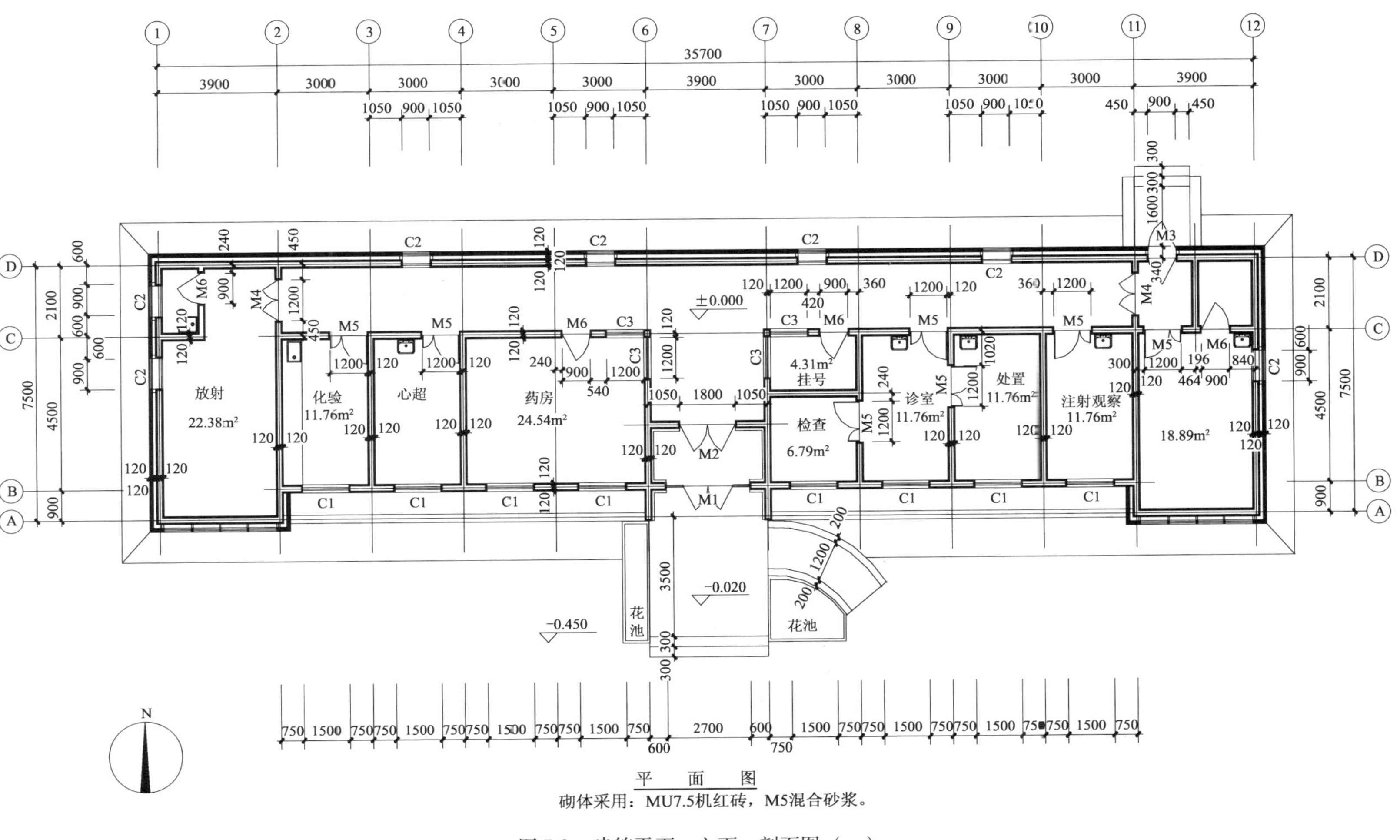

图7-3 建筑平面、立面、剖面图（一）

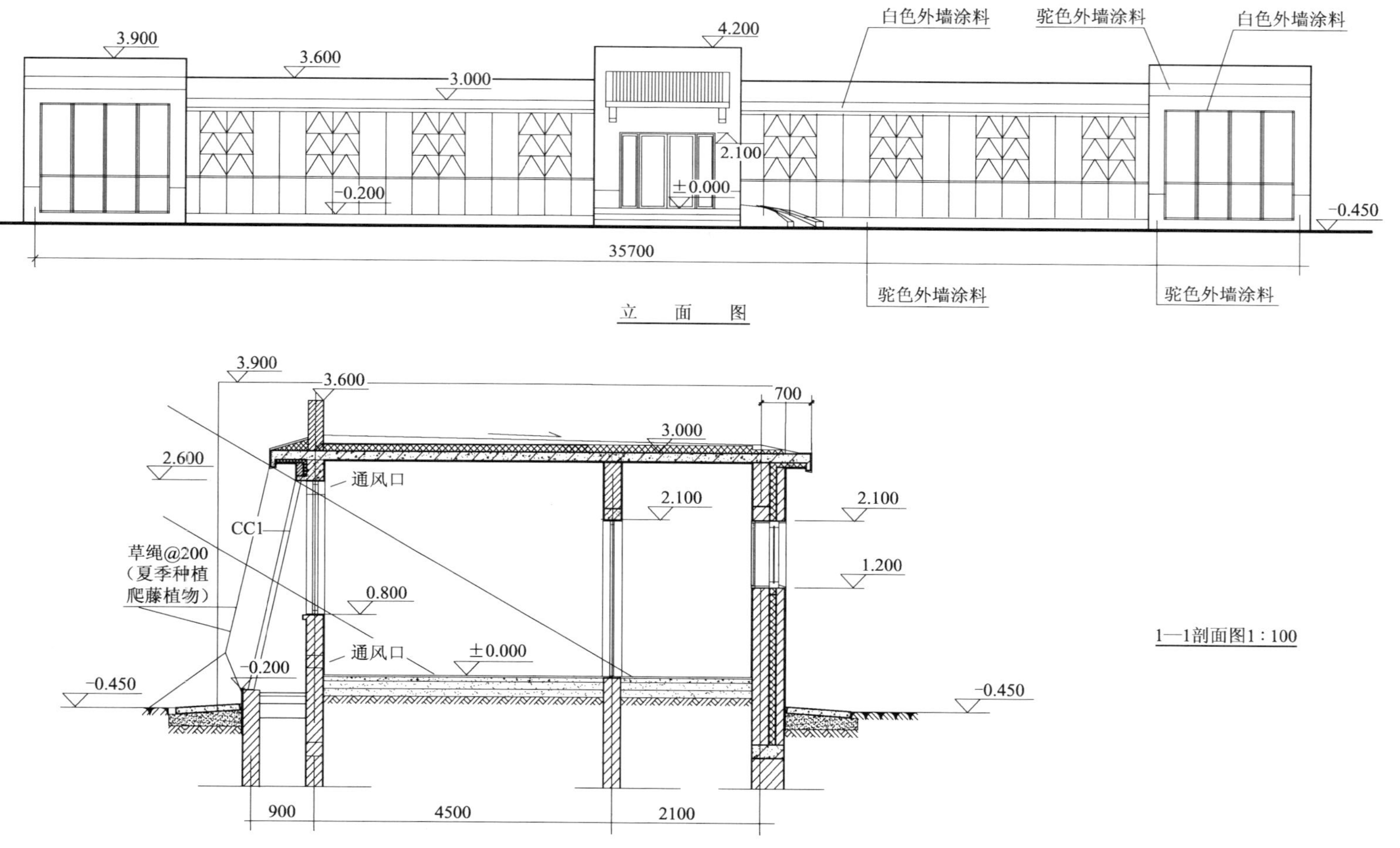

图 7-3　建筑平面、立面、剖面图（二）

图 7-4 海南山水国际小区

（2）设计负荷

热水系统日耗热量 272.52kW，小时耗热量 779.4kW。

（3）太阳能资源情况调查

年太阳辐照量：水平面 $4839MJ/m^2$，20°02′倾角表面 $4720MJ/m^2$；

年平均日太阳辐照量：水平面 $13.25MJ/m^2$，20°02′倾角表面 $12.93MJ/m^2$；

年日照时数：2225h；

年平均日照时数：6h；

年平均温度：23.8℃。

（4）系统形式

太阳能热水系统，用于小区生活热水供应。

（5）系统设计所采用的主要设备的参数

① 真空管型太阳能集热器总面积：$1728m^2$

② 贮热水箱总容量：$130m^2$

③ 电辅助加热功率：600kW

（6）太阳能建筑应用系统的流程图和系统的控制策略

系统流程图见图 7-5。

系统的控制策略：

① 当 T_1 到达设定温度，且贮水箱水位 $L<90\%$ 时，电磁阀 2 启动；当 T_1 < 设定温度 -3℃时，电磁阀 2 关闭。

② 当 $T_1-T_2 \geqslant 6$℃，且贮水箱满水时，温差循环泵 7 启动；当 $T_1-T_2 \leqslant 2$℃，温差循环泵 7 关闭。

③ 贮水箱温度 T_3 < 电加热设定温度 -5℃时，电加热开启；T_3 达到设定温度，电加热停止。

④ 当水位 $L<50\%$ 时，补水电磁阀 6 开启；当水位 $L \geqslant 60\%$ 时，补水电磁阀 6 关闭。

⑤ 室内管道温度 T_4 < 设定温度时，管道回水电磁阀 5 开启；$T_4 \geqslant$ 设定温度 +5℃时，管道回水电磁阀 5 关闭。

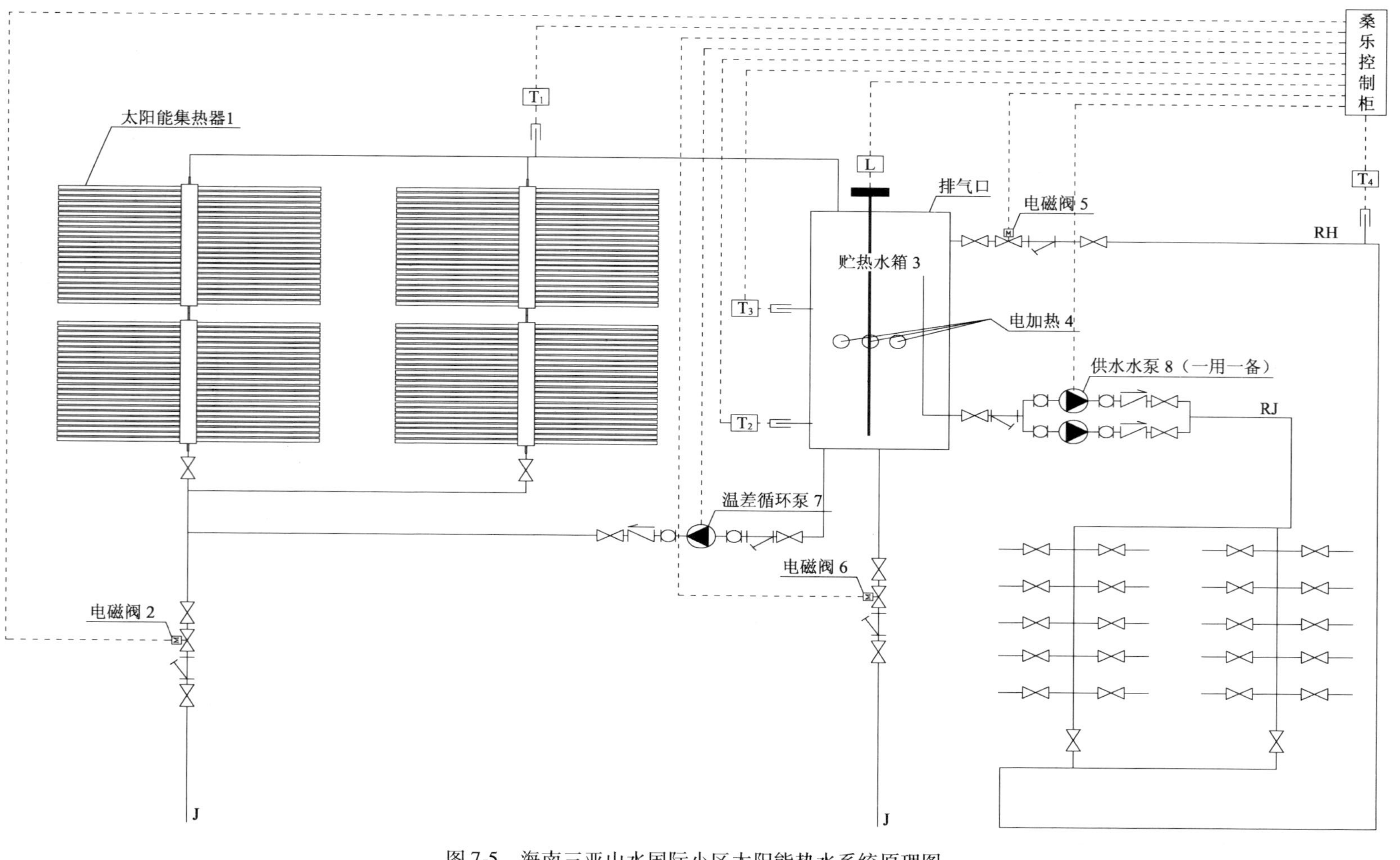

图 7-5　海南三亚山水国际小区太阳能热水系统原理图

3. 设计方案的特点

该系统在设计时充分考虑太阳能与建筑一体化的需求，真空管集热器设计为嵌入式安装，利用集热器吸收并转换太阳能的特性取代屋面保温层的部分功能。贮热水箱设计为隐藏式安装，位于屋面专用设备间内。热水给水采用分区给水户内减压方式，为防止冷热水出现“串水”现象，冷水给水采用上行下给方式，户内均设防倒流单向阀。鉴于该项目的业主多为冬季来此度假，夏季入住率较低，故本系统设计了过热保护功能，当热水给水温度超过设定温度时，强制锁定温差循环泵，防止水温进一步升高。

7.2.2 威海文化名居小区

1. 工程概况

本工程位于山东省威海市文化中路的文化名居小区，小区共15栋住宅楼，其中4栋楼为17层的小高层住宅楼，其他11栋为9层的多层住宅楼，总户数530户，建筑面积6300m^2（图7-6，图7-7）。应开发商要求，小区使用太阳能热水系统24小时供应热水。整个工程于2007年12月底安装调试完成，2008年1月验收后开始投入运行，至今运行状况符合设计要求。

图7-6 威海文化名居小区

2. 系统设计

（1）设计参数

日最高用水定额50L/(人·d)，设计热水温度60℃，设计冷水温度12℃。

（2）设计负荷

热水系统日耗热量221.91kW，设计小时耗热量634.66kW。

图7-7 威海文化名居小区

(3) 太阳能资源情况调查

年太阳辐照量：水平面4768MJ/m^2，37°32′倾角表面5316MJ/m^2；

年平均日太阳辐照量：水平面13.12MJ/m^2，37°32′倾角表面14.57MJ/m^2；

年日照时数：2535.2h；

年平均日照时数：6.95h；

年平均温度：12℃。

(4) 系统形式

采用太阳能集中供热水系统，为小区提供24小时生活热水。

(5) 系统设计所采用的主要设备的参数

① 真空管型太阳能集热器总面积：1260m^2；

② 辅助电加热：450kW。

(6) 太阳能建筑应用系统的流程图和系统的控制策略

系统流程图见图7-8。

系统的控制策略：

① 本系统采用双水箱形式，要求两水箱高度一致；

② 当 $T_1 - T_2 \geq 6$℃，温差循环泵7启动；当 $T_1 - T_2 \leq 2$℃，温差循环泵7关闭；

③ 当 $T_2 - T_3 \geq 5$℃，循环泵9启动；当 $T_2 - T_3 \leq 2$℃，循环泵9关闭；

④ 恒温箱温度 T_3 < 电加热设定温度 −5℃时，电加热开启；T_3 达到设定温度停止；

⑤ 当水位 L < 90%时，补水电磁阀2开启；当水位 L = 100%时，补水电磁阀2关闭；

⑥ 室内管道温度 T_4 < 设定温度时，管道回水电磁阀6开启；$T_4 \geq$ 设定温度 +5℃时，管道回水电磁阀6关闭。

3. 系统投资

系统总投资费用154万元。

4. 设计方案的特点

该项目采用集中式太阳能热水系统，并安装了远程监控系统，使15栋楼的系统运行控制只需在物业管理办公室一台电脑上操作即可完成。

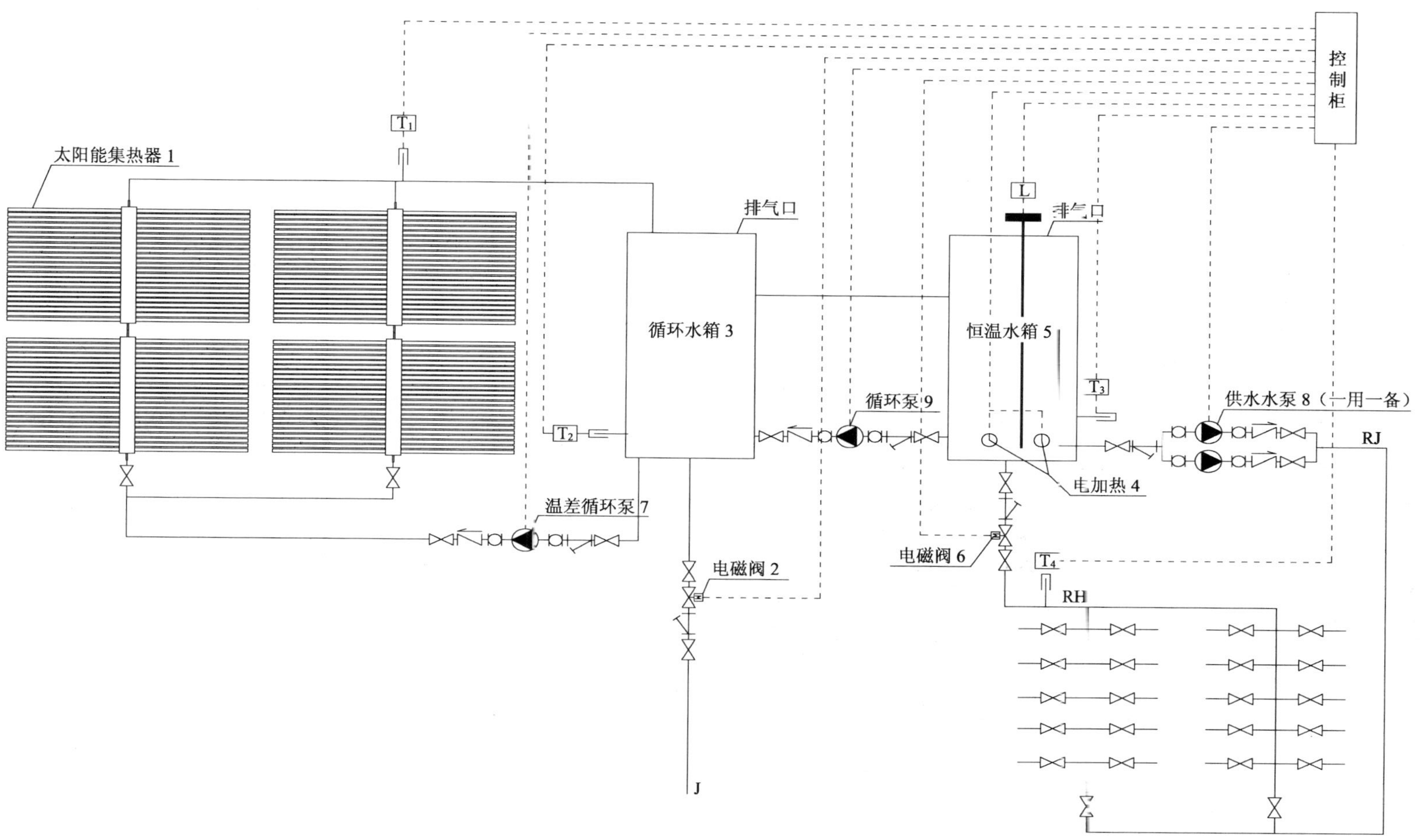

图 7-8 威海文化名居太阳能热水系统原理图

7.2.3 北京市万象新天小区太阳能与建筑一体化示范工程

1. 工程概况

北京市万象新天小区太阳能与建筑一体化示范工程是原国家经贸委和建设部“太阳能与建筑一体化试点项目”，位于北京市朝阳区常营住宅小区（万象新天），规划建设用地48.67ha，总建筑面积909646m²，居住建筑608784m²，小区居住人口13110人，总户数4686户（图7-9）。

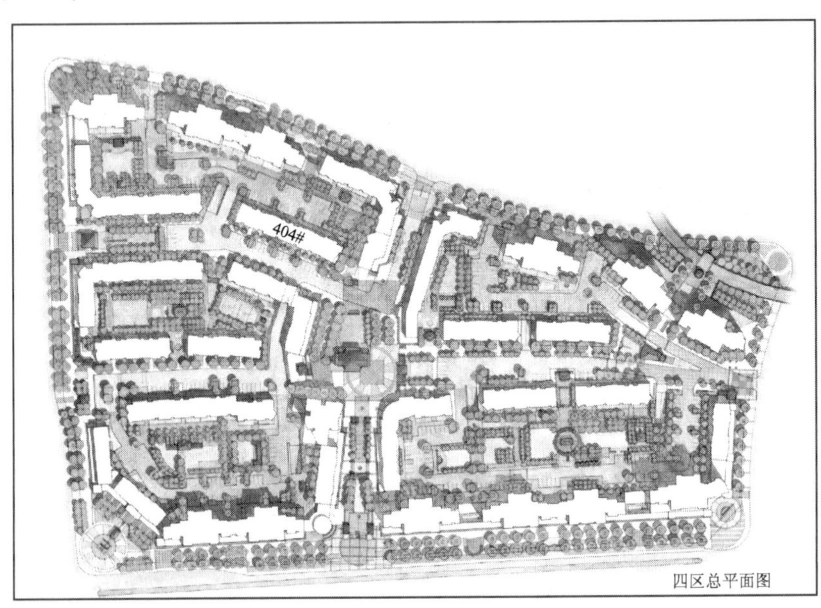

图7-9 北京市万象新天小区

试点工程404号楼的建筑格式为五层住宅，其顶层为带阁楼的越层户型，朝向为南北向。共有住户21户，每户以2.8人计，用水人数共计约59人。该工程项目于2006年4月验收完毕并投入使用（图7-10）。

图7-10 北京常营小区太阳能与建筑一体化示范项目

2. 系统设计

（1）太阳能资源情况调查

北京市位于北纬 39°57′，全年日照时数为 2000～2800h，太阳能辐射量为 112～136 千卡/cm^2，具有比较丰富的太阳能资源。北京一年内垂直面和水平面上太阳能直接辐射的可利用时数为 2278h，太阳能对节省传统能源十分有效。

（2）系统形式

采用太阳能集中供热水系统，为小区提供生活热水。

（3）系统设计所采用的主要设备的参数

404 号楼有集中热水供应和淋浴设备，每人每日用热水定额以 50℃ 热水计算，100L/(人·d)，平板太阳能集热器面积为 60m^2。按晴好天气（春夏秋三季）平均每平方米产水 100L 计，设计贮水箱的容积为 6m^3。根据小区内的热源供应情况，系统的辅助采用集中燃气锅炉配容积式交换器的形式进行，容积式热交换器加热面积 1.84m^2，贮水容积 1m^3。

（4）太阳能建筑应用系统的流程图和系统的控制策略

系统流程图见图 7-11。

系统控制策略：

① 初始正常状态时，F1 关、P1 停、F2 关、F3 关、F4 开。

② 当水位 $H \geqslant H1$，$T_2 < Tmax$，$T_1 \geqslant T_2 + \triangle Tk$ 时，P1 启动循环加热至 $T_1 \leqslant T_2 + \triangle Tg$ 时停。

③ 当水位 $H < H1$，$T_2 \geqslant Tmax$，$T_1 \geqslant T_2 + \triangle Tk$ 时，F1 开补水至 H1 时关，P1 启动循环加热至 $T_1 \leqslant T_2 + \triangle Tg$ 时停。

④ 当水位 $H2 \leqslant H < H1$，$T_2 < Tmax$，$T_1 \geqslant T_2 + \triangle Tk$ 时，P1 启动循环加热至 $T_1 \leqslant T_2 + \triangle Tg$ 时停。

⑤ 当水位 $H < H2$，$T_2 < Tmax$，$T_1 \geqslant T_2 + \triangle Tk$ 时，F1 开补水至 H2 关，P1 启动循环加热至 $T_1 \leqslant T_2 + \triangle Tg$ 时停。

⑥ 当水位 $H < H2$，$T_1 < T_2 + \triangle Tk$ 时，F1 开补水至 H2 关。

⑦ 当 $T_3 \leqslant 45$℃时，F2 开提供外网一次热水换热至 $T_3 \geqslant 55$℃关。

⑧ 当太阳热水系统维修时，F3 开、F4 关提供外网二次热水。

注：Tmax = 60℃，△Tk = 20℃，△Tg = 12℃。H2 为水位保证系统用户 45min 的用水量。H1 为水位保证系统用户 4h 用水量。

容积式热交换器保证系统用户 45min 的设计小时耗热量。

3. 系统投资及运行费用分析

该示范工程的总体投资为 459475 元，集热器热水系统（不含供水系统末端及检测设备等）部分约为 81000 元，当各年净现金流量值累计为零时，投资回收。计算得太阳热水系统相对回收期约为 2.1 年。

太阳能系统产水量若采用常规能源电进行制备，年耗电量 56590kW，即采用太阳能热水系统后，年节约电量为 56590kW。采用太阳能热水系统相对于电加热系统，年节约燃料费用 39613 元。

4. 设计方案的特点

（1）本工程设计的突出特点

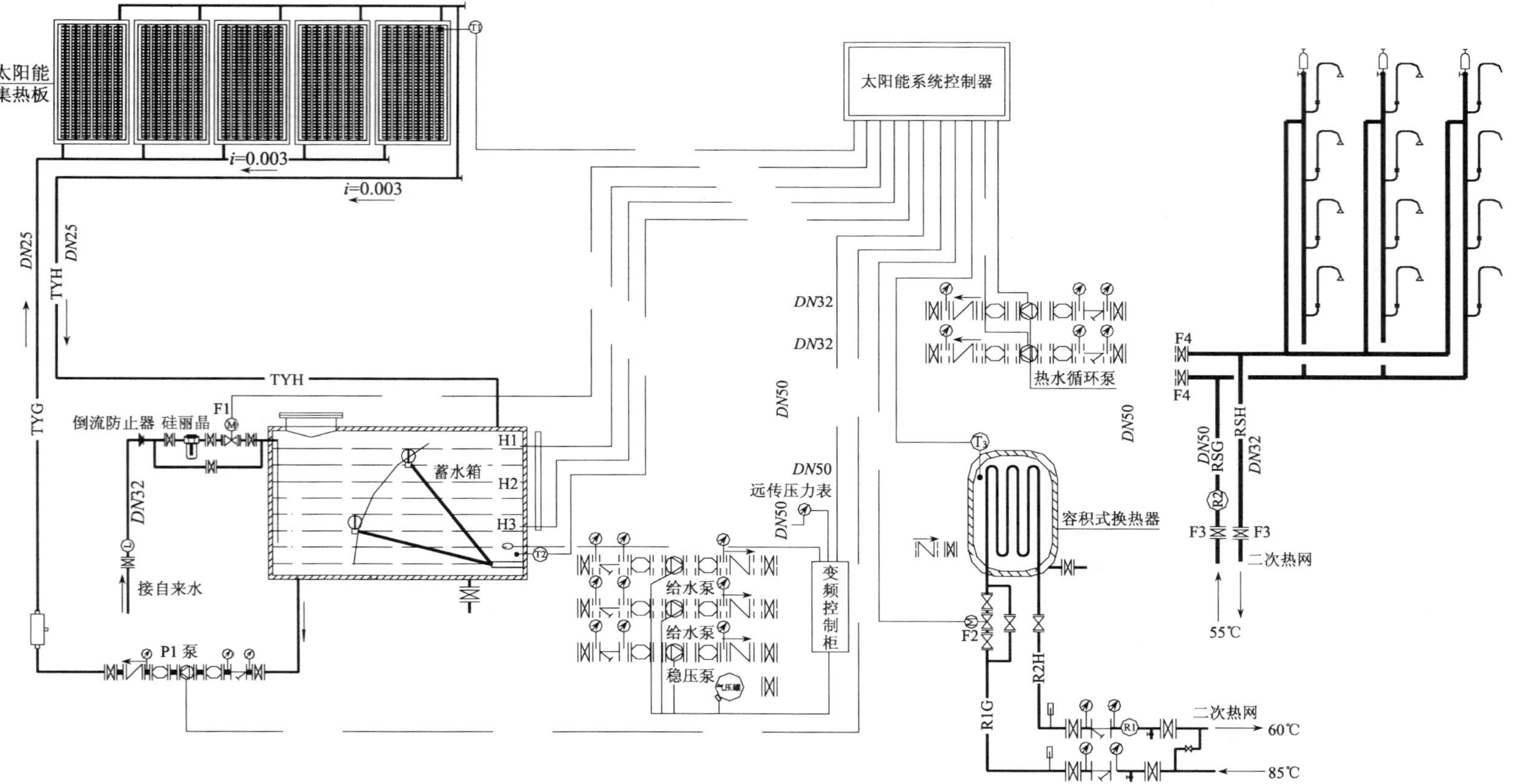

图 7-11 太阳能热水供应系统原理图

根据太阳能平板集热器坡度要求，将其与坡屋面结合设计，嵌入南坡屋面并和瓦面相平，各种管线均为暗装（表面设可拆开挡板）与瓦屋面浑然一体。这种设计方案决定屋面防水成为技术关键。既要保证安装又要排水顺畅不漏雨。为此我们在屋面土建设计方面选择了盆槽式汛水方式解决，汛水表面敷设“自粘防水卷材”（自愈合）满足了瓦面交搭和设备安装点的防水要求。在集热板与四周瓦的结合，及集热板之间的防水设计方面，我们采用了100%的结构防水设计方案。从而很好地解决了屋面防水的可靠性。

（2）冬季防冻及夏季过热问题的处理

系统防冻采用机械排空的方式，当集热器温度达不到运行要求时，利用集热器及系统管线的坡度，将系统中的水排回至太阳能储热水箱，并采用了双向单流阀，成功地满足集热器与系统的排空防冻同时，又保证系统水泵不受水击的影响，延长了水泵的使用寿命。

7.3　太阳能供热采暖系统

7.3.1　挂甲峪太阳能供热采暖项目

1. 工程概况及系统运行情况

挂甲峪太阳能供热采暖项目位于北京市平谷区大华山镇挂甲峪村，该建筑属住宅类居住建筑，建筑面积172～207m^2（图7-12）。建筑内墙采用120mm黏土多孔砖；外墙采用240mm黏土多孔砖，80mm厚聚苯板外保温；外门窗（包括阳台）采用塑钢中空玻璃节能窗；屋面保温采用150mm厚聚苯板；所有土建外露的构建为防止冷热桥现象，均贴30mm厚聚苯板作保温。

图7-12　平谷挂甲峪村太阳能采暖项目的建筑外观图

2005年项目竣工后开始投入运行，太阳能采暖系统结合辅助生物质锅炉可保证室内温度16℃以上，经监测采暖期平均室温为18.1℃。在刚进入或结束采暖季节的时间里，系统可全部依靠太阳能系统采暖；在较寒冷的12月份和1月份，需要太阳能系统和辅助锅炉共同运行以保证供暖需求。如停止辅助能源系统，晴天室温可达到12~14℃，多云天气室温可达到10~12℃（图7-13）。

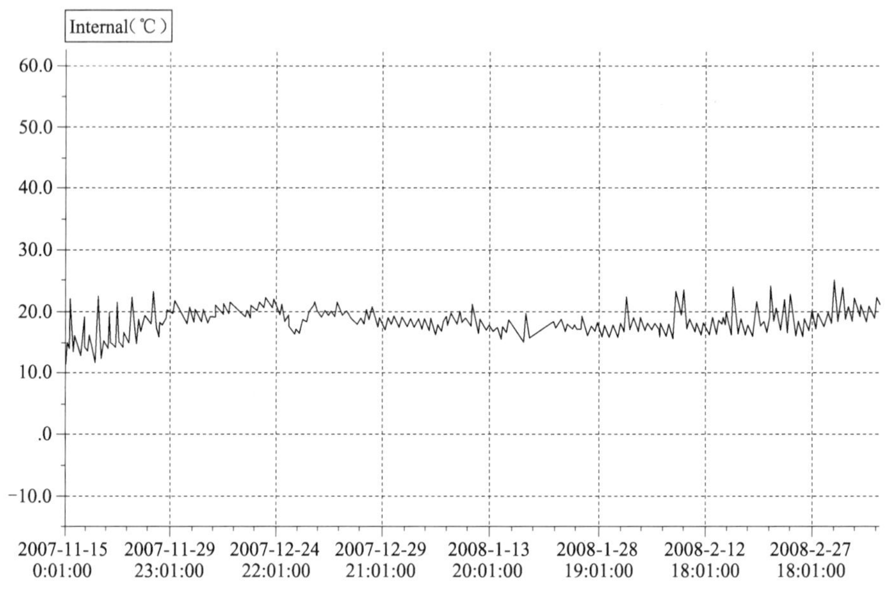

图7-13　室内温度监测结果

系统除满足采暖需求外，可全年提供生活热水。

2. 系统设计（图7-14）

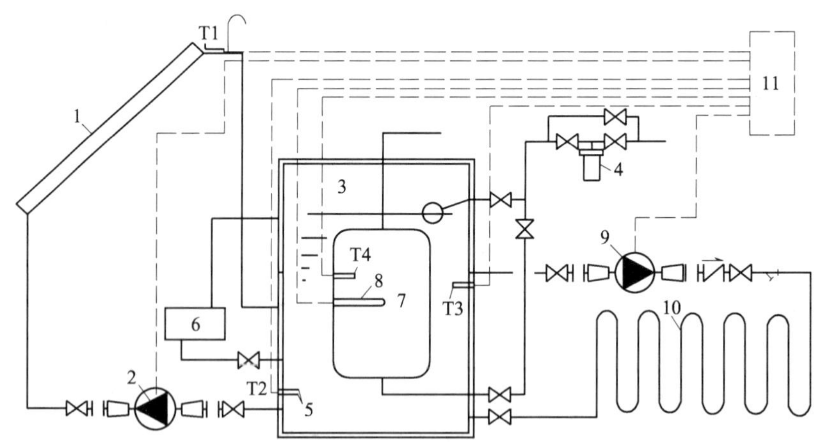

图7-14　挂甲峪太阳能供热采暖系统工作原理图

1—太阳能集热器；2—循环加热泵；3—储热水箱；4—水处理装置；5—温度传感器
6—辅助热源；7—生活热水箱；8—辅助电加热器；9—地板采暖循环泵；10—地盘管；11—控制系统

（1）设计参数

冬季采暖季节要求室内温度不低于16℃；热水供水温度55℃，最大日热水用量200

升；太阳能保证率为40%。

（2）设计负荷

日平均采暖负荷为3673.5W，日平均热水负荷为436.1W。

（3）太阳能资源情况调查

集热器南向安装，安装倾角30°，据计算安装平面太阳辐照量全年6257.81MJ/m^2；采暖季1801.45MJ/m^2。

（4）系统设计所采用的主要设备的参数

① 平板型太阳能系统集热器总面积28m^2，采光面积24.2m^2；

② 储热水箱：700L；

③ 生活热水水箱：200L；

④ 辅助热源：生物质锅炉，11kW；

⑤ 采暖末端：低温地板辐射采暖系统。

（5）太阳能建筑应用系统的流程图

（6）系统的运行策略

系统控制设备功能包括：太阳能集热循环控制、采暖水泵控制、生活热水辅助电加热器控制、辅助锅炉控制以及控制状态显示。

① 太阳能集热循环控制

太阳能集热循环控制采用温差循环方式，控制内容还包括防过热、防冻安全运行模式。

防过热运行模式：当水箱内的水温达到60℃，则太阳能循环水泵停止工作，太阳能集热器处于空晒状态。

防冻运行模式：当集热器出口温度低于设定值下限（4℃）时太阳能循环泵停止，集热器和管路中的水会在重力作用下沿着管路坡度流回水箱中，集热器和室外管道中没有水，避免水结冰造成集热器和管路损坏，达到系统防冻要求。

控制系统同时配有手动/自动切换操作功能，切换到手动控制状态时，可以根据需要启/闭集热循环水泵。当用户长期无供热或供热水需求时，可以手动关闭水泵，避免系统运行。

② 采暖水泵控制

控制系统根据室温控制采暖水泵。当室温低于设定温度时，自动开启采暖水泵；当室温高于设定温度（16℃）时，关闭采暖水泵。采暖水泵控制同时配有手动/自动切换操作功能，切换到手动控制状态时，可以根据需要启/闭供热循环水泵。

③ 生活热水辅助电加热器控制

生活热水辅助电加热器配有手动启/闭两种工作状态。当切换工作状态到“开启”时，生活热水水箱温度T_4低于50℃时，自动开启辅助电加热器进行加热；高于50℃时，关闭辅助电加热器。当切换工作状态到“关闭”时，不论水箱温度高低，均不开启辅助电加热器。

④ 辅助锅炉控制

由于采用生物质燃料锅炉为非自动控制的手烧锅炉，该锅炉的启停由用户根据用热需要自行决定。

⑤ 控制显示

控制设备可以显示以下参数：a）储热水箱的水温 T_3；b）生活热水水箱水温 T_4；c）室温。

控制设备可以显示以下设备运行状态：a）总电源；b）太阳能循环泵；c）采暖循环泵；d）生活热水辅助电加热器。

3. 系统投资及运行费用

太阳能系统增投资：4.1 万元。采暖季，太阳集热循环泵每天约运行 5h，电耗约 2kWh；采暖循环泵平均运行 10h ，电耗约 1.4kWh；整个采暖季水泵电耗合计 425kWh。非采暖季，太阳集热循环泵每天约运行 1h，水泵电耗 91kWh。

4. 设计方案的特点

（1）本工程设计的突出特点

挂甲峪太阳能供热采暖系统有以下特点：①采用高效平板太阳能集热器，使用寿命长，运行安全可靠，全年综合得热量高，夏季可长时间经受太阳空晒，有效解决冬夏平衡问题；②太阳能循环系统采用开式-排空-温差强制循环系统。循环介质采用水，有效降低运行费用；当系统不需要运行时，水泵停止运行，集热器和管道中的水自动落回到水箱中，有效的解决防冻和防过热的问题，保障系统安全运行；③太阳能集热器采用顺坡嵌入式安装，实现太阳能系统与建筑完美结合；④采用钢化玻璃和整体板芯结构，太阳能集热器内部无接口，保证系统长寿命和在恶劣环境中无故障运行；⑤生活热水和采暖水相互隔离，生活水箱为承压水箱，保证了用户用水的品质和舒适性，此外水箱占地面积小、管道接口少，便于系统现场安装；⑥系统实现全自动控制，保证在停水、停电等意外工况的系统安全，全年系统不需用户启闭阀门进行功能切换，方便用户使用；⑦生物质炊暖炉作为辅助热源，利用当地的薪柴生物质资源，降低用户使用费用，同时具有炊事功能，一炉多用。

（2）冬季防冻及夏季过热问题的处理

平谷挂甲峪系统采用回流排空控制方案解决系统防冻和防过热问题。此外，针对太阳能供热采暖系统过热时间长的特点，采用能承受空晒的平板太阳能集热器。系统至今已运行三年，该控制措施达到防过热和防过热的设计要求。

7.4 太阳能制冷系统

7.4.1 北苑太阳能空调、采暖示范项目

1. 工程概况及系统运行情况

北苑太阳能空调、采暖示范项目位于北京市朝阳区北苑路大羊坊 10 号，该办公楼为砖混结构，符合 50% 节能标准，共 4 层，总建筑面积 12000m^2（图 7-15）。

2004 年项目竣工后开始投入运行。夏季，由太阳能集热器向溴化锂制冷机提供高达 88℃左右的热水，通过溴化锂制冷机产生 8℃左右的冷水，并通过风机盘管向房间提供冷风；冬季，由太阳能集热器加热成 40～60℃左右的热水，直接通过风机盘管向房间提供热风。自 2004 年采暖季开始，系统一直正常运行。经监测，冬季的室温保持在 22℃左右，夏季室温不超过 28℃，满足该建筑空调、采暖要求。

图 7-15 北苑太阳能空调、采暖项目的建筑外观图

系统经国家空调设备质量监督检测中心检测，集热系统的平均效率为 42%，吸收式制冷机 COP 达到 0.75。

2006 年在 UNDP/GEF 项目的支持下，北苑系统经过一年跟踪检测，集热系统热效率在制冷季月平均值为 40% ~55%，采暖季平均为 36% ~52%；太阳能空调月保证率为 62% ~100%，采暖为 43% ~100%。具体测试结果见表 7-1 和表 7-2。

夏季制冷的运行检测结果 表 7-1

	2006.6	2006.7	2006.8	2006.9	总 计
辐照（MWh）	69.89	57.72	59.22	76.75	263.58
得热（MWh）	31.3	23.2	24.21	41.99	120.7
集热效（%）	44.78%	40.19%	40.88%	54.71%	45.79%
得热（MWh）	31.3	23.2	24.21	41.99	120.7
供暖（MWh）	24.42	37.65	35.94	33.60	131.61
太阳保证率	100.00%	61.62%	67.36%	100.00%	82.25%

太阳能空调系统的冬季供暖运行检测结果 表 7-2

	2005.12	2006.1	2006.2	2006.3	2006.11	合 计
辐照量（MWh）	84.66	50.38	58.92	93.15	71.31	358.42
得热量（MWh）	30.27	16.53	28.32	48.46	29.75	153.33
集热效率（%）	35.75%	32.81%	48.07%	52.02%	41.72%	42.78%
得热量（MWh）	30.27	16.53	28.32	48.46	2975	153.33
供暖量（MWh）	43.98	38.21	41.80	38.49	32.00	194.48
太阳保证率	68.83%	43.26%	67.75%	100.00%	92.97%	74.56%

2. 系统设计

（1）设计参数：

冬季采暖季节要求室内温度不低于18℃（热媒水温度40～60℃），夏季空调室内温度不低于28℃（冷媒水温度7～12℃），空调与采暖、终端采用风机盘管机组。

（2）设计负荷：

采暖热负荷156kW，空调冷负荷234kW，太阳能系统设计负荷360kW。

（3）太阳能资源情况调查：北京地区太阳能资源属于2类地区。

（4）系统设计所采用的主要设备的参数

① 太阳能热管真空管集热器总面积为850m^2，吸热体面积为655m^2，集热器南向安装，倾角50°；

② 制冷机：单效溴化锂制冷机，额定出力387kW，额定热源的进出水温度为88/83℃，冷冻水温度8℃；

③ 空调末端：风机盘管，机组具备三速可调功能，夏季空调和冬季采暖共用。

④ 辅助热源：电锅炉，150kW；

⑤ 储能系统：一个40m^3 储热水箱和一个30m^3 储冷水箱。水箱保温材料为聚氨酯，厚度100mm。

（5）太阳能建筑应用系统的流程图（图7-16）

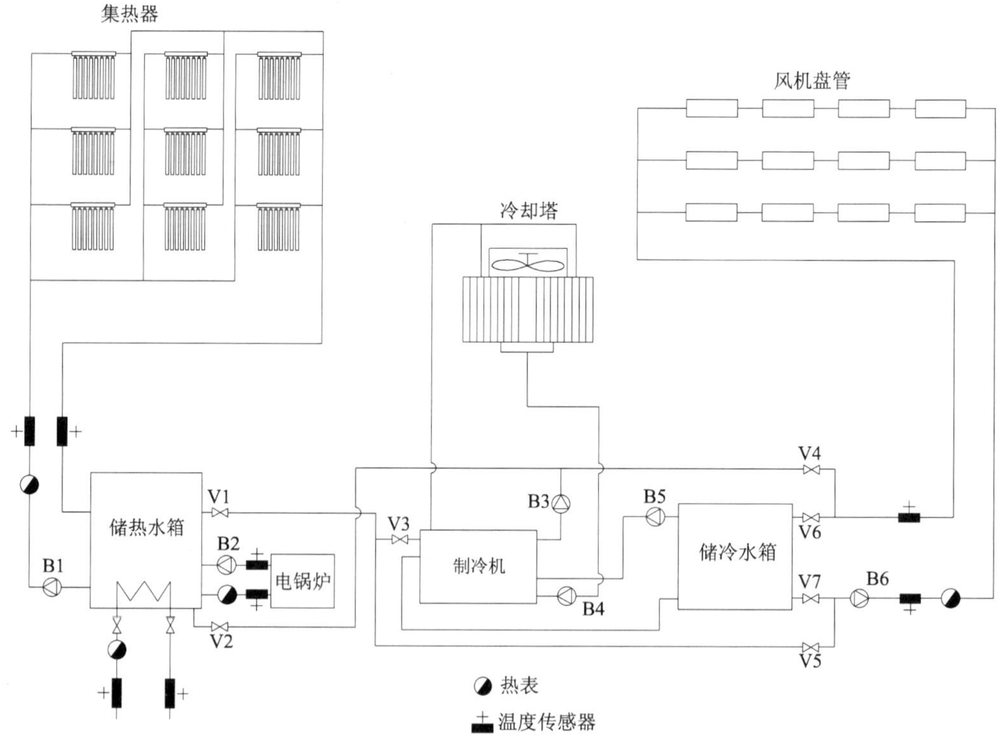

图7-16 北苑太阳能空调系统工作原理图

（6）系统的运行策略

自控系统根据不同季节有三种基本工况：1）夏季制冷工况；2）冬季供热工况；

3）非空调季的供热水工况。在制冷工况，集热器产生高温热水经溴化锂制冷机产生冷水供风机盘管提供冷源；在供热工况，集热器产生热水直接输送到风机盘管作为供热热源；在非空调季，集热器产生的高温热水通过换热器加热生活热水。自控系统主要功能是控制集热系统运行，并根据负荷需求启停制冷机和辅助锅炉，此外还执行系统防过热、防冻等安全运行功能。

太阳能集热器系统控制采用温差循环控制方式。当储热水箱水温 T_1 与集热器出口温度 T_2 的差值⊿T 高于设定温差上限时，启动集热系统水泵 B1；温差低于设定温差下限时，关闭其水泵。集热系统运行控制还具有防冻运行模式，当集热器的防冻温度探头温度 T_3 低于设定防冻运行温度时，启动水泵将储水箱中热水回流集热器的防冻。该系统在冬季一般夜间防冻循环 2～4 次，每次水泵运行约 5 分钟。

制冷工况时，开启阀门 V3、V6、V7 和水泵 B5，关闭阀门 V4。当储热水箱温度 T_4 达到 85℃以上且储冷水箱温度 $T_5 \geqslant 8$℃时，即可启动制冷机，并开启空调末端循环水泵 B6。当 $T_5 \geqslant 8$℃时，$T_4 < 85$℃时，启动辅助锅炉；$T_4 \geqslant 95$℃时，关闭辅助锅炉；当 $T_5 < 8$℃时，不论 T_4 是否达到 85℃时，均不启动辅助锅炉。此外，系统还可借助手动控制功能，根据第二天天气情况及供冷负荷的预测，利用夜间低谷电启动锅炉加热储热水箱中水，蓄热供第二天上午制冷用，必要时启动制冷机，通过蓄冷水箱储存冷媒水。

冬季供热工况时，开启阀门 V4，关闭阀门 V3、V6、V7 和水泵 B5。室温条件判定需要供热时，储热水箱水温 $T_1 \geqslant 60$℃后，启动空调末端循环水泵 B6，通过风机盘管系统供暖。当 $T_1 < 60$℃，启动辅助锅炉；$T_4 \geqslant 75$℃时，关闭辅助锅炉。此外，系统还可借助手动控制功能，根据第二天天气情况及供热负荷的预测，利用夜间低谷电启动锅炉加热储热水箱中水，蓄热供第二天上午采暖用。

非空如经实际运行测试，请提供具体测试数据调季，利用储热水箱中换热器加热生活热水，满足热水供应。但储热水箱温度 T_4 高于水箱设定最高温度后，系统进入防过热运行状态，通过制冷系统中冷却塔进行散热。在非空调季，根据生活热水负荷的需求采用遮阳或其他措施减少集热系统的得热量。

3. 系统投资及运行费用

太阳能系统增投资：250 万元。

4. 设计方案的特点（优点/缺点）

（1）本工程设计的突出特点

① 北苑太阳能空调、采暖系统采用成熟中低温太阳能集热器（热管真空管）和商业化的温水型溴化锂制冷机，保证了系统可靠运行。系统自 2004 年建成以来，一致稳定正常运行。该系统是国内规模最大、系统运行时间最长的太阳能空调系统，为太阳能空调技术的推广提供宝贵经验；

② 北苑太阳能系统纳入建筑工程设计，实现统一规划、同步设计、同步施工，与建筑工程同时投入使用。系统设计考虑到场地条件、建筑功能、维护保养等要求。建筑设计时，预设太阳能系统的安装预埋件，考虑建筑防水、管线布置，预留设备间和控制室，充分体现太阳能与建筑结合的理念；

③ 北苑太阳能空调、采暖系统针对太阳能特点，系统设置储热水箱和储冷水箱，利用储能系统保证空调、采暖的稳定的冷热源提供，满足建筑供冷、供热要求。此外，借助

于储能系统，充分利用低谷电价格低的优势，采用夜间启动辅助热源，降低系统运行费用；

④ 为了方便系统运行，研发一套全自动监控系统，保证太阳能及控制系统的高效运行。自动监控系统具有系统防过热、防冻控制功能，自动记录系统设备的工作状态，自动测量太阳辐照量、水箱获得太阳能的能量、制冷机输入热量、供热或制冷负荷等参数，为系统优化研究提供广泛的试验数据。

（2）冬季防冻及夏季过热问题的处理

由于北苑太阳能系统规模较大，并且系统采用热管真空管集热器，热管具有单向传热特点，可大大降低系统的夜晚散热，因此系统采用水箱热水循环防冻的措施。当集热器的防冻温度探头温度低于设定防冻运行温度时，启动水泵将储水箱中热水回流集热器防冻。通过冬季运行监测，北京地区每天夜里，水泵启动2~3次，每次运行5min。

北苑太阳能空调、采暖在非采暖和制冷季会防过热的解决的方案是利用制冷机的冷却塔散热。

7.5 太阳能光伏发电系统

7.5.1 深圳国际园林花卉博览园1MWp并网光伏电站

1. 工程概况

深圳国际园林花卉博览园位于深圳市福田区竹子林西，占地面积为0.66km^2（图7-17~图7-21）。

图7-17 综合馆

图 7-18 花卉馆

图 7-19 管理中心

图 7-20 南区服务中心

图7-21 东山坡

2. 系统设计

(1) 太阳能资源情况调查

深圳市地处广东省南部沿海，位于北回归线以南，东经113°46′至114°37′，北纬22°27′至22°52′之间。深圳市属于亚热带海洋性气候，雨量丰沛，日照时间长，气候温和。春季平均气温在20℃左右，夏季平均气温为28℃，秋季平均气温25℃，冬季平均气温12℃。常年平均温度为22.4℃，最高为36.6℃。常年主导风向为东南风，年平均日照时数为2120.5h，太阳年辐射量5404.9MJ/m^2。据统计10min最大平均风速为30m/s，瞬时最大风速44.9m/s。

(2) 总体设计原则

① 美观性

电池板安装在综合展馆、花卉展馆、游客服务管理中心、南区游客服务中心和北区东山坡上，除北区东山坡光伏组件的安装倾角与坡面基本一致为23°外，其余四个建筑物屋顶的光伏组件的安装均与屋顶结构密切配合，保持屋顶的风格和美观，布局宜采用对称方案。

② 太阳辐照量

为了增加光伏阵列的输出能量，尽可能地将更多的光伏组件普照在阳光下，且避免光伏组件之间互相遮光，以及被高塔、屋顶边缘及其他障碍物遮挡阳光。对于边缘区域，在一年中某些时间或者一天中的某些时段会受到局部遮挡的光伏组件，为了获取更多的能量输出，将这部分光伏组件接入串式逆变器（String Inverter）（注：逆变器为将直流电能转换成交流电能的电力设备），以将阴影遮蔽的影响降低到最小。

③ 电缆长度

为了减小线路的压降损失及电缆尺寸，从光伏组件到接线箱、接线箱到逆变器以及从逆变器到并网交流配电柜的电力电缆应尽可能保持在最短距离。由于连接电缆的长度较长，应尽可能按最短距离布置电缆。通常，在进行太阳能光伏电站设计时，需要将直流部分的线路损耗控制在3%～4%以内。

(3) 系统组成

① 方案描述

并网型太阳能光伏电站是利用光伏组件将太阳能转换成直流电能，再通过逆变器将直流电逆变成50赫兹、230/400V的三相或230V的单相交流电。逆变器的输出端通过配电柜与变电所内的变压器低压端（230/400V）并联，对负载供电，并将多余的电能通过变压器送入电网。本电站无蓄电池储能设备，当阴雨天无太阳时，由电网供电给负载。

② 主要部件说明

1MWp并网光伏电站的主要部件包括光伏组件和并网逆变器，均采用了国际上先进而又成熟的技术，这些技术已通过十多年的成功运行的考验。

共采用了三种型号的光伏组件，分别是：单晶硅光伏组件BP4170S（标准测试条件下，开路电压=44.4V，短路电流=5.1A，最大功率点电压=35.6V，最大功率点电流=4.78A，最大功率=170Wp）、多晶硅光伏组件BP3160S（标准测试条件下，开路电压=44.2V，短路电流=4.8A，最大功率点电压=35.1V，最大功率点电流=4.55A，最大功率=160Wp）以及多晶硅光伏组件KC167G（标准测试条件下，开路电压=28.9V，短路电流=8.00A，最大功率点电压=23.3V，最大功率点电流=7.20A，最大功率=167Wp）。

所采用的并网逆变器也分为三种型号：SC125LV（额定功率为125kW）、SC90（额定功率为90kW）以及SB2500（额定功率为2.5kW）。其中，SC125LV、SC90为集中型逆变器（Central Inverter），SB2500为串式逆变器（String Inverter）。上述三种型号的并网逆变器均由德国的SMA公司生产。

③ 电站组成

深圳国际园林花卉博览园的1MWp并网光伏电站分为五个子系统，分别安装在四个场馆（综合展馆、花卉展馆、游客服务管理中心和南区游客服务中心）及北区东山坡，电站总容量为1000.322kWp。

综合展馆子系统容量为168.64kWp，共安装了992块BP4170S光伏组件、2台SC90逆变器。将布置在综合展馆屋顶的992块光伏组件，按每16块串联成一串，组成62个SMU光伏组件串；62个SMU光伏组件串的直流输出分别汇集入一个SMU直流接线箱，共6个SMU接线箱（安装在屋顶）；每3个SMU接线箱的直流输出汇集入一台Sunny Central逆变器，共2台SC90逆变器（安装在二楼控制室）。2台SC90逆变器的三相交流输出汇集入控制室内的交流配电柜，通过综合展馆一楼的KTAP配电柜，并入安装在半地下车库配电室的1250KVA变压器的380V低压母线。

花卉展馆子系统容量为276.28kWp，共安装了76块BP4170S、1646块BP3160S光伏组件和2台SC90逆变器、10台SB2500逆变器。将布置在花卉展馆屋顶不受阴影遮蔽区域的1536块BP3160S光伏组件，按每16块串联成一串，组成96个SMU光伏组件串；每16个SMU光伏组件串的直流输出汇集入1个SMU直流接线箱，共6个SMU接线箱（安装在屋顶）；每3个SMU接线箱的直流输出汇集入一台Sunny Central逆变器，共2台SC90逆变器（安装在一楼控制室）。将布置在受玻璃圆锥阴影遮蔽区域的76块BP4170S和110块BP3160S光伏组件，按每8、9或10块串联成一串，组成20个SPB光伏组件串；每两个串联组件类型和数量相同的SPB组件串接入一台Sunny Boy逆变器，共10台SB2500逆变器（安装在屋顶）。10台SB2500逆变器的交流输出按照3、3、4的组合，分为基本平衡的三相，与2台SC90逆变器的交流输出汇集入控制室内的交流配电柜，并入安装在花卉展馆配电室的800kVA变压器的380V低压母线。

游客服务管理中心子系统容量为144.16kWp，共安装了848块BP4170S光伏组件和1台SC90、9台SB2500逆变器。将布置在游客服务管理中心屋顶不受阴影遮蔽区域的688块光伏组件，按每16块串联成一串，组成43个SMU光伏组件串；43个SMU光伏组件串的直流输出分别汇集入一个SMU直流接线箱，共3个SMU接线箱（安装在屋顶）；3个SMU接线箱的直流输出汇集入一台SC90逆变器（安装在一楼配电室）。将布置在受阴影遮蔽区域的160块光伏组件，按每8或9块串联成一串，组成18个SPB组件串；每两个串联组件数量相同的SPB组件串接入一台Sunny Boy逆变器，共9台SB2500逆变器（安装在屋顶）。9台SB2500逆变器的交流输出按照3、3、3的组合，分为基本平衡的三相，与SC90逆变器的交流输出汇集入交流配电柜，并入安装在游客服务管理中心配电室的500kVA变压器的380V低压母线。

南区游客服务中心子系统容量为89.6kWp，共安装了560块BP3160S光伏组件和1台SC90逆变器。将布置在南区游客服务中心屋顶的560块光伏组件，按每16块串联成一串，组成35个SMU光伏组件串；35个SMU光伏组件串的直流输出分别汇集入一个SMU直流接线箱，共3个SMU接线箱（安装在屋顶）；3个SMU接线箱的直流输出汇集入1台SC90逆变器（安装在一楼控制室）。SC90逆变器的交流输出通过交流配电柜，并入安装在游客服务管理中心配电室的500kVA变压器的380V低压母线。

北区东山坡子系统容量为321.642kWp，共安装了1926块KC167G光伏组件和2台SC125LV、18台SB2500逆变器。将布置在北区东山坡不受阴影遮蔽区域的1620块光伏组件，按每18块串联成一串，组成90个SMU光伏组件串；90个SMU光伏组件串分别汇集入一个SMU直流接线箱，共12个SMU接线箱（安装在坡面）；6个SMU接线箱的直流输出汇集入一台Sunny Central逆变器，共2台SC125LV逆变器（安装在山坡控制室）。将布置在受阴影遮蔽区域的306块光伏组件，按每17块串联成一串，组成18个SPB光伏组件串；每个SPB组件串接入一台Sunny Boy逆变器，共18台SB2500逆变器（安装在坡面）。18台SB2500逆变器的交流输出分为基本平衡的三相，与2台SC125LV逆变器的交流输出汇集入控制室内的交流配电柜，并入安装在半地下车库配电室的1250kVA变压器的380V低压母线。

3. 在保证电网质量和安全方面的措施

（1）高品质的电能输出

SMA公司所生产的集中型和串式逆变器均配置有高性能滤波电路，使得逆变器交流输出的电能质量很高，不会对电网质量造成污染。在输出功率≥50%额定功率，电网波动<5%情况下，SC125LV和SC90逆变器的交流输出电流总谐波分量（THD）<3%，SB2500逆变器的交流输出电流总谐波分量（THD）<4%。

SC125LV、SC90和SB2500逆变器均为并网型逆变器，在运行过程中，需要实时采集交流电网的电压信号，通过闭环控制，使得逆变器的交流输出电流与电网电压的相位保持一致，所以功率因数能保持在1.0附近。

（2）"孤岛效应"防护手段

"孤岛效应"指在电网失电情况下，发电设备仍作为孤立电源对负载供电这一现象。"孤岛效应"对设备和人员的安全存在重大隐患，体现在以下两方面：一方面是当检修人员停止电网的供电，并对电力线路和电力设备进行检修时，若并网光伏电站的逆变器仍继续供电，会造成检修人员伤亡事故；另一方面，当因电网故障造成停电时，若并网逆变器仍继续供电，一旦电网恢复供电，电网电压和并网逆变器的输出电压在相位上可能存在较大差异，会在这一瞬间产生很大的冲击电流，导致设备损坏。

逆变器均采用了两种“孤岛效应”检测方法，包括被动式和主动式两种检测方法。被动式检测方法指实时检测电网电压的幅值、频率和相位，当电网失电时，会在电网电压的幅值、频率和相位参数上，产生跳变信号，通过检测跳变信号来判断电网是否失电；主动式检测方法指对电网参数产生小干扰信号，通过检测反馈信号来判断电网是否失电，其中一种方法就是通过测量逆变器输出的谐波电流在并网点所产生的谐波电压值，通过计算电网阻抗来进行判断，当电网失电时，会在电网阻抗参数上发生较大变化，从而判断是否出现了电网失电情况。

此外，在并网逆变器检测到电网失电后，会立即停止工作，当电网恢复供电时，并网逆变器并不会立即投入运行，而是需要持续检测电网信号在一段时间（如 90 秒钟）内完全正常，才重新投入运行。

需要指出的是，任何一种“孤岛效应”的检测方法均具有其局限性，需要同时从电站管理上来杜绝检修人员伤亡事故的发生，当停电对设备和线路进行检修时，需要先断开并网逆变器。

（3）光伏电站交直流侧的电气隔离

逆变器均带有隔离变压器，使得逆变器的直流输入和交流输出之间电气隔离开来。直流侧的光伏组件阵列为“浮地”，正负极与地之间都没有电气连接，且逆变器在运行过程中，随时检测直流正负极的对地阻抗，从而保证了逆变器直流侧的短路故障不会影响到电网。

（4）完善的监测手段

深圳国际园林花卉博览园 1MWp 并网光伏电站共提供了三种监测手段：第一种手段是可由安装在集中型逆变器和 SBC + 面板上的 LCD 液晶显示屏上分别观察到集中型逆变器和串式逆变器的运行参数（包括直流输入电压和电流、交流输出电压和电流、功率、电网频率等）及故障代码和信息。（注：SBC + 全称为 Sunny Boy Control Plus，具有测量环境参数（如辐照度、环境温度等）、收集串式逆变器运行信息的功能，同时还具有与 PC 机通讯的功能）；第二种手段是可通过安装在五个子系统太阳能控制室的 PC 机上观察到就地的运行数据，其中，安装在综合展馆太阳能控制室的 PC 机还作为中央监测计算机，实时采集其余四个安装地点的运行数据，并可将整个深圳国际园林花卉博览园 1MWp 并网光伏电站的数据在综合展馆序厅入口的 LED 室内显示屏上集中显示出来；此外，还可以将并网光伏电站的运行参数发布到 Internet 网上，并实时刷新。

4. 电站效益分析

（1）环保效益

深圳国际园林花卉博览园 1MWp 并网光伏电站的年发电能力约为 100 万 kWh，相当于每年可节省标准煤约 384 余吨，减排粉尘约 4.8t，减排灰渣约 101t，减排二氧化碳约 170 余吨，减排二氧化硫约 7.68t，是真正的无污染的绿色能源，与深圳国际园林花卉博览园所具有的环保功能相得益彰，必将为第五届中国国际园林花卉博览会增添光彩。

（2）经济效益

深圳国际园林花卉博览园1MWp并网光伏电站具有以下两方面经济效益：

① 社会经济效益和环保经济效益

使用矿物能源如石油、煤炭等发电，除了直接经济成本外还会产生二氧化硫、氮氧化物等有害气体和二氧化碳等温室气体，造成空气污染、酸雨灾害和温室效应。对有害气体和发电废料的处理需要投入大量资金，此外，相应引起的农牧业和人民身体健康方面的损害，更需要政府和社会为其提供大量的人力、物力和资金。

② 直接经济效益

按照目前深圳电价，居民用电每千瓦0.68元计算，深圳国际园林花卉博览园每年可节省电费66.64万元。按照该电站20年运营期计算，累计发电1960万kWh，总计可节省电费1333万元，实际运行20年后，该电站仍具有发电能力。与常规能源发电比较，并网光伏发电系统的运行、维护费用很低，节约了运营成本。

7.6 太阳能综合利用

7.6.1 建研科技园示范工程

1. 工程概况

建研科技园示范工程位于北京市通州区科技创业园的中国建筑科学研究院研发基地内，毗邻北京首都国际机场、五环路，交通便利，项目周边地区无集中市政热力供应。

示范工程主要包括科技园内的建研节能示范大楼、防火工程技术研究中心、幕墙工程技术研究中心和风洞工程技术研究中心。南区防火工程技术研究中心及风洞工程技术研究中心建筑面积$6625m^2$，北区幕墙工程技术研究中心$2835m^2$，节能示范大楼$12150m^2$（图7-22、图7-23）。

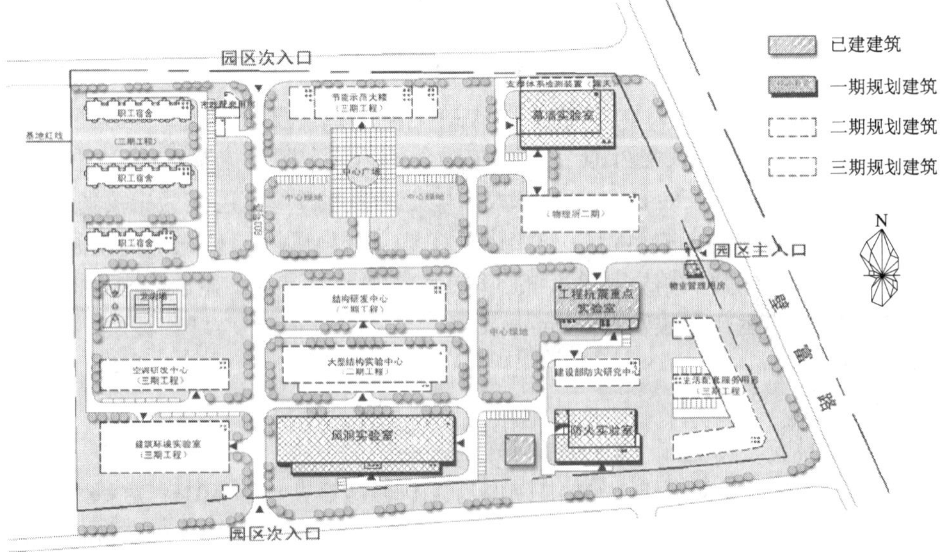

图7-22　建研科技园总体平面图

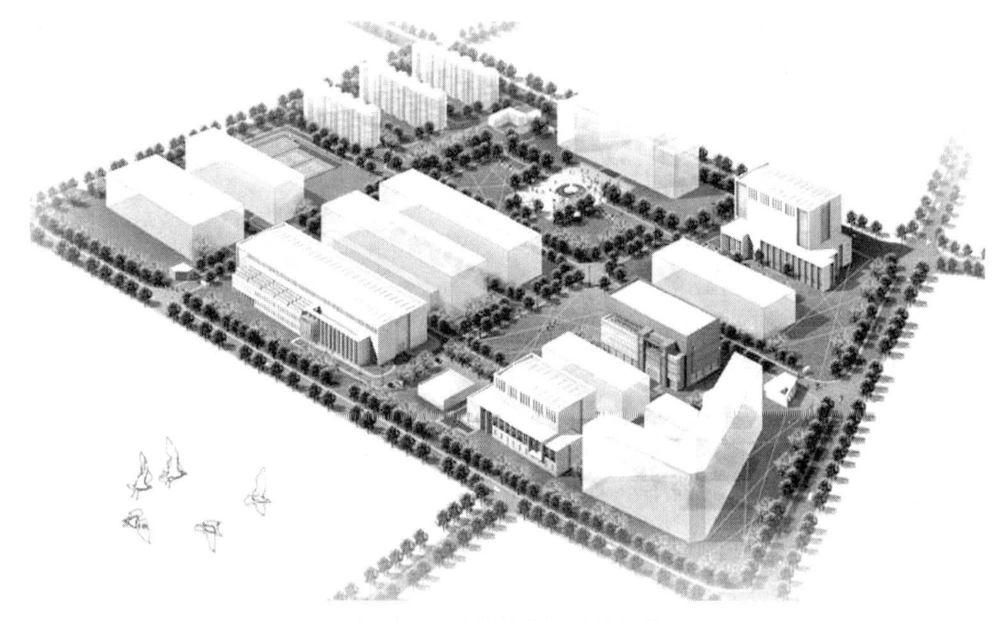

图 7-23 建研科技园总体鸟瞰

2. 系统设计

(1) 设计负荷

节能示范楼冬季采暖热负荷为 304kW，夏季空调冷负荷为 486kW；南区冬季采暖热负荷为 298kW，夏季空调冷负荷为 140kW；北区冬季采暖热负荷为 110kW，夏季空调冷负荷为 55kW。

(2) 系统形式

通过地源热泵和太阳能的复合系统，提供采暖空调系统的冷热源。

夏季制冷时，通过地源热泵系统实现空调制冷，部分建筑采用太阳能—吸收式溴化锂制冷系统与地源热泵系统交替运行。在此运行模式下，夏季地源热泵机组的 COP 在 5.0 以上。

冬季供热时，经太阳能集热器加热后的热水温度若高于设计供水温度，则直接供热；若热水温度低于设计供水温度，但高于设计回水温度，则太阳能系统与地源热泵系统串联运行；若热水温度低于设计回水温度，则太阳能热水加热地源热泵系统地埋管侧，以提高地源热泵机组的效率。在此运行模式下，冬季地源热泵机组的 COP 在 4.0 以上。

(3) 太阳能资源情况调查

北京市具有较好的太阳能资源条件，40 度倾角平面上的年总辐照量为 5844MJ/(m^2·a)，年日照小时数 2755h。因此，在通州基地工程实施太阳能供热、空调示范系统，在技术上和太阳能资源条件上完全可行。

(4) 系统设计所采用的主要设备的参数

主要由地源热泵系统、太阳能系统的相关设备组成。

① 热泵系统

节能示范楼选用 2 台水—水热泵机组，型号 PSRHH-0612，制冷量：223kW，制热量：246kW，夏季供、回水温度 7/12℃，室外侧进出水温度 30/35℃；冬季供、回水温度 50/45℃，室外侧进水温度 7/3.8℃。

北区选用2台水—水热泵机组，型号HRHH-0182。制冷量：55.0kW；制热量：57.4kW。夏季供、回水温度12/7℃，室外侧进出水温度30/35℃；冬季供、回水温度50/40℃，室外侧进水温度7/3.8℃。

南区选用2台水—水热泵机组，型号PSRHH-0401。制冷量：150.0kW；制热量：156kW。夏季供、回水温度7/12℃，室外侧进出水温度30/35℃；冬季供、回水温度50/45℃，室外侧进水温度7/3.8℃。

② 地埋管系统

地埋管系统由埋设在土壤中的地埋管换热器、循环水泵及其各种配件组成。换热钻孔中的地埋管通过地面集管分区连接后，分别汇入机房内。

③ 太阳能系统

采用高效平板型太阳集热器，集热器与玻璃幕墙结合，集热器在归一化温差为0.07m^2·K/W时，集热器的效率不小于45%，与地源热泵系统联合供热，不采暖季节采用200m^3蓄热水池蓄热。夏季太阳能作为温水型吸收式溴化锂制冷机组的热源，型号：LCC01，制冷量：105kW，夏季供、回水温度8/13℃。无冷却塔，余热排至蓄热水池。

④ 其他相关设备

它由用户侧水管系统、循环水泵、水过滤器、水处理设备、各种末端空气处理设备、膨胀定压设备及相关阀门等配件等组成。

（5）太阳能建筑应用系统的流程图和系统的控制策略

系统流程图见图7-24～图7-27。

① 北区地源热泵系统控制策略

冬季，当Tg温度高于等于50℃，电动阀门VE1、VE2开启，电动阀门VE3、VE4、VE5、VE6、VE7、VE8关闭，热泵机组、地埋管侧循环泵停止运行，系统直接利用太阳能供暖；当Tg温度高于等于45℃，低于50℃时，电动阀门VE2、VE4、VE6开启，电动阀门VE1、VE3、VE5、VE7、VE8关闭，热泵机组、地埋管侧循环泵开始运行，太阳能系统与热泵系统串联运行；当Tg温度低于45℃时，电动阀门VE3、（VE5或VE8）、VE7开启，电动阀门VE1、VE2、VE4、VE6关闭，热泵机组、地埋管侧循环泵运行，太阳能系统接入蒸发器侧，系统利用热泵供暖。季节转化阀V1、V3、V5、V7开启；V2、V4、V6、V8关闭。

夏季，电动阀门VE3、VE6开启，电动阀门VE1、VE2、VE4、VE5、VE7、VE8关闭，热泵机组、地埋管侧循环泵运行，系统利用1台热泵机组制冷，2台机组互为备用。季节转化阀V2、V4、V6、V8开启；V1、V3、V5、V7关闭。

② 南区地源热泵系统控制策略

冬季，当Tg温度高于等于50℃，电动阀门VE1、VE2开启，电动阀门VE3、VE4、VE5、VE6、VE7、VE8、VE10关闭，热泵机组、地埋管侧循环泵停止运行，系统直接利用太阳能供暖；当Tg温度高于等于45℃，低于50℃时，电动阀门VE2、VE4、VE6、VE10开启，电动阀门VE1、VE3、VE5、VE7、VE8关闭，热泵机组、地埋管侧循环泵开始运行，太阳能系统与热泵系统串联运行；当Tg温度低于45℃时，电动阀门VE3、VE7、（VE5或VE8）、VE10开启，电动阀门VE1、VE2、VE4、VE6关闭，热泵机组、地埋管侧循环泵运行，太阳能系统接入蒸发器侧，系统利用热泵供暖。季节转化阀V1、V3、V5、V7开启；V2、V4、V6、V8关闭。

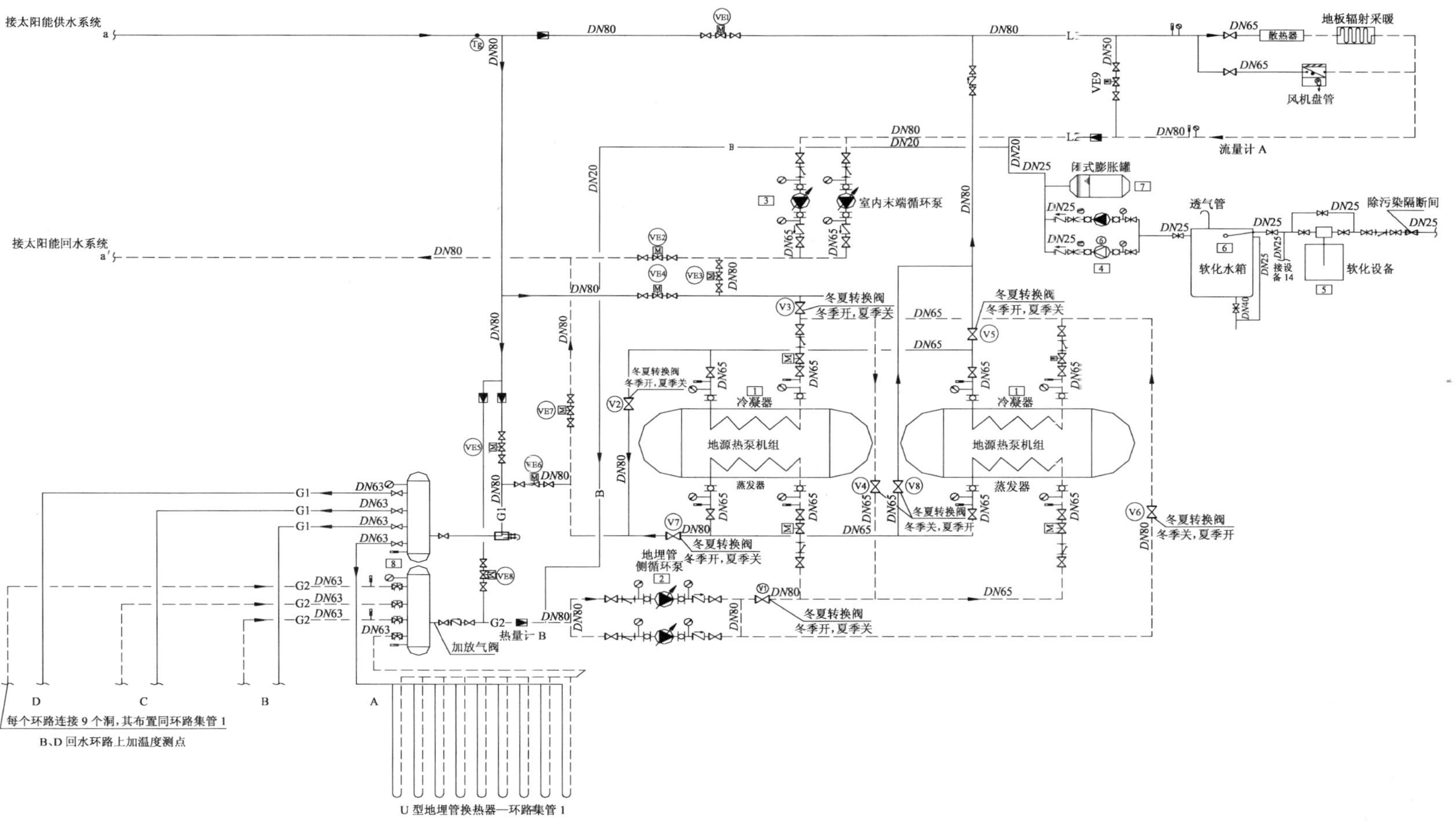

图 7-24 北区地源热泵系统原理图

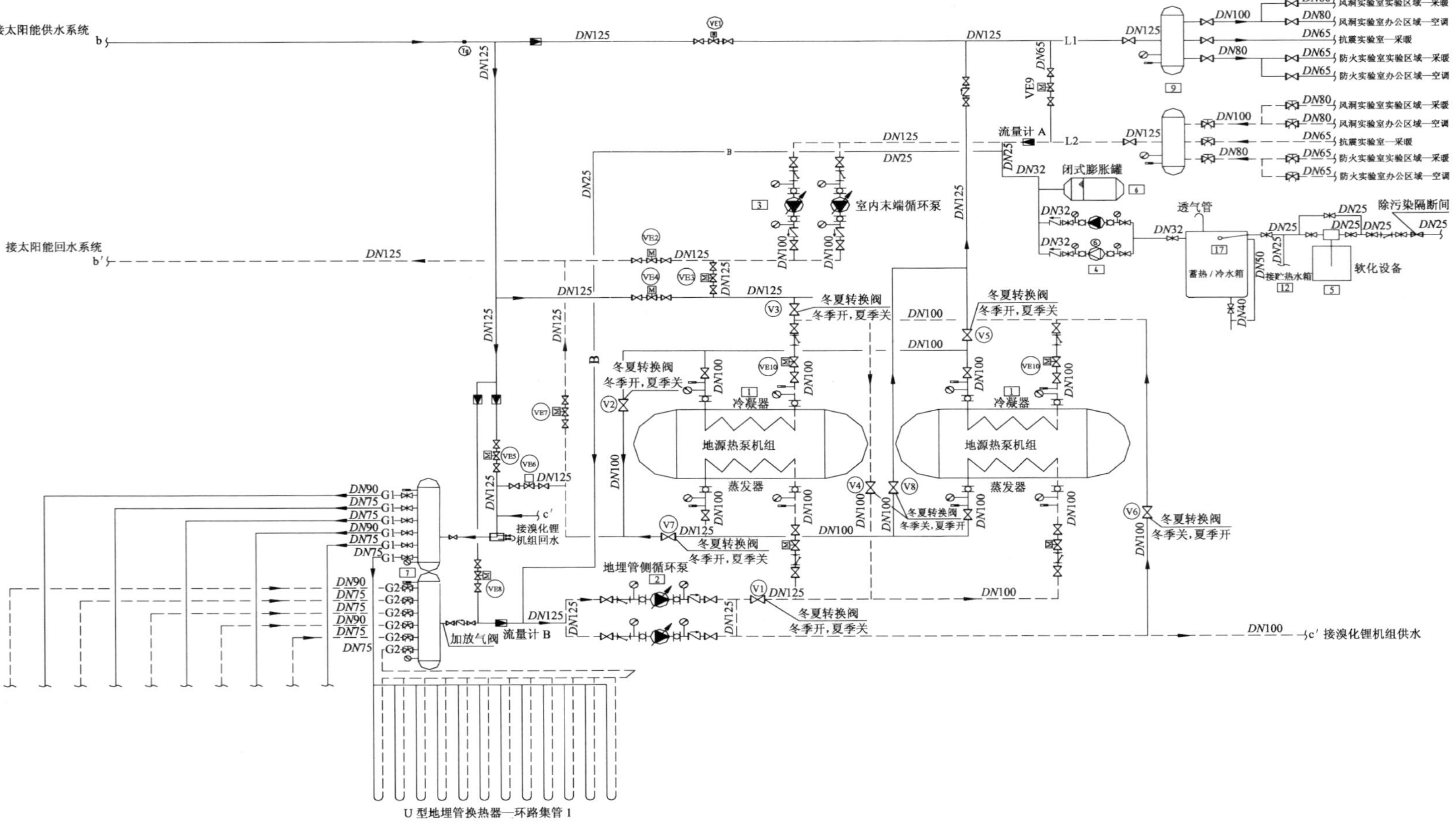

图 7-25 南区地源热泵系统原理图

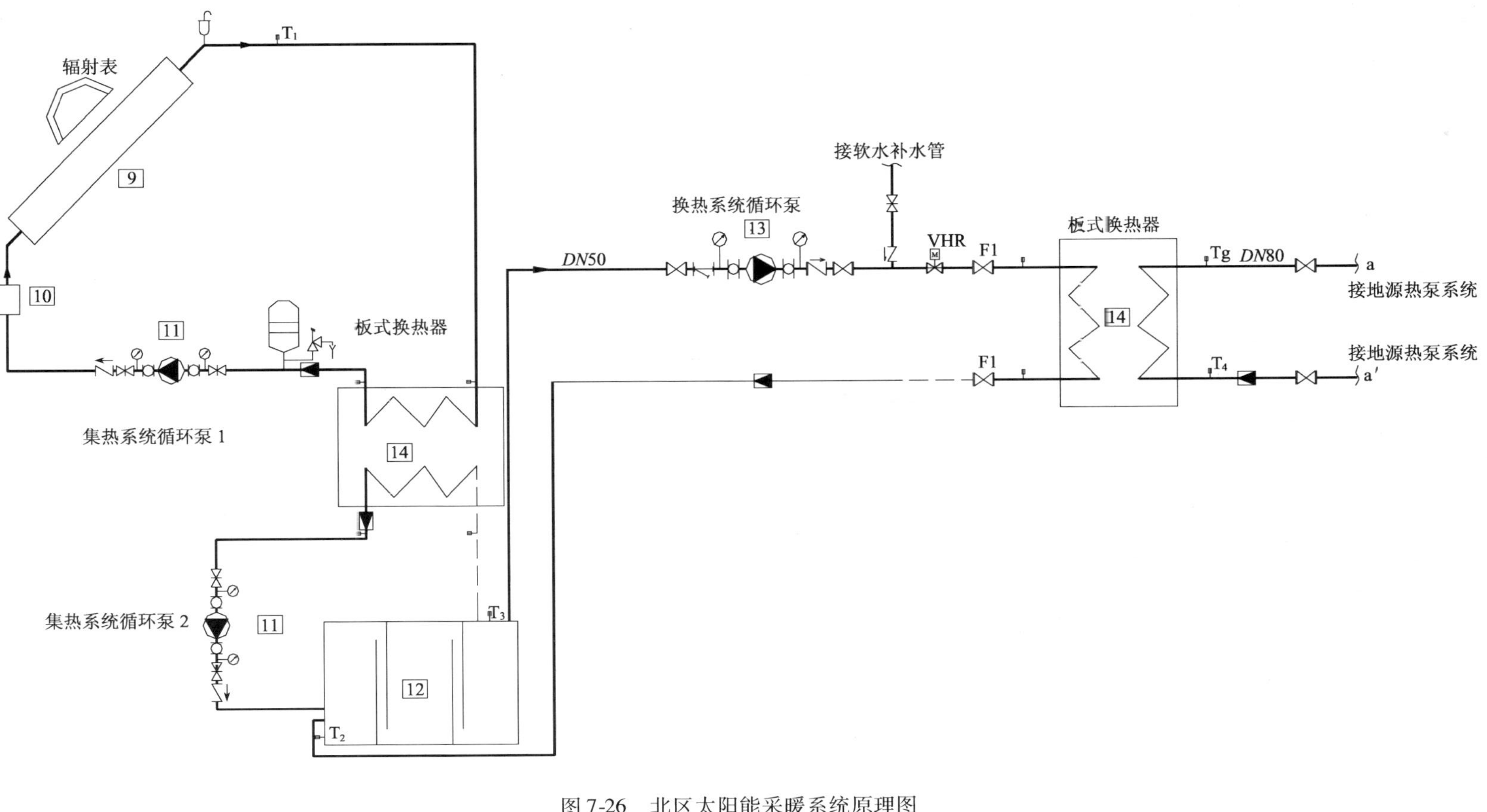

图 7-26 北区太阳能采暖系统原理图

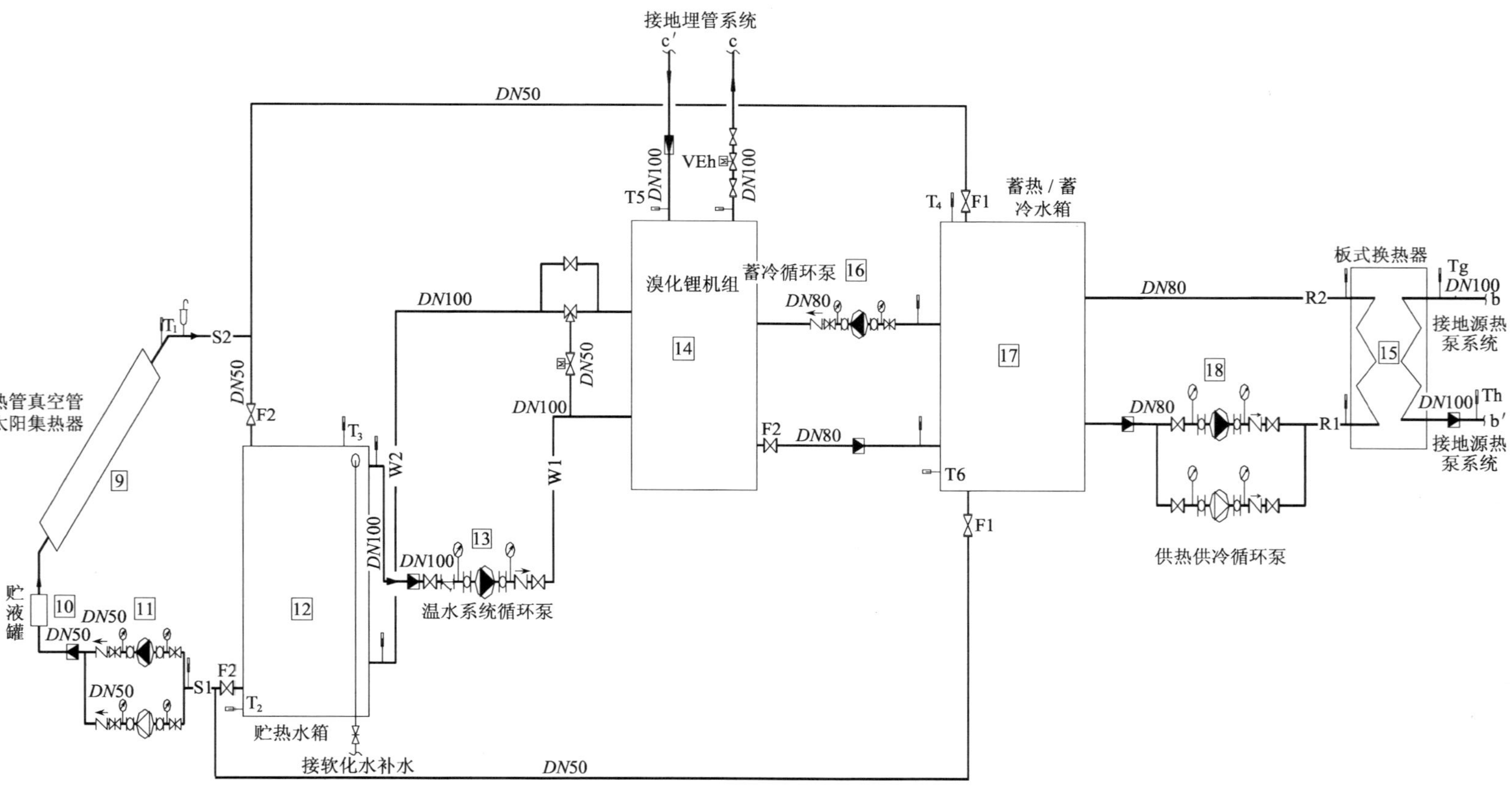

图 7-27 南区太阳能采暖、空调系统原理图

夏季，吸收式制冷机组与热泵机组交替运行。当吸收式制冷机组停止运行时，热泵机组开启，电动阀门 VE3、VE6、VE10 开启，电动阀门 VE1、VE2、VE4、VE5、VE7、VE8、VEh 关闭，地埋管侧循环泵运行，室内末端循环泵运行，系统利用 1 台热泵机组制冷，2 台机组互为备用；当吸收式制冷机组开始运行时，热泵机组停止运行，电动阀门 VE1、VE2、VEh 开启，电动阀门 VE3、VE4、VE5、VE6、VE7、VE8、VE10 关闭，地埋管侧循环泵运行，室内末端循环泵运行；季节转化阀 V2、V4、V6、V8 开启；V1、V3、V5、V7 关闭。

③ 北区太阳能采暖系统控制策略

冬季，T_3 大于 50℃时，换热系统循环泵运行，Tg 控制控制电动调节阀的开度，保证 Tg；T_1-T_2 大于 5℃时，集热系统循环泵 1 和 2 运行；T_1-T_2 小于 2℃时，集热系统循环泵 1 和 2 停止；T_3 大于 20℃时，且 T_2-T_4 大于 5℃时，换热系统循环泵运行；T_3 小于 20℃时，且 T_2-T_4h 小于 2℃时，换热系统循环泵停止。

春、夏、秋季，换热系统循环泵停止。T_1-T_2 大于 5℃时，集热系统循环泵 1 和 2 运行；T_1-T_2 小于 2℃时，集热系统循环泵 1 和 2 停止；T_2 大于 95℃时，集热系统循环泵 1 和 2 停止。

④ 南区太阳能采暖、空调系统控制策略

夏季、供冷末期，F1 关、F2 开。T_1-T_2 大于 5℃时，集热系统循环泵运行；T_1-T_2 小于 2℃时，集热系统循环泵停止。同时满足 T_3 大于 80℃，T_4 大于 8℃，T_5 大于 19℃时，蓄冷循环泵，电动阀 VEh 开启，温水系统循环水泵，吸收式制冷机组顺序启动；T_3 小于 76℃或者大于 98℃时，吸收式制冷机组，温水系统循环水泵，电动阀 VEh 关闭，蓄冷循环泵顺序停止；T_4 小于 6℃时，吸收式制冷机组，温水系统循环水泵，电动阀 VEh 关闭，蓄冷循环泵顺序停止。$T_4-Th\geqslant3$℃且 $Tg-Th\geqslant3$℃时，供热供冷循环泵运行；$T_4-Th\leqslant1$℃或 $Tg-Th\leqslant1$℃时，供热供冷循环泵停止。

供冷末期到采暖初期，F1 开、F2 关。T_1-T_6 大于 5℃时，集热系统循环泵运行；T_1-T_6小于 2℃时，集热系统循环泵停止；T_4 大于 95℃时，集热系统循环泵停止。

冬季、采暖末期，F1 开、F2 关。$T_4-Th\geqslant5$℃时，供热供冷循环泵运行；$T_4-Th\leqslant2$℃时，供热供冷循环泵停止。T_1-T_6 大于 5℃时，集热系统循环泵运行；T_1-T_6 小于 2℃时，集热系统循环泵停止。T_1 小于 4℃时，集热系统循环泵开启，T_1 大于 10℃时，集热系统循环泵停止。

采暖末期、供冷初期，F1 关、F2 开。T_1-T_2 大于 5℃时，集热系统循环泵运行；T_1-T_2小于 2℃时，集热系统循环泵停止。同时满足 T_3 大于 80℃，T_4 大于 8℃，T_5 大于 19℃时，蓄冷循环泵，电动阀 VEh 开启，温水系统循环水泵，吸收式制冷机组顺序启动；T_3 小于 76℃或者大于 98℃时，吸收式制冷机组，温水系统循环水泵，电动阀 VEh 关闭，蓄冷循环泵顺序停止；T_4 小于 6℃时，吸收式制冷机组，温水系统循环水泵，电动阀 VEh 关闭，蓄冷循环泵顺序停止。$T_4-Th\geqslant3$℃且 $Tg-Th\geqslant3$℃时，供热供冷循环泵运行；$T_4-Th\leqslant1$℃或 $Tg-Th\leqslant1$℃时，供热供冷循环泵停止。

（6）系统的运行策略

北区冬季采用地源热泵系统与太阳能采暖系统联合运行的采暖方式；夏季采用地源热泵系统为办公区域提供冷量。冬季采用优先利用太阳能的控制策略。在供暖初始时，由于采用了季节性蓄热的技术，同时，在室外温度较高的情况下，采暖负荷较小，此时，经过太阳能加热后的供水温度较高，若温度高于50℃，则利用太阳能直接采暖；若供水温度低于50℃，并且高于45℃，则太阳能采暖系统与地源热泵系统串联运行，经过太阳能加热后的水再经过地源热泵系统提升后，供给末端。若供水温度低于45℃，太阳能系统接入地源热泵机组的蒸发器侧，以提高热泵机组的效率。夏季利用地源热泵机组提供7/12℃的冷冻水，供给末端冷量。在夏季及过渡季，太阳集热器将热量储存在蓄热水池中，供冬季采暖使用。

南区冬季采用地源热泵系统与太阳能采暖系统联合运行的采暖方式；夏季采用地源热泵系统与太阳能—溴化锂系统联合运行的供冷方式。冬季采用优先利用太阳能的控制策略。在供暖初始时，由于室外温度较高，采暖负荷较小，此时，经过太阳能加热后的供水温度较高，若供水温度高于50℃，则利用太阳能直接采暖；若供水温度低于50℃，并且高于45℃，则太阳能采暖系统与地源热泵系统串联运行，经过太阳能加热后的水再经过地源热泵系统提升后，供给末端。若供水温度低于45℃，太阳能系统接入地源热泵机组的蒸发器侧，以提高热泵机组的效率。在夏季，溴化锂机组利用太阳集热器提供的热量进行制冷，与地源热泵系统交替运行，供给末端冷量。

3. 系统投资

项目总投入8450万元，工程预算3500元/m^2，建筑安装费用3000元/m^2。

7.6.2　北京市平谷区将军关新村新农村改造项目

1. 工程概况

北京市平谷区将军关新村新农村改造项目是平谷区委、区政府提高农民收入和改变农村现状、保护当地自然环境、改变农民居住生活条件的一项重要措施，使改造后的新农村成为体现北方山村自然特色的、农民户户增收的新型民俗休闲旅游度假村。项目以减排温室气体和节能、经济适用为目的，尽可能利用太阳能等可再生能源，解决民居冬季供暖和全年生活热水问题，并要求能源设备与建筑结合，与环境相协调。

示范建筑为两层南北朝向双坡屋顶民宅，采暖建筑面积约140m^2，层高3m，屋面坡度30°，240mm砖墙，6cm聚苯板外墙外保温，外贴防火板。该项目作为农村利用太阳能热水系统供暖、节能型建筑示范小区，同时被列入北京市科技计划课题项目（图7-28，图7-29）。自2005年8月份入住新村以来，该太阳能系统运行可靠，使用方便，提高了住户生活品质。

图7-28　北京市平谷区将军关新村外景

图 7-29 太阳能与建筑一体化屋顶

2. 系统设计

(1) 系统形式

太阳能集热板作为坡屋顶的一个建筑构件，与建筑结合为一体；太阳能系统为二次换热系统，常年运行。太阳能供暖/生活热水系统由太阳能/辅助电热水系统、煤炉保障系统及低温热水地板辐射采暖系统构成。

太阳能/辅助电热水系统通过屋顶太阳能集热器收集热量，采暖期通过低温热水地板辐射采暖系统向建筑供暖，连续阴天、有特殊需求的情况下或供暖高负荷期，煤炉保障系统用于保障建筑供暖；非采暖期，通过承压贮热水箱向建筑提供生活热水；天气不好，有特殊需求时，系统可自动或手动启动辅助电加热，向建筑供暖或提供生活热水。

太阳能集热板面积 22m^2，贮热水箱 500L。

(2) 太阳能建筑应用系统的流程图

系统流程图见图 7-30。

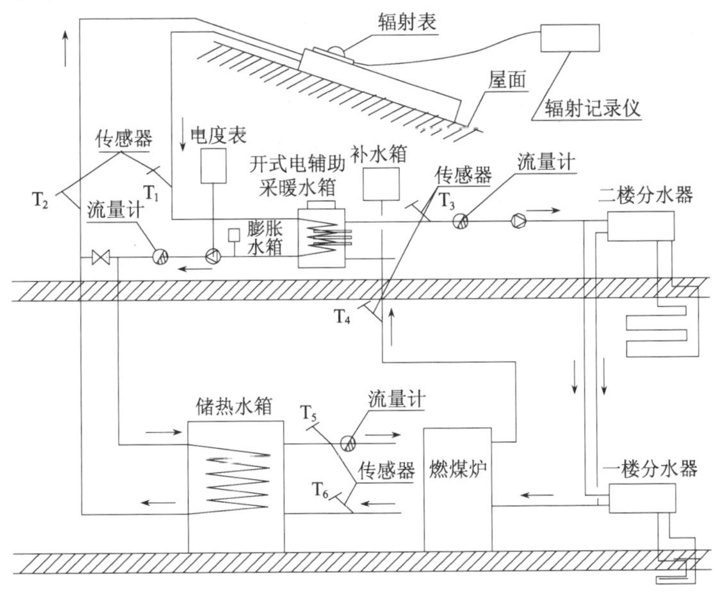

图 7-30 太阳能供暖/生活热水系统的工作原理图

3. 系统投资

示范建筑面积约 140m^2，系统初投资 21041 元。

4. 设计方案的特点

（1）太阳能集热板作为坡屋顶的一个建筑构件，与建筑结合为一体，实现与环境协调。

（2）供热系统由太阳能/辅助电热水系统、煤炉保障系统及低温热水地板辐射采暖系统集成。其中，太阳能系统为二次换热系统，保证太阳能系统一年四季正常运行。

（3）采暖期通过低温热水地板辐射采暖系统向建筑供暖；非采暖期，通过承压贮热水箱向建筑提供生活热水；有特殊需求时，系统可自动或手动启动辅助电加热，或通过煤炉保障系统，向建筑供暖或提供生活热水。

（4）运行可靠，操作简单，全天候有生活热水，与北方农村传统生活方式比较，既提高了舒适度，又节省了常规能源。系统投入运行后每年节煤4吨，节电5148kWh，按北京市煤价600元/吨，电价0.5元/kWh计算，每年可节省运行费用4974元，年减排二氧化碳3.51吨（以碳计），项目投资回收期为4.2年。

7.6.3　北京平谷区太平庄村、南宅村新农村建设工程

1. 工程概况及系统运行情况

平谷区王辛庄镇太平庄村、东高村镇南宅村是北京市平谷区2006年新民居建设整体改造模式的示范村镇（图7-31，图7-32）。其中太平庄村首期改造工程为71户，建筑物为单层，建筑面积110m^2，内外墙体为200mm厚砼空心砖砌块结构，中间采用30mm厚聚苯保温，屋面采用60mm厚聚苯保温。南宅村一期共81户新民居示范工程，每户采暖面积187m^2，二层，砖混结构，外墙采用聚苯保温。

图7-31　太平庄村新民居

图7-32　南宅村新民居

该项目建筑物的供暖及生活热水能耗设计由太阳能系统提供。项目于2007全部竣工并开始入住，现已全部投入使用，系统运行情况达到了设计要求。以平谷区太平庄村采暖系统为例，将部分测试数据汇总制表7-3，如图7-33与图7-34所示。

房间温度对比表（单位：℃）　　**表7-3**

地点 \ 时间	0：00		07：00		13：00		17：00	
	最高	平均	最高	平均	最高	平均	最高	平均
采暖房间	13.5	10.0	12.0	10.0	15.0	11.0	14.5	11.0
非采暖房间	-0.5	-2.0	-2.0	-4.0	0.5	-2.0	0.8	-2.0
环境温度	-5.5	-8.1	-7.0	-10.0	3.3	-1.2	2.6	-1.0

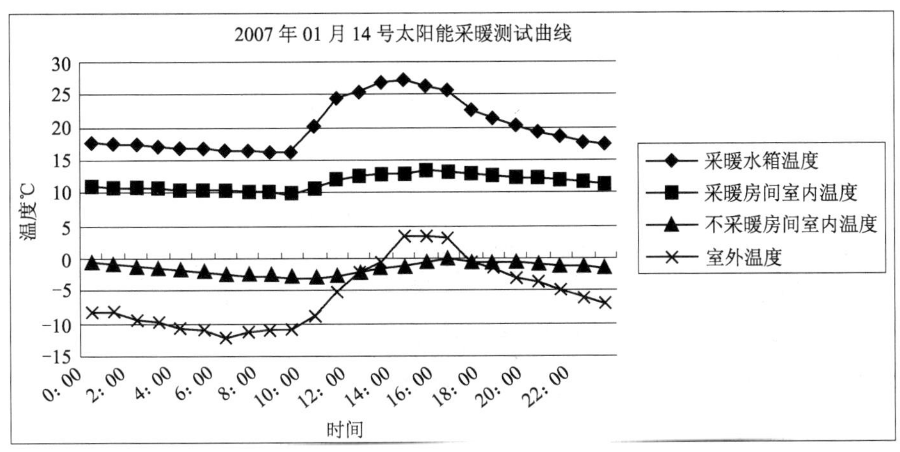

图7-33 2007年01月14号太阳能采暖测试曲线

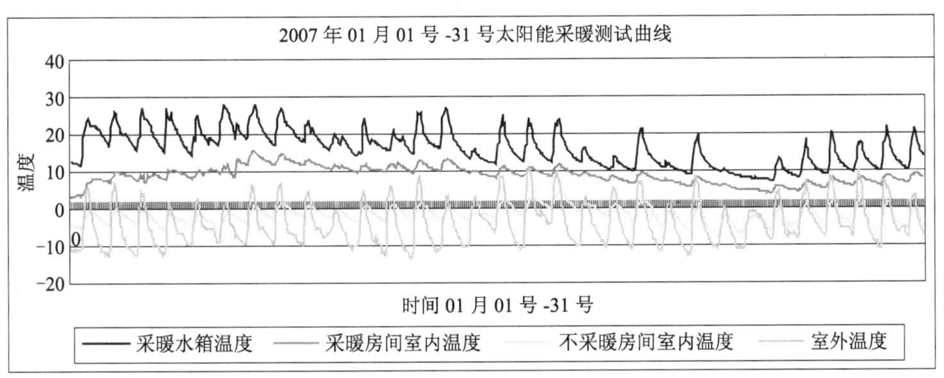

图7-34 2007年01月01号-31号太阳能采暖测试曲线

2. 系统设计

(1) 设计负荷

① 建筑物采暖期热负荷

月份	11	12	1	2	3	总计
月平均室外气温℃	4.1	-2.7	-4.6	-2.2	4.5	
采暖天数（天）	15	31	31	28	15	120
供暖热指标（W/m²）	26.9	34.6	38.44	33.85	24.6	
供暖热负荷（W）	2959	3806	4228.4	3723.5	2706	
月热负荷（MJ）	3834.864	10193.99	11325.35	9007.89	3506.98	37869.074

② 生活热水热负荷

根据建筑物的面积情况，每天平均用水人数按4人考虑，每人每天50℃生活热水用量按60L计，非采暖期245天，按10℃冷水计算温度考虑，总热负荷为9847.35MJ。

(2) 系统设计所采用的主要设备的参数

工程项目中采用14.4m^{2}的集热器作为集热设备，同时配套200L采暖/热水水箱、辅助锅炉（14kW）共同组成复合能量供应系统。系统末端为低温地板辐射供暖方式，敷设管材为PEX管。

（3）太阳能建筑应用系统的流程图和系统的控制策略

系统流程图见图7-35。

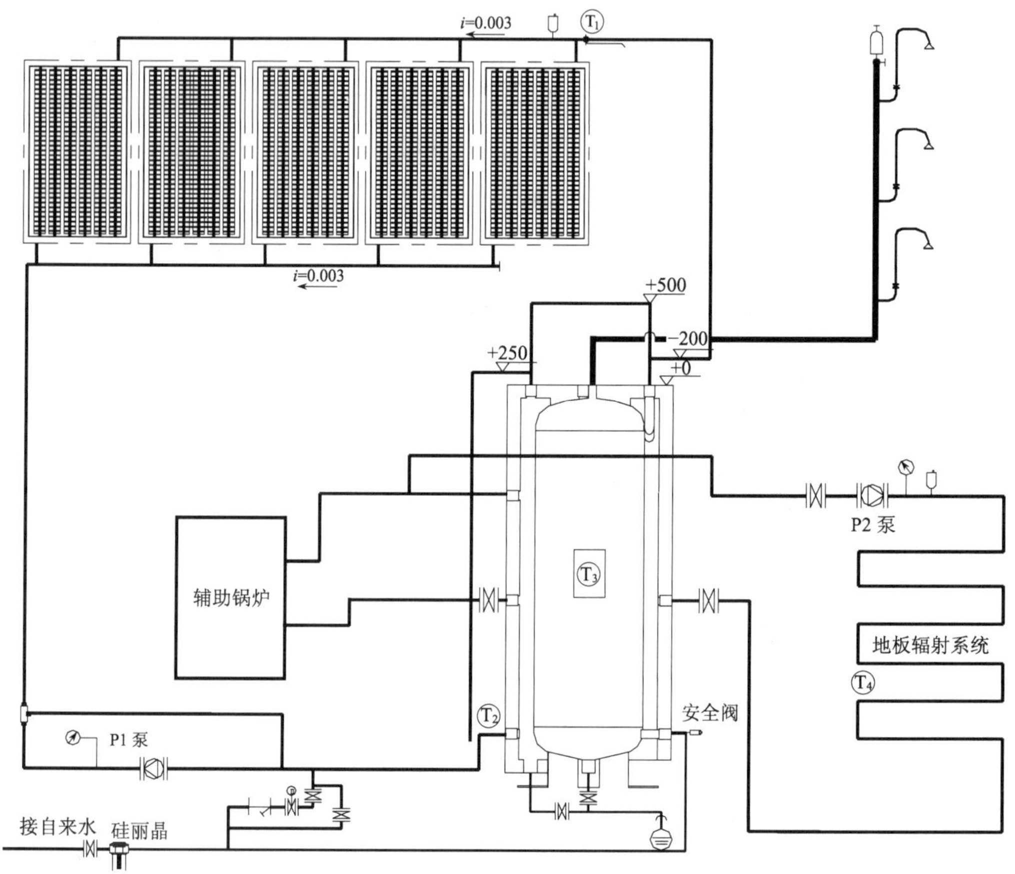

图7-35 太阳能系统流程图

系统控制方式：

① 太阳能系统采用温差循环，太阳能泵的启停条件为：集热器温度≥参考温度 T_2 + 设定温差上限时，循环泵P1启动；当集热器温度≤参考温度 T_2 + 设定温差下限时，P1泵停止。当水箱温度 $T_3 \geq 75℃$ 时太阳能泵停止，当水箱温度 $T_3 \leq 60℃$ 时系统重新投入运行。

② 采暖泵：采暖季节时将控制器设定为采暖模式，采暖泵将根据室内温度（室内温度可以设定）启动和停止，同时也可以通过面板上的按键手动控制采暖泵的启停。当水箱温度 $T_3 \geq 75℃$ 时采暖泵停止，当水箱温度 $T_3 \leq 60℃$ 时系统重新投入运行。

③ 电加热：系统运行时按动控制器面板“电加热”控制按钮，电加热将按设定水箱温度上、下限启动和停止，在此按动“电加热”控制按钮时，电加热停止工作。

④ 洗浴室打开淋浴喷头即可。

⑤ 采暖季节时采暖水箱温度低于要求时，通过辅助锅炉循环进行补热（也可以通过电加热加热）。

⑥ 本系统采用电子液位自动补水，补水电磁阀受液位和时间双重控制，在液面相对静止时进行。

3. 运行费用分析

该系统供暖季（120 天）为建筑提供采暖热量，共节能 12540.7MJ。相对于煤，原煤的发热量为 20.934MJ/kg，按现行市场价约 0.9 元/kg 计，效率 65%，则热价为 0.066 元/MJ，即年节约运行费用 828 元；相对于电，电价按 0.6 元/KWh 计，效率 90%，则热价为 0.185 元/MJ，即年节约运行费用 2320 元。

系统在非采暖季（245 天）可为用户提供生活热水，共节能 9847.35MJ，相对于煤可节约 650 元，相对于电可节约 1822 元。

由以上对比析可知，太阳能采暖/热水系统全年可为用户节能 22388.05MJ，相对于煤每年可节约运行费用 1478 元，太阳能系统总投资约 4 万元，则投资回收期较长，大于太阳能的使用寿命；相对于电每年可节约 4142 元，投资回收期约为 10 年，若能更加合理的分配利用及系统综合技术改进，将非采暖季太阳能利用率达到 60% 时，回收期则会缩短至 5.5 年。

4. 设计方案的特点（优点/缺点）

集热器采用“构件型平板集热器”，一方面，集热器具有安全、可靠、承压性能高、故障率低等特点，同时集热器易与建筑物相结合，达到建筑物的美观性。另一方面，相对于生活热水来讲，集热器面积过大，平板集热器能有效地防止夏季出现集热器过热问题。

采统中采用双层套筒式水箱技术，水箱结构为外套开式，内套承压，将采暖功能与热水供应集中于同一个设备；外套为太阳能系统及采暖系统循环水，内套为生活热水，这样采用一个水箱就能同时达到太阳能系统的排空防冻及承压方式供应生活热水，节省了设备的投资及占地。

第8章 地方（省、市）太阳能建筑应用状况

太阳能作为环保的可再生能源，其利用历来受到高度重视。但由于与常规能源相比，太阳能光热/光电系统具有初投资大的特点，其推广应用仅仅依靠市场发展较慢，所以需要政府出台强制政策，做好引导与推广。

国际上较早出现了以立法的形式推出太阳能强制政策，如以色列自1980年开始实施，是世界上最早实施太阳能强制政策的国家。规定：任何高度低于27米的新建房屋必须安装太阳热水系统。目前80%以上的屋顶都被太阳能集热器所覆盖。西班牙巴塞罗那市作为欧洲最早实施强制安装政策的城市，2000年出台城市法令，直到2006年开始实施国家法令。实施范围包括所有的住宅建筑、体育场馆、医院和其他健康中心、有工业热水或员工洗浴热水需求的工业建筑以及设有餐厅、厨房或洗衣房的其他建筑。最低太阳能保证率要求为30%～70%，并且仅计算热水供应系统，不包括供暖系统、工业用热水，太阳能热水系统保证率的确定依据主要为当地太阳能资源情况、用户的热水消耗量和辅助能源系统的种类。意大利实施可再生能源热利用强制法令，太阳能热水器是其中一部分。太阳能热水器适用范围包括所有的建筑，包括公有建筑和私有建筑，适用于新建建筑、改建建筑和热水系统的改造项目。

我国太阳能年辐照总量超过4200MJ/m^{2}的地区占国土面积的76%，太阳能资源条件得天独厚。我国太阳能光热/光电技术不断发展，产品性能逐渐提高，标准体系逐步完善，太阳能建筑应用在财政部、住房和城乡建设部示范项目的带动下，得到了很好的发展。尤其自2007年全国太阳能热利用大会后，很多地方政府（省、市）开始探索太阳能推广应用强制政策并下发一系列政策保障措施付与实施。目前开始太阳能强制推广政策的主要包括海南省、江苏省、深圳市、济南市、邢台市、烟台市、秦皇岛市、三门峡市、呼和浩特市、南京市、武汉市等。强制安装的范围多为12层（或9层）及以下的民用建筑，包括住宅建筑和宾馆、餐厅等公共建筑。政策导向主要分为两个层次，分别是强制安装和强制预留所需管路及空间。

本书以海南省、青海省、江苏省、深圳市、山东德州市、河北省邢台市和保定市为例，分别介绍这几个省市的太阳能资源利用情况以及推广应用的政策措施。

8.1 海　南　省

8.1.1 海南省气候特点及太阳能资源情况

海南省地处我国夏热冬暖地区。年平均气温23.8℃，最高平均气温28℃左右，最低平均气温18℃左右，年平均降水量1664mm，平均日降雨量在0.1mm以上雨日150天

以上；年平均蒸发量1834mm，平均相对湿度85%。常年以东北风和东风为主，年平均风速3.4m/s。全年平均有5个月时间不需要空调设施，只需自然通风即可满足舒适度要求。

海南省太阳能资源较为丰富，水平面年总辐射量可达4748MJ/(m^2·a)，当地纬度倾角平面年总辐射量4730MJ/(m^2·a)，年总日照小时数2139h，西部沿海最多达2650h。太阳能供热制冷保证率推荐范围25%～30%，太阳能热水保证率推荐范围为40%～50%。

据初步调查，全省太阳能热水器集热面积保有量约为25万m^2左右。太阳能热水器安装使用较多的是旅游接待酒店、宾馆、度假村以及招待所、家庭旅馆。虽然当地居民仍有部分人群保持冷水洗澡的习惯，但随着生活水平不断提高，热水洗澡将是大势所趋，海南省太阳能热水系统仍有较大的市场空间。

目前海南省以宾馆酒店建筑为突破口，抓住海南省旅游事业发展的契机，率先在宾馆酒店建筑中强制推广太阳能热水利用，效果显著。到目前为止，海南省400多所的大型宾馆酒店建筑中，有250所左右安装了太阳能热水系统。海南汽车制造厂安装了太阳能空调，盈滨岛海悦别墅完成了海南第一个太阳能与建筑完美结合实验项目，三亚国光滨海花园酒店公寓可再生示范项目也已完工，三亚喜来登等酒店正在积极安装或改装太阳能集中供热水系统。具体工程实例图如图8-1和图8-2所示。

图8-1 太阳能热水系统工程实例1

图8-2 太阳能热水系统工程实例2

8.1.2 海南省太阳能光热利用政策、标准情况介绍

2006年底海南省建设厅下发《关于推广应用太阳能热水系统与建筑一体化技术的通知》(琼建设［2006］243号)，推广应用太阳能热水系统与建筑一体化技术，要求从2007年1月1日起，凡新建、改建的十二层及以下住宅建筑（含别墅）和宾馆酒店，应推广应用太阳能热水系统与建筑一体化技术。

2008年海南省发展和改革委员会以琼发改交能［2008］28号文下发《关于印发加快太阳能热水系统推广应用工作指导意见的通知》，提出2010年目标："到2010年，全省新建建筑应用太阳能技术的建筑面积占新建建筑面积比例达到30%，其中海口、三亚分别达到50%和70%。在建和改建十二层及以下住宅建筑（含别墅）和宾馆、酒店、洗浴场所应用太阳能的比例达到90%以上，十二层以上住宅建设及其他公共建筑应用太阳能的比例达到50%以上，全省太阳能热水器集热总面积达到50万m^2以上"。

2008年海南省政府以琼府办〔2008〕135号文下发由省发展和改革委员会、省建设厅、省科技厅联合制定的《关于推动海南省太阳能规模化利用的实施意见》。文件中明确提出了对本省的太阳能新技术新产品的企业可以通过财政、金融、税收等手段予以支持，比如要求各级金融机构要对列入国家可再生能源产业发展指导目录、符合信贷条件的可再生能源开发利用项目提供有财政贴息的优惠贷款；通过地方政府配套支持，利用可再生能源附加费、城镇公用事业（照明）附加费、税收优惠等方式对太阳能产业发展和规模化利用给予支持；划拨专项资金，支持和重奖太阳能利用科技创新成果，奖励太阳能与建筑结合的优秀设计。太阳能规模化利用受到海南省政府及相关职能部门的高度重视。

截至目前海南省已出台《海南省居住建筑节能设计标准》、《海南省公共建筑节能设计标准》、《海南省民用建筑节能评估和审查管理暂行办法》、《海南省建筑节能材料和产品认定管理暂行办法》等一系列设计标准和管理办法，另《海南省建筑太阳能热水系统一体化设计施工及验收规程》正面向社会广泛征求意见，《太阳能安装企业资质管理办法》也即将出台，为海南省与建筑结合的太阳能光热规模化利用做好基础。

8.2 青　海　省

8.2.1 青海省气候特点及太阳能资源情况

青海省位于东经89°35′~103°04′，北纬31°39′~39°19′之间，处于中国的西北、青藏高原的东北部。海拔从东向西南抬高，全省平均海拔3000m以上，属于典型的高原大陆性气候，具有干燥、少雨、多风、寒冷、日照时数长等特征，气温随海拔高度的增加而降低。青海境内年平均气温在-5.7~8.5℃之间，年平均气温在0℃以下的祁连山区、青南高原面积占全省面积的2/3以上，较暖的东部湟水、黄河谷地，年平均气温在6~8℃左右。全省各地最热月平均气温在5.3~20℃之间；最冷月平均气温在-17~5℃之间。年平均气温日较差大，大部分地区都在14℃以上。青海省年降水量地区差异大，总的分布趋势是由东南向西北逐渐减少，境内绝大部分地区年降水量在400mm以下。不同地区气候如表8-1所示。

图8-3　太阳能热水系统工程实例3

青海省不同地区气候特点　　**表8-1**

城　　市	降水量（mm）	年平均气温（℃）	平均风速（m/s）
西宁	352.3	8.2	1.0
黄南藏族自治州	364.2	7.2	1.6

续表

城　　市	降水量（mm）	年平均气温（℃）	平均风速（m/s）
果洛藏族自治州	380.3	0.7	1.9
海西蒙古族藏族自治州	141.7	5.8	1.7

青海省太阳能资源丰富，在全国仅次于西藏。年日照平均时数为2314～3550h，日照百分率为53%～80%，西部地区属于太阳资源一类区（>6700MJ/m^2·a），东部地区为二类区（5400～6700MJ/m^2·a）。不同地区日照小时数如表8-2所示。

青海省不同地区全年平均日照小时数　　表8-2

城　　市	西　宁	黄南藏族自治州	果洛藏族自治州	海西蒙古族藏族自治州
年平均日照小时数	2417.1	2596.0	2479.6	3030.9

青海省年接收到的太阳能量折合约1623亿吨标准煤，总的分布趋势是西高东低。其中，冷湖地区高达7269MJ/m^2，为青海省年辐射总量最大的地区。由此向东向南，年辐射总量随之逐渐减少，年辐射总量的分布如图8-4所示。

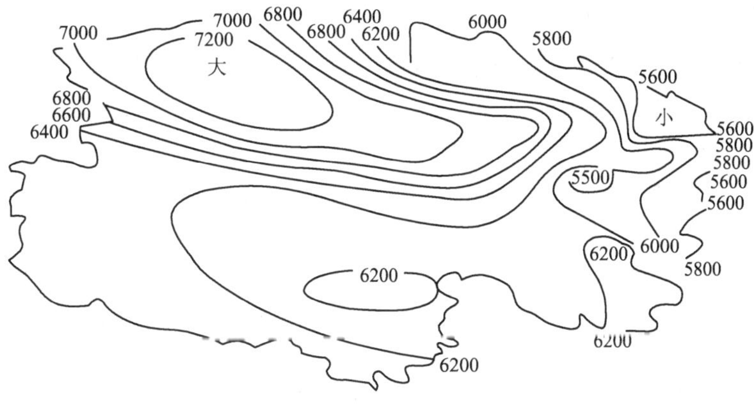

图8-4　青海省年辐射总量的分布

8.2.2 青海省太阳能光热利用政策、标准情况介绍

青海省委、省政府领导重视太阳能建筑应用工作，力争把太阳能发展成为青海省支柱产业。2007年4月5日青海省人民政府批准成立“青海省太阳能工程利用工作领导小组”，主要对太阳能资源规模化推广应用中涉及的产业政策扶持、科研开发、产品生产和实施环节进行协调和管理。西宁市政府成立了由主管副市长任组长、市规划建设局等部门领导为成员的太阳能利用领导小组，统一规划太阳能产业发展的布局。

技术标准方面，青海省编制了《太阳能热水系统与建筑一体化应用技术规程》、《民用建筑工程太阳能应用规划设计管理规程》（草稿）和《农牧区居住建筑太阳能利用设计图集》（草稿）等地方技术标准。

政策法规方面，青海省制定了《青海省建筑利用太阳能工作指导意见》、《青海省太阳能产业发展及推广应用规划》(评审稿)，省建设厅还制定了《青海省太阳能建筑应用专项资金管理暂行办法》和《青海省可再生能源建筑应用示范项目管理办法》。此外西宁市也制定了《西宁市太阳能发展应用五年规划（2009—2013)》(草稿)、《关于在西宁市新建民用建筑工程中推广应用太阳能热水系统的规定》等多项政策。

8.3　江　苏　省

8.3.1　江苏省气候特点及太阳能资源情况

江苏省位于我国大陆东部沿海，处于亚热带与南温带的过渡性气候带中，具有明显的季风特征，四季分明、雨热同步、雨量集中、光照充足。历年平均气温在14℃左右，全年无霜期达200～300d。江苏省属于我国太阳能资源一般区，年日照数为1400～2200h，水平面上年太阳辐照量为4200～5000MJ/(m^2·a)，江苏具有利用太阳能的良好条件。

8.3.2　江苏省太阳能利用政策、标准情况介绍

2007年江苏省下发《关于加强太阳能热水系统推广应用和管理的通知》(苏建科〔2007〕361号）规定：自2008年1月1日起，全省城镇区域内新建12层及以下住宅和新建、改建和扩建的宾馆、酒店、商住楼等有热水需求的公共建筑，应统一设计和安装太阳能热水系统。拟不采用太阳热水系统的，由建设单位和建筑设计单位共同提出书面原因，经建设行政主管部门召集专家对原因进行分析论证后作出决定。城镇区域内12层以上新建居住建筑应用太阳能热水系统的，必须进行统一设计、安装。鼓励农村集中建设的居住点统一设计、安装太阳能热水系统。

在省建设厅下发该通知之后，省内各市积极行动，进行贯彻落实。苏州市建设局、苏州市规划局、苏州市房产管理局联合下发关于贯彻落实省厅《关于加强太阳能热水系统推广应用和管理的通知》的通知；连云港市《连云港关于推行太阳能热水系统与建筑一体化工作的实施意见》；扬州市《关于加强太阳能热水系统推广应用工作的实施意见》等。

2005年全省太阳能热水器使用量已达200万～250万m^2，江苏省积极实施可再生能源建筑应用示范工程，截至2009年1月，江苏省可再生能源建筑应用工程被列为财政部、住房和城乡建设部示范的项目达18项，其中太阳能建筑应用示范9项，占50%。其中，无锡尚德太阳能电力有限公司研发中心大楼是目前全球最大单体太阳能建筑（图8-5)，由2552块Light ThruTM太阳能电池板（双层钢化玻璃

图8-5　太阳能光电工程实例1

覆盖的多晶硅太阳能电池板）组成，总面积达6900m²，覆盖相邻的两座建筑的朝南立面。加上功率为300kW的楼顶系统，该大楼的设计容量达到1MW。

“十一五”期间，江苏省大力发展新能源，通过一系列激励政策，加快产业化发展。江苏省太阳能产业发展迅速。全省从事太阳能热水器研制、生产、安装服务的企业有180多家，年产量700万~800万m²，占全国产量近1/3，出现诸如江苏华扬、太阳雨等品牌；全省太阳能光伏产业拥有光伏企业70余家、配套企业近500家，从硅材料到光伏组件都涌现了一批自主创新的生产企业，如无锡尚德太阳能电力有限公司、常州天合光能有限公司、顺大、晶澳等。到2010年，江苏省光伏产业发展目标：建设5个具有国际竞争力的光伏企业，太阳能硅原料生产能力达3000t以上，光伏转换率提高到20%，电池生产规模达1200MW，太阳能光伏产值达1000亿元。

江苏省积极组织科研力量进行科技研发和标准编制。南京航空航天大学一直从事硅太阳电池的研究；江苏省产品质量监督检验研究院正在开展对太阳能热利用产品检测技术的研究；顺大、晶澳等企业研发中心，积极发展高纯硅产业化技术；在江宁建设了发电功率为70kW的太阳能热发电电站；依托中科院上海硅酸盐所、浙江大学多晶硅研究所，引进新型太阳能电池技术及重大装备技术等。在标准编制方面，江苏省颁布实施了《住宅建筑太阳能热水系统一体化设计、安装与验收规程》(DGJ32/TJ 08—2005）和《太阳能热水系统与建筑一体化设计标准图集》(SJ 28—2007)。

8.4 广东省深圳市

8.4.1 深圳市气候特点及太阳能资源情况

深圳属亚热带海洋性气候，气候温和，阳光充沛，夏季长达6个月。年平均气温为23.7℃，最高气温为36.6℃，最低气温为1.4℃，无霜期为355天。深圳市地理纬度是北纬22°左右，太阳高度角大，等量的太阳辐射散射的面积小，光热集中，地表单位面积上获得的太阳辐射能量多，有丰富的太阳能资源，每平方米水平面上可获得的年平均太阳辐射量为4200~5000MJ。太阳能供热制冷保证率推荐范围25%~30%，太阳能热水保证率推荐范围为40%~50%。具体工程实例图如图8-6和图8-7所示。

图8-6 太阳能光电工程实例2

图 8-7 太阳能光电工程实例 3

8.4.2 深圳市太阳能利用政策、标准情况介绍

深圳市为地方建筑节能体制体系建设树立了榜样。早在 2006 年 11 月 1 日深圳市即已正式实施《深圳经济特区建筑节能条例》(以下简称《条例》)，这是我国第一部建筑节能方面的地方性法规。《条例》可望有力推进深圳市建筑节能工作的开展和建设领域循环经济的发展观。《条例》建立了多项制度，还设专章规定了太阳能及其他可再生能源在建筑中的应用。《条例》实施后，政府进行全过程监管，包括建设项目立项、工程设计、施工图审查、工程施工、竣工验收及运行管理等，使建筑节能标准得以严格实施。

除法律作为保障外，深圳市还相继印发《深圳市住宅建筑太阳能集热条件认定暂行办法》(深建字〔2007〕5 号) 和《〈深圳经济特区建筑节能条例〉行政处罚实施标准》(深建字〔2006〕204 号) 等一系列相关配套办法，以将《条例》真正贯彻落实。

深圳市财政承诺对可再生能源建筑应用示范项目的增量成本补贴 50% (可享受相应的政策优惠)。制定了《深圳市节能贴息项目暂行实施办法》(深经发［2001］13 号) 等多项政策支持可再生能源的推广利用。成立了可再生能源建筑应用及既有建筑节能改造领导班子，由主管城市建设的副市长担任组长。并将可再生能源应用列入“十一五”规划，编制了《深圳市建筑节能“十一五”发展规划》。

深圳市正在编制《太阳能光电与建筑一体化设计标准》和《太阳能热水与建筑一体化设计标准图集》，计划组织编制《夏热冬暖地区太阳能辐射数据库》和《太阳能热水与建筑一体化设计标准》。对太阳能光伏建筑应用和太阳能空调进行了认真研究，正在研究或已完成研究科研项目包括太阳能光伏建筑集成关键器件开发与并网发电工程示范、自然通风型太阳能光伏窗的性能研究和结构优化、深圳太阳能溶液除湿空调再生系统实验研究、半集中式太阳能热利用示范项目研究等。

8.5 山东省德州市

8.5.1 德州市气候特点及太阳能资源情况

山东德州属暖温带季风气候类型，春秋短暂、冬夏较长，影响显著，四季分明。年平均气温12.9℃，7月份平均气温26.9℃；1月份平均气温-3.4℃。严寒日期平均54天，最长89天，最短3天。德州太阳能资源较丰富，年平均日照时数2724.8h，水平面年辐射量在5000~5400MJ/(m^2·a)之间。具体工程实例如图8-8和图8-9所示。

图8-8 太阳能光热及光电电工程实例

图8-9 太阳能光电工程实例4

8.5.2 德州市太阳能利用政策、标准情况介绍

为推进德州市太阳能建筑应用，2007年出台了《关于推进建筑领域应用太阳能的实施意见》。意见要求，今后的建筑安装过程中，安装太阳能光热系统、光伏系统要统一规划、同步设计、同步施工，与建筑工程同时投入使用。建设的居住建筑工程都要按照文件规定来进行设计施工。规划部门要对新建工程的建筑和太阳能结合实施情况严格进行规划审核把关。施工图审查机构在审查建筑施工图设计文件时，要对太阳能热水系统的设计内容严格审查，保证施工图与规划设计方案一致。对不符合相关要求的居住建设工程项目，不予通过设计审查。

在标准编制方面，德州市编制了《太阳能热水器安装与建筑构造》标准图集，进一步指导太阳能热水器在建筑上的应用。在科研方面，德州市承担了国家“863”等太阳能科研课题5项，获得专利多项。在太阳能产业方面，德州市太阳能相关企业达到100多家，实现销售收入50多亿元，太阳能热水器推广面积约1600多万平方米。在实际工程方面，德州市实施了“百万屋顶”计划和“百村浴室”工程，市中心区住宅太阳能热水器普及率达到80%以上，建设农村浴室100多个，有效解决了当地农民洗澡困难的问题。作为德州太阳能产业生产研发基地的“中国太阳谷”项目，也已经开始兴建，已建成太阳能真空管生产基地、光电工业园、温屏玻璃工业园等项目，完成投资12.5亿元。太阳能主题公园、国际环保节能示范园、太阳能高温发电中心和科普生态工业旅游等项目规划也已全面完成。

2007年德州市成功申办2010年世界太阳城大会，为此专门成立了由市委书记和市长领导的“中国太阳城”战略推进机构，并为此出台了《关于实施“中国太阳城”战略的意见》等一系列相关政策文件。

8.6　河北省邢台市

河北省建设厅下发《关于在民用建筑中推广应用可再生能源应用技术的通知》并从2008年起开始实施，规定：2008年可再生能源（太阳能光热、光伏和浅层地能）利用率将达到新建建筑竣工面积总量的30%以上。对全省的可再生能源利用制定目标和工作思路。同时，河北省政府重视本省太阳能产业和应用的发展，组织科技力量对可再生能源在建筑中一体化应用进行研究。本书将重点对邢台市和保定市的太阳能利用情况作出介绍。

8.6.1　邢台市气候特点及太阳能资源情况

邢台市位于北纬37度05分，东经114度28分，气候属于温带大陆性季风气候，四季分明。全年平均气温介于-0.5~14.2℃之间，年最高气温多出现在6、7月份，年平均气温在10℃左右。年无霜期120~240d，年均降水量300~800mm，主要集中在7、8月份。邢台市地处我国太阳能资源较丰富区，水平面年辐射量5400MJ/(m^2·a)，年日照时数在2355~3062h之间。

8.6.2　邢台市太阳能利用政策、标准情况介绍

邢台市2006年在政府1号文件中作出明确规定：自2007年1月1日起，全市新建、扩建和改建的高层、多层住宅及宾馆酒店，全面推广应用太阳能热水系统与建筑一体化技术。并相继出台一系列政策大力推进太阳能在建筑领域的应用，拟用3年时间使太阳能建筑一体化应用面积占新建面积的60%以上。

邢台市把打造太阳能建筑城纳入全市“十一五”国民经济和社会发展规划及科学技术发展规划，编制了太阳能建筑一体化“阳光计划”。从2007年起，该市新建、扩建和改建的低层（别墅）、多层住宅及宾馆酒店，全面推广应用太阳能热水系统与建筑一体化技术，做到太阳能热水系统与建筑工程同步设计、同步施工、同步验收、同步交付使用。所有新建项目已全部按太阳能建筑一体化进行设计。目前报建的多层住宅建筑面积达51.5万平方米，均按太阳能建筑一体化设计方案进行施工。同时积极进行太阳能工程示范，选择城市道路、小区、公园、党政机关、学校等单位安装太阳能路灯，结合新农村建设，推行小型太阳能灶等。

随着计划的实施，带动了一批与太阳能相关的产业。邢台市重点扶持一批骨干企业，建设集太阳能产品生产、技术开发、试点示范、设备制造、科普教育为一体的“太阳能工业园”（图8-10）。

图8-10　太阳能光电工程实例5

除此之外，邢台市政府还出台一系列优惠政策，如2008年底前市区现有

学校、医院、福利院等公益事业单位安装太阳能热水（开水）系统的，由市财政按照总造价的10%给予补贴；把太阳能建筑一体化相关产业列入重点项目，优先保障用地，并对达到一定标准的工程，减免城市建设配套费50%的优惠；根据太阳能应用不同情况减免50%城市维护费、每户补贴500元、总价补贴10%等优惠激励政策。

8.7 河北省保定市

8.7.1 保定市气候特点及太阳能资源情况

保定介于东经113°40′～116°20′，北纬38°10′～40°之间。属暖温带大陆性季风气候，四季分明，年均气温平原为12.7℃，山区为7.4℃。极端最高气温43.3℃，最低气温－26.8℃。保定市处于太阳能资源较丰富区，水平面年辐射量5400～6700MJ/(m^2·a)，年日照时数达2447～2871h。具体工程实例如图8-11所示。

图8-11 太阳能光电工程实例6

8.7.2 保定市太阳能利用政策、标准情况介绍

2007年保定市下发《市政府关于建设保定“太阳能之城”的实施意见》，力争建设“太阳能之城”。意见规定：建设主要内容包括光伏-LED及LED其他产品的推广应用，太阳能独立光伏应用系统的推广，建筑领域太阳能照明、热水供应、取暖等方面的综合利用。力争用3年左右时间，在全市生产、生活等各个领域基本实现太阳能的综合应用。

在市建设“太阳能之城”工作领导小组的统一领导下，意见同时明确规定了市发改委、市财政局、市规划局、市建设局等各相关行政机构的工作责任。先后下发了《关于加快推进保定“中国电谷”建设的实施意见》、《关于鼓励投资“中国电谷”建设的若干规定》等一系列政策文件，努力进行可再生能源产业和低碳经济发展建设。

保定市规划局联合某科研院所共同进行以“阳光屋顶计划”为突破点的“保定市太阳能节能建筑规划引导专题研究”，编制完成了《保定市太阳能应用发展规划要点研究报告》，并出台了《关于在城市规划建设中综合利用太阳能能源的实施意见》。

目前，保定高新区坚持以LED为基础的绿色照明为发展目标，借助国家节能减排行动和新能源推广的契机，大力发展可再生能源产业。新能源企业已超过160家，2007年实现产值160亿元。2008年保定市被科技部获批成为“国家综合利用太阳能科技示范城市”。

除了以上省、市推出太阳能强制政策之外，我国其他地区也正在深入探索推广太阳能建筑应用的技术路线，如北京市、上海市、福建省等，在完善技术标准、规程、图集的同时，加强技术研究和产业扶持。面临当前由于国际金融危机而导致的国际市场低迷的情况下，我国各企业、建设单位及管理机构应将资源进行有效整合，突破关键技术，降低应用成本，提高产业竞争力，在国家“扩内需、调结构、保增长”的战略部署下，推进太阳能建筑应用的科学、理性、有序的发展，实现建筑节能预期效果。

第9章　面临问题与解决措施

太阳能建筑应用技术是一项综合建筑节能和可再生能源应用的重要技术，它包括了太阳能集热产品、系统配件、控制系统、供热空调系统集成以及系统与建筑的一体化结合等各个方面，近几年在国家政策和各级政府部门的大力倡导和支持下，得到了快速的发展和大量应用。就目前的发展情况来看，要使太阳能系统在建筑中更好的应用，使太阳能建筑应用技术能够科学、有序、安全、高效地发展，真正在常规能源的替代上发挥作用，做到节能减排，还存在一些问题需要解决。

1. 规范管理

太阳能建筑应用管理尚不规范，到目前还没有纳入国家建筑工程的管理程序，系统施工、验收、运行等环节都缺乏规范的管理，远远没有达到要求的与建筑同步设计、同步施工、同步验收和同步运行的要求，系统中关键产品和部件也没有得到有效的监控和管理，为太阳能建筑应用技术的成功实施带来了许多隐患。

对太阳能建筑应用规范管理，首要的是将太阳能建筑应用系统完全作为建筑的一个有机组成，套用现有成熟的对水、暖、电、结构、建筑等建筑物组成系统的成熟的建筑工程管理方法进行管理。

（1）设计图纸应由有资质的设计单位出具，并经过相关的施工图审查，避免厂商凭经验无图施工；各设计专业应紧密配合，确保太阳能应用系统与建筑的有机结合；

（2）建立相应的施工资质和专业人员资格，施工队伍必须具备相应的资质，施工人员经过培训取得相应资格；

（3）加强施工过程中的过程控制，关键性产品和材料的进场必须经过相关检验，对关键太阳能应用产品和系统部件实行市场的准入和技术规范化管理，隐蔽工程的验收、单机试运转等程序需要监理和设计人员参加，建立相应的测评机构，系统的竣工验收由专业的测评机构进行等；

（4）系统竣工后应明确系统的产权归属，运行和维护需要经过培训的专门人员来执行以确保系统效果的实现。

2. 政策和财政支持

以太阳能建筑应用系统为代表的可再生能源系统的应用一般都会带来系统造价的增加，在技术本身未形成自身的造血功能之前，政府的政策和财政支持是每一项新技术开始推广和应用所必不可少的。政策和财政支持可以在以下几个方面展开：

（1）加强宣传，提高各级政府和部门对实施建筑太阳能应用技术迫切性的认识。政府以文件、舆论宣传、政绩考核等为有力手段，将太阳能建筑应用技术作为节能减排的有效工具，为其他激励措施的出台营造政策环境；

（2）制定税收优惠政策。太阳建筑应用技术属高新技术产业，也是重要的节能和环保产品，要根据太阳能建筑应用技术发展和推广应用的状况，制定有关税收优惠政策，鼓励企业加强太阳能建筑应用的自主创新、技术进步和产品升级换代，鼓励企事业单位和个人安装和使用太阳能建筑应用设施，鼓励房地产开发企业设计安装太阳能应用设施；

（3）制定财政资金支持政策。推广太阳能建筑应用技术是节约能源、保护环境的重要措施，具有公共利益性质，特别是许多建筑属于公共建筑，推广应用太阳能建筑应用需要财政资金支持。因此，要建立财政资金支持政策，重点支持公共设施、农村地区和低收入人群，特别是我国广阔的西部地区具有极其丰富的太阳能资源，应作为支持重点。目前，财政部和建设部“可再生能源建筑应用示范项目”为太阳能建筑应用起到了很好的推动作用。国家还可以建立“以奖代补”的政策，对于系统建造运行优秀、行业影响大、节能减排效果明显的项目进行测试、评定、认证、奖励，对于对太阳能建筑应用行业发展有重大贡献的集成商、设计人员、设备商、安装企业、社会团体、科研机构及相关个人进行奖励。

3. 基础性和综合性研究工作有待加强

太阳能建筑应用技术相关研究虽已开展多年，但随着技术的不断进步和新的要求的不断提出，仍有许多基础性和综合性的研究工作有待实施。

目前，国家自然科学基金、863计划、支撑计划等都对太阳能建筑应用专项项目，诸如高效集热器的开发、新型太阳能制冷技术的研发、太阳能建筑一体化集成方法等专项技术进行过支持，但作为整体系统综合考虑，对于太阳能建筑技术应用的基础共性研究，例如从使用要求、安全性能及与建筑的结合等方面进行的太阳能系统与建筑的适用性的研究、太阳能建筑应用系统应用效果的检测与评价方法的研究等需要逐步推进。

4. 成套应用技术尚不完善

要在建筑中推广太阳能建筑应用技术，包括如设计标准、计算机辅助应用软件、应用指南、标准图集、施工验收规范、检测评价方法和手段以及成熟的产品和配件等一整套的成熟技术时必是不可少的。

目前，太阳能热水和太阳能供热采暖的工程应用标准已编制完毕，太阳能制冷空调的工程应用标准尚在编制中，部分技术应用指南也已出版，产品、施工工艺和检测评价方法手段也在不断完善中，相关示范工程也在总结中。经过相关人员的努力，有望在“十一五”末期形成一套相对完整的太阳能建筑应用成套技术，为太阳能建筑应用技术的推广扫清技术障碍，奠定坚实的技术基础。

5. 太阳能建筑应用系统的品质保证和更新换代

太阳能建筑应用产品和系统的品质保证和技术进步是该系统得以推广应用的前提。目前，面临市场产品良莠不齐，行业监管缺失的局面，必须在以下几方面进行加强：

（1）要完善产品标准、工程标准和质量监督管理体制。要实施大规模的推广和应用，产品质量和售后服务水平是基础。为适应强制安装政策的要求，国家质量监督主管部门和建筑部门应完成如下工作：

- 国家质量监督部门要根据产品技术的发展，及时修订和完善太阳能建筑应用产品标准体系，加强太阳能建筑应用产品的生产、销售和市场管理。
- 建设主管部门应逐步完善太阳能建筑应用系统的工程标准体系，保证太阳能建筑应用系统作为建筑组成部分的功能。
- 建筑部门应建立太阳能建筑应用系统的检修和运行维护管理制度，确保太阳能系统的长期高效运行。

（2）加强产品质量，适时推动产品的更新换代。太阳能建筑应用系统是建筑的有机组成，应当长期、可靠地运行。质量可靠、性能稳定、易与建筑结合的太阳能系统是太阳能在建筑中应用的基础。对太阳能产业的技术进步和产品研发可通过两途径进行支持：

- 国家产业主管部门加大对太阳能热水器企业技术进步和规模化生产的支持力度；
- 国家财政主管部门制定相应的财税激励政策，鼓励企业开展研发和技术进步活动。

6. 技术经济性问题

太阳能建筑应用系统的实施必然会带来初投资的增加，增加的投资通过运行费用的节省可以在系统寿命周期内得到部分或全部的返还。太阳能建筑应用系统的技术经济性与当地太阳能资源、建筑使用要求、当地能源价格等多方面紧密相关，在实施太阳能建筑应用系统之前，必须结合当地的政策和财政支持措施，对项目进行可行性分析，以判断相关技术的适用性，切忌项目具体特点的不同，盲目实施，既浪费了宝贵的资金和资源，又无法达成系统效果。

7. 测试、总结与评价

作为一个正处于示范和推广阶段的新技术，太阳能建筑应用系统在竣工后应进行测试、总结和评价，总结经验，吸取教训，进一步完善相关技术，从而促进系统的应用，形成良性循环。

8. 能力建设

太阳能建筑应用技术是一门新兴技术，虽然经过若干年的推广应用，已具备一定的产业规模，但要在建筑中进行大面积的推广应用，在能力建设方面还有很多的工作要做。重点包括：

- 组织开展城市规划、建筑设计、建筑施工、物业管理队伍的太阳能建筑应用技术培训；
- 组织开展太阳能建筑应用技术相关产品标准、工程标准和设计指南的宣贯和培训；
- 组织太阳能应用行业和建筑行业的交流和沟通，提高太阳能建筑应用建筑设计和建设能力；
- 加强太阳能建筑应用产品检测和认证的能力和水平，提高太阳能热水器产品的质量等等。

通过能力建设，培养一大批具备相关能力的人员，是太阳能建筑应用技术推广的前提和基础。

我国太阳能建筑应用产业虽已形成一定规模，但要满足大规模推广应用，仍需加强能力建设，提高技术水平，完善产业体系。同时，要改善太阳能建筑应用技术的应用环境，建立健全管理体制和制度，营造长期稳定、快速增长的太阳能建筑应用市场，并以此带动太阳能建筑应用技术和产业的发展和进步。

总体而言，虽然太阳能建筑应用系统目前还存在一些问题，但伴随我国高举节能减排大旗、资源型能源价格的不断攀升、第四次即将到来的石油危机，太阳能建筑应用系统在中国全面快速发展、逐渐受到社会各界认可的局面是不可逆转的。随着行业发展与进步，在国家政策和经济的支持下，各类问题也必然会得到很好的解决，希望每一个行业从业人员都能联手起来，针对各个地区的实际情况，扎实推进我国太阳能建筑应用技术的应用，为建设节约型社会、开展降耗减排作出更大的贡献。

第10章 发展展望

在我国当前面临能源和环境双重压力的情况下，党中央、国务院提出了发展循环经济、大力开发利用可再生能源的方针政策，从而为太阳能技术的发展带来了前所未有的大好机遇，国家发改委和中国工程院所作的我国可再生能源中长期发展规划和发展战略提出的目标和任务，为我们指出了今后太阳能技术的发展方向。

1. 太阳能热水

（1）中、长期应用发展目标

根据国家发改委制定的我国可再生能源中长期发展战略，太阳能热水以集热器的安装使用面积计算（集热器的新增安装面积减去集热器的报废面积）要达到：

2010 年：1.5 亿 m^2；2020 年：3 亿 m^2。

在中国工程院所做的“中国可再生能源战略研究”项目中，提出的太阳能热水的集热器安装使用面积分为低、中、高三档指标，其中的中指标是：

2010 年：1.5 亿 m^2；2015 年：3 亿 m^2；2020 年：5 亿 m^2。

中指标是按照现在的产业状况和增长情况确定。从目前的发展趋势（2008 年的集热器安装使用面积为 1.25 亿 m^2）来看，太阳能热水的安装使用量应该能够超过国家发改委制订的指标，达到中国工程院战略研究项目提出的中档发展目标。

（2）产业规模发展

我国太阳能热水器的产业是以市场推动发展起来的，但与国内同样是市场推动发展的家电、IT 等行业，甚至光伏产业的一个明显不同点是：企业的总体构成是以中、小企业居多，大型骨干企业的数量偏少，大品牌的市场集中度不高；所以在发展过程中难免出现偷工减料、低价倾销、虚假宣传等不良市场行为。所以，今后产业的发展不仅要上规模，更要上水平。目前提出的产业发展近期目标是：用 3 ~ 5 年时间培育出 5 ~ 10 个具有自主知识产权和国际竞争力的大型骨干企业，年产量达到集热器面积 150 ~ 200 万 m^2 左右，使市场占有率提高到 50% 以上，从而引领全行业的健康发展。

（3）产品类型发展

从目前我国的实际情况出发，与建筑一体化是在城市中太阳能热水系统今后的发展趋势，产品类型的发展和性能的提高必须符合这一发展趋势的要求。首先，需要改变目前全玻璃真空管集热器市场占有率过大的状况，大力提高平板型太阳能集热器的市场占有率和性能质量；其次，要提高各类太阳能集热器的承压性能，抗冻、抗雨雪、抗冰雹能力；提高集热器的强度、耐久性和运行寿命，使之尽可能接近常规建筑水暖设备的使用年限；其结构形式应方便维护修理，应能方便更换损坏的部件；具有良好的密封性，不渗漏；其规格、尺寸能与常规建筑材料的模数相匹配；同时热性能指标能满足相关国家标准的要求。另一方面，还要努力学习国际先进经验，逐步开发适合我国建筑特点、方便产品与建筑结合的系列构配件；这些新产品的开发和现有产品质量的提高，都依赖于骨干企业的产品研发能力和资金投入，国家和各级政府的支持也必不可少。

（4）系统设计技术发展

我国人口众多，多层和高层建筑是住宅建设的主流，为用户设计安装集中或分户的太阳能热水系统，统一设计、统一施工，统一验收，并实行热水计量收费，使太阳能热水系统真正与建筑相结合，是今后在城市建筑安装使用太阳能热水系统的必然发展趋势。所以，必须加强对设计、施工人员进行现有太阳能热水标准、规范、技术措施和标准图集的技术培训，提高系统设计水平和施工水平，保证太阳能设备和部件的安装质量，使建筑设计院和设备安装公司真正成为太阳能热水工程建设的主体。

（5）激励措施和市场化推广的结合

过去我国太阳能热水技术和产业的发展主要是依靠市场，但随着国家对节能减排工作的不断强化，今后的发展会是政府激励措施和市场化推广的结合。政府将会出台相应的引导政策和激励措施，鼓励房地产开发商投资建筑一体化的太阳能热水系统；首先制定地方性的优惠措施和强制性安装政策，总结经验后，逐步过渡到出台全国性的政策措施，同时注意因地制宜。在市场化推广方面，由于人民生活水平的不断提高，具有 24 小时供应生活热水功能的商品住宅越建越多，今后供热水将逐步成为住宅的必备功能，而太阳能热水系统具有明显的节能、环保优势，初投资增加不多，运行费用却大大节省，所以，在深受老百姓欢迎的同时也迫使房地产开发商迎合市场需求。

2. 太阳能供热采暖

（1）中、长期应用发展目标

按建筑热工设计分区，我国 2/3 以上的国土面积属严寒和寒冷地区，为保证生存的基本条件，建筑物必须供暖。随着生活水平和居住环境的改善，夏热冬冷地区对采暖的要求不断提高，城镇绝大部分家庭已安装空调自行解决冬季采暖问题。目前我国城镇建筑消耗采暖用能 1.3 亿吨标煤/年，相当于我国 2004 年煤产量的 10% 左右。与单独的太阳能供热水相比，太阳能供热采暖获得的节能量更大。因此，太阳能供热采暖是继太阳能供热水之后，最具发展潜力的太阳能热利用技术，主动式太阳能供热采暖主要用于城市，在我国广大的乡镇地区，则主要推广被动式采暖太阳房。

我国每年新增房屋建筑面积约 20 亿 m^2，预计到 2020 年底，我国新增的房屋面积将近 300 亿 m^2，新增城镇民用建筑面积将为 100 亿～150 亿 m^2；新建建筑将有 70 亿 m^2 以上需要供暖。农村建筑面积 150 亿～200 亿 m^2，100 亿 m^2 以上需要供暖。

根据中国工程院“中国可再生能源战略研究”项目的预测，太阳能供热采暖系统的太阳能集热器总安装运行面积达到如下发展目标：

2010 年：1.5 万 m^2；2015 年：3 万 m^2；2020 年：5 万 m^2。

对应的采暖建筑面积大约为：2010 年：150 万 m^2；2015 年：300 万 m^2；2020 年：500 万 m^2。

被动式采暖太阳房的建筑面积则要达到：2010 年：100 万 m^2；2015 年：600 万 m^2；

2020年：1500万m^2。

（2）示范工程建设

为进一步推广太阳能供热、采暖的工程应用，提高太阳能供热、采暖在建筑节能中的作用和地位，积极建设太阳能供热、采暖综合系统的试点示范工程是一项重要措施；“十一五”期间，我国的太阳能供热采暖技术和示范工程应用将会有较快的发展，特别是财政部、建设部的“可再生能源建筑应用示范项目”完成后，会获得相当数量示范工程的实践经验总结；所以，近几年发展的工作重点之一是：通过示范工程为将来实施太阳能供热采暖技术推广及相关政策的制定创造条件。一方面积极开展工程应用示范，另一方面可以挑选工程应用较多的地区，先行酝酿制定地方性的太阳能供热采暖技术推广政策。

国家将对试点示范工程的实施投入必要的资金，补贴因利用太阳能供热、采暖技术而增加的投资成本，以及为加强监管、检测所需的管理费用，从而保证工程质量和效果，并在树立样板的基础上，积极推广试点工程经验，逐步过渡到市场化运作，增加与建筑结合太阳能供热、采暖的市场份额。

我国太阳能资源最为丰富的地区（太阳能资源区划的第1区和第2区），都是气候寒冷、常规能源比较缺乏的偏远地区，如西藏、新疆、内蒙等，既有实际的采暖需求、又有充足的资源条件，是应用太阳能供热采暖条件最为优越的地区；但是，这些地区大多比较贫困，缺乏工程示范的经济支撑能力；通过国家出台相应的优惠政策，重点扶持这些地区开展太阳能供热采暖的工程示范，可以在总结示范工程经验的基础上，进行可行性研究分析，率先出台推广太阳能供热采暖技术的地方性政策法规，然后逐步过渡到全国。

（3）形成完善的技术支撑体系

通过“十一五”至“十二五”的科研攻关和示范工程建设，会大力提高我国与建筑结合的太阳能供热、采暖系统的设计水平和整体技术水平，基本形成比较完善的技术支撑体系；包括开发符合我国国情的被动太阳能采暖技术、太阳能供热、采暖综合系统的适用技术，优化设计、智能化控制、短期和季节蓄能技术，加强能力建设和人才培养，相关标准的编制、设计手册编写、设计计算软件的开发，以及国家中心检测能力的提高和检测项目的扩充等。

（4）因地制宜、综合利用水平不断提高

今后我国太阳能供热采暖技术的发展将会走因地制宜、综合利用的道路。目前太阳能供热采暖系统的推广障碍并不在于集热和供暖技术本身，而在于投资费用偏高和春、夏、秋季热水过剩，只有通过系统的全年综合利用才能加以解决。我国幅员辽阔，各地的资源条件、气候和供热采暖需求各不相同，必须针对当地特点采用适宜技术；同时发挥不同能源种类的各自优势，与地源热泵、生物质能等其他可再生能源做到多能互补。在我国北方冬季寒冷、夏季凉爽和南方气候温和没有空调需求的地区，采用季节蓄热技术，蓄存春、夏、秋季太阳热能用于冬季采暖；夏热冬冷地区冬季采暖结合夏季空调；而广大乡镇地区，则以建设被动式太阳能采暖建筑为主；从而做到因地制宜，使综合利用水平和太阳能供热、采暖系统的节能效益不断提高。

（5）建立包括太阳能供热采暖综合利用的“绿色建筑”能效评估体系

我国已发布实施GB/T 50378《绿色建筑评价标准》等进行建筑性能评定的国家标准和规范，而且正在积极准备实行“建筑能效标识认证制度”。太阳能作为一种可再生的绿色能源，在建筑节能领域将发挥重要作用，应该成为建筑能效标识的评定内容之一。所以，今后的一个重要发展方向是：开发太阳能供热、采暖综合利用“绿色建筑”的评估检测技术，建立太阳能供热、采暖综合利用“绿色建筑”性能评估体系，提出和完善针对不同地区、不同类型建筑物的能效标识测评方法和导则；通过建筑物的能效标识认证，激发投资者和开发商的主动节能意识，推动太阳能的建筑应用，保证市场的持续健康发展。

3. 太阳能制冷空调

（1）中、长期应用发展目标

根据中国工程院“中国可再生能源战略研究”项目的预测，太阳能制冷空调系统的太阳能集热器总安装运行面积达到如下发展目标：

2010年：5000m^2；2015年：1万m^2；2020年：3万m^2。

对应的空调建筑面积大约为：2010年：5000m^2；2015年：1万m^2；2020年：3万m^2。

（2）新产品研制开发

太阳能制冷空调系统的高效运行需要太阳能集热系统提供相对高温的热水或蒸汽，所以，中、高温太阳能集热器的研制开发是将来一个重要的发展方向。目前国内的一些高等院校、科研机构和企业已经在开展这方面的工作，同时也得到国家的科技支撑项目支持。在开发中、高温太阳能集热器时，需注意聚焦型和非聚焦型并重，真空管型和平板型并重。我国具有技术创新优势的太阳能集热器企业大多生产真空管型集热器，可以在槽式聚焦型集热器的关键部件“管式接收器（吸热管）”的研制开发上有所作为；而国内对高性能平板集热器的技术开发力量相对比较薄弱，今后需通过产、学、研结合，支持有研发实力的企业大力提高国产平板集热器的性能质量。

（3）基本形成技术支撑体系

我国自上世纪80年代初开始持续进行的太阳能制冷空调技术开发，已经在基础理论、实验研究和产品开发等多个方面打下了良好的技术基础，再通过“十一五”至“十二五”的科研攻关、标准编制、设计手册编写、设计软件开发和示范工程建设，将基本形成太阳能制冷空调的技术支撑体系，并大力提高我国太阳能制冷空调系统的设计水平和整体技术水平，促进太阳能制冷空调技术的应用推广。

（4）因地制宜、充分发挥各类适用技术的优势

太阳能制冷空调技术一个特有的应用优势是可以自然形成太阳能供热、采暖、空调的全年规模化综合利用，从而大幅度降低我国的建筑供热、采暖、空调能耗。今后将会根据建筑物所在地的气候特点，居民生活习惯，经济发达水平等因素，合理确定太阳能供热、采暖、空调的综合利用方式，因地制宜、应用推广太阳能供热、采暖、空调技术；北方采暖区和中部夏热冬冷地区为冬季采暖、夏季空调，全年供热水；而冬季温暖的夏热冬暖地区则为热水和空调综合应用。

4. 太阳能光伏发电

（1）中、长期应用发展目标

中国工程院“中国可再生能源战略研究”项目提出的太阳能光伏发电的中、长期应用发展目标分为三个方案：积极推进方案（高）、中间发展方案（中）和常规发展方案（低），至2020年三个方案的目标分别为：

高：累积装机容量1000万kW，占全国届时总装机容量的1%；

中：累积装机容量500万kW，占全国届时总装机容量的0.5%；

低：累积装机容量200万kW，占全国届时总装机容量的0.2%。

按照国内目前的发展水平，应该可以完成常规发展方案（低）提出的规定目标。

（2）产业均衡发展，开发自有技术，提高国产化水平

由于过去发展过程中所存在的种种问题，我国的光伏产业已面临调整和整合的局面，今后的发展将着重解决产业链的不均衡问题；电池、组件和太阳能消费品的产能过大，而原材料和生产设备制造业则不能满足需求。发达国家的技术封锁，迫使我们只能依靠自己的力量，加快技术开发和国产化进程。预计在2010年前，我国可基本实现多晶硅材料制造设备、晶硅锭/硅片生产设备（单晶炉、多晶铸造炉、线锯等）、太阳能电池制造设备和光伏组件封装设备的国产化。光伏产业的部分专用材料已经能够自主生产，部分正在研制开发中，有的已进入试用阶段，虽然目前与国外同类产品性能质量尚有差距，但随着市场需求的推动和国家的大力支持，和国外的差距会进一步缩小，通过技术进步和产业整合，将带动我国的光伏产业更加健康的发展。

（3）加快新型光伏电池的产品开发和产业发展

目前我国太阳能电池的产量中，绝大部分为晶体硅电池，非晶硅电池只占极小部分，以2007年为例，晶体硅电池1059.7kWp，非晶硅电池仅28.3kWp，在太阳能光伏电池的产品种类上很不平衡，能够生产非晶硅薄膜电池的企业数量也较少。非晶硅薄膜电池不受硅材料短缺的影响，成本低，弱光性能好，与建筑结合有一定优势；今后我国会更加重视非晶硅薄膜电池的产品研制和开发，加速提高其技术水平和产业发展，并进一步扩大生产能力。

（4）建立标准、检测、认证体系

我国将加快建立太阳能光伏产品、系统的标准、检测和认证体系。目前国内已有的太阳能光伏电池检测机构均开展了多年工作，在检测设备、人员、技术和实验方法等软、硬件设施上具有一定基础，通过竞争和国家重点支持，在近期就可成立至少一个国家级太阳能光伏产品质量监督检测机构，从而为开展针对太阳能光伏产品的认证检测创造条件。此外，针对与建筑结合并网太阳能光伏系统的相关国家标准和工程规范也将陆续发行实施，使现有的标准体系更趋完善。

（5）积极开拓国内市场，培育新的经济增长点

为使我国的太阳能光伏产业真正能够持续健康发展，成为新的经济增长点和重要的替代能源，必须大力扭转目前产品主要用于出口的局面，所以今后的一个重要发展目标就是要积极开拓国内市场；近几年国内光伏电池市场发展缓慢的问题，已经引起国家主管部门、人大和各级政府的关注，相关的解决方法和措施正在制订中。世界光伏产业和市场发

展的一个突出特点是：并网发电的应用比例越来越大，这应该成为拉动我国国内市场的有益借鉴。只有通过建设大型的荒漠光伏电站和与建筑结合的并网光伏系统（BIPV），才能大幅度提高光伏电池在国内应用的市场份额。近期已经有相关部门开始行动，例如财政部、建设部的“可再生能源建筑应用示范项目”将在 2009 年增加 BIPV 系统的项目数量，加大支持力度等；相信随着国家实力的加强和光伏电池成本的进一步降低，太阳能光伏发电的国内市场一定会加速成长，并成为国民经济新的增长点。

附录一：太阳能建筑应用相关国家政策

关于印发可再生能源建筑应用城市示范实施方案的通知

财建［2009］305号

各省、自治区、直辖市、计划单列市财政厅（局）、建设厅（委、局），新疆生产建设兵团财务局、建设局：

根据《可再生能源法》，为落实国务院节能减排战略部署，加快发展新能源与节能环保新兴产业，推动可再生能源在城市建筑领域大规模应用，财政部、住房城乡建设部将组织开展可再生能源建筑应用城市示范工作。为指导开展示范工作，我们制定了《可再生能源建筑应用城市示范实施方案》。现予印发，请遵照执行。

附件：可再生能源建筑应用城市示范实施方案

财政部　住房和城乡建设部

二〇〇九年七月六日

附件：

可再生能源建筑应用城市示范实施方案

为贯彻国务院关于节能减排战略部署，深入做好建筑节能工作，加快可再生能源在城市建筑领域应用，将开展可再生能源建筑应用城市示范（以下简称城市示范），现提出如下实施方案。

一、充分认识开展城市示范的重要意义

近年来，财政部、住房城乡建设部组织实施的可再生能源建筑应用示范工程，取得良好的政策效果，可再生能源建筑应用技术水平不断提升，应用面积迅速增加，部分地区已呈现规模化应用势头。为进一步放大政策效应，更好地推动可再生能源在建筑领域的大规模应用，将组织开展可再生能源建筑应用城市级示范。开展城市示范，有利于发挥地方政府的积极性和主动性，加强技术标准等配套能力建设，形成推广可再生能源建筑应用的有效模式；有助于拉动可再生能源应用市场需求，促进相关产业发展；有利于促进实现“保增长、扩内需、调结构”的宏观调控目标。

二、示范城市申请条件、申请程序及审核确认

（一）申请示范城市应具备的条件。申请示范的城市是指地级市（包括区、州、盟）、副省级城市；直辖市可作为独立申报单位，也可组织本辖区地级市区申报示范城市。

1. 已对本地区太阳能、浅层地能等可再生资源进行评估，具备较好的可再生能源应用条件。

2. 已制定可再生能源建筑应用专项规划。

3. 已制定近2年的可再生能源建筑应用实施方案（编写提纲见附1），详细说明在今后2年可以实施的项目情况，做到项目落实，并说明项目基本情况，包括工程应用的技术类型、应用面积、实施期限等，并填写《可再生能源建筑应用工程项目备案表》（详见附2）。

4. 在今后2年内新增可再生能源建筑应用面积应具备一定规模，其中：地级市（包括区、州、盟）应用面积不低于200万平方米，或应用比例不低于30%；直辖市、副省级城市应用面积不低于300万平方米。

新增可再生能源建筑应用面积包括新增的新建（含改扩建）建筑应用可再生能源的面积以及既有建筑改造中应用可再生能源的面积，具体将根据不同技术类型应用面积计算确定，计算公式为：新增可再生能源建筑应用面积＝太阳能热水系统建筑应用面积×0.5＋地源热泵系统建筑应用面积×1＋太阳能供热制冷系统建筑应用面积×1.5＋太阳能与地源热泵结合系统建筑应用面积×1.5。地源热泵包括土壤源热泵、淡水源热泵、海水源热泵、污水源热泵等技术。

可再生能源建筑应用比例指2年内新增可再生能源建筑应用面积与新建（含改扩建）建筑面积之比。

5. 可再生能源建筑应用设计、施工、验收、运行管理等标准、规程或图集基本健全，具备一定的技术及产业基础。

6. 优先支持已出台促进可再生能源建筑应用政策法规的城市。

（二）示范城市申请程序。

1. 申请示范的城市财政、住房和城乡建设部门编写实施方案，经同级人民政府批准后报送省级财政、住房和城乡建设部门。

2. 省级财政、住房和城乡建设部门对各市申报材料进行汇总和初审后，择优选择备选城市，并于每年5月31日前联合上报财政部、住房和城乡建设部（2009年申报截止日期为8月31日）。每个省（自治区、直辖市）申请示范的地级市原则上不超过3个。

（三）示范城市审核确认。财政部、住房城乡建设部组织对各地上报的申报材料进行审查，综合考虑项目落实程度、今后2年内推广应用面积、技术先进适用性、城市能力具备条件、机制创新实现程度等因素，选择确定纳入示范的城市。对于逾期上报的城市示范申请，将不予受理。

三、中央财政支持城市示范的方式及有关要求

（一）综合考量，切块下达。对纳入示范的城市，中央财政将予以专项补助。资金补助基准为每个示范城市5000万元，具体根据2年内应用面积、推广技术类型、能源替代效果、能力建设情况等因素综合核定，切块到省。推广应用面积大，技术类型先进适用，能源替代效果好，能力建设突出，资金运用实现创新，将相应调增补助额度，每个示范城市资金补助最高不超过8000万元；相反，将相应调减补助额度。

（二）创新机制，放大效应。各地应创新补助资金使用方式，立足引导社会资金投入，充分发挥市场机制，可综合采用财政补助、贷款贴息、以奖代补、资本金注入、设立种子基金等方式，放大资金使用效益。补助资金主要用于工程项目建设及配套能力建设两个方面，其中，用于可再生能源建筑应用工程项目的资金原则上不得低于总补助的90%，用于配套能力建设的资金，主要用于标准制订、能效检测等。

（三）分批拨付，追踪问效。中央财政补助资金分三年拨付，第一年，根据城市申报应用面积等因素测算补助资金总额，按测算资金的60%拨付补助资金；后两年根据示范城市完成的工作进度拨付补助资金。

（四）加强考核，严格监管。各地财政、住房城乡建设部门要切实加强对补助资金的管理，建立考核机制，确保资金使用规范、安全、有效。财政部会同住房城乡建设部对示范城市进行检查，对没有完成申报应用面积或节能效果未达到预期目标的，将相应扣减财政补助资金，对城市示范开展较好的省市，下一年度将予优先支持。

四、城市示范技术及管理保障措施

各地要切实履行职责，把实施城市示范作为建筑节能工作的重要内容，完善技术标准，推进科技进步，加强能力建设，逐步扩大应用规模，提高应用水平。

（一）加强规划引导。各地住房城乡建设主管部门要会同有关部门，对本地区太阳能及浅层地能资源分布和可利用情况进行充分论证或评估，制定专项发展规划，指导技术应用。对浅层地能热泵技术，要切实把握不同热泵技术推广的适用性和可行性，坚持适度发展，合理布局，避免盲目性和对资源的非合理利用。各地在实施既有建筑节能改造、城中村改造、棚户区改造等工作中，应统筹考虑可再生能源应用。

（二）完善技术标准。各地住房城乡建设主管部门要大力推动有关太阳能光热技术及浅层地能热泵技术应用的国家相关技术标准的贯彻和执行。省级住房和城乡建设部门要结合本地实际，积极研究制定相关的设计、施工、验收标准、规程及工法、图集。各太阳能光热产品生产企业应积极开发标准化、通用的太阳能光热系统组件，提高建筑一体化应用水平。各浅层地能热泵设备生产企业应积极研发高效率、具有自主知识产权的热泵设备。

（三）加强产品设备质量监督。各地住房城乡建设主管部门应会同有关部门规范太阳能光热及浅层地能产品、设备建筑应用市场，强化市场准入，研究建立相关应用产品、设备的认证标识体系，加大对产品、设备性能的检测力度，确保产品质量。

（四）加强项目质量管理。各地住房城乡建设主管部门要加强对太阳能光热技术及浅层地能热泵技术应用项目的质量管理，在项目的设计、施工、监理、验收等环节，依据国家法律法规和工程强制性标准加强监督检查和指导，对不符合现行有关标准或不能实现项目预期节能目标的要责令改正。北方采暖区新建及既有建筑节能改造应用可再生能源的项目，应同步推进分户供热计量。要建立项目评估机制，省级住房城乡建设部门要负责组织对辖区示范城市可再生能源建筑应用项目进行能效检测，住房城乡建设部将委托专门的能效测评机构进行抽检。要加强对项目的跟踪，指导项目加强运行管理，提高利用效率。

（五）强化技术支撑服务。各地住房城乡建设主管部门要充分依托相关机构，做好太阳能光热技术及浅层地能热泵技术应用项目的技术支撑工作，形成可大规模推广应用的技术、标准及产品体系，整合各方面力量，推动太阳能光热技术及浅层地能热泵技术生产、设计、施工三者有效结合，提高应用水平。要积极培育能源服务市场，采取合同能源管理等方式推进太阳能及浅层地能应用技术的推广。

附：1. 可再生能源建筑应用城市示范实施方案编写提纲

2. 可再生能源建筑应用工程项目备案表

附1：

可再生能源建筑应用城市示范实施方案编写提纲

为了指导“可再生能源建筑应用城市示范”的实施，各申请城市应编制专项实施方案。实施方案应包括以下内容：

一、城市概况，包括面积、人口、自然环境条件、气候、太阳能、浅层地能等可再生能源资源条件、GDP、政府财政收入等。

二、城市建筑概况，包括既有建筑面积、近两年年新增建筑面积（居住建筑、公共建筑）、新增节能建筑面积、近期建设规划等。

三、“可再生能源建筑应用城市示范”实施目标（此目标将作为申请中央财政补助资金及考核的基本依据），包括预计实施的可再生能源建筑应用工程数量、技术类型、建筑面积、替代常规能源量、可再生能源建筑应用配套能力建设目标。

四、“可再生能源建筑应用城市示范”实施计划，包括可再生能源建筑应用工程项目年度实施计划、配套能力建设实施计划。

五、中央财政补助资金使用计划，包括使用方式、使用范围、资金支出计划、资金管理措施等。

六、配套能力建设，包括组织机构、法律法规、政策措施、标准规范、科技进步、产业配套、行政监管、考核评价、宣传推广等方面。

七、经济、社会、环境效益分析。

附2：

可再生能源建筑应用工程项目备案表

填报单位：（城市财政、住房和城乡建设部门签章）

序号	项目名称	建筑类型	建筑面积（平方米）	可再生能源应用形式	项目总投资（万元）	可再生能源部分投资（万元）	项目建设单位	项目实施起止时间

续表

序号	项目名称	建筑类型	建筑面积（平方米）	可再生能源应用形式	项目总投资（万元）	可再生能源部分投资（万元）	项目建设单位	项目实施起止时间

填表说明：

1. 建筑类型：［1］居住建筑；［2］公共建筑（填写相应序号即可）
2. 可再生能源应用形式：［1］太阳能光热建筑一体化应用；［2］太阳能采暖空调；［3-1］土壤源热泵技术应用；［3-2］地下水源热泵技术应用；［3-3］地表水源热泵技术应用；［3-4］海水源热泵技术应用；［3-5］污水源热泵技术应用；［4］太阳能光热与地源热泵结合系统应用（填写相应序号即可）

关于印发加快推进农村地区可再生能源建筑应用的实施方案的通知

财建［2009］306 号

各省、自治区、直辖市、计划单列市财政厅（局）、建设厅（委、局），新疆生产建设兵团财务局、建设局：

根据《可再生能源法》，为落实国务院节能减排战略部署，加快发展新能源与节能环保新兴产业，深入推进建筑节能工作，将以县为单位，实施农村地区可再生能源建筑应用的示范推广，引导农村住宅、农村中小学等公共建筑应用清洁、可再生能源。为指导开展示范推广工作，我们制定了《加快推进农村地区可再生能源建筑应用的实施方案》。现予印发，请遵照执行。

附件：加快推进农村地区可再生能源建筑应用的实施方案

财政部　住房和城乡建设部

二〇〇九年七月六日

附件：

加快推进农村地区可再生能源建筑应用的实施方案

农村地区太阳能等可再生能源资源丰富，具备良好的建筑应用条件，建筑节能潜力巨大。为加快推进农村地区可再生能源建筑应用，现提出以下实施方案：

一、充分认识加快农村地区可再生能源建筑应用的重要意义

近年来，随着我国城镇化进程不断加快和居民生活水平的提高，农村地区建筑用能迅速增加，尤其北方地区农村建筑采暖以生物质能源为主的模式，正逐渐被以煤炭等化石能源为主的模式所替代，农村建筑节能形势严峻。广大的农村地区太阳能、浅层地能等可再生能源资源丰富、应用条件优越、发展空间巨大。在农村地区加快推进可再生能源建筑应用，可节约与替代大量常规化石能源；可以加快改善农村民房、农村中小学、农村卫生院等公共建筑供暖设施，保障与改善民生；可以带动清洁能源等相关产业发展，促进扩大内需与调整结构。

二、因地制宜，确定农村地区可再生能源建筑应用的重点领域

各地要结合当地自然资源条件、客观实际需要、经济社会条件等因素，因地制宜地确定推广应用重点。近阶段国家重点扶持的应用领域是：

1. 农村中小学可再生能源建筑应用。结合全国中小学校舍安全工程，完善农村中小学生活配套设施，推进太阳能浴室建设，解决学校师生的生活热水需求；实施太阳能、浅层地能采暖工程，利用浅层地能热泵等技术解决中小学校采暖需求；建设太阳房，利用被动式太阳能采暖方式为教室等供暖。

2. 县城（镇）、农村居民住宅以及卫生院等公共建筑可再生能源建筑一体化应用。

三、以县为单位，实施农村地区可再生能源建筑应用的示范推广

为积极稳妥地推进可再生能源在农村地区的推广应用，实行以县（含县级市区，下同）为单位整体推进，并先行示范，分期启动，分批实施。示范县应满足相关条件，并按要求组织申报。

（一）示范县应具备的条件。

1. 具备较好的可再生能源应用条件，已制定本地区可再生能源建筑应用整体规划。

2. 已制定本地区可再生能源应用实施方案（编写提纲详见附1）。实施方案要详细说明今后两年内可再生能源推广应用的工作内容，要做到详实具体，项目落实，并说明建设项目的基本情况，包括可再生能源应用的技术类型、应用面积、实施期限等，填写《农村地区可再生能源建筑应用项目备案表》（详见附2）。

3. 今后2年内新增可再生能源建筑应用面积应具备一定规模，新增应用面积原则上不低于30万平方米。对于辖区人口较少、规模较小的县，可适当降低面积要求。

4. 以在农村中小学的推广应用为重点。推广应用可再生能源的学校应是在中小学布局结构调整中予以保留的学校，具备较完善的办学条件，校园布局规划合理，建筑保温隔热性能较好，有生活热水、采暖等需求。

5. 项目建设资金落实。详细说明项目建设资金需求、筹措渠道等情况。

6. 对可再生能源建筑应用项目的建设、运营及服务有成熟的解决方案。对在农村中小学等公共建筑推广应用可再生能源，鼓励依托技术力量较强的单位，采取建设管理运营一体化的模式，以确保工程质量和实施效果。

（二）示范县的申报。省级财政、住房和城乡建设主管部门负责本省示范县的申报组织工作。县级财政、住房和城乡建设主管部门编写本地区农村可再生能源应用申报材料，并向上级部门提出申请。省级财政、住房和城乡建设主管部门在对申报材料汇总和初审后，择优推荐示范县，并于每年5月31日前联合上报财政部、住房和城乡建设部（2009年申报截止日期为8月31日）。每年每省（自治区、直辖市）申报示范县原则上不超过4个。

（三）示范县审核确认。财政部会同住房和城乡建设部，根据前期工作开展情况、实施方案详实程度、建设资金落实情况、示范推广效应等因素选择确定示范县，将优先选择符合国家支持重点领域、项目落实情况好、推广应用面积大、推广技术类型先进适用的县。对于逾期上报的示范申请，将不予受理。

四、实施中央财政扶持政策

中央财政对农村地区可再生能源建筑应用予以适当资金支持。

（一）补助资金的核定。2009年农村可再生能源建筑应用补助标准为：地源热泵技术应用60元/平方米，一体化太阳能热利用15元/平方米，以分户为单位的太阳能浴室、太阳能房等按新增投入的60%予以补助。以后年度补助标准将根据农村可再生能源建筑应用成本等因素予以适当调整。每个示范县补助资金总额将根据上述补助标准、可再生能源推广应用面积等审核确定。每个示范县补助资金总额最高不超过1800万元。

（二）补助资金的拨付。中央财政将上述核定的补助资金一次性拨付到省，由省级财政按规定拨付到示范县，示范县负责将补助资金落实到具体项目。

（三）补助资金的监管。各地财政、住房城乡建设部门要切实加强对补助资金的管理，建立考核机制，确保资金使用规范、安全、有效。省级财政、住房城乡建设部门要督促示范县严格按照上报的实施方案执行。财政部将会同住房城乡建设部对地方工作实施情况进行检查，对没有完成上报工作任务或节能效果达不到预期目标的，将抵扣今后该省专项补助资金；对示范效果好的省份，下一年度将予优先支持。

五、切实加强对农村地区可再生能源建筑应用示范推广管理

各地要切实履行职责，财政、住房城乡建设部门必须高度重视，密切配合、统筹安排，扎扎实实地做好项目建设，确保示范工作顺利实施，达到预期效果。

（一）加强统筹协调。省级住房城乡建设、财政部门应对辖区示范县太阳能及浅层地能资源分布和可利用情况、应用可再生能源的需求情况进行充分论证，制定专项规划，指导示范工作开展。在农村中小学推广应用可再生能源要与农村中小学布局调整规划、全国中小学校舍安全工程、农村中小学危房改造工程、农村寄宿制学校建设工程、中西部农村初中校舍改造工程等相结合，其他项目也要与现有政策充分结合，避免浪费。

（二）强化建设标准控制。示范推广工作要坚持“经济、适用、安全”原则，严禁不切实际的高标准超标准建设。各省级住房城乡建设主管部门应结合本地实际，推行标准化应用模式，提出系列应用技术方案，并配套制定相关标准规范、工法、图集，指导工程建设。

（三）加强项目质量管理。各地住房城乡建设主管部门要加强对工程建设的质量管理，在项目的设计、施工、验收等环节，依据国家法律法规和工程强制性标准加强监督检查和指导。要高度重视工程质量安全，确保建设与使用安全，设计、施工、监理人员应经过培训，技术水平应满足岗位要求。要建立项目评估机制，委托专门机构对应用效果进行评估。要加强对项目的跟踪，指导项目加强运行管理。相关设施建成后要采取有效措施，确保系统安全、高效和长久的运行。

（四）加强技术指导。各地住房城乡建设主管部门要充分依托相关机构，做好示范推广技术指导工作，整合太阳能、浅层地能应用设备生产企业、科研单位、勘察设计单位、施工企业等各方面专业力量，推动与示范推广工作相关的生产、勘察、设计、施工等环节有效结合，提高应用水平。

（五）认真总结经验。各级财政、住房城乡建设部门要及时总结示范推广工作经验，妥善解决示范推广过程出现的问题，完善相关政策，为下一步全面推广奠定良好基础。要广泛宣传示范推广工作取得的成效，扩大影响，努力营造有利于推进农村地区建筑节能和可再生能源应用的社会氛围。

附：1. 农村地区可再生能源建筑应用实施方案编写提纲
　　2. 农村地区可再生能源建筑应用项目备案表

附1：

农村地区可再生能源建筑应用实施方案编写提纲

申请农村地区可再生能源建筑应用示范县应编制专项实施方案，实施方案应包括以下内容：

一、示范县基本情况

包括本地区可再生能源资源情况、可再生能源利用需求情况、农村中小学、卫生院等公共建筑配套设施现状等。

二、技术方案

包括可再生能源应用技术类型及应用形式、设备及产品选型、建筑节能措施等。

三、资金筹集情况

包括可再生能源应用示范推广资金需求总额及分项预算，资金需求的计算方法。资金筹措情况，包括地方财政准备补助的资金额度、市场融资情况等。

四、项目建设情况

包括项目基本情况、建设运营模式的选择、项目建设起止时间、项目管理措施、技术依托单位等

五、配套措施

包括配套政策、技术标准、技术研发、产业状况等。

六、节能目标及技术经济分析

包括节能效益、环境效益、社会效益及经济效益等。

附2：

农村地区可再生能源建筑应用项目备案表

填报单位：　（示范县财政、住房和城乡建设部门签章）

序号	项目名称	建筑类型	建筑面积（平方米）	可再生能源应用形式	项目总投资（万元）	可再生能源部分投资（万元）	项目建设单位	项目实施起止时间

续表

序号	项目名称	建筑类型	建筑面积（平方米）	可再生能源应用形式	项目总投资（万元）	可再生能源部分投资（万元）	项目建设单位	项目实施起止时间

填表说明：

1. 建筑类型：[1] 居住建筑；[2] 公共建筑（填写相应序号即可）
2. 可再生能源应用形式：[1] 太阳能光热建筑一体化应用；[2] 太阳能浴室；[3] 被动式太阳能房；[4-1] 土壤源热泵技术应用；[4-2] 地下水源热泵技术应用；[4-3] 地表水源热泵技术应用；[4-4] 海水源热泵技术应用（填写相应序号即可）

财政部　住房城乡建设部关于加快推进太阳能光电建筑应用的实施意见

财建［2009］128号

各省、自治区、直辖市、计划单列市财政厅（局）、建设厅（委、局），新疆生产建设兵团财务局、建设局：

为贯彻实施《可再生能源法》，落实国务院节能减排战略部署，加强政策扶持，加快推进太阳能光电技术在城乡建筑领域的应用，现提出以下实施意见：

一、充分认识太阳能光电建筑应用的重要意义

（一）推动光电建筑应用是促进建筑节能的重要内容。随着我国工业化和城镇化的加快和人民生活水平提高，建筑用能迅速增加。我国太阳能资源丰富，开发利用太阳能是提高可再生能源应用比重，调整能源结构的重要抓手。城乡建设领域是太阳能光电技术应用的主要领域，利用太阳能光电转换技术，解决建筑物、城市广场、道路及偏远地区的照明、景观等用能需求，对替代常规能源，促进建筑节能具有重要意义。

（二）推动光电建筑应用是促进我国光电产业健康发展的现实需要。近年来，我国光电产业呈现快速增长态势，目前已经成为世界第一大太阳能电池生产国，有一批具有国际竞争力和国际知名度的光电生产企业，已形成具有规模化、国际化、专业化的产业链条。但目前国内市场需求不足，过度依赖国际市场，加大了市场风险，在一定程度上影响了产业发展。推动光电建筑应用，拓展国内应用市场，将创造稳定的市场需求，促进我国光电产业健康发展。

（三）推动光电建筑应用是落实扩内需、调结构、保增长的重要着力点。推动光电在城乡建设领域的规模化、专业化应用，可以有效带动高新技术及节能环保领域的资金投入，可以促进建材、化工、冶金、装备制造、电气、建筑安装、咨询服务等多个产业实现调整升级，对于实现产业结构调整，促进经济增长方式转变，扩大就业，具有十分重要的现实意义。

二、支持开展光电建筑应用示范，实施“太阳能屋顶计划”

为有效缓解光电产品国内应用不足的问题，在发展初期采取示范工程的方式，实施我国“太阳能屋顶计划”，加快光电在城乡建设领域的推广应用。

（一）推进光电建筑应用示范，启动国内市场。现阶段，在条件适宜的地区，组织支持开展一批光电建筑应用示范工程，实施“太阳能屋顶计划”。争取在示范工程的实践中突破与解决光电建筑一体化设计能力不足、光电产品与建筑结合程度不高、光电并网困难、市场认识低等问题，从而激活市场供求，启动国内应用市场。

（二）突出重点领域，确保示范工程效果。综合考虑经济性和社会效益等因素，现阶段在经济发达、产业基础较好的大中城市积极推进太阳能屋顶、光伏幕墙等光电建筑一体化示范；积极支持在农村与偏远地区发展离网式发电，实施送电下乡，落实国家惠民政策。

（三）放大示范效应，为大规模推广创造条件。通过示范工程调动社会各方发展积极性，促进落实国家相关政策。加强示范工程宣传，扩大影响，增强市场认知度，形成发展太阳能光电产品的良好社会氛围；促进落实上网分摊电价等政策，形成政策合力，放大政策效应；将光电建筑应用作为建筑节能的重要内容，在新建建筑、既有建筑节能改造、城市照明中积极推广使用。

三、实施财政扶持政策

国家财政支持实施“太阳能屋顶计划”，注重发挥财政资金政策杠杆的引导作用，形成政府引导、市场推进的机制和模式，加快光电商业化发展。

（一）对光电建筑应用示范工程予以资金补助。中央财政安排专门资金，对符合条件的光电建筑应用示范工程予以补助，以部分弥补光电应用的初始投入。补助标准将综合考虑光电应用成本、规模效应、企业承受能力等因素确定，并将根据产业技术进步、成本降低的情况逐年调整。

（二）鼓励技术进步与科技创新。为激励先进，将严格设定光电建筑应用示范的标准与条件。财政优先支持技术先进、产品效率高、建筑一体化程度高、落实上网电价分摊政策的示范项目，从而不断促进提高光电建筑一体化应用水平，增强产业竞争力。

（三）鼓励地方政府出台相关财政扶持政策。将充分调动地方发展太阳能光电技术的积极性，出台相关财税扶持政策的地区将优先获得中央财政支持。

四、加强建设领域政策扶持

各级建设主管部门要切实履行职责，把太阳能光电建筑应用作为建筑节能工作的重要内容，完善技术标准，推进科技进步，加强能力建设，逐步提高太阳能光电建筑应用水平。

（一）完善技术标准。各级建设主管部门要大力推动建筑领域中有关太阳能光电技术应用的国家相关技术标准的贯彻和执行，并结合本地实际，积极研究制定太阳能光电技术在建筑领域应用的设计、施工、验收标准、规程及工法、图集，促进太阳能光电技术在建筑领域应用实现一体化、规范化。各光电企业也应要制定本单位产品在建筑领域应用的企业标准，提高应用水平。

（二）加强质量管理。各地建设主管部门要加强对太阳能光电技术应用项目的质量管理，在项目建设过程中，依据国家法律法规和工程强制性标准加强监督检查和指导，对不符合现行有关标准或不能实现项目预期节能目标的要责令改正。

（三）加强光电建筑一体化应用技术能力建设。各级建设主管部门要充分依托相关机构，做好光电建筑应用示范项目的技术支撑工作；要积极为光电生产企业、设计单位、施工企业提供公共服务，整合各方面力量，推动太阳能光电生产、设计、施工三者有效结合，提高光电建筑一体化应用能力。

各地应建立推进太阳能光电技术在建筑领域应用的工作协调机制，切实加强对推进光电建筑应用工作的领导。财政、建设等相关部门要加强组织领导和统筹协调，依托现有的建筑节能机构，由专门人员具体负责，抓紧制订光电建筑应用实施规划以及具体实施方案，协调项目实施工作，解决推进工作中的问题，及时总结经验进行推广。

中华人民共和国财政部
中华人民共和国住房和城乡建设部
二〇〇九年三月二十三日

财政部关于印发《太阳能光电建筑应用财政补助资金管理暂行办法》的通知

财建［2009］129号

各省、自治区、直辖市、计划单列市财政厅（局），新疆生产建设兵团财务局：

为贯彻实施《可再生能源法》，落实国务院节能减排战略部署，加快太阳能光电技术在城乡建筑领域的应用，我们制定了《太阳能光电建筑应用财政补助资金管理暂行办法》。现予印发，请遵照执行。

附件：太阳能光电建筑应用财政补助资金管理暂行办法

中华人民共和国财政部
二〇〇九年三月二十三日

附件：

太阳能光电建筑应用财政补助资金管理暂行办法

第一条　根据国务院《关于印发节能减排综合性工作方案的通知》(国发［2007］15号）及《财政部建设部关于印发〈可再生能源建筑应用专项资金管理暂行办法〉的通知》（财建［2006］460号）精神，中央财政从可再生能源专项资金中安排部分资金，支持太阳能光电在城乡建筑领域应用的示范推广。为加强太阳能光电建筑应用财政补助资金（以下简称补助资金）的管理，提高资金使用效益，特制定本办法。

第二条　补助资金使用范围

（一）城市光电建筑一体化应用，农村及偏远地区建筑光电利用等给予定额补助。

（二）太阳能光电产品建筑安装技术标准规程的编制。

（三）太阳能光电建筑应用共性关键技术的集成与推广。

第三条　补助资金支持项目应满足以下条件：

（一）单项工程应用太阳能光电产品装机容量应不小于50kWp；

（二）应用的太阳能光电产品发电效率应达到先进水平，其中单晶硅光电产品效率应超过16%，多晶硅光电产品效率应超过14%，非晶硅光电产品效率应超过6%；

（三）优先支持太阳能光伏组件应与建筑物实现构件化、一体化项目；

（四）优先支持并网式太阳能光电建筑应用项目；

（五）优先支持学校、医院、政府机关等公共建筑应用光电项目。

第四条 鼓励地方出台与落实有关支持光电发展的扶持政策。满足以下条件的地区，其项目将优先获得支持。

（一）落实上网电价分摊政策；

（二）实施财政补贴等其他经济激励政策；

（三）制定出台相关技术标准、规程及工法、图集。

第五条 本通知印发之日前已完成的项目不予支持。

第六条 2009年补助标准原则上定为20元/Wp，具体标准将根据与建筑结合程度、光电产品技术先进程度等因素分类确定。以后年度补助标准将根据产业发展状况予以适当调整。

第七条 申请补助资金的单位应为太阳能光电应用项目业主单位或太阳能光电产品生产企业，申请补助资金单位应提供以下材料：

（一）项目立项审批文件（复印件）；

（二）太阳能光电建筑应用技术方案；

（三）太阳能光电产品生产企业与建筑项目等业主单位签署的中标协议；

（四）其他需要提供的材料。

第八条 申请补助资金单位的申请材料按照属地原则，经当地财政、建设部门审核后，报省级财政、建设部门。

第九条 省级财政、建设部门对申请补助资金单位的申请材料进行汇总和核查，并于每年的4月30日、8月30日前联合上报财政部、住房和城乡建设部（附表）。

第十条 财政部会同住房城乡建设部对各地上报的资金申请材料进行审查与评估，确定示范项目及补助资金的额度。

第十一条 财政部将项目补贴总额预算的70%下达到省级财政部门。省级财政部门在收到补助资金后，会同建设部门及时将资金落实到具体项目。

第十二条 示范项目完成后，财政部根据示范项目验收评估报告，达到预期效果的，通过地方财政部门将项目剩余补助资金拨付给项目承担单位。

第十三条 补助资金支付管理按照财政国库管理制度有关规定执行。

第十四条 各级财政、建设部门要切实加强补助资金的管理，确保补助资金专款专用。对弄虚作假、冒领、截留、挪用补助资金的，一经查实，按国家有关规定执行。

第十五条 本办法由财政部、住房城乡建设部负责解释。

第十六条 本办法自印发之日起执行。

附表：太阳能光电技术建筑应用财政补助资金申请汇总表（略）

关于印发太阳能光电建筑应用示范项目申报指南的通知

财办建［2009］34号

各省、自治区、直辖市、计划单列市财政厅（局）、住房和城乡建设厅（委、局），新疆生产建设兵团财务局、建设局：

根据《财政部住房城乡建设部关于加快推进太阳能光电建筑应用的实施意见》（财建［2009］128号）和《财政部关于印发〈太阳能光电建筑应用财政补助资金管理暂行办法〉的通知》（财建［2009］129号）的精神，我们制定了《太阳能光电建筑应用示范项目申报指南》，现予印发，请按照相关要求组织申报太阳能光电建筑应用示范项目。2009年第一批示范项目申报截止日期为2009年5月15日。关于太阳能光电建筑应用共性关键技术的集成与推广补助资金申请，将另行通知。

附件：太阳能光电建筑应用示范项目申报指南

中华人民共和国财政部办公厅
中华人民共和国住房和城乡建设部办公厅
二〇〇九年四月十六日

附件：

太阳能光电建筑应用示范项目申报指南

根据《财政部住房城乡建设部关于加快推进太阳能光电建筑应用的实施意见》（财建［2009］128号）和《财政部关于印发〈太阳能光电建筑应用财政补助资金管理暂行办法〉的通知》（财建［2009］129号）规定，为指导与规范太阳能光电建筑应用示范项目申报，特制定本指南。

一、申报项目类型

重点支持太阳能光电建筑一体化安装且发电主要用于解决建筑用能的项目。太阳能光电建筑一体化主要安装类型包括：①建材型，指将太阳能电池与瓦、砖、卷材、玻璃等建筑材料复合在一起成为不可分割的建筑构件或建筑材料，如光伏瓦、光伏砖、光伏屋面卷材、玻璃光伏幕墙、光伏采光顶等；②构件型，指与建筑构件组合在一起或独立成为建筑构件的光伏构件，如以标准普通光伏组件或根据建筑要求定制的光伏组件构成雨蓬构件、遮阳构件、栏版构件等；③与屋顶、墙面结合安装型，指在平屋顶上安装、坡屋面上顺坡架空安装以及在墙面上与墙面平行安装等形式。

二、补助标准

2009年补贴标准具体为：对于建材型、构件型光电建筑一体化项目，补贴标准不超过20元/瓦；对于与屋顶、墙面结合安装型光电建筑一体化项目，补贴标准不超过15元/瓦；具体标准将根据项目增量成本、建筑结合程度确定。以后年度补助标准将根据产业发展状况予以适当调整。

三、申报主体

财政部、建设部对太阳能光电建筑安装使用进行补贴，申报主体可为项目业主单位或光电一体化产品中标企业，具体由双方协商确定，并经当地财政部门审核确认。

四、申报条件

1. 项目所在地区具备较好的太阳能资源利用条件，建筑本体应达到国家和地方建筑节能标准。

2. 申报项目能在当年内开工建设，并可在两年内完工。

3. 项目申报单位已与太阳能光电产品生产企业签署中标协议。

4. 申报项目的证明材料齐全，包括项目立项审批、中标协议、由获得认证的第三方实验室或检测机构出具的产品检测报告、资金落实证明等文件。对于新建建筑项目，同时还应包括建设项目选址意见书、建设用地规划许可证、建设工程规划许可证、土地使用证、建筑工程施工许可证、房屋建筑施工图设计审查合格证书。

5. 提供电网接入情况详细说明，并网项目应依法取得行政许可或报送备案。

6. 优先支持已出台并落实光电发展扶持政策的地区项目，包括落实上网电价分摊政策、实施财政补贴等经济激励政策、制定出台相关技术标准、规程及工法、图集等；优先支持并网式太阳能光电建筑应用项目；优先支持太阳能光伏组件与建筑物实现构件化、一体化项目；优先支持学校、医院、政府机关等公共建筑应用光电项目。

7. 已完工项目或已获得国家资金补助的项目不应申报。

五、技术要求

1. 单项工程应用太阳能光电系统装机容量应不小于50kW；

2. 中标企业的太阳能电池转换效率应达到先进水平，其中单晶硅电池组件转换效率应超过16%，多晶硅的应超过14%，非晶硅的应超过6%；

3. 项目申报单位应建立数据监测与远传系统，实现发电总量、发电功率及环境数据等监测与远传。数据远传系统要求另行通知。

六、申报材料

申报太阳能光电建筑应用示范项目，需报送以下资料：

1. 示范项目申请报告（编写提纲见附1）；

2. 示范项目申报书（具体格式见附2）。

以上申报材料一式两份，并提供电子文档。申报书以中文填写，要求语言精练，数据真实、可靠；申请报告一律用A4纸，仿宋体四号字打印并装订成册；申报单位须保证申报书、申请报告等申报材料真实、准确，申报内容作为项目检测验收依据。

七、申报程序

1. 地方项目申报。由申报单位向项目所在地财政、住房城乡建设主管部门提交项目申报材料，申请中央财政补助资金；当地财政、住房城乡建设主管部门盖章后报所在省、自治区、直辖市、计划单列市的财政、住房城乡建设主管部门。省级财政、住房城乡建设主管部门对辖区范围内的申报项目进行审查汇总，并在规定时间内，将项目申报文件及项目资金申请汇总表（见附3）报送至财政部经济建设司、住房和城乡建设部建筑节能与科技司；将有关项目申报材料及其电子文档报送至可再生能源建筑应用项目管理办公室（地址：北京海淀区三里河路13号中国建筑文化中心409室，邮编：100037）。

2. 中央项目，由中央部门对本部门项目进行汇总后向财政部、住房城乡建设部申报。

八、网上申报

1. 各级住房城乡建设主管部门按照“可再生能源建筑应用示范项目信息管理系统账号分配及创建说明”做好账号的管理和分配（见附4）。

2. 申报单位登陆“住房和城乡建设部、财政部可再生能源建筑应用示范项目信息管理系统”（http：//www. chinaeeb. gov. cn），凭账号、密码登陆系统进行申报，申报前要认真阅读网上申报的具体要求和注意事项，确保申报成功。

3. 申报单位须按照要求填写申报内容，保证申报内容与纸质申报材料一致，完成网上申报后，各级住房城乡建设、财政主管部门应及时进行网上审核。对未在规定时间内完成申报和审核的项目，不予受理。

附：1. 太阳能光电建筑应用示范项目申请报告编写提纲

2. 太阳能光电建筑应用示范项目申报书

3. 太阳能光电建筑应用财政补助资金申请汇总表

4. 可再生能源建筑应用示范项目信息管理系统帐号分配及创建说明

附 1

太阳能光电建筑应用示范项目申请报告编写提纲

一、工程概况

工程概况包括地理位置、建筑类型、总平面图、建筑面积、用途、峰瓦值等。

二、示范目标及主要内容

重点介绍太阳能光电系统技术要点与示范目标。申报太阳能光电建筑一体化示范的，应同时说明建筑本体满足国家和地方建筑节能标准的情况。

三、技术方案

（一）建筑围护结构体系。

（二）光电系统技术设计方案。

1. 设计依据及说明。

2. 光伏建筑一体化设。

3. 离网/并网系统设计。

4. 主要产品、部件及性能参数。

5. 系统能效计算分析。

包括太阳能光电系统效率、发电量、费效比。

6. 技术经济分析。

（三）节能量计算。

（四）检测预留方案。

（五）运行维护方案。

1. 数据计量远传方案。

2. 运行维护。

（六）进度计划与安排（需单独阐述太阳能光电部分进度计划与安排）

（七）效益及风险分析。

1. 环境影响分析。

2. 项目推广前景分析。

3. 风险分析。

（八）技术支持（包括：项目相关各执行单位的技术力量描述、技术合作单位介绍）。

（九）证明材料。

1. 工程立项审批手续及资金落实证明等文件。

2. 与太阳能光电产品生产企业签署的中标协议或合同书。

3. 由获得认证的第三方实验室或检测机构出具的产品检测报告。

4. 并网项目应提供电网接入行政许可或报送备案相关证明材料。

5. 对于新建建筑项目，还应包括建设项目选址意见书、建设用地规划许可证、建设工程规划许可证、土地使用证、建筑工程施工许可证、房屋建筑施工图设计审查合格证书。

6. 地方出台与落实有关支持光电发展的扶持政策（如有，请提供）。

附 2

项目编号：____________________

太阳能光电建筑应用示范项目申报书

示范项目名称 ______________________________

申报主体单位______________________________（盖章）

主 管 部 门______________________________

实施起止年限______________________________

申 报 时 间______________________________

财 政 部 经 济 建 设 司
住房和城乡建设部建筑节能与科技司 编制

二 OO 九年四月

说　明

1. 项目编号按照申报指南（附3）中要求统一编号。

2. “达到建筑节能的标准”一栏中应填写是否达到或超过建筑节能标准，达到节能50%标准还是节能65%标准。

3. 在建筑类型一栏的填写中，申报项目为既有建筑，应在“既有/改造”一栏中填写“既有”；申报建筑为公共建建筑，应在“居住/公建”栏中填写“公建”，若一部分是公共建筑，一部分是住宅，应在该栏中填写“居住/公建”。

4. “建筑面积”指申报项目的总建筑面积，“总装机容量”指太阳能光电的总装机容量。

5. 项目类型分为以下三种：[1] 建材型；[2] 构件型；[3] 屋顶、墙面结合安装型。

在“项目类型”一栏中只需填写对应的项目序号即可，例如：若采用建材型，只需在该栏中填写对应的序号“1”。

6. 项目起止年限应按照“年/月/日”的顺序，例如“2008. 12. 05 – 2009. 09. 12”。

7. 项目进展阶段分为以下几种情况：1. 建设前期工作阶段：编制项目建议书，可行性研究，审批立项，征地，规划，报建。2. 设计阶段：初步设计，施工图设计。3. 建设准备阶段：施工图设计审查，建设条件的准备，设备、工程招标及承包商的选定等。4. 建设实施阶段：土建施工、设备安装等。5. 竣工验收阶段。

8. 填写本表格时，要严格按照填表说明的格式进行填写，保证申报内容真实、准确。申报内容作为项目检测验收依据。

<table>
<tr><td colspan="7">一、工程基本情况</td></tr>
<tr><td rowspan="2">1. 建筑类型</td><td colspan="6">□新建　　□既有　　（选项打√）</td></tr>
<tr><td colspan="6">□居住　□公建　□居住、公建都有　□工业　　（选项打√）</td></tr>
<tr><td>2. 建筑面积</td><td colspan="3">万 m²</td><td colspan="3">总装机容量　　kWp</td></tr>
<tr><td>3. 总投资（万元）</td><td></td><td colspan="2">增量成本（元/Wp）</td><td></td><td>费效比（元/kWh）</td><td></td></tr>
<tr><td colspan="2">4. 达到节能建筑的标准</td><td colspan="3"></td><td>当地建筑节能标准</td><td></td></tr>
<tr><td colspan="2">5. 项目类型</td><td colspan="3"></td><td>年节煤量（TCE）</td><td></td></tr>
<tr><td colspan="2">6. 工程所在地建委</td><td colspan="3"></td><td>传真</td><td></td></tr>
<tr><td colspan="2">通讯地址</td><td colspan="3"></td><td>邮编</td><td></td></tr>
<tr><td>负责人</td><td></td><td>电话</td><td colspan="2"></td><td>手机</td><td></td></tr>
<tr><td>联系人</td><td></td><td>电话</td><td colspan="2"></td><td>手机</td><td></td></tr>
<tr><td colspan="2">7. 申报主体单位</td><td colspan="3"></td><td>传真</td><td></td></tr>
<tr><td colspan="2">通讯地址</td><td colspan="3"></td><td>邮编</td><td></td></tr>
<tr><td>负责人</td><td></td><td>电话</td><td colspan="2"></td><td>手机</td><td></td></tr>
<tr><td>联系人</td><td></td><td>电话</td><td colspan="2"></td><td>手机</td><td></td></tr>
<tr><td colspan="2">8. 建设单位</td><td colspan="3"></td><td>传真</td><td></td></tr>
<tr><td colspan="2">通讯地址</td><td colspan="3"></td><td>邮编</td><td></td></tr>
<tr><td>负责人</td><td></td><td>电话</td><td colspan="2"></td><td>手机</td><td></td></tr>
<tr><td>联系人</td><td></td><td>电话</td><td colspan="2"></td><td>手机</td><td></td></tr>
</table>

<table>
<tr><td colspan="3">9. 设计单位</td><td colspan="2"></td><td>传真</td><td></td></tr>
<tr><td colspan="3">通讯地址</td><td colspan="2"></td><td>邮编</td><td></td></tr>
<tr><td>负责人</td><td></td><td>电话</td><td colspan="2"></td><td>手机</td><td></td></tr>
<tr><td colspan="3">10. 施工单位</td><td colspan="2"></td><td>传真</td><td></td></tr>
<tr><td colspan="3">通讯地址</td><td colspan="2"></td><td>邮编</td><td></td></tr>
<tr><td>负责人</td><td></td><td>电话</td><td colspan="2"></td><td>手机</td><td></td></tr>
<tr><td colspan="3">11. 监理单位</td><td colspan="2"></td><td>传真</td><td></td></tr>
<tr><td colspan="3">通讯地址</td><td colspan="2"></td><td>邮编</td><td></td></tr>
<tr><td>负责人</td><td></td><td>电话</td><td colspan="2"></td><td>手机</td><td></td></tr>
<tr><td colspan="3">12. 可研报告编写单位</td><td colspan="2"></td><td>传真</td><td></td></tr>
<tr><td colspan="3">通讯地址</td><td colspan="2"></td><td>邮编</td><td></td></tr>
<tr><td>负责人</td><td></td><td>电话</td><td colspan="2"></td><td>手机</td><td></td></tr>
<tr><td colspan="3">13. 技术支撑单位</td><td colspan="2"></td><td>传真</td><td></td></tr>
<tr><td colspan="3">通讯地址</td><td colspan="2"></td><td>邮编</td><td></td></tr>
<tr><td>负责人</td><td></td><td>电话</td><td colspan="2"></td><td>手机</td><td></td></tr>
<tr><td colspan="3">14. 设备提供商</td><td colspan="2"></td><td>传真</td><td></td></tr>
<tr><td colspan="3">通讯地址</td><td colspan="2"></td><td>邮编</td><td></td></tr>
<tr><td>负责人</td><td></td><td>电话</td><td colspan="2"></td><td>手机</td><td></td></tr>
<tr><td colspan="7">二、城市资源条件</td></tr>
<tr><td colspan="7">太阳能资源条件</td></tr>
<tr><td colspan="3">太阳辐照量</td><td colspan="2">MJ/m² · a</td><td>年日照小时</td><td></td></tr>
<tr><td colspan="7">三、项目进展情况与计划</td></tr>
<tr><td colspan="4">1. 施工图设计专项审查情况：
□房屋建筑工程施工图设计文件审查已通过
□可再生能源部分设计文件审查已通过
（选项打√）</td><td colspan="3">通过可再生能源部分施工图设计专项审查时间（或预计时间）：
____年____月____日
当前项目所处进展阶段：________</td></tr>
<tr><td colspan="7">2. 详细进度计划安排（按照填表说明正确填写）</td></tr>
<tr><td>阶段</td><td colspan="3">起止时间</td><td colspan="3">具体内容说明</td></tr>
<tr><td>建设前期工作阶段</td><td colspan="3"></td><td colspan="3"></td></tr>
<tr><td>设计阶段</td><td colspan="3"></td><td colspan="3"></td></tr>
<tr><td>建设准备阶段</td><td colspan="3"></td><td colspan="3"></td></tr>
<tr><td>建设实施阶段</td><td colspan="3"></td><td colspan="3"></td></tr>
<tr><td>竣工验收阶段</td><td colspan="3"></td><td colspan="3"></td></tr>
<tr><td colspan="7">备注说明（当前项目进展情况）：</td></tr>
<tr><td colspan="7">3. 工程建设报批手续证明材料：
□ 立项审批文件 □ 建设项目选址意见书 □ 土地使用证
□ 建设用地规划许可证 □ 建设工程规划许可证 □ 建筑工程施工许可证
□ 施工图设计文件审查合格证书 □ 资金落实证明文件
（选项前打√）</td></tr>
</table>

<table>
<tr><td colspan="4">四、建筑主要结构形式、体形系数、窗墙比、保温（屋顶、外墙）构造、围护结构性能参数及节能材料、产品的使用情况等；</td></tr>
<tr><td colspan="4">五、可再生能源技术</td></tr>
<tr><td>太阳能保证率</td><td></td><td>太阳能年光伏发电量</td><td>kWh</td></tr>
<tr><td>太阳能光伏发电用途</td><td></td><td>太阳能光伏转换效率</td><td></td></tr>
<tr><td colspan="4">简述技术方案（包括主要设备性能参数、系统设计效率、运用范围、保证率等），技术与产品被列入住房和城乡建设部（或省、自治区建设厅直辖市建委）推广计划情况；</td></tr>
<tr><td colspan="2">城市财政主管部门
盖章
年 月 日</td><td colspan="2">城市建设主管部门
盖章
年 月 日</td></tr>
<tr><td colspan="2">省、自治区、直辖市、计划单列市财政厅（局）、新疆生产建设兵团财务局
盖章
年 月 日</td><td colspan="2">省、自治区、直辖市、计划单列市、新疆生产建设兵团建设厅（委、局）
盖章
年 月 日</td></tr>
</table>

附 3

太阳能光电建筑应用财政补助资金申请汇总表

申请单位：　　　　（省级财政、建设部门签章）

项目编号	项目名称	项目所在城市（区、县）	项目类型	光电产品应用形式	太阳能电池材料类型	光电装机容量（kW）	项目总投资（万元）	申请中央财政补助资金（万元）	项目实施起止时间

填表说明：

1. 项目类型：[1] 建材型；[2] 构件型；[3] 屋顶、墙面结合安装型。
2. 光电产品应用形式：[1] 并网式；[2] 离网式。
3. 光电产品：[1] 单晶硅光伏电池；[2] 多晶硅光伏电池；[3] 非晶硅薄膜电池；[4] 其他类型。（填相应序号即可）。
4. 项目编号由各省、自治区、直辖市统一编号；编号方法 XXX－XXX－001，前三位为省代码，中间三位为城市代码，后三位为项目编号，省代码和城市代码按照国家行政区划代码填写，项目编号由各地自行编制。

附 4：

可再生能源建筑应用示范项目信息管理系统帐号分配及创建说明

1. 各省、自治区、直辖市、计划单列市建设厅（建委、建设局）、财政厅（局），新疆生产建设兵团建设局、财政局的凭原系统登陆帐号和密码登录。

2. 各省、自治区建设、财政主管部门统一创建申报项目所在市建委（局）、市财政局帐号，原则各 1 个，具体创建方法参照系统帮助中“帐号创建”。帐号规则如下：下属市建委（建设局）帐号为 XXXXXXJS00，前 6 位为项目所在市六位行政区划代码，JS 为“建设”首字母大写，后 2 位 00。下属市财政局帐号为 XXXXXXCZ00，前 6 位为项目所在市六位行政区划代码，CZ 为“财政”首字母大写，后 2 位为 00。已创建帐号的可凭原帐号登录。

3. 地方城市建设主管部门负责创建本地区所有申报项目帐号，帐号规则如下：XXXXXX09XX，6 位为项目所在市六位行政区划代码，09 代表 2009 年，后 2 位为项目顺序号。

4. 使用说明：项目申报单位凭城市建设主管部门分配的帐号和密码登陆系统后，应仔细阅读“企业申报步骤”，按要求填写完毕并提交保存；各级建设、财政主管部门逐级进行审批，提交评审结果。

建设部、财政部关于推进可再生能源在建筑中应用的实施意见

建科［2006］213 号

各省、自治区、直辖市、计划单列市建设厅（委、局）、财政厅（局）及有关部门，新疆生产建设兵团建设局、财务局：

建筑是可再生能源应用的重要领域。我国太阳能、浅层地能等资源十分丰富，在建筑中应用的前景十分广阔。目前，虽然我国太阳能光热利用、浅层地能热泵技术及产品发展比较迅速，但与建筑结合的程度不够，应用范围较窄，系统优化设计水平不高，距离大规模推广应用还存在不少差距，需要大力进行扶持、引导，使其尽快达到规模化应用。为贯彻落实《中华人民共和国可再生能源法》和《国务院关于加强节能工作的决定》（国发［2006］28 号），推进可再生能源在建筑领域的规模化应用，带动相关领域技术进步和产业发展，现提出以下实施意见。

一、充分认识推进可再生能源在建筑领域规模化应用的重要意义

（一）推进可再生能源在建筑中应用是贯彻落实科学发展观，调整能源结构，保证国家能源安全的重要举措。可再生能源是重要的战略替代能源，对增加能源供应，改善能源结构，保障能源安全，保护环境有重要作用，是建设资源节约型、环境友好型社会和实现可持续发展的重要战略措施。利用太阳能、浅层地能等可再生能源解决建筑的采暖空调、热水供应、照明等，是可再生能源应用的重要领域，对替代常规能源，促进建筑节能具有重

要意义。

（二）推进可再生能源在建筑中应用是实施国家能源战略的必然选择。我国太阳能年辐照总量超过4200MJ/m^2 的地区占国土面积的76%，是世界上太阳能资源最丰富的大国之一。在地表水、浅层地下水、土壤中可采集的低温能源十分丰富，利用潜力巨大。太阳能和浅层地能都属于低品位能源、热值不高，按照分级用能原则，这些能源最能满足建筑生活用能的需要。因此，大力推进太阳能、浅层地能等可再生能源在建筑中应用，是解决建筑用能最经济合理的选择。

（三）推进可再生能源在建筑中应用是满足能源需求日益增长，改善人民生活质量，提高建筑用能效率的现实要求。我国工业化、城镇化进程正处于快速发展时期，随着群众生活改善，在夏热冬暖的南方地区和夏热冬冷的过渡地区，夏季空调电耗急剧攀升，原本不属于暖区域的城镇也开始建设供热系统，广大农村地区越来越多地改用煤、天然气、电等商品能源，建筑用能呈现不断增长趋势。依靠可再生能源解决建筑新增用能需求，不仅能满足人民群众改善居住质量的要求，而且也能有效缓解我国能源供需矛盾。

二、推进可再生能源在建筑领域应用指导思想及工作目标

（四）指导思想。树立和落实科学发展观，贯彻实施国家《可再生能源法》，大力推进太阳能、浅层地能等可再生能源在建筑领域的应用，切实转变建筑能源需要求增长方式，通过国家对可再生能源在建筑应用的政策法规、技术标准引导，以及示范工程和技术推广，切实降低可再生能源建筑应用的技术及价格门槛，加快普及步伐，带动相关材料、产品的技术进步及产业化，形成具有自主知识产权的技术、产业体系，建立长效机制，降低建筑对常规能源的消耗，促进国家能源结构调整，保证能源安全。

（五）工作目标。“十一五”期间，可再生能源在建筑中应用取得实质性进展，基本形成相关政策法规、技术标准和技术支撑体系，基本建成与建筑结合的可再生能源自主知识产权技术和材料、产品体系。

预计到“十一五”期末，太阳能、浅层地能应用面积占新建建筑面积比例为25%以上，到2020年，太阳能、浅层地能应用面积占新建建筑面积比例为50%以上。

三、因地制宜，示范引路，稳步推进

（六）总体思路。因地制宜，以点带面，在条件成熟悉的城市或地区，选择有代表性的建筑小区和公共建筑进行可再生能源在建筑中规模化应用的示范，重点实施技术先进适用，运行稳定可靠，经济合理，推广价值大的项目。通过示范，总结经验，形成建筑应用的集成技术体系和相关技术标准、配套的政策法规，带动产业发展，稳步推广扩散，形成政府引导、市场推进的机制和模式。

（七）重点技术领域。国家重点支持以下技术领域中应用可再生能源的示范工程、技术集成及标准制定：

1. 与建筑一体化的太阳能供应生活热水、采暖空调、光电转换、照明；
2. 地表水及地下水丰富地区利用淡水源热泵技术供热制冷；
3. 沿海地区利用海水源热泵技术供热制冷；
4. 利用土壤源热泵技术供热制冷；
5. 利用污水源热泵技术供热制冷；
6. 农村地区利用太阳能、生物质能等进行供热、炊事等；

7. 先进适用，具有自主知识产权的可再生能源建筑应用设备及产品产业化；

8. 培育相关能效测评机构，建立能效标识、产品认证制度及建筑节能服务体系。

（八）认真做好示范项目组织实施。财政部、建设部制定示范项目的申报、评审办法，定期发布可再生能源建筑应用示范项目实施计划，组织各地进行申报。各地建筑、财政主管部门根据本地的经济、社会发展水平和地理气候条件，按照国家要求，组织项目的申报，并在项目批准后具体组织实施。

（九）加强监督管理，保证示范质量。各地建设、财政主管部门要加强对示范项目实施的监督管理，在示范项目建设过程中，依照国家法律法规和工程强制性标准加强监督检查和指导，确保示范项目达到国家有关标准，不符合现行有关标准或不能实现项目预期效益目标的要责令改正。要加强对示范项目使用中央及地方财政资金的监管力度，保证资金的使用符合国家相关政策法规，达到预期目的。

（十）建立评估机制，保证示范效益。依托具备条件的省级以上建筑科研机构，逐步形成国家可再生能源建筑应用的测评和技术支撑体系。各地建设、财政主管部门在示范项目完成后，应委托国家可再生能源建筑应用能效测评机构，对示范项目的节能环保效果进行测。经测评不符合现行有关标准要求的，应当责令返工；造成损失的，由责任方依法承担赔偿责任。

（十一）强化运行管理，提高利用效率。各地建设主管部门要研究制定可再生能源设备及产品运行维护的管理制度，定期对可再生能源建筑应用项目进行检查。业主及物业管理单位要定期对可再生能源设备进行维护，安排专人记录产品、设备使用情况，并如实上报。各地建设、财政主管部门要加强对示范项目的跟踪、指导和监督，及时公布可再生能源利用相关情况，发挥示范引导作用。

（十二）认真做好宣传扩散工作。各级建设、财政主管部门要充分发挥舆论的导向与监督作用，大力宣传我国能源资源现状与推广可再生能源在建筑中应用的重大意义，对试点城市的示范项目的运作模式、技术应用、运行管理等成功经验要积极宣传，扩大影响，努力营造有利于可再生能源建筑规模化应用的社会氛围。

四、加强组织领导，完善政策措施，建立长效机制

（十三）加强组织领导。各地应建立推进可再生能源在建筑中应用工作协调机构，切实加强对推进可再生能源建筑应用工作的领导。凡有国家示范项目的城市，建设、财政等相关部门应以联席会议制度等形式，加强组织领导和统筹协调。并依托现有建筑节能机构，建立专门的班子，由专门的人员具体负责。主要任务是制定本地区可再生能源建筑应用规划以及具体实施方案，协调项目实施工作，解决推进工作中的问题，及时总结经验推进推广，同时依托有实力的大专院校、科研机构等组成相应的技术支撑和保障体系，采取有效措施，逐步推进。

（十四）完善政策激励机制。国家发挥财政、税收等经济政策的引导和调控作用，促进可再生能源在建筑中应用和相应产业的发展。在安排使用可再生能源专项资金时，加大对利用可再生能源的建设项目及技术含量高、推广价值大的可再生能源建筑应用设备研发和产品生产企业的支持力度。各地建设、财政主管部门应根据本地区实际，积极研究推广可再生能源建筑应用的扶持政策，切实解决影响可再生能源推广应用的问题，通过地方财政补贴或利用城市公用事业附加、城市配套费资助等方式对可再生能源在建筑中应用给予支持。

（十五）高能耗建筑中可再生能源应用。各地建设主管部门要会同有关部门研究在新建、改建政府办公建筑、大型公共建筑及高档住宅小区建设中强制使用可再生能源的可行性，并适时出台相关政策，予以实施。在组织进行旧城改造、既有建筑节能改造及供热采暖设施改造时，要优先考虑使用可再生能源。

（十六）规范行业发展。建设部要依法逐步规范可再生能源建筑应用的设备安装、能效测评等企业的管理，培育和引导行业的健康发展。

（十七）建立和完善能效标识和可再生能源建筑应用设备产品认证制度。对可再生能源建筑应用项目推进强制性能效标识制度，建立有效的政府监管、社会监督和市场引导机制。对企业生产的可再生能源建筑应用设备及产品推行自愿性产品认证，引导社会消费行为，促进企业加快优质产品的研发。

（十八）培育和规范能源服务市场。以北方供热采暖、大型公共建筑节能为重点，依托建筑科学研究、工程勘察设计、技术咨询、热力企业等，建立合同能源管理、能源审计、节能改造与融资等多层次、多元化的建筑节能服务体系，以市场化机制推进建筑节能及可再生能源建筑应用工作。

五、加快技术创新，提高可再生能源建筑应用技术、产品发展水平

（十九）认真执行并继续完善技术标准。各省级建设主管部门要大力推动建筑领域中有关可再生能源应用的国家相关技术标准规范的贯彻执行，并结合本地实际，积极研究制定可再生能源在建筑中应用设计、施工、验收的标准、规程及工法、图集。建设部将研究制定可再生能源建筑应用测评标识管理办法及技术导则，规范测评行为。

（二十）建立完善技术、产品的推广、限制、淘汰制度。建设部将制定可再生能源建筑应用的技术及产品推广、限制、淘汰指导目标，引导技术及产品发展方向。加强工程建设中的监督检查工作，严肃查处使用国家明令禁止的淘汰产品和技术的行为，加快淘汰落后的技术、产品。

（二十一）大力推进技术进步。各地建设、财政主管部门要积极支持可再生能源建筑应用技术的开发、集成和应用示范，组织引进、消化、吸收国外先进技术，优先支持科技含量高、经济性好、节能效果显著、拥有自主知识产权的可再生能源建筑应用设备产品生产技术与装备的研究开发，增强自主创新能力。研究可再生能源产品设备与建筑结合标准化生产模式，提高技术及应用水平。

中华人民共和国建设部
中华人民共和国财政部
二〇〇六年八月二十五日

财政部　建设部关于印发《可再生能源建筑应用专项资金管理暂行办法》的通知

财建［2006］460号

各省、自治区、直辖市、计划单列市财政厅（局）、建设厅（委、局），新疆生产建设兵团财务局、建设局：

为规范可再生能源建筑应用专项资金的分配、使用和管理，我们制定了《可再生能源建筑应用专项资金管理暂行办法》，现予印发，请遵照执行。

附件：可再生能源建筑应用专项资金管理暂行办法

中华人民共和国建设部

中华人民共和国财政部

二OO六年九月四日

附件：

可再生能源建筑应用专项资金管理暂行办法

第一条　为促进可再生能源在建筑领域中的应用，提高建筑能效，保护生态环境，节约化石类能源消耗，制定本办法。

第二条　本办法所称“可再生能源建筑应用”是指利用太阳能、浅层地能、污水余热、风能、生物质能等对建筑进行采暖制冷、热水供应、供电照明和炊事用能等。

本办法所称“可再生能源建筑应用专项资金”（以下简称专项资金）是指中央财政安排的专项用于支持可再生能源建筑应用的资金。

第三条　专项资金使用原则：政府公共财政引导，企业投资为主体；有利于促进可再生能源与建筑一体化及相关产业的发展；有利于可再生能源建筑应用的推广机制形成；有利于促进建筑能效的提高；有利于进一步增强全民的节能意识。

第四条　专项资金支持的重点领域：

（一）与建筑一体化的太阳能供应生活热水、供热制冷、光电转换、照明；

（二）利用土壤源热泵和浅层地下水源热泵技术供热制冷；

（三）地表水丰富地区利用淡水源热泵技术供热制冷；

（四）沿海地区利用海水源热泵技术供热制冷；

（五）利用污水源热泵技术供热制冷；

（六）其他经批准的支持领域。

第五条　专项资金使用范围：

（一）示范项目的补助；

（二）示范项目综合能效检测、标识，技术规范标准的验证及完善等；

（三）可再生能源建筑应用共性关键技术的集成及示范推广；

（四）示范项目专家咨询、评审、监督管理等支出；

（五）财政部批准的与可再生能源建筑应用相关的其他支出。

第六条　各地财政部门会同同级建设部门，按照财政部、建设部发布的年度可再生能源建筑应用专项资金申报要求，按照公开、公平、公正的原则组织项目申报，并逐级联合上报至财政部和建设部。

第七条　建设部对各地申报的材料进行登记、造册，建立项目库，统一管理。

第八条　申报示范项目必须符合以下条件：

（一）项目所在地区具备较好的可再生能源资源利用条件；

（二）项目所在城市已制定“十一五”可再生能源建筑应用计划和实施方案；

（三）申报示范工程项目所在城市提供相应的政策及财政支持，其中北方地区优先考虑已经开展供热体制改革的城市所申报的示范项目；

（四）申报示范项目单位应具有独立法人资格（主要包括开发商、业主等）；

（五）示范项目应完成有关立项审批手续，建设资金已落实；

（六）申报项目单位和依托的技术支持单位具有承担项目必要的实力及良好的资信；

（七）申报示范项目应编制《可再生能源建筑应用示范项目实施方案报告》（以下简称《实施方案》）和填报《可再生能源建筑应用示范项目申请报告》，其中《实施方案》应由具有资格的机构完成，其主要内容包括：

1. 工程概况；

2. 可再生能源建筑应用专项技术方案研究；

3. 技术经济可行性分析及翔实的增量成本计算书；

4. 经济效益、社会效益分析；

5. 项目示范推广性分析；

6. 其他节约资源措施及后评估保障措施；

7. 工程立项审批文件的复印件。

第九条　示范项目审批

（一）财政部、建设部制定《可再生能源建筑应用示范项目评审办法》。

（二）财政部、建设部根据年度专项资金预算，从项目库中选取一定比例的项目，组织专家评审示范项目，对确定的示范项目的申请资金进行核准，经财政部、建设部确定后在网站上进行公示，公示期十日。公示期间对示范项目署名提出异议的，经调查情况属实，取消示范项目资格。

第十条　财政部和建设部根据推进可再生能源建筑应用的需要，对可再生能源建筑应用共性关键技术集成及示范推广，能效检测、标识，技术规范标准验证及完善等项目，组织相关单位编写项目建议书，通过专家评审确定项目和项目承担单位。

项目建议书内容主要包括建议项目名称，主要研究目标、内容和方法、主要产出、考核评价指标、完成时间、经费需求等。

第十一条　建设部相关机构承担可再生能源建筑应用项目的日常监督管理工作。项目执行单位应在项目进行中，根据项目进度，分阶段逐级上报项目进展情况。项目进展报告应包括项目实施情况和项目资金使用情况。

第十二条　评估验收

示范项目完成后，城市的建设行政主管部门会同财政部门委托国家可再生能源建筑应用检测机构对示范工程项目进行检测，同时根据检测报告和其他相关资料组织专家进行验收评估。检测结果和验收评估报告应逐级上报建设部、财政部。

可再生能源建筑应用共性关键技术集成及示范推广，能效检测、标识，技术规范标准验证及完善等项目完成后，建设部、财政部组织专家根据项目考核评价指标进行验收评估。

第十三条　专项资金以无偿补助形式给予支持。

（一）财政部、建设部根据增量成本、技术先进程度、市场价格波动等因素，确定每年的不同示范技术类型的单位建筑面积补贴额度。

（二）利用两种以上可再生能源技术的项目，补贴标准按照项目具体情况审核确定。

（三）财政部、建设部综合考虑不同气候区域及技术应用水平差别等，在补贴额度中给予上下10%的浮动。

（四）对可再生能源建筑应用共性关键技术集成及示范推广，能效检测、标识，技术规范标准验证及完善等项目，根据经批准的项目经费金额给予全额补助。

（五）其他财政部批准的与可再生能源建筑应用相关的项目补贴方式依照相关规定执行。

第十四条　专项资金拨付

（一）财政部根据批准的示范项目，将项目补贴总额预算的50%％下达到地方财政部门。当地建设主管部门对可再生能源建筑应用示范项目的施工图设计进行专项审查，达到《实施方案》要求的，出具审核同意意见，地方财政部门根据地方建设主管部门出具的审核意见，将补贴拨付给项目承担单位；达不到《实施方案》要求的，责令示范项目申请单位重新修改施工图设计后，另行组织审查。

（二）示范项目完成后，财政部根据示范项目验收评估报告，达到示范效果的，通过地方财政部门将项目剩余补贴拨付给项目承担单位。

（三）专项资金实行国库集中支付改革后，资金拨付按照国库集中支付制度有关规定执行。

第十五条　建设部负责编制年度可再生能源建筑应用项目评审、监管及检测费用预算，经财政部核批后，按照预算资金管理的有关要求管理和使用。

第十六条　财政部和建设部对专项资金的使用情况进行监督检查。

第十七条　专项资金应专款专用，任何单位或个人不得截留、挪用。有下列情形之一的，财政部门可以暂缓或停止拨付资金，并依法进行处理：

（一）提供虚假情况，骗取专项资金的；

（二）转移、侵占或挪用专项资金的；

（三）未按要求完成项目进度或未按规定建设实施的；

（四）未通过检测、验收评估的；

（五）不符合国家其他相关规定的。

第十八条　地方财政、建设部门可根据本办法制定实施细则。

第十九条　本办法由财政部、建设部负责解释。

第二十条　本办法自印发之日起施行。

财政部　建设部关于印发《可再生能源建筑应用示范项目评审办法》的通知

财建［2006］159号

各省、自治区、直辖市、计划单列市财政厅（局）、建设厅（委、局），新疆生产建设兵团财务局、建设局：

为提高可再生能源建筑应用示范项目管理的科学性、公正性，规范示范项目评审工作，我们制定了《可再生能源建筑应用示范项目评审办法》，现予印发，请遵照执行。

附件：可再生能源建筑应用示范项目评审办法

中华人民共和国建设部
中华人民共和国财政部
二〇〇六年九月四日

附件：

可再生能源建筑应用示范项目评审办法

第一条 为提高可再生能源建筑应用示范项目（以下简称项目）管理的科学性、公正性，规范项目评审工作，根据《可再生能源建筑应用专项资金管理暂行办法》（财建［2006］460号，以下简称管理办法），制定本办法。

第二条 建设部对各地申报的材料进行登记、造册，建立项目库，统一管理。

第三条 由财政部、建设部对项目申报材料进行初步筛选，列入项目库。对有下列情况之一的，不予列入：

1. 项目所采用的技术、设备不具备安全性；
2. 提供资料与实际情况不符；
3. 不符合所在区域的建筑节能标准；
4. 申报手续不完备，申请报告编写不符合规定；
5. 已获得国家可再生能源建筑应用相关的资金支持；
6. 利用可再生能源实行集中供热、供冷但未实行按用热（冷）量计量收费的项目和城市；
7. 不符合管理办法有关规定。

第四条 财政部和建设部联合组织专家，从项目库中选取一定比例的项目，组织专家进行集中评审，并对项目示范增投资提出审核意见。

项目主要依据可再生能源建筑应用示范项目申请报告进行评分，详见《可再生能源建筑应用示范项目评分表》（附1），评审内容如下：

1. 技术先进，是指可再生能源应用技术的先进性；
2. 适用可行，包括实施单位和技术支持单位、运行维护、施工工艺、产品设备、风险；
3. 经济合理，包括增量成本，常规能源替代量、费效比（增量成本/节能效益）；
4. 示范推广，包括项目的区域代表性、建筑类型代表性、其他资源节约措施、后评估保障措施。

第五条 可再生能源建筑应用示范项目评审专家的组成。

（一）由建设部、财政部共同选择可再生能源建筑应用、建筑节能、财务、项目管理等方面的专家组成项目专家库；

（二）财政部、建设部从专家库中抽取专家组成专家评审组。每个专家评审组一般不少于7人，评审组应包含建筑、土木工程、建筑设备、工程造价等方面的专家，并指定一名专家组长；

（三）评审专家应具有对国家和项目负责的态度，具有良好的职业道德，坚持原则，独立、客观、公正地对项目进行评审，评审专家应具有高级专业技术职务；

（四）评审专家如与申报项目存在利益关系或其他可能影响公正性的关系的，应当申请回避。

第六条　财政部、建设部对评审合格的项目进行确定后进行公示，公示期十日，如有重大问题，经查实取消示范资格。

第七条　本办法由财政部、建设部负责解释。

第八条　本办法自印发之日起执行。

附：1. 可再生能源建筑应用示范项目评分表

2. 可再生能源建筑应用示范项目推荐意见表

3. 可再生能源建筑应用示范项目推荐（排序）汇总表

4. 可再生能源建筑应用示范项目专家在评审工作中的职责和纪律

附1：

可再生能源建筑应用示范项目评分表

评 分 细 则

1. 本评分表主要依据可再生能源建筑应用示范项目实施方案进行评分，具体包括项目的技术先进、适用可行、经济合理、示范推广四个方面，合计满分为100分。

2. 若发现项目所采用的技术、设备不具备安全性或提供的资料有弄虚作假行为，以及该项目节能措施不符合所在区域的建筑节能标准，则该项目的得分合计应为0分。

项目名称：______________________________

项目所在地：____________________________

项目技术领域：__________________________

序号	评审项目	具 体 内 容	满分分值	评 分 标 准
1	技术先进		20	由专家客观进行评定。
2	适用可行	实施单位和技术支持单位	3	实施单位和技术支持单位的综合实力如何？是否有能力保证该项目的顺利实施？
		运行维护	10	所采用的技术是否有利于今后的运行维护？运行成本是否合理？
		技术路线	8	是否合理？是否具有可操作性？
		产品、设备	4	所采用的产品、设备是否经过国家相关部门的检测？是否能达到技术方案的要求？与建筑结合情况如何？
3	经济合理	单位面积增量成本	8	单位建筑面积增量成本的计算原则、基准是否合理？是否采用了降低增量成本的技术？
		单位面积常规能源替代量	8	单位面积常规能源替代量是否合理？
		费效比（增量成本/常规能源替代量）	9	费效比是否合理？
4	示范推广	区域代表性	20	严寒、寒冷地区的项目所在的城市是否实行热费“暗补”为“明补”？是否具有示范推广意义？
		建筑类型代表性	4	是否在同类建筑中具有典型示范推广意义？
		其他资源节约措施	3	是否具有节水、节地、节材及改善人居环境的措施？
		后评估保障措施	3	是否预留数据收集设施的方案？
得分合计（分）			100	

评价意见：

评审专家签名：__________ ______年___月___日

附 2：

可再生能源建筑应用示范项目推荐意见表

<table>
<tr><td colspan="3">推荐项目名称</td><td colspan="3"></td></tr>
<tr><td colspan="3">承担单位名称</td><td colspan="3"></td></tr>
<tr><td colspan="3">项目所在地</td><td colspan="3"></td></tr>
<tr><td rowspan="9">项目推荐意见</td><td colspan="3">示范类型</td><td colspan="2">示范建筑面积（m^2）</td></tr>
<tr><td colspan="3"></td><td colspan="2"></td></tr>
<tr><td colspan="3"></td><td colspan="2"></td></tr>
<tr><td colspan="3"></td><td colspan="2"></td></tr>
<tr><td colspan="3"></td><td colspan="2"></td></tr>
<tr><td colspan="2" rowspan="3">专家评审分数平均</td><td rowspan="3"></td><td>项目上报增投资（万元）</td><td></td></tr>
<tr><td>项目上报单位建筑面积增投资（元）</td><td></td></tr>
<tr><td>专家组核准增投资金额（万元）</td><td></td></tr>
<tr><td>专家组意见</td><td colspan="4">年 月 日</td></tr>
<tr><td colspan="2">组长签字：</td><td colspan="4"></td></tr>
</table>

附 3：

可再生能源建筑应用示范项目推荐（排序）汇总表

年　月　日

项目名称	承担单位	技术领域	项目所在地	评审分数	示范面积（m^2）	排　序	备　注

附 4：

可再生能源建筑应用示范项目专家在评审工作中的职责和纪律

1. 评审专家应按照规定的评审程序，独立、客观、公正、科学地对项目进行评价和打分；

2. 评审专家对项目进行评议并应填写《可再生能源建筑应用示范项目专家评分表》、《可再生能源建筑应用示范项目推荐意见表》；

3. 评审专家如与申报项目存在利益关系或其他可能影响公正性的关系的，应当向组长申明并回避；

4. 评审专家不得利用专家的特殊身份和影响力与申请项目相关人员串通，为其申请的项目获得立项提供便利；

5. 评审专家不得压制不同学术观点和其他专家意见。评审专家不得为得出主观期望的结论，投机取巧、断章取义、片面做出与客观事实不符的评价；

6. 评审专家不得泄露评审认定项目和清单、评审专家名单、评审标准、评审意见、结果，不得复制保留或向他人扩散评审资料，评审工作结束后，向项目管理机构提交专家评审意见并交回全部评审材料；

7. 评审专家不得跨组进行有碍项目公正评审的有关讨论；

8. 未经项目管理机构批准，评审专家不得调换评审组；

9. 评审专家不得索取或者接受被评审项目单位以及相关人员的礼品、礼金、有价证券、支付凭证以及可能影响公正性的宴请或其他好处；

10. 评审工作期间，评审专家原则上不得离开会议所在地，如遇特殊情况实行请假制度，但请假时间超过 4 小时，即取消本次评审资格，请假需经专家组组长批准。专家组组长的请假需经项目管理机构负责人批准。

可再生能源建筑应用示范推广项目申请报告编写提纲

一、工程概况

工程概况包括地理位置、建筑类型、总平面图、建筑面积、使用功能、示范面积等。如果该工程既包括居住建筑又包括公共建筑，应分别注明各部分的建筑面积和示范面积。

二、示范目标及主要内容

示范目标中要注明满足国家和地方建筑节能设计标准的情况、示范的主要技术及节能量。

三、技术方案（包括方案的遴选）

（一）围护结构体系

（二）冷热负荷估算

（三）示范技术设计方案（重点）

1. 方案论述

2. 计算分析（根据申报技术类别）
（1）太阳能集热器面积计算
（2）地源热泵吸热量与放热量平衡分析
3. 系统原理图
4. 主要设备及性能参数（根据申报技术类别）
（1）贮热水箱热损系数、集热系统效率
（2）光电板转换效率
（3）热泵机组制热/制冷性能系数
（四）系统能效计算分析
1. 太阳能光热/光电系统效率
2. 热泵系统能效比
（五）节能量计算
（六）技术经济分析
1. 可再生能源部分投资概算
2. 项目增量成本计算（参照常规能源系统）
3. 项目费效比、回收年限计算
（七）检测预留方案
（八）运行维护方案
1. 数据收集方案（包括所需测试数据、实现既定节能量的保障措施等）
2. 运行维护（包括建筑用能管理制度、操作规程、定期能耗统计报告及设备养护等）
（九）进度计划与安排
（十）效益及风险分析
1. 环境影响分析（CO_2 等气体减排量）
2. 示范项目推广前景分析
3. 风险分析
（十一）技术支持（包括：项目执行单位的技术力量描述、技术合作单位介绍）
（十二）证明材料

1. 工程建设报批手续、开发企业资质证明材料及其他批复文件（包括太阳能并网发电批复文件等）

2. 资金落实情况（包括：银行贷款、企业自筹、申请国家资金支持和地方政府资金支持）及配套资金证明文件

3. 投资运营商实施合同能源管理与项目业主单位签订的协议（投资运营商作为申报主体时需提供该内容）

附录二：太阳能建筑应用行业主要相关机构

【职能部门】

国家太阳能热水器质量监督检验中心（北京）
国家太阳能热水器质量监督检验中心（武汉）
国家空调设备质量监督检验中心
建设部供热质量监督检验中心

【科研设计单位及高校】

中国建筑科学研究院
中国建筑设计研究院
北京市建筑设计研究院
上海市建筑科学研究院
深圳市建筑科学研究院
河南省建筑科学研究院
甘肃省建筑科学研究院
四川省建筑科学研究院
辽宁省建筑科学研究院
中国科学院电工研究所
清华大学
同济大学
北京科技大学

【设备厂商】

艾欧史密斯（中国）热水器有限公司
北京创意博能源科技有限公司
北京北方赛尔太阳能工程技术有限公司
北京博大光止高新技术有限公司
北京恩派太阳能科技有限公司
北京华业阳光新能源有限公司
北京九阳实业公司
北京民意伟业太阳能有限公司
北京清华阳光能源开发有限责任公司
北京市太阳能研究所有限公司

北京四季沐歌太阳能技术有限公司
北京天普太阳能工业有限公司
北京天源阳光太阳能工业有限公司
北京天韵太阳科技发展有限公司
北京阳光世佳太阳能工业有限公司
北京英豪阳光太阳能工业有限公司
北京雨昕阳光太阳能工业有限公司
北京中科天泉太阳能设备有限公司
北京中科阳光太阳能有限公司
佛山市顺德区澳伦电器有限公司
广东红日太阳能有限公司
广东万家乐燃气具有限公司
广东五星太阳能有限公司
广东五星太阳能有限公司
哈尔滨赛澳太阳能开发股份有限公司
海宁光泰太阳能工业有限公司
海宁豪康太阳能有限公司
海宁家能太阳能工业有限公司
海宁奇瑞特太阳能热水器有限公司
海宁市家家热太阳能工业有限公司
海宁市万嘉电器有限公司
海宁太阳村热水器有限公司
海宁先科太阳能科技有限公司
杭州现代新能源有限公司
合肥美菱太阳能科技有限责任公司
合肥荣事达太阳能科技有限公司
合肥荣事达太阳能科技有限公司
河北光源太阳能有限公司
河北三环太阳能有限公司
河南华顺阳光新能源有限公司
华隆新能源有限公司
皇明太阳能集团有限公司
黄石东贝机电集团太阳能有限公司
济南佳源太阳能有限公司
嘉兴繁荣电器有限公司
江苏奥斯特太阳能有限公司
江苏光芒厨卫太阳能科技有限公司
江苏淮阴辉煌太阳能有限公司
江苏日利达太阳能有限公司

江苏桑夏太阳能产业有限公司
江苏省华扬太阳能有限公司
江苏太阳雨太阳能有限公司
江苏元升太阳能集团有限公司
昆明新元阳光科技有限公司
廊坊创意博能源有限公司
盼盼集团盼盼太阳能有限公司
青岛澳柯玛太阳能技术工程有限公司
青岛经济技术开发区海尔热水器有限公司
日照天孚太阳能有限公司
日照中科美阳太阳能制造有限公司
山东福德科技有限公司
山东豪特太阳能有限公司
山东黄金太阳科技发展有限公司
山东京普太阳能科技有限公司
山东力诺瑞特新能源有限公司
山东龙光天旭太阳能有限公司
山东牡丹阳光能源开发有限公司
山东热帝太阳能有限公司
山东桑乐太阳能有限公司
山东天丰太阳能制品有限公司
山东小鸭新能源有限公司
山东亿家能太阳能有限公司
山东中科蓝天科技有限公司
上海同建师科太阳能科技有限公司
深圳市嘉普通太阳能有限公司
深圳市鹏桑普太阳能工业有限公司
深圳市拓日新能源科技股份有限公司
泰安市旺普太阳能有限公司
滕州市光普太阳能工程有限公司
芜湖贝斯特新能源开发有限公司
芜湖贝斯特新能源开发有限公司
扬州市赛恩斯科技发展有限公司
浙江高得乐新能源有限公司
浙江家得乐太阳能有限公司
浙江家辉太阳能科技有限公司
浙江美大太阳能工业有限公司
浙江斯帝特新能源有限公司

附录三：财政部、住房和城乡建设部可再生能源建筑应用示范项目列表

财政部、建设部第一批可再生能源建筑应用示范工程表

省市	示范小区名称	技术类别	示范面积（万 m^2）/光电（kWP）
北京	鲁迅文化园	地下水源热泵	15
北京	61580部队北京市海淀区农大南路	土壤源热泵	13.8
北京	鑫福里小区热泵集中供暖工程	地下水源、污水源	12.56
北京	北工大软件园研发培训区污水源热泵工程	污水源热泵	6.1
北京	建研科技园	土壤源、太阳能采暖制冷	2.16
北京	北京奥运村	太阳能热水、太阳能光电、城市污水源	15
内蒙	民生花园	太阳能热水、太阳能采暖	3.1
内蒙	赤峰国际会展中心	地下水源热泵、太阳能热水	3.1
内蒙	呼和浩特市新农村建设项目	太阳能热水、太阳能供热	15
内蒙	内蒙古财政、发展大厦	土壤源热泵	10.4
内蒙	北方联合电力住宅小区	地下水源热泵	15
辽宁	城建北陵生活园地下水源热泵工程	地下水源热泵	15
辽宁	辽宁省人民医院病房楼	地下水源热泵	10
辽宁	星海湾商务区	海水源热泵	15
辽宁	北海热电厂再生水利用水源热泵工程	污水源热泵	15
山东	皇明节能示范小区	太阳能综合	5
山东	德州信誉·新湖春天	太阳能热水、地下水源热泵	6.35
山东	威海市民文化中心	太阳能热水/太阳能光电	7.1/300kWp
山东	青岛鲁能领秀城海水/污水源热泵空调系统示范工程	海水源热泵、污水源热泵	15
山东	青岛石老人生态旅游健身区项目	海水源热泵、太阳能热水	15
深圳	拓日工业园	太阳能光电	300kWp
深圳	深圳市无害化处理厂	太阳能热水/太阳能光电	83kWp
深圳	深圳市体育新城安置小区	太阳能热水	15
深圳	泉顺通工业园	太阳能热水/太阳能光电	2.4/128kWp
深圳	建科大楼	太阳能供热制冷/太阳能热水/太阳能光电	77.9kWp

财政部、建设部第二批可再生能源建筑应用示范工程表

省市	项目名称	技术类型	示范面积（万 m^2）/光电（kWp）
北京市	北京未来之家生态展示楼	太阳能热水、土壤源热泵	1.28
	迦南大厦及花园商贸批发交易大楼	地下水源热泵	8.93
	平谷区新农村建设太阳能供暖/热水系统	太阳能供热制冷	1.74
天津市	天津工业大学二期学生生活区	土壤源热泵	8.00
	天津市安定医院	土壤源热泵	7.85
	汇森集团富水一方	土壤源热泵	12.40
河北省	唐山天源里住宅小区	太阳能热水	15.19
	唐山学院北校区工程	土壤源热泵	6.13
	辛集芳华小区	太阳能热水、地下水源热泵	20.00
	尚都东明城市花园	地下水源热泵	14.00
辽宁	沈阳 AMT 装备制造基地	地下水源热泵	10.00
	中国医科大学附属第二医院病房楼	地下水源热泵	3.88
大连市	小平岛新区	海水源热泵	50.00
黑龙江省	让湖路地区采用热泵技术集中供热工程项目	改造项目，污水源热泵	33.33
上海市	上海浦江智谷商务园	地下水源热泵	13.73
	上海市崇明县竖新镇前卫村全国科普教育基地（改造）	地下水源热泵	2.00
	上海越洋广场静安区南京西路 1627 号地块	太阳能热水、太阳能光伏发电	2.2734/19.8kWp
	上海电气总公司临港重装备制造基地综合楼	太阳能热水、太阳能光伏发电	1.7748/220.5kWp
江苏省	南通新城住宅小区	污水源热泵	33.33
	南京奥体新城 5 期 A1 地块	太阳能光伏发电	480kWp
安徽省	“科学家园”职工住宅小区	淡水源热泵	20.40
福建省	福州大学图书馆	地下水源热泵	3.55
	福州大学建筑节能示范公寓	太阳能热水、太阳能光伏发电	1.5/1.2kWp
江西省	江中紫金城项目	地下水源热泵、太阳能热水	38（其中地源水源热泵 12，太阳能热水 26）
	博苑、象湖茗居	地下水源热泵	10.07
山东省	文化名居	太阳能热水	7.00
青岛市	青岛国际帆船中心	海水源热泵	3.07
河南省	上元国际大厦	地下水源热泵	2.45
	鹤壁市政府办公楼	地下水源热泵	5.50
	河南省郑州高新技术产业开发区地质科研基地浅层地能建筑应用示范项目	地下水源热泵	5.60

续表

省市	项目名称	技术类型	示范面积（万 m^2）/光电（kWp）
河南省	鹤壁市公共办公区	地下水源热泵	1.79
	鹤壁市迎宾馆南区	地下水源热泵	1.00
	金领时代住宅区	地下水源热泵	22.00
	牧业工程高等专科学校新校区	地下水源热泵	25.00
湖北省	武汉市百步亭新港苑小区	太阳能热水；地下水源热泵	居住：太阳能热水12.7；公建：地下水源热泵，0.75
	武汉日新科技园	太阳能热水、太阳能光伏发电	0.8/615kWp
	武汉科技学院新校区二期工程太阳能建筑应用示范	太阳能光电	70kWp
	武汉市 MATIC EBM T5 节能照明系统改造项目（厂区新建）	土壤源热泵	1.50
	宜昌金缔华城项目	土壤源热泵	2.80
	襄樊左岸春天住宅小区	太阳能热水	15.20
	襄樊市体育馆	地下水源热泵	2.00
	襄阳古城住宅楼群项目	太阳能热水	50.00
湖南省	湘潭东方名苑应用地表水水源热泵可再生能源示范工程	淡水源热泵	25.00
深圳市	深圳高新区软件大厦	太阳能光电	204.12kWp
广西	广西建设大厦	土壤源热泵	3.10
	广西大学行健文理学院	土壤源热泵	9.95
	广西工业学院鹿山学院	土壤源热泵	2.00
四川省	成都市中级人民法院审判业务（法庭）综合楼南迁项目	土壤源热泵	6.25
	龙锦慧苑居住小区	土壤源热泵	4.16
	成都医学院新校区	地下水源热泵	6.39
	邛崃市人民医院住院大楼	地下水源热泵	1.95
贵州省	贵阳市金阳新区景怡苑住宅小区	地下水源热泵	25.00
陕西省	第四军医大学西京医院消化病医疗楼	污水源热泵	3.31
	紫薇风尚	太阳能供热制冷	17.47
	长安大学雁塔校区地质大厦	土壤源热泵	2.37
	曲江·翠竹园二期	太阳能供热制冷	8.71
新疆	特变昌化项目	太阳能供热制冷	12.80

注：示范面积指国家财政将予以补助的面积，不改变项目原计划的应用面积。

财政部、建设部第三批可再生能源建筑应用示范工程表

序号	项目所在省市	项目名称	示范面积（万 m^2）/光电（kWp）	技术类型	项目承担单位
1	北京市	中关村国际商城一期	11.79	4	北京中关村国际商城发展有限公司
2		海淀区委党校教学培训楼及教学综合楼工程	4.02	5	中国共产党海淀区委员会党校
3		马坊馨城水源热泵供暖制冷项目	11.76	8	北京宝晟住房股份有限公司
4		平谷区农村住宅太阳能与建筑一体化采暖/热水系统示范工程	9.92	1+2	北京倚基土地开发有限公司
5		金泰彤翔商厦	7.12	5	北京鑫福海工贸集团
6		国防部维和事务培训中心地源热泵工程	1.6	4	国防部维和事务办公室
7		通州区梨园镇高楼金村旧村改造	18.81	4	贵源房地产开发有限公司
8		马连道胡同一号	18.05	5	北京市轻工房地产开发有限公司
9	天津市	天津市海河医院改扩建工程	4.7	3+4	天津市海河医院
10		天津公馆污水源热泵供热供冷工程	5.4	8	天津开发区和合置业有限公司
11		天津市西青区第九十五中学可再生能源项目	5.27	2+4	天津市西青区教育局
12		天津市天邦购物乐园	9.9	2+4	天津天邦投资发展有限公司
13	河北省	保定电谷广场太阳能光伏发电及污水源热泵建筑应用示范工程	4.14	3+8	保定源盛投资发展有限公司　保定源盛房地产开发有限公司
14		邢台市家乐园．天一城小区可再生能源建筑应用示范工程	10.6	2+3+4	河北家乐园房地产开发有限公司
15		宁晋县行政服务中心	1.4	5	宁晋县财政局
16		光源太阳能工业园可再生能源应用示范项目	30kWp	1+2+3+5	河北光源太阳能有限公司
17		欣欣苑小区	3.6	5	河北省巨鹿县中原建筑安装有限公司
18		秦皇岛“在水一方”住宅小区	36.95	2	秦皇岛五兴房地产有限公司
19		黄金海岸国际公寓海水源热泵供暖空调工程	4.9	7	秦皇岛黄金海岸海阔房地产开发有限公司
20		开滦精煤股份有限公司煤矿坑道水水源热泵应用示范工程	9.78	8	开滦精煤股份有限公司

续表

序号	项目所在省市	项目名称	示范面积（万 m^2）/光电（kWp）	技术类型	项目承担单位
21	山西省	山西省太原市国瑞苑一、二期可再生能源建筑应用示范项目	9.83	8	山西国瑞投资有限公司
22	内蒙古自治区	富邦商务中心	5.47	5	呼和浩特市富邦新技术开发公司
23		机动车及驾驶人管理中心	4.8	5	呼和浩特市交警大队
24		内蒙古呼和浩特市巨海城九区住宅楼	21.64	2+3	内蒙古巨华房地产开发集团有限公司
25		赤峰市天骄西苑小区	8.72	2+3	赤峰市紫晨房地产开发有限公司
26		内蒙古宁城县旅游度假区温泉热水资源综合利用	16/14	5	宁城热水旅游度假区开发管理委员会
27		阿拉善大酒店 & 天赋佳苑住宅小区	13.7	2+4+5	内蒙古阿拉善呈龙房地产开发有限责任公司
28		巴彦淖尔市家和、新龙城小区可再生能源建筑应用示范工程	16.3	1+2+3	巴彦淖尔市乌拉特中旗大公热力有限责任公司
29		鄂尔多斯市新大地奥林花园（A区，B区，C区）	28.63	2	鄂尔多斯市新大地房地产开发有限责任公司
30	辽宁省	皇朝万鑫	23.08	5+8	沈阳皇朝万鑫房屋开发有限公司
31		沈阳市商业城	3/11.1	2+5+8	沈阳市商业城股份有限公司
32		武警辽宁省总队指挥中心工程	5.99	4	武警辽宁省总队后勤部
33		金水花城	43	5	沈阳中一实业有限公司
34		钓鱼台7号	13.98	5	口色发展投资有限公司
35		建馨家园	5.79	5	辽宁荣麟房地产开发有限公司
36		万和顺景	12.6	5	沈阳万和顺景房地产开发有限公司
37		铁煤热电厂循环冷却水废热供暖工程	96.6	8	铁法煤业集团房地产开发有限责任公司
38	大连市	獐子岛镇海水地能热泵应用示范工程	16.2	7	獐子岛镇人民政府
39		大窑湾集装箱码头三期工程辅建区单体暖通工程	1.59	7	大连港集装箱股份有限公司
40		星中环广场原生污水源热泵工程	3.8	8	大连东特房地产有限公司
41		大长山岛镇海水地能热泵应用示范工程	20	7	大长山岛镇人民政府

续表

序号	项目所在省市	项目名称	示范面积（万 m^2）/光电（kWp）	技术类型	项目承担单位
42	吉林省	磐石市日月潭宾馆综合楼	2.4	5	磐石市日月潭宾馆
43		梦景家园	5.66	5+8	集安市焱伟房地产开发有限公司
44	黑龙江省	佳木斯技师学院地下水源热泵工程	8.2	5	佳木斯技师学院
45	上海市	太阳能综合应用示范园区（暨新建实验及配套辅助用房）项目	2.85	1+2+3	上海太阳能工程技术研究中心有限公司
46		河畔华城二－1A 期工程	1.14	2+3	大华（集团）有限公司
47	江苏省	南京朗诗·国际街区 B2 项目（二期）	11.39	4	南京朗诗置业股份有限公司
48		中电．颐和家园	11	2+3	南京中电置业有限公司
49		南京龙潭经济适用房项目	37.59	2+3	南京栖霞建设集团有限公司
50		常州大诚苑二期高层综合楼地源热泵空调与太阳能热水集成系统	1.59	2+4	常州市大成房地产开发有限公司
51		连云港职业技术学院地表水源热泵空调工程（一期）	30.3	6	连云港职业技术学院
52		南京工程学院逸夫图书信息中心	3.85	6	南京工程学院
53		无锡尚德研发中心大楼	1.6	3+5	无锡尚德太阳能电力有限公司
54		无锡恒华科技园	3.5	3+4	无锡恒华科技发展有限公司
55	浙江省	绿建·北秀蓝湾住宅小区	6.45	2+4	杭州绿建房地产开发有限公司
56		达利（中国）有限公司大规模应用太阳能热水系统工程	5.2	2	达利（中国）有限公司
57		中国水利博物馆	3.6	3+6	中国水利博物馆
58		杭州能源与环境产业园绿色建筑科技馆	15kW	2+3+4	杭州节能环保投资有限公司（中国节能投资公司下属全资子公司）
59		绿城千岛湖度假公寓	4.97	6	杭州千岛湖绿城投资置业有限公司
60	安徽省	淮南市海创福海园住宅小区	7	2+3	安徽海创房地产开发有限公司

续表

序号	项目所在省市	项目名称	示范面积（万 m^2）/光电（kWp）	技术类型	项目承担单位
61	安徽省	安庆市香樟里·那水岸	14.53	2	安庆市新文采置业有限公司
62		黄山市民中心游泳馆工程	1.07	5	黄山市民中心工程筹建处
63	福建省	三明将乐鸿图·日照东门水木玉华小区	15.6	2	福建鸿图房地产开发有限公司
64		福州家天下	1.33	2	福建沃野房地产有限公司
65	厦门市	厦门市瑞景公园太阳能集中供热工程	15.13	2	厦门洪文居住区开发有限公司
66		厦门联发五缘湾1号花园	100kWp	3	联发集团有限公司
67	山东省	山东建大教授花园	16/1.07	1+2+3+4	山东建大教育置业有限公司
68		聊城星光·水晶城（二、三期）	14.8	1+2+3+4	山东聊城星光房地产开发有限公司
69		济南奥林匹克体育中心场馆工程	20	2+3+4	济南市城市建设投资有限公司
70		烟台栖霞市凤翔居住小区及综合服务楼	13.3	2+6	栖霞市国有资产经营公司
71		潍坊双羊新城	14.66	2+4	山东天同城市建设集团有限公司
72		烟台海天·四季花城工程	12.08	2+3+4	山东嘉士德投资置业有限公司
73		济南“山南水北都”项目	5	2+3+4	山东省大同宏业投资有限公司
74		淄博普利．艾伦庄园	10.2	2+3+4	山东淄博普利置业有限公司
75		威海颐康府小区	3.31	2	威海金城房地产开发有限公司
76	青岛市	青岛市千禧国际村组团三可再生能源建筑应用示范项目	5.43	4	青岛千禧国际村置业有限公司
77		青岛银盛泰国际商务港及城阳经贸中心	8.44	5	青岛银盛泰房地产有限公司
78		大荣世纪综合楼	9.06	4	青岛大荣置业有限公司
79	河南省	河南省省直第三人民医院可再生能源建筑应用示范项目	10.3	5	河南省直第三人民医院
80		济源国际时代商业广场可再生能源建筑应用示范	8	5	济源市时代商业广场发展有限公司
81		安阳市广厦新苑住宅工程	17.02	3+5+8	安阳市机关房产置业中心
82		商丘上海城市花园	18	2+3	商丘市瑞华置业发展有限公司

续表

序号	项目所在省市	项目名称	示范面积（万 m^2）/光电（kWp）	技术类型	项目承担单位
83	河南省	和光园住宅小区可再生能源建筑应用示范	6.5	5	洛阳市政达房地产有限公司
84		河南省肿瘤医院门诊医技楼工程	5.28	4	河南省肿瘤医院
85	湖北省	中国人民解放军军事经济学院新建图书馆暨教员办公楼	3.53	4	军事经济学院
86		武汉理工大学综合楼、孵化楼	6	3+4	武汉理工大学
87		华中科技大学建筑与城市规划学院教室扩建和既有建筑改造项目	1.13	1+2+3+4	华中科技大学建筑与城市规划学院
88		湖北省黄石市团城山综合服务小区	29.6	4+8	黄石市城市建设投资开发公司
89		宜昌中级人民法院节能改造（审判综合楼既有建筑改造、新建干警住宅区）	5.8	4	宜昌市中级人民法院
90	湖南省	当代万国城 Moma（长沙）	2.5	4	当代置业（湖南）有限公司
91	广东省	广州市番禺中心医院	9.2	2+3	广州市番禺区人民医院
92	深圳市	龙岗区横岗街道经济适用房太阳能热水示范项目	2.79	2	深圳市龙岗区横岗街道办
93		招商澜园	2.03	2	深圳招商地产有限公司
94		创维科技工业园	5.84	2	创维平面显示科技（深圳）有限公司
95		深圳市观澜高新园区配套宿舍太阳能/风能及中水源热泵示范项目	7.86	2+3+8	深圳市宝安区高新技术产业园区开发投资有限公司
96	海南省	海南大学图书馆和学生公寓楼工程可再生能源建筑应用示范工程	8	1+2	海南日源太阳能开发有限公司
97		海南华侨中学可再生能源建筑应用示范工程	4.7	1+2+3+5	海南华侨中学
98		海南文昌市白金海岸度假酒店公寓	7.3	2	海南宝名置业有限公司
99		三亚国光滨海花园酒店公寓	7.91	2+3	三亚国光投资置业有限公司
100	重庆市	重庆市渝中区化龙桥项目 B3/01 地块	5.4	6	重庆瑞安天地房地产发展有限公司
101		开县人民医院业务综合楼水源热泵中央空调工程	3.8	6	开县人民医院

续表

序号	项目所在省市	项目名称	示范面积（万 m^2）/光电（kWp）	技术类型	项目承担单位
102	重庆市	重庆珠江·太阳城水源热泵节能示范项目	15	6	重庆珠江实业有限公司
103		重庆市南江水文地质工程地质队集资楼地源热泵空调工程	3.23	4	重庆市地勘局南江水文地质工程地质队
104	四川省	成都天友国际酒店（改造）& 财富双楠（新建）	4.36	4	成都天友发展有限公司
105		青城国际酒店工程	1.76	5	成都建工集团旅游有限公司
106	云南省	丽江祥和丽城安置住宅小区建设一体化太阳能供应热水项目	23.5	2	丽江裕安房地产综合开发有限公司
107		昆明阳光测量仪表生产及研发基地	49.8kWp	2+3	昆明阳光测控技术有限公司
108		“颐庆园”住宅小区	4.31	2+3	昆明市城市建设综合开发有限公司
109		潇湘新区住宅可再生能源应用示范项目	15.8	2	曲靖官房房地产开发有限公司
110		云南省曲靖市路桥花园住宅小区小高层太阳能热水器利用示范	2.18	2	麒麟区华伟房地产有限责任公司
111	陕西省	咸阳天虹基·紫韵东城小区一期	19	5	咸阳天虹基置业有限公司
112		商洛市江南住宅小区	61	5	商洛市城市建设投资开发有限公司
113		杨凌示范区利用地下水源热泵技术分区集中供冷供热节能示范项目	37.12	5	杨凌鑫诚基础设施投资有限公司
114		西安都市之门	10.1	4	上海绿地集团西安置业有限公司，西安高新区控股有限公司
115	青海省	河湟小镇小区太阳能生活热水及采暖建筑应用示范工程	8	1+2+3	西宁市土地综合开发公司
116		青海省海东地区民和广馨花园二期工程	7.5	1+2	中房集团西宁民和房地产开发有限公司
117		西宁市南山庭院小区	10.32	1+2+3	青海省地矿房地产开发有限公司
118		西宁市经济适用房一期工程	7.14	2	西宁房地产集团公司
119		刚察县寄宿制中小学太阳能取暖热水项目（改造）	3.74	1+2	刚察县教育局

续表

序号	项目所在省市	项目名称	示范面积（万 m^2）/光电（kWp）	技术类型	项目承担单位
120	宁夏回族自治区	固原“泰合嘉园”住宅工程	9	2	固原泰合房地产开发有限公司
121		银川凤鸣佳苑地下水源热泵工程	16.39	5	银川市开发区宏建房地产开发有限公司
122		中国矿业大学银川学院学生公寓太阳能热水工程	3.2	2	中国矿业大学银川学院
123		瑞明太阳能办公、厂房、职工公寓、公共洗浴太阳能采暖、洗浴热水工程	1.8	1+2	银川瑞明太阳能有限公司
124	新疆维吾尔自治区	隆锦花园地下水源热泵供热制冷及太阳光伏发电照明工程	28.53	3+5	新疆曦隆实业集团有限公司
125		新疆电力科学院计量中心综合楼地源热泵工程	2.26	4	新疆电力科学研究院
126		康都时代花园	23	1+3	新疆康达实业集团有限公司
127		新源县幸福苑可再生能源示范项目（新源县幸福花园二期）	3.08	2	新源县城建房地产开发有限责任公司
128	新疆生产建设兵团	一团光明住宅小区	3.61	3+5	农一师一团
129		农一师阿拉尔监狱	2	3+5	阿拉尔监狱
130		阿拉尔三五九屯垦文化纪念馆	1.1	1+3+5	三五九屯垦文化纪念馆筹建处

注1：示范面积指国家财政将予以补助的面积，不改变项目原计划的应用面积。

注2：技术类型

1. 太阳能热水；2. 太阳能供热制冷；3. 太阳能光伏发电；4. 土壤源热泵；5. 地下水源热泵；6. 淡水源热泵；7. 海水源热泵；8. 污水源热泵。

财政部、建设部第四批可再生能源建筑应用示范工程表

序号	所在省	项目名称	项目申报主体单位	技术类型	示范面积（万 m^2）/光电（kWp）
1	北京市	北京东升乡小营搬迁企业安置工程	北京市东升农工商总公司	污水源热泵	10.40
2	北京市	中央液态冷热源环境系统产业化基地	恒有源科技发展有限公司	土壤源热泵	7.20
3	北京市	北京鼎嘉恒苑再生水及地下水水源热泵工程	北京鼎嘉恒房地产开发有限公司	地下水源热泵、污水源热泵	14.82
4	北京市	北京市海淀区外语电子职业高中	北京市海淀区教委	土壤源热泵	3.80
5	北京市	北京雍景天成住宅小区	恒有源科技发展有限公司	土壤源热泵	6.52
6	北京市	北京市力迈学校迁建工程	北京市力迈学校	土壤源热泵	11.08
7	北京市	京丰宾馆	中国人民解放军总后勤部京丰宾馆	地下水源热泵	5.60
8	天津市	滨海高新区研发孵化和综合服务中心	滨海高新区开发建设有限公司	太阳能热水、土壤源热泵	太阳能热水 2.10 万 m^2，土壤源热泵 6.57 万 m^2
9	天津市	天津市团泊镇示范小城镇项目（一期）	天津市团泊湖投资发展有限公司	土壤源热泵、地下水源热泵	土壤源热泵 1.25 万 m^2，地下水源热泵 20.2 万 m^2
10	天津市	天津印刷工业园	天津出版总社	土壤源热泵	5.97
11	天津市	大港区文化艺术中心	天津市大港区文化局	土壤源热泵	2.78
12	天津市	天津市老城厢 1#、9#地工程	北京北控恒有源科技发展有限公司	地下水源热泵	37.37
13	天津市	顶秀欣园	天津顶秀置业有限公司	太阳能热水	15.06
14	天津市	弘泽滨海	天津弘泽建设集团有限公司	土壤源热泵	6.46
15	河北省	辛集市阳光壹号翡翠园小区	辛集市嘉晟房地产开发有限公司	土壤源热泵	11.39
16	河北省	曹妃甸置业大厦地源热泵系统	唐山曹妃甸置业有限公司	土壤源热泵	5.12
17	河北省	邢台森岳林庄园住宅小区地源热泵和高层建筑太阳能热水工程（一期）	邢台市大通房地产开发有限公司	太阳能热水、土壤源热泵、地下水源热泵	太阳能热水 9.42 万 m^2，土壤源热泵 5.12 万 m^2，地下水源热泵 10.87 万 m^2
18	河北省	秦皇岛市水郡御景	同方人工环境有限公司	污水源热泵	16.13

续表

序号	所在省	项目名称	项目申报主体单位	技术类型	示范面积（万 m^2）/光电（kWp）
19	河北省	南宫中学水源热泵供暖及太阳能热水洗浴系统项目	河北南宫中学	太阳能热水、地下水源热泵	太阳能热水 2.2 万 m^2，地下水源热泵 9.2 万 m^2
20		唐山福达景园小区	唐山国润房地产开发有限公司	地下水源热泵、太阳能热水	太阳能热水 3.43 万 m^2，地下水源热泵 5.53 万 m^2
21		河北诚信大厦水源热泵中央空调工程	河北诚信大厦有限责任公司	地下水源热泵	5.50
22	山西省	山西省实验中学新校区	山西省实验中学	地下水源热泵	9.86
23		灵丘名府城市花园	山西陆延房地产开发有限公司	地下水源热泵	10.21
24		汇都 MOHO 项目	太原市汇都房地产开发有限公司	地下水源热泵	6.29
25		忻州华苑住宅小区	忻州市开发区瑞鹏房地产开发有限公司	地下水源热泵	7.61
26		朔州市朔城区果品公司改扩建办公楼宾馆、门市	朔州市朔城区果品公司	地下水源热泵	4.21
27		运城市体育馆	运城市体育局	土壤源热泵	2.42
28		运城丽锦·城西人家（一期）	山西丽锦园房地产开发有限公司	地下水源热泵	4.96
29	内蒙自治区	阿拉善盟御景华庭工程（一期）	乌海市黄河房地产开发有限公司	太阳能热水、地下水源热泵	太阳能热水 0.5 万 m^2，地下水源热泵 1.9 万 m^2
30		内蒙古农业大学新校区建设项目（东校区）	内蒙古农业大学	太阳能光伏发电	54kWp
31		乌兰察布市职业技术学院新校区（一期）	乌兰察布市职业技术学院	地下水源热泵	12.11
32		赤峰市巴林石文化产业园区建设项目	巴林石集团有限责任公司	地下水源热泵、污水源热泵	地下水源热泵 6.8 万 m^2，污水源热泵 1.6 万 m^2。
33		呼和浩特市金苑伟业可再生能源示范项目	绿洲燃气供热有限公司	太阳能供热、地下水源热泵、土壤源热泵	太阳能供热 16.4 万 m^2，地下水源热泵 3.02 万 m^2，土壤源热泵 12.15 万 m^2
34		通辽五金建筑装饰材料城	通辽市金亿达房地产开发有限公司	地下水源热泵	10.68

续表

序号	所在省	项目名称	项目申报主体单位	技术类型	示范面积（万 m^2）/光电（kWp）
35	内蒙自治区	赤峰市文化产业可再生能源综合利用示范项目	赤峰市文化局	地下水源热泵	33.00
36		呼和浩特市温馨家园示范项目	内蒙古沙舟房地产开发有限公司	污水源热泵	23.80
37	辽宁省	本溪张家沟污水源热泵工程	沈阳朗晨环境工程有限公司	污水源热泵	18.50
38		北票市建筑一体化太阳能光伏发电	北票市市政工程处有限公司	太阳能光伏发电	427kWp
39		万和郦景	沈阳朗晨环境工程有限公司	地下水源热泵	20.68
40		瀛滨寓家园	沈阳柏强房地产开发有限公司	地下水源热泵	9.60
41		沈阳国惠热力中水源利用环保再生能源项目	沈阳国惠供热有限公司	污水源热泵	37.50
42	大连市	“国宝聚鑫”小区地能热泵项目	大连恒有源能源开发有限公司	土壤源热泵	4.55
43		“嘉合苑”小区地能热泵项目	大连恒有源能源开发有限公司	土壤源热泵	1.86
44		“立安花园”小区地能热泵项目	大连恒有源能源开发有限公司	土壤源热泵	7.50
45	吉林省	吉林农业工程职业技术学院	吉林市龙达热力有限公司	污水源热泵	17.19
46		四平山水主园	秦皇岛恒慧房地产开发有限公司	土壤源热泵	8.28
47		吉林市五星国际城	吉林市巨龙房地产有限公司	淡水源热泵	1.10
48		梅河口市高力新村小区（一期）	梅河口市长源房地产开发有限公司	地下水源热泵	12.26
49		梅河山城镇阳光家园	通化市富尔康供热有限公司	地下水源热泵	5.30
50	黑龙江省	佳木斯社会福利中心	佳木斯儿童福利院	地下水源热泵	5.05
51		林甸县天星地热水梯级利用热泵供暖系统应用项目	林甸县天星建筑安装工程有限公司	地下水源热泵	13.70
52		佳木斯明海嘉苑住宅小区（一期）	伊春惠晟房地产开发有限责任公司	地下水源热泵	2.74
53		农业经济职业学院14#职工住宅楼	黑龙江农业经济职业学院	土壤源热泵	1.12
54		工业水余热热泵供暖项目	黑龙江省镜泊湖农业开发股份有限公司	污水源热泵	12.08
55		哈尔滨文苑小区（一期）	哈尔滨九发房地产综合开发有限公司	地下水源热泵	3.12

续表

序号	所在省	项目名称	项目申报主体单位	技术类型	示范面积（万 m^2）/光电（kWp）
56	上海市	十六铺地区综合改造项目（上海外滩世博配套工程）	上海市申江两岸开发建设投资（集团）有限公司	太阳能光伏发电、淡水源热泵	6.1818/50kWp
57		临港新城主城区 WNW－C4 街坊配套商品房项目	上海临港新城投资建设有限公司	太阳能热水	9.168
58		浦江“一品漫城”（一期）	上海鹏建房地产开发有限公司	土壤源热泵	2.41
59		国信安（国家信息安全）基地 C－2 地块综合楼	上海八六三信息安全产业基地有限公司	太阳能热水、太阳能光伏发电、土壤源热泵	太阳能热水 1.17 万 m^2，土壤源热泵 1.73 万 m^2，太阳能光伏发电 200kWp
60	江苏省	江苏无锡建设科技创新基地（E25 地块）	无锡建科创意产业投资发展有限公司	太阳能热水、太阳能光伏发电	4.56/120.64kWp
61		“阳光美第”住宅小区（一期）	扬州新能源虎豹房屋开发有限责任公司	太阳能热水、土壤源热泵、淡水源热泵	3.60
62		江苏省泗洪县分金亭医院	江苏省泗洪县分金亭医院	土壤源热泵	3.85
63		南京鼓楼高科技产业园区区域供冷供热项目	南京法斯克能源科技发展有限公司	淡水源热泵	61.37
64		中航雷达电子研究院苏州生产试验基地	中航雷达与电子设备研究院	土壤源热泵、太阳能热水	土壤源热泵 6.3870 万 m^2，太阳能热水 2.5876 万 m^2
65		苏州工业园区档案管理中心综合大楼	苏州工业园区档案管理中心	土壤源热泵	8.15
66		连云港海关办公楼（改造）	连云港海关	土壤源热泵	2.00
67		金蛤岛温泉度假村	南京金蛤岛温泉渡假村有限公司	海水源热泵	1.61
68	浙江省	义乌市国际商贸城三期市场	义乌市国有资产投资控股有限公司	太阳能光伏发电	1295kWp
69		西溪旅游服务中心	杭州西溪旅游投资有限公司	淡水源热泵	8.86
70		千岛湖润和度假村	杭州千岛湖润和渡假村有限公司	淡水源热泵	4.46
71		杭州世界休闲博览园	杭州宋城集团控股有限公司	土壤源热泵、淡水源热泵	7.00

续表

序号	所在省	项　目　名　称	项　目　申　报　主　体　单　位	技　术　类　型	示范面积（万 m^2）/光电（kWp）
72	安徽省	合肥市彩虹新城小区	中铁四局集团房地产开发有限公司	土壤源热泵	7.54
73		巢湖市鸿福大酒店	庐江县鸿福大酒店有限公司	土壤源热泵、淡水源热泵	3.60
74		马鞍山市御景园居住区（一、二期）	马鞍山仁信房地产开发有限公司	太阳能热水	17.50
75	福建省	福鼎金九龙大酒店	福鼎天行健实业有限有限公司	地下水源热泵	7.81
76		泉州千亿山庄	泉州市千亿地产有限公司	土壤源热泵	3.00
77	厦门市	厦门鲁能·领秀城太阳能发电与节能照明集成应用	厦门翔安新城投资开发有限公司	太阳能光伏发电	78.75kWp
78	江西省	江西赛维 LDK 太阳能高科技有限公司研发楼 100kW 并网光伏发电研究示范系统	江西赛维 LDK 太阳能高科技有限公司	太阳能光伏发电	100kWp
79		红角洲 A－11 地块项目住宅小区（一期）	南昌阳光新地置业有限公司	地下水源热泵	7.25
80	山东省	济南市越秀园小区	山东华鲁房地产公司	太阳能热水、土壤源热泵	太阳能热水 8.46 万 m^2，土壤源热泵 10.09 万 m^2
81		临沂沂水天使花园（住宅部分）	山东沂水中心医院	太阳能热水、土壤源热泵	7.90
		梁山山水家园小区（一期）	济宁恒信圣城房地产开发有限公司	地下水源热泵	7.38
82		烟台隧道光伏发电	烟台城区建设投资公司	太阳能光伏发电	100kWp
83		潍坊市民文化中心	潍坊市政工程处	土壤源热泵	7.00
84 85		滨州客运总站	山东宏力空调设备有限公司	地下水源热泵＋太阳能供热、地下水源热泵＋淡水源热泵制冷、	8.52
86		济宁兴唐国翠城（一期）	济宁兴唐房地产公司	土壤源热泵	7.20
87		山东省博物馆新馆	山东省文化厅基建办	太阳能光伏发电、土壤源热泵	8.298/1047kWp

续表

序号	所在省	项目名称	项目申报主体单位	技术类型	示范面积（万 m^2）/光电（kWp）
88	青岛市	卓越．蔚蓝群岛项目	卓越职业集团（青岛）有限公司	土壤源热泵	25.02
89		青岛千禧龙花园海水源热泵（一期）	青岛千禧龙置业有限公司	海水源热泵	8.20
90		青岛财宝山庄度假村地源热泵工程	青岛财宝山庄度假村有限公司	土壤源热泵	3.81
91		青岛团岛供热站海水源/污水源热泵供热项目（一期）	青岛热电集团有限公司	海水源热泵、污水源热泵	35.00
92		香槟海岸小区海水源热泵工程	青岛颐荣置业房地产开发有限公司	海水源热泵	17.10
93		青岛海都国际工程	青岛海都集团有限公司	土壤源热泵	3.59
94		青岛市枣山家园住宅小区	山东省耐特新能源科技有限公司	太阳能供热（制冷）、太阳能热水	4.74
95	河南省	中国文字博物馆（一期）	中国文字博物馆筹建处	地下水源热泵	2.27
96		平顶山市郏县欧洲城市花园	河南省外建置业有限公司	地下水源热泵	12.00
97		郑州高新区慧城小区	河南万丰置业有限公司	土壤源热泵、地下水源热泵、太阳能热水	16.86
98		安阳四海嘉苑	安阳市机关房产置业中心	地下水源热泵、污水源热泵	8.75
99		三门峡卢氏一高新校区	卢氏县第一高级中学	地下水源热泵、太阳能热水	地下水源热泵 15.94 万 m^2，太阳能热水 8.8 万 m^2
100		河南财政税务高等专科学校新校区	河南财政税务高等专科学校	地下水源热泵	6.15
101		鹤壁市三和淇林小镇住宅小区（第一、二标段）	鹤壁市三和房地产开发有限公司	土壤源热泵	2.20
102		修武山水文苑小区（一期）	焦作市建设开发有限责任公司	地下水源热泵	9.50
103	湖北省	黄冈市浠水商场	浠水商场贸易有限责任公司	太阳能热水、地下水源热泵	太阳能热水 0.5 万 m^2，地下水源热泵 2.8 万 m^2

续表

序号	所在省	项目名称	项目申报主体单位	技术类型	示范面积（万 m^2）/光电（kWp）
104	湖北省	广州军区中南花园招待所南苑楼工程	广州军区中南花园招待所	太阳能供热制冷、土壤源热泵	3.43
105	湖北省	恩施州怡隆苑、怡锦苑小区	恩施州经济适用住房开发中心	太阳能热水	8.19
106	湖北省	荆州市新加坡城国际居住小区（38#－43#）	湖北新城国际置业投资有限公司	太阳能热水	7.90
107	湖北省	湖北第二师范学院图书馆	湖北第二师范学院	地下水源热泵	4.63
108	湖北省	长阳清江山水酒店、清江山水小区	宜昌清江山水置业有限公司	淡水源热泵	1.80
109	湖南省	长沙市妇幼保健院地源热泵空调系统项目	长沙市妇幼保健院	土壤源热泵	2.05
110	湖南省	株洲胜马可商业广场地源热泵中央空调	株洲顺亿房地产开发有限公司	土壤源热泵	2.23
111	湖南省	长沙中建大厦太阳能光伏建筑一体化工程	中建（长沙）不二幕墙装饰有限公司	太阳能光伏发电	100kWp
112	湖南省	株洲金域半岛3#楼地源热泵与太阳能生活热水一体化中央空调系统	湖南泉盛置业有限公司	太阳能热水、土壤源热泵	太阳能热水 3.13 万 m^2，土壤源 1.56 万 m^2
113	广东省	2010年广州亚运城新能源——太阳能热水及水源热泵综合利用项目	广州市重点公共建设项目管理办公室	太阳能热水、淡水源热泵	太阳能热水、淡水源热泵 139.5 万 m^2
114	广东省	城市动力联盟	佛山市智联投资有限公司	太阳能光伏发电、太阳能热水	太阳能热水 2.15 万 m^2，太阳能光伏发电 63.2kWp
115	深圳市	万科中心（万科总部）	深圳市万科房地产有限公司	太阳能光伏发电	267.2kWp
116	广西壮族自治区	广西发展大厦东楼地源热泵空调热水系统	广西金源置业集团有限公司	土壤源热泵	6.60
117	广西壮族自治区	广西民族大学相思湖学院地源热泵空调热水系统	广西民族大学相思湖学院	土壤源、淡水源热泵	7.04
118	海南省	鲁能三亚湾美丽城、美丽 MALL	海南鲁能广大置业有限公司	太阳能热水、淡水源热泵	14.67

续表

序号	所在省	项目名称	项目申报主体单位	技术类型	示范面积（万 m^2）/光电（kWp）
119	重庆市	重庆市江北城 CBD 区域江水源热泵集中供冷供热一期（重庆大剧院）	重庆江北嘴中央商务区开发投资有限公司	淡水源热泵	8.26
120		祁年·悦城	重庆祈年房地产开发有限公司	土壤源热泵	13.18
121	四川省	成都市妇女儿童医学中心一期工程	成都市妇女儿童医学中心	地下水源热泵	5.30
122		中国航空工业第一集团公司第 611 研究所 101 号科研楼	中国航空工业第一集团公司第 611 研究所	地下水源热泵	8.13
123	云南省	昆明世博生态城二期高层建筑太阳能热水工程	云南世博兴云房地产有限公司	太阳能热水	7.63
124		丽江市古城区市政道路半导体照明与太阳能集成技术应用示范一期工程	丽江市古城区天和城市经营投资开发公司	太阳能光伏发电	305.48kWp
125	西藏自治区	西藏日喀则地区“村村通”太阳能光伏发电应用示范项目	日喀则地区行署	太阳能光伏发电	800kWp
126		西藏自治区财政厅干部职工食堂太阳能发电项目	西藏自治区财政厅	太阳能光伏发电	47.5kWp
127		西藏那曲地区建设局办公楼太阳能集热采暖	西藏那曲地区建设局	太阳能供热	0.21
128	陕西省	博尚新都住宅小区	咸阳渭建房地产开发有限公司	地下水源热泵	11.08
129		杨凌渭水佳苑小区、书香名邸小区	杨凌鑫城基础设施投资有限公司	地下水源热泵	12.13
130		东尚一森林乐章三期	陕西龙扬经济发展有限公司	地下水源热泵	18.81
131	甘肃省	可再生能源与建筑集成技术示范工程	甘肃自然能源研究所	太阳能光伏发电、地下水源热泵	太阳能光伏发电 50kWp，地下水源热泵 1.4 万 m^2
132		漳县贵清苑住宅小区	甘肃省富民房地产开发有限公司	地下水源热泵	19.04
133		宁和园住宅区	张掖市房地产开发总公司	土壤源热泵	9.00
134		兰州鸿运园住宅小区	甘肃省天鸿金运置业有限公司（兰州希望房地产开发有限责任公司）	太阳能热水	17.80

续表

序号	所在省	项目名称	项目申报主体单位	技术类型	示范面积（万 m^2）/光电（kWp）
135	甘肃省	甘肃省永昌县东湖花园住宅小区	永昌东兴置业有限责任公司	地下水源热泵	12.00
136	青海省	青海科技馆太阳能光伏发电工程	西宁市海湖新区管理委员会	太阳能光伏发电	300kWp
137		西宁香格拉里城市花园3期高层建筑太阳能热水工程	西宁伟业房地产	太阳能热水	25.60
138		“绿色家园—庄廓园”住宅小区	青海三明房地产有限公司	太阳能供热、太阳能热水	2.50
139	宁夏回族自治区	青铜峡市太阳能路灯建设项目（一期）	青铜峡市市政管理服务中心	太阳能光伏发电	259.2kWp
140		宁夏人民医院新区医院可再生能源示范项目	宁夏回族自治区人民医院	地下水源热泵	11.47
141		长城．领世湖城太阳能与建筑一体化生活热水、光伏路灯示范项目	宁夏长城集团房地产开发有限公司	太阳能热水	4.14
142		宁夏医学院附属医院太阳能热水系统	宁夏世纪伟业中小企业创业服务有限公司	太阳能热水	2.06
143	新疆生产建设兵团	农一师三团喀拉库勒镇三斗桥小区	农一师三团	地下水源热泵	2.50
144		农九师康馨花园小区（一期）	额敏县绿晨房地产开发公司	地下水源热泵	3.50
145		农一师三团锦绣家园居住小区	农一师三团	地下水源热泵	6.91
146		农一师十一团新型连队建设	农一师十一团	太阳能热水、土壤源热泵	3.94
147	新疆维吾尔自治区	乌鲁木齐盈科广场A、B座	新疆盈科房地产开发有限公司	污水源热泵	8.56
148		善鄯县楼兰帝王大厦	新疆新楼兰房地产开发公司	地下水源热泵、太阳能热水	9.54
149		怡和浪琴阳光住宅小区及人民路市场改扩建项目	阿克苏怡和房地产开发有限公司	地下水源热泵	39.80

续表

序号	所在省	项目名称	项目申报主体单位	技术类型	示范面积（万 m^2）/光电（kWp）
150	新疆维吾尔自治区	信诚水韵住宅小区	阿克苏信诚城建房地产开发有限公司	地下水源热泵、太阳能热水	31.95
151		阿勒泰布尔津县既有建筑及新建建筑地下水源热泵项目（一期）	布尔津县四联可再生能源应用有限公司	地下水源热泵	7.00

注：示范面积指国家财政将予以补助的面积，不改变项目原计划的应用面积。

尊敬的读者：

感谢您选购我社图书！建工版图书按图书销售分类在卖场上架，共设22个一级分类及43个二级分类，根据图书销售分类选购建筑类图书会节省您的大量时间。现将建工版图书销售分类及与我社联系方式介绍给您，欢迎随时与我们联系。

★建工版图书销售分类表（详见下表）。

★欢迎登陆中国建筑工业出版社网站www.cabp.com.cn，本网站为您提供建工版图书信息查询，网上留言、购书服务，并邀请您加入网上读者俱乐部。

★中国建筑工业出版社总编室　电　话：010—58934845
传　真：010—68321361

★中国建筑工业出版社发行部　电　话：010—58933865
传　真：010—68325420
E-mail：hbw@cabp.com.cn

建工版图书销售分类表

一级分类名称（代码）	二级分类名称（代码）	一级分类名称（代码）	二级分类名称（代码）
建筑学（A）	建筑历史与理论（A10）	园林景观（G）	园林史与园林景观理论（G10）
	建筑设计（A20）		园林景观规划与设计（G20）
	建筑技术（A30）		环境艺术设计（G30）
	建筑表现・建筑制图（A40）		园林景观施工（G40）
	建筑艺术（A50）		园林植物与应用（G50）
建筑设备・建筑材料（F）	暖通空调（F10）	城乡建设・市政工程・环境工程（B）	城镇与乡（村）建设（B10）
	建筑给水排水（F20）		道路桥梁工程（B20）
	建筑电气与建筑智能化技术（F30）		市政给水排水工程（B30）
	建筑节能・建筑防火（F40）		市政供热、供燃气工程（B40）
	建筑材料（F50）		环境工程（B50）
城市规划・城市设计（P）	城市史与城市规划理论（P10）	建筑结构与岩土工程（S）	建筑结构（S10）
	城市规划与城市设计（P20）		岩土工程（S20）
室内设计・装饰装修（D）	室内设计与表现（D10）	建筑施工・设备安装技术（C）	施工技术（C10）
	家具与装饰（D20）		设备安装技术（C20）
	装修材料与施工（D30）		工程质量与安全（C30）
建筑工程经济与管理（M）	施工管理（M10）	房地产开发管理（E）	房地产开发与经营（E10）
	工程管理（M20）		物业管理（E20）
	工程监理（M30）	辞典・连续出版物（Z）	辞典（Z10）
	工程经济与造价（M40）		连续出版物（Z20）
艺术・设计（K）	艺术（K10）	旅游・其他（Q）	旅游（Q10）
	工业设计（K20）		其他（Q20）
	平面设计（K30）	土木建筑计算机应用系列（J）	
执业资格考试用书（R）		法律法规与标准规范单行本（T）	
高校教材（V）		法律法规与标准规范汇编/大全（U）	
高职高专教材（X）		培训教材（Y）	
中职中专教材（W）		电子出版物（H）	

注：建工版图书销售分类已标注于图书封底。